机工IT

Spring Boot+ MVC+ Vue3

项目全流程开发指南

从需求分析到上线部署

花树峰 / 编著

U0240323

机械工业出版社
CHINA MACHINE PRESS

本书全面概述了软件项目开发的全流程，全书共 13 章，包括项目开发概述、开发规范、开发技术、需求分析、架构与目录结构设计、数据库表结构设计、详细功能设计、技术框架选型、初始化与底层搭建、业务代码开发、单元测试开发、性能测试和部署等内容。书中以实际项目为例，结合理论知识和实践操作，为读者提供了一条清晰、完整的项目开发学习路线。本书不仅详细介绍了各环节的具体操作和技巧，还强调了按照规范进行操作的重要性，以确保项目开发的标准化和高质量。同时，书中还提供了丰富的实例和大量的代码，以帮助读者更好地理解和掌握相关知识。配套资源获取方式见封底。

本书适合软件工程师、开发人员和 IT 爱好者参考阅读。

图书在版编目（**CIP**）数据

Spring Boot + MVC + Vue3 项目全流程开发指南：
从需求分析到上线部署／花树峰编著 . -- 北京：机械
工业出版社，2024. 8. -- ISBN 978-7-111-76357-4

Ⅰ . TP312. 8-62

中国国家版本馆 CIP 数据核字第 2024F2U905 号

机械工业出版社（北京市百万庄大街 22 号　邮政编码 100037）
策划编辑：李晓波　　　　　　责任编辑：李晓波
责任校对：龚思文　梁　静　　责任印制：常天培
北京机工印刷厂有限公司印刷
2024 年 9 月第 1 版第 1 次印刷
184mm×240mm · 23 印张 · 577 千字
标准书号：ISBN 978-7-111-76357-4
定价：109. 00 元

电话服务　　　　　　　　　　网络服务
客服电话：010-88361066　　　机　工　官　网：www.cmpbook.com
　　　　　010-88379833　　　机　工　官　博：weibo.com/cmp1952
　　　　　010-68326294　　　金　书　网：www.golden-book.com
封底无防伪标均为盗版　　　机工教育服务网：www.cmpedu.com

前　言

PREFACE

在当今这个信息技术日新月异的时代，软件的应用已经渗透到人们生活的方方面面，无论是工作、学习还是娱乐，都离不开软件的支持。掌握一套完整、高效、实用的软件项目开发方法，对于每一个 IT 从业者来说，都是至关重要的。本书正是本着这样一个宗旨，希望帮助读者全面掌握软件项目开发流程。在本书中，笔者将带领读者深入探索软件项目开发的全流程，从项目开发规范到需求分析和设计，再到架构设计、技术选型、工具使用、业务代码开发、单元测试、性能测试以及部署。通过本书的学习，读者将能够掌握开发实际商业软件项目所需的关键技能和知识。

本书将帮助读者建立对软件项目开发的整体架构思路和全局观，并使读者深入了解如何根据规范进行项目开发，从而确保项目质量和可维护性。其中涉及了软件项目开发需要了解的知识点，并为读者提供了学习开发技术栈的路线指南。此外，本书还提供了丰富的案例，以便读者更好地理解和应用所学知识。

编写过程中，笔者始终秉持着"实用至上"的原则，力求让每一位读者都能够从书中获得实实在在的知识和技能提升。无论是初入 IT 行业的新手，还是有着一定开发经验的软件工程师，相信本书都能够为其软件项目开发之旅提供有力的帮助和支持。

软件项目开发是一个复杂而又有趣的过程，希望本书可以成为读者在这一领域探索的良好指南，并为读者的实际工作提供帮助。接下来，笔者将带领读者一起探索软件项目开发的奥秘，揭开每一个开发环节的神秘面纱。让我们一起踏上这段充满挑战的旅程吧！

本书的撰写与出版受到同行众多同类著作的启发和机械工业出版社的鼎力支持，在此深表感谢。由于笔者水平有限，书中难免有不妥之处，诚挚期盼同行和读者批评指正。

花树峰

目录 CONTENTS

前 言

第1章 CHAPTER.1 项目开发概述 / 1

1.1 项目开发演化历程 / 2

  1.1.1 项目体量的演化历程 / 2

  1.1.2 项目开发难度的演化历程 / 2

  1.1.3 项目团队与工具的演化历程 / 3

1.2 项目开发方法 / 4

1.3 项目开发技术 / 4

  1.3.1 项目类型对应的开发技术 / 5

  1.3.2 技术类型对应的开发技术 / 5

1.4 本书项目使用的开发技术 / 6

1.5 项目开发具体流程 / 7

1.6 本章小结 / 8

第2章 CHAPTER.2 项目开发规范 / 9

2.1 编码规范 / 10

  2.1.1 Java开发规范 / 10

  2.1.2 版权规范 / 11

  2.1.3 命名规范 / 11

  2.1.4 注释规范 / 11

2.2 版本控制 / 11

  2.2.1 版本 / 12

  2.2.2 版本分支 / 12

  2.2.3 版本合并 / 13

  2.2.4 版本冲突 / 13

  2.2.5 中央式版本控制 / 14

  2.2.6 分布式版本控制 / 14

2.3　测试规范　/　15

2.4　文档规范　/　15

　　2.4.1　普通文档规范　/　15

　　2.4.2　技术接口文档规范　/　16

2.5　安全规范　/　17

2.6　软件项目管理　/　18

2.7　软件代码复用　/　18

2.8　本章小结　/　19

第3章　CHAPTER.3

项目开发技术　/　20

3.1　数据库技术　/　21

　　3.1.1　MySQL 数据库　/　21

　　3.1.2　Redis 缓存数据库　/　21

3.2　服务端技术　/　22

　　3.2.1　Java 基础知识　/　22

　　3.2.2　Java 数据结构　/　24

　　3.2.3　Spring 技术　/　26

　　3.2.4　Spring Boot 技术　/　26

　　3.2.5　Spring MVC 技术　/　27

　　3.2.6　MyBatis 与 Spring 集成技术　/　29

　　3.2.7　Thymeleaf 与 Spring 集成技术　/　30

　　3.2.8　Java Web 服务器　/　31

　　3.2.9　Nginx 服务器　/　32

　　3.2.10　Docker 容器技术　/　33

　　3.2.11　Java 定时任务技术　/　35

　　3.2.12　Spring Boot 定时任务技术　/　36

3.3　客户端技术　/　37

　　3.3.1　HTML/CSS 技术　/　37

　　3.3.2　JavaScript 与 jQuery 技术　/　38

　　3.3.3　JSON 技术　/　38

　　3.3.4　AJAX 技术　/　39

　　3.3.5　ES6 技术　/　40

　　3.3.6　TypeScript 语言　/　41

　　3.3.7　单页应用技术　/　41

　　3.3.8　Node.js 技术　/　42

　　3.3.9　Vue 技术　/　43

3.4　项目管理和开发工具　/　45

3.4.1　Maven 管理工具　/　45

3.4.2　IntelliJ IDEA 开发工具　/　46

3.4.3　Webpack 管理工具　/　46

3.4.4　WebStorm 开发工具　/　47

3.4.5　Git 版本管理工具　/　48

3.4.6　Visual Studio Code 开发工具　/　48

3.4.7　Vite 开发工具　/　49

3.4.8　Power Designer 开发工具　/　50

3.5　本章小结　/　51

第 4 章　项目需求分析　/　52

CHAPTER.4

4.1　项目概述　/　53

4.2　需求分析　/　53

4.3　概要设计　/　53

4.3.1　后台管理　/　54

4.3.2　前端展现　/　54

4.3.3　会员中心　/　54

4.4　界面效果图设计　/　55

4.4.1　后台管理　/　55

4.4.2　前端展现　/　59

4.4.3　会员中心　/　63

4.5　本章小结　/　65

第 5 章　项目架构与目录结构设计　/　66

CHAPTER.5

5.1　后端项目架构与目录结构　/　67

5.1.1　项目第一层目录　/　67

5.1.2　项目非 Java 包的目录　/　67

5.1.3　项目业务代码 Java 包的目录　/　68

5.1.4　项目测试代码 Java 包的目录　/　70

5.1.5　项目业务模块的目录　/　71

5.2　后端项目目录层级设计　/　73

5.2.1　DAO 层　/　73

5.2.2　业务层　/　73

5.2.3　控制层　/　73

5.2.4　视图层　/　73

5.2.5　实体层　/　74

5.2.6　工具层　/　74

5.2.7　拦截器层　/　74

5.3　前端项目架构与目录结构　/　74

5.3.1　项目第一层目录　/　74

5.3.2　项目源代码目录　/　75

5.4　本章小结　/　76

第6章　CHAPTER.6

项目数据库表结构设计　/　77

6.1　表结构设计规范和原则　/　78

6.2　表结构设计思路　/　78

6.3　数据库表名的命名规则　/　79

6.4　数据库字段名的命名规则　/　79

6.5　数据库索引的命名规则　/　80

6.6　项目的表结构设计　/　81

6.6.1　项目的表结构设计逻辑与过程　/　81

6.6.2　使用 Power Designer 开发工具设计表结构　/　82

6.6.3　项目的表结构设计效果图　/　85

6.7　项目的数据库表结构　/　86

6.7.1　用户信息表　/　87

6.7.2　商品信息表　/　89

6.7.3　订单信息表　/　90

6.7.4　购物车信息表　/　92

6.7.5　用户收货地址信息表　/　92

6.7.6　订单与商品关系信息表　/　93

6.7.7　商品分类信息表　/　94

6.7.8　商品文件信息表　/　95

6.8　本章小结　/　96

第7章　CHAPTER.7

项目详细功能设计　/　97

7.1　详细功能设计的规范和原则　/　98

7.2　详细功能设计思路　/　98

7.3　各层级命名规范　/　99

7.3.1　DAO 层命名规范　/　99

7.3.2 业务层命名规范 / 100

7.3.3 控制层命名规范 / 100

7.3.4 视图层命名规范 / 100

7.3.5 实体层命名规范 / 100

7.3.6 工具层命名规范 / 100

7.3.7 拦截器层命名规范 / 101

7.4 本书项目的详细功能设计 / 101

7.4.1 管理员管理 / 101

7.4.2 在线支付 / 106

7.4.3 自动下架商品定时任务 / 111

7.5 本章小结 / 113

第 8 章 项目技术框架选型 / 114

CHAPTER.8

8.1 技术框架选型 / 115

8.2 数据库技术选型 / 115

8.2.1 MySQL 框架 / 115

8.2.2 Redis 缓存服务 / 115

8.2.3 MyBatis 框架 / 115

8.3 服务端技术选型 / 116

8.3.1 Java 版本 / 116

8.3.2 Spring 与 Spring Boot 框架 / 116

8.3.3 Spring MVC 框架 / 116

8.3.4 Thymeleaf 框架 / 117

8.4 测试技术选型 / 117

8.4.1 Spring Test 框架 / 117

8.4.2 JUnit 框架 / 118

8.5 部署技术选型 / 118

8.5.1 Spring Boot 部署技术 / 118

8.5.2 Nginx 服务器部署技术 / 119

8.5.3 Docker 容器部署技术 / 119

8.6 前端技术选型 / 120

8.6.1 Node.js 架构 / 120

8.6.2 Vue3 框架 / 120

8.7 其他技术选型 / 121

8.7.1 Log4j 框架 / 121

8.7.2 Spring Boot Devtools 技术 / 122

8.8　本章小结 / 122

第 9 章　项目初始化与底层搭建 / 123
CHAPTER 9

9.1　需要安装的软件工具 / 124

9.2　需要使用的第三方云服务 / 124

9.3　创建和初始化后端项目 / 125

9.3.1　使用 Spring Boot 官网初始化项目 / 125

9.3.2　使用 IntelliJ IDEA 开发 IDE 初始化项目 / 126

9.4　搭建后端项目底层 / 128

9.4.1　Java 源代码主目录 / 128

9.4.2　Java 源代码主 Java 包 / 128

9.4.3　共通 Java 包 / 129

9.4.4　项目 Java 包 / 130

9.4.5　项目资源文件主目录 / 132

9.4.6　Test 源代码主目录 / 135

9.4.7　测试代码主 Java 包 / 136

9.4.8　共通测试 Java 包 / 136

9.4.9　项目测试 Java 包 / 136

9.4.10　Git 版本忽略配置文件 / 137

9.4.11　Maven 管理项目配置文件 / 137

9.4.12　自述 Markdown 文件 / 137

9.5　创建和初始化前端项目 / 137

9.5.1　使用 Vite 初始化前端项目 / 138

9.5.2　使用 Visual Studio Code 开发 IDE 初始化项目 / 142

9.6　搭建前端项目底层 / 145

9.6.1　安装项目依赖库 / 147

9.6.2　项目依赖库配置文件和安装目录 / 150

9.6.3　项目构建配置文件 / 152

9.6.4　项目资源文件主目录 / 154

9.6.5　项目入口文件 / 155

9.6.6　其他配置文件 / 157

9.6.7　项目状态配置 / 162

9.6.8　项目路由配置 / 164

9.6.9　项目代码主目录 / 166

9.7 本章小结 / 176

第 10 章
CHAPTER.10

项目业务代码开发 / 177

10.1 编辑 Maven pom 文件 / 178

10.2 开发后端项目框架代码 / 179

10.2.1 开发项目运行入口类 WfsmwApplication / 179

10.2.2 开发项目配置 Spring MVC 行为的装配器类 / 180

10.3 后台管理 / 183

10.3.1 开发管理员登录功能及其页面 / 184

10.3.2 开发管理员管理功能及其页面 / 185

10.3.3 开发会员管理功能及其页面 / 189

10.3.4 开发商品模块功能及其页面 / 191

10.3.5 开发订单管理功能及其页面 / 194

10.3.6 开发模块数据管理功能及其页面 / 195

10.4 会员中心 / 196

10.4.1 开发会员注册功能及其页面 / 196

10.4.2 开发会员登录功能及其页面 / 197

10.4.3 开发我的订单功能及其页面 / 197

10.4.4 开发我的信息功能及其页面 / 198

10.4.5 开发收货地址功能及其页面 / 199

10.4.6 开发修改密码功能及其页面 / 200

10.5 前端页面 WAP 版 / 200

10.5.1 开发网站首页 / 200

10.5.2 开发商品模块前端页面 / 204

10.5.3 开发模块数据列表页面 / 206

10.5.4 开发购物车页面 / 207

10.5.5 开发确认订单页面 / 208

10.5.6 开发选择支付方式页面 / 210

10.5.7 开发提交订单页面 / 210

10.5.8 开发获取支付结果页面 / 211

10.5.9 开发支付宝支付功能 / 212

10.5.10 开发微信支付功能 / 216

10.6 前端页面 Vue 版 / 222

10.6.1 定义数据接口规范 / 223

10.6.2 开发网站首页 / 227

10.6.3 开发商品列表页面 / 250

10.6.4 开发模块数据列表页面 / 267

10.6.5 开发购物车页面 / 274

10.6.6 开发确认订单页面 / 281

10.6.7 开发选择支付方式页面 / 288

10.6.8 开发提交订单页面 / 292

10.6.9 开发获取支付结果页面 / 295

10.7 本章小结 / 296

第 11 章 CHAPTER.11 项目单元测试开发 / 297

11.1 开发单元测试的规范和原则 / 298

11.2 开发单元测试的框架代码 / 298

11.2.1 开发持久层的测试套件类 / 298

11.2.2 开发业务层的测试套件类 / 299

11.2.3 开发控制层的测试套件类 / 299

11.3 开发持久层 Dao 接口的单元测试用例 / 299

11.3.1 开发持久层的规范和原则 / 300

11.3.2 开发持久层的目的、内容和步骤 / 300

11.3.3 一个持久层 Dao 接口的单元测试用例 / 300

11.4 开发业务层的单元测试用例 / 302

11.4.1 开发业务层的目的、内容和步骤 / 302

11.4.2 一个业务层的单元测试用例 / 302

11.5 开发控制层的单元测试用例 / 304

11.5.1 开发控制层的目的、内容和步骤 / 304

11.5.2 一个控制层的单元测试用例 / 304

11.6 本章小结 / 305

第 12 章 CHAPTER.12 项目性能测试 / 306

12.1 项目性能测试的规范和原则 / 307

12.2 项目性能测试使用的工具 / 307

12.2.1 Apache JMeter 测试工具 / 307

12.2.2 VisualVM 性能监视器 / 308

12.2.3 JConsole 监视工具 / 309

12.3 项目性能测试的过程 / 310

12.4 项目的性能测试 / 312

12.4.1 测试目标和指标 / 312

12.4.2　定义稳定状态和负载大小　/　313

12.4.3　执行性能测试　/　314

12.4.4　分析测试结果　/　321

12.5　本章小结　/　324

第13章　CHAPTER.13

项目部署　/　325

13.1　项目部署概述　/　326

13.2　部署 Java 环境　/　326

13.2.1　在 Windows 10 操作系统部署 Java 环境　/　326

13.2.2　在 Ubuntu 16.04 操作系统部署 Java 环境　/　328

13.3　部署 MySQL 数据库　/　329

13.3.1　在 Windows 10 操作系统部署 MySQL 数据库　/　329

13.3.2　在 Ubuntu 16.04 操作系统部署 MySQL 数据库　/　332

13.4　部署 Redis 缓存服务　/　334

13.4.1　在 Windows 10 操作系统部署 Redis 缓存服务　/　334

13.4.2　在 Ubuntu 16.04 操作系统部署 Redis 缓存服务　/　336

13.5　部署 Nginx 服务器　/　337

13.5.1　在 Windows 10 操作系统部署 Nginx 服务器　/　337

13.5.2　在 Ubuntu 16.04 操作系统部署 Nginx 服务器　/　339

13.6　以 JAR 包方式部署后端项目　/　340

13.6.1　在 Windows 10 操作系统部署 Spring Boot 项目　/　340

13.6.2　在 Ubuntu 16.04 操作系统部署 Spring Boot 项目　/　341

13.7　以 Docker 容器方式部署后端项目　/　342

13.7.1　在 Windows 10 操作系统部署 Spring Boot 项目　/　342

13.7.2　在 Ubuntu 16.04 操作系统部署 Spring Boot 项目　/　347

13.8　以独立应用方式部署前端项目　/　348

13.8.1　在 Windows 10 操作系统部署前端项目　/　349

13.8.2　在 Ubuntu 16.04 操作系统部署前端项目　/　349

13.9　以 Docker 容器方式部署前端项目　/　350

13.9.1　在 Windows 10 操作系统部署前端项目　/　350

13.9.2　在 Ubuntu 16.04 操作系统部署前端项目　/　353

13.10　本章小结　/　353

参考文献　/　354

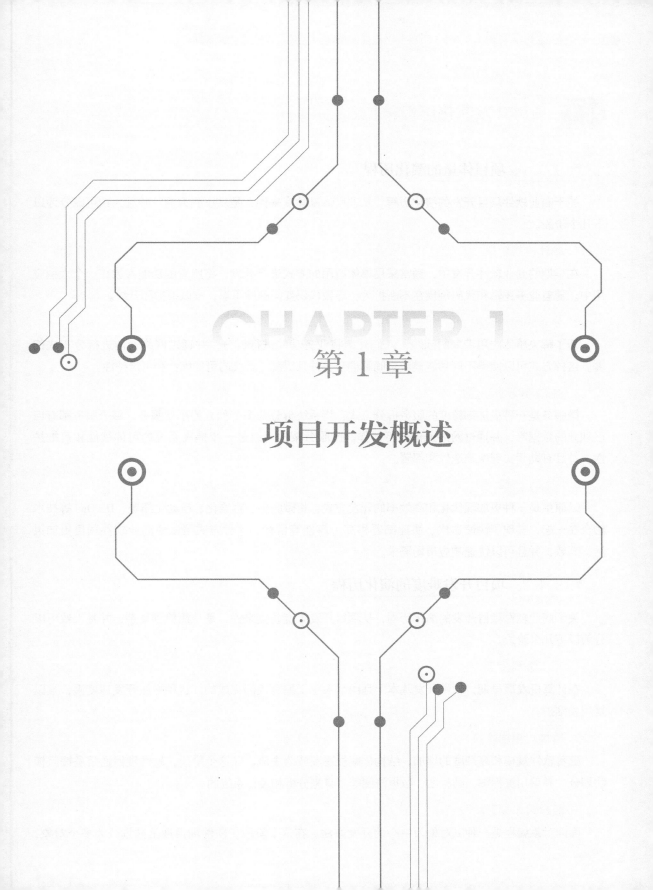

CHAPTER 1

第 1 章

项目开发概述

1.1 项目开发演化历程

▶▶ 1.1.1 项目体量的演化历程

关于商业软件项目开发的演化历程，从项目体量角度来说，是从小到大的，并且大致可以分为以下几个阶段。

1. 单体应用阶段

在早期的商业软件开发中，通常采用单体应用的方式进行开发，将所有的功能都放在一个大型应用中。随着业务逻辑和代码规模在不断扩大，导致代码变得臃肿不堪，难以维护和升级。

2. 分布式应用阶段

为了解决单体应用带来的问题，人们开始将业务功能进行拆分，并通过网络通信进行分布式部署。这种方式可以使得不同功能模块之间解耦合，并且提高了系统的可伸缩性和可维护性。

3. 微服务阶段

微服务是一种更加细粒度的服务拆分方式，将系统拆分为多个独立的小型服务，每个服务都有自己独立的数据库，并通过网络通信进行协作。微服务架构可以进一步提高系统的可伸缩性和可维护性，并且有助于实现快速迭代和部署。

4. 云原生阶段

云原生是一种更加现代化和高效率的开发方式，将微服务、容器化、自动化部署、**DevOps** 等技术融合在一起，实现了快速迭代、快速部署和高可靠性等目标。这种方式可以使商业软件项目更加灵活、高效，并且可以快速响应市场需求。

▶▶ 1.1.2 项目开发难度的演化历程

关于商业软件项目开发的演化历程，从项目开发难度角度来说，是从简单到复杂，并且大致可以分为以下几个阶段。

1. 手工编程阶段

在计算机发展早期，软件开发基本上是由个人手工编写代码完成的。这种方法开发速度慢，难以复用和维护。

2. 结构化编程阶段

随着软件规模和复杂度的增加，结构化编程逐渐成为主流。在这个阶段，软件项目通常是按照模块划分，并采用流程图、结构图、数据流图等工具来分析和设计系统的。

3. 面向对象编程阶段

面向对象编程是一种以对象为中心的开发方法。在这个阶段，软件项目通常被划分为多个对象，并通过封装、继承、多态等方式来实现代码复用和维护。

4. 组件化开发阶段

随着软件系统的规模和复杂度不断增加，组件化开发逐渐成为主流。在这个阶段，软件项目被划分为多个组件，并通过接口和依赖关系来实现组件之间的交互和集成。

5. 服务化架构阶段

服务化架构是一种基于服务的软件架构。在这个阶段，软件项目被划分为多个服务，并通过 **API** 接口进行交互和集成。服务可以部署在不同的机器上，实现系统的高可用性和可扩展性。

6. 微服务架构阶段

微服务架构是一种更加细粒度的服务化架构。在这个阶段，软件项目被划分为多个微服务，并通过轻量级通信协议进行交互和集成。微服务可以独立部署、独立扩展，并具有更高的容错性。

▶▶ 1.1.3　项目团队与工具的演化历程

关于商业软件项目开发的演化历程，从项目团队与工具角度来说，是从个人到团队、从手工到智能的，并且大致可以分为以下几个阶段。

1. 手工作坊阶段

早期的项目开发通常采用手工方式，开发者使用简单的工具和技术来编写代码和实现项目。这种开发方式效率低下，且缺乏规范化，容易出现错误和问题。

2. 团队协作阶段

随着软件工程理论和工具不断发展，开始出现一些项目管理理论和方法，如瀑布模型、增量模型等，通过协调和规范开发团队的工作流程和开发流程，提高了软件开发的效率和质量。

3. 平台期阶段

随着云计算、大数据、人工智能等新技术的兴起，软件开发进入了一个新的阶段，即平台期。在这个阶段，开发者开始使用基于平台的开发方式，通过使用已有的软件平台和框架，可以更快速、更容易地构建和部署软件。

4. 云原生阶段

随着云计算技术的不断发展，云原生开发逐渐成为一种趋势。在云原生开发模式下，开发者可以在云端构建和部署软件，并通过云计算技术来提高软件的弹性、可靠性和安全性。

5. 智能化阶段

在智能化时代，软件开发将更加注重人工智能、机器学习等技术的应用，通过机器学习和人工智能技术来提高软件的智能化程度和用户体验。同时，随着区块链、物联网等技术的发展，软件开发也将会面临更多的挑战和机遇。

以上是软件项目开发演化历程的一些重要阶段和技术，它们在不同的时期和领域发挥了重要的作用。未来，随着技术的不断发展和变革，软件项目开发也将会继续演化和进化，成为一个不断创新和变化的过程。

总体来说，上述这些变革，旨在解决每个阶段带来的问题，并且不断地朝着高效、可维护、可扩展等方向演进。同时，在不同的开发环境中可能会有不同的实践方式和工具支持。

1.2 项目开发方法

关于商业软件项目开发方法，依据在不同的时代和环境下所经历的变化和发展，可以分为以下几种方法[1]。

1. 基本方法

基本方法是指基于结构化程序设计和模块化开发的方法，主要包括自顶向下设计、结构化编程、模块化设计等，强调程序的逻辑结构和可读性，适用于规模较小、复杂度较低的软件项目。

2. 面向对象方法

面向对象方法是指基于对象、类、继承、多态等概念的方法，主要包括面向对象分析、面向对象设计、面向对象编程等，强调数据和行为的封装和抽象，适用于规模较大、复杂度较高的软件项目。

3. 软件复用与构件化方法

软件复用与构件化方法是指基于现有软件资源的重用和组合的方法，主要包括软件库、构件库、框架、模式等，强调软件的可重用性和可组合性，适用于快速开发和定制化的软件项目。

4. 面向方面的方法

面向方面的方法是指基于对横切关注点的分离和集成的方法，主要包括方面导向分析、方面导向设计、方面导向编程等，强调软件的模块化和可维护性，适用于涉及多个关注点和变化点的软件项目。

5. 模型驱动的方法

模型驱动的方法是指基于对软件系统的建模和转换的方法，主要包括统一建模语言（UML）、模型驱动架构（MDA）、模型驱动工程（MDE）等，强调软件的抽象层次和自动化程度，适用于跨平台和多视图的软件项目。

6. 服务化的方法

服务化的方法是指基于对软件功能的服务化和云化的方法，主要包括服务导向架构（SOA）、云计算（Cloud Computing）、微服务（Microservices）等，强调软件的灵活性和可扩展性，适用于分布式和网络化的软件项目。

1.3 项目开发技术

目前可使用的项目开发技术是非常多的，需要根据实现项目的需求、项目团队人员技术背景以及项目成本等方面来选择开发技术。

▶▶ 1.3.1　项目类型对应的开发技术

从项目类型角度来说，开发技术大致可以分为以下几种。

1. Web 开发技术

Web 开发是当前重要的一个开发领域，Web 开发涉及的应用领域也十分广泛，可以说有互联网的地方就有 Web 软件。Web 开发分为前端开发和后端开发两大部分，前端开发需要学习三个基本知识，包括 HTML、CSS 和 JavaScript（其中 JavaScript 是重点也是难点，因为它涉及浏览器的兼容性、DOM操作、事件处理、AJAX 通信等方面）。后端开发需要学习服务器端的编程语言和框架，如 Java、PHP、Python、Ruby 等，以及数据库的设计和操作，如 MySQL、Oracle、MongoDB 等。Web 开发技术不断地更新和变化，需要不断地学习新的技术和标准，如 HTML5、CSS3、ES6、Vue3、React、Angular 等。

2. 移动开发技术

移动开发是指为移动设备（如智能手机、平板计算机等）提供软件应用的开发领域，移动开发可以分为原生应用开发和混合应用开发两种方式。原生应用开发是指使用移动设备的原生编程语言和工具进行开发，如 Android 平台的 Java 和 Kotlin、iOS 平台的 Objective-C 和 Swift 等。原生应用开发可以充分利用移动设备的硬件和系统功能，提供更好的用户体验和性能。混合应用开发是指使用 Web 技术（如 HTML、CSS 和 JavaScript）进行开发，并通过一些框架（如 React、Angular 等），将其打包成可以在移动设备上运行的应用。混合应用开发可以实现跨平台的效果，减少重复的工作量和成本。

3. 桌面开发技术

桌面开发是指为个人计算机或者工作站提供软件应用的开发领域，桌面开发可以使用多种编程语言和工具进行，如 C/C++、Java、C#、Python 等。桌面开发需要考虑不同的操作系统（如 Windows、Linux、macOS 等）的兼容性和特性，以及用户界面的设计和交互。桌面开发也可以使用一些跨平台的框架（如 Qt、Electron 等）来简化开发过程和提高效率。

4. 嵌入式开发技术

嵌入式开发是指为嵌入式系统（如智能家居、物联网设备、工业控制系统等）提供软件应用的开发领域，嵌入式开发通常使用 C/C++作为主要编程语言，并使用一些专门的硬件平台和工具进行编译、调试和测试。嵌入式开发需要考虑硬件资源的限制（如内存、存储空间、电源等），以及实时性和可靠性的要求。

▶▶ 1.3.2　技术类型对应的开发技术

从技术类型角度来说，开发技术大致可以分为以下几种。

1. 编程语言

常用的编程语言包括 Java、Python、PHP、C++、C#等。其中 Java 应用最为广泛，拥有庞大的生态系统和成熟的开发框架。

2. 开发框架

常用的开发框架包括 Spring、Django、Struts2、Hibernate、MyBatis 等。这些框架提供了丰富的工具和组件，可帮助开发人员提高效率和代码质量。

3. 数据库

常用的数据库包括 MySQL、Oracle、SQL Server、MangoDB、SQLite、Redis 等。这些数据库提供了可靠的数据存储和管理方案，并且具有成熟稳定、安全性高等优点。

4. 前端技术

前端技术主要包括 HTML、CSS、JavaScript 等，以及流行的前端框架 jQuery、React、Vue3 等。

5. 开发工具

常用的开发工具（即 IDE）包括 IntelliJ IDEA、Visual Studio Code、Eclipse、Spyder、Visual Studio、NetBeans、Android Studio、Xcode 等。这些开发工具提供了集成的开发环境、优秀的编辑器，可以帮助开发人员提高开发效率和代码质量。

6. 服务器软件

商业软件开发完毕之后，需要部署到服务器上，那么常用的服务器软件包括 Apache Tomcat、Nginx、Apache HTTP Server、Microsoft IIS、Jetty 等。

7. 云计算技术

云计算已经成为当今商业软件开发中不可忽视的一部分。常用云计算平台有阿里云、华为云、AWS、Azure 和 Google Cloud 等。云计算平台可以帮助开发者构建高可用性、高弹性伸缩和高安全性的应用程序。

8. 开源技术

在商业软件项目中经常会使用大量优秀的开源工具和组件，如 Spring、Spring Boot、Apache Struts2、Apache Tomcat 和 Redis 等。这些开源工具和组件可以帮助开发人员提高效率，并降低成本。

9. 项目构建技术

在商业软件项目中经常会使用大量优秀的项目管理和构建工具，它们能够管理项目依赖、自动构建、打包、发布等，极大地提高了开发效率和工作质量，如 Maven、Gradle、Ant、Vite 等。

总之，在选择具体技术时，需要考虑需求和系统特点，以及选定方案后，需要考虑如何整合各项技术并进行调优和优化，以达到系统稳定运行及长期维护目标。

1.4　本书项目使用的开发技术

本书介绍的商业软件项目是一个互联网 Web 项目，因此它使用的开发技术主要是 Web 开发技术，具体开发技术说明如下。

1）编程语言：前端项目使用 JavaScript 编程语言，后端项目使用 Java 编程语言。

2）开发框架：使用的开发框架主要是 Spring、Spring Boot、Spring MVC、MyBatis、Thymeleaf、Vue3 等。

3）数据库：使用的数据库主要是 MySQL、Redis。

4）前端技术：使用的前端技术主要是 HTML5、CSS3、JavaScript、jQuery、AJAX、ES6、Node.js、Vue3 等。

5）开发工具：使用的开发工具是 IntelliJ IDEA、Visual Studio Code。

6）服务器软件：使用的服务器软件是 Apache Tomcat、Nginx。

7）云计算技术：使用的云计算是阿里云、七牛云存储。

8）开源技术：使用的技术基本上都是开源技术，如 Spring、Spring Boot、Spring MVC、MyBatis、Thymeleaf、Redis、Maven、Vite、Apache Tomcat、Vue3、Nginx 等。

9）项目构建技术：使用的项目构建技术是 Maven、Vite。

1.5 项目开发具体流程

关于商业软件项目开发具体流程，大致可以分为以下几个阶段。

1. 项目启动阶段

该阶段主要是确定项目的目标、范围、可行性、相关人员、团队组成、管理制度等。

2. 需求分析阶段

该阶段是整个项目开发的关键，项目团队需要通过与客户的充分沟通、市场调研、用户需求分析等方式，明确项目的需求和目标，对项目需求进行详细的分析和确认。通过分析客户的业务流程和需求，确定项目的功能和规模，并制定与撰写项目需求文档，包括功能需求、性能需求、界面设计、技术要求等。通常由产品经理编写《需求调研》《产品原型》《业务流程图》《页面跳转流程图》等文档，梳理业务流程和功能模块，产品经理需要面向整个团队进行需求讲解。研发项目经理需要制定《项目里程碑》《产品开发计划》和《项目任务分解》等文档。

3. 概要设计阶段

该阶段，团队需要根据《需求调研》等文档，对系统进行概要设计，主要包括确定系统的模块划分、接口定义、数据结构、架构设计等，通常会编写《UI 设计规范》《需求规格》《概要设计》等文档。

4. 详细设计阶段

该阶段，团队需要根据《概要设计》文档，进行详细的功能实现设计，包括具体的数据结构、算法实现、模块划分等，通常会编写《详细设计》《通信接口协议》《数据库表结构设计》《界面效果图》等文档。UI 设计师和研发工程师需要根据产品原型和需求规格进行相应的设计工作。

5. 编码实现阶段

该阶段主要是将设计方案实现为可运行的程序代码。开发人员开始根据《概要设计》和《详细设计》文档进行编码工作、实现具体的功能模块，并进行技术预研、需求确认、代码开发、单元测试、集成测试和 BUG 修复等开发工作，完成编码后需要进行功能评审。在这个过程中，需要对代码进行严格的质量管理和版本控制。

6. 测试调试阶段

该阶段主要是对软件进行各种测试，以保证软件质量和功能的正确性。测试工程师需要按阶段设计和开发测试实例，并执行测试，包括单元测试、集成测试、系统测试、性能测试和用户验收测试等多项测试工作；在测试过程中记录缺陷，将未通过的缺陷提交至 BUG 管理系统，并分配给相应的开发人员进行修复、调整。测试工程师还需要编写《测试结果报告》和《操作手册》等。

7. 部署运维阶段

该阶段主要是将软件部署到正式环境，并进行试运行和用户验收测试。运维工程师将软件安装、配置、部署到生产环境，然后进行试运行和用户验收测试，最后与客户或者上级达成一致后，系统正式发布上线。之后进行运维管理，包括系统运行状况监控、性能监控、日志管理、故障排除、数据备份和安全管理等。同时还需要持续收集用户反馈信息，以便研发人员持续优化、改进系统。

8. 维护升级阶段

在软件发布上线之后，团队需要根据客户反馈和市场需求不断进行软件升级和维护工作。

总之，在商业软件项目开发中，需要遵循一系列流程来确保项目顺利完成并满足客户需求。每个流程都有明确的任务和成果物产出，并且需要各团队成员协同工作完成。当然以上流程并不是一成不变的，具体的开发过程可能会因为项目的复杂度和具体要求而有所不同，在具体实践中存在多种变化和调整。在实际开发过程中，还需要进行需求管理、版本控制、项目管理、安全性与风险管理、配置管理、性能优化等方面的工作，以确保软件的质量、稳定性和可靠性。

1.6 本章小结

本章从项目体量、难度、团队与工具的角度介绍了项目开发演化历程，介绍了项目开发技术、开发方法和具体流程。此外，还列出了本书开发项目使用的技术。

第 2 章将阐述项目开发规范。为什么要有开发规范呢？因为现在开发一个商业软件项目，都是由一个团队，多人一起合作来完成的；为了让团队成员之间，互相沟通顺畅以及相互理解对方的开发成果，便于未来维护、升级，因此要规范化开发流程、文档格式和编码风格等内容；从而保证项目开发的质量和效率，使得团队协作更加高效。

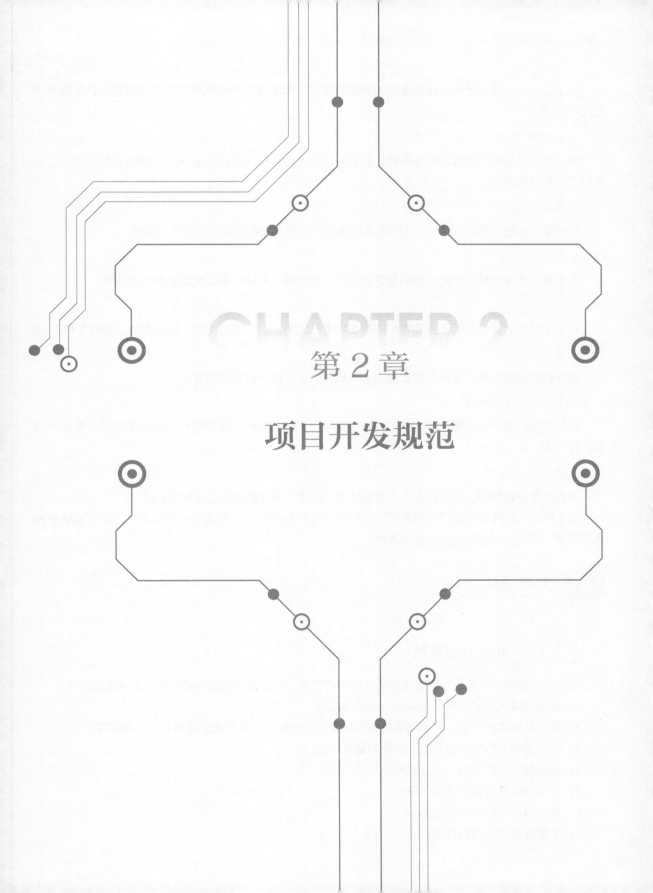

第 2 章

项目开发规范

为了让大家一开始就树立按照规范去做事的意识，本章首先介绍软件项目开发规范，以下是其中的几个方面。

1. 编码规范

为了保证代码的可读性和可维护性，需要制定统一的编码规范，如 Java 开发规范、版权规范、命名规范、注释规范等。

2. 版本控制

使用版本控制工具（如 Git）对代码进行管理，方便团队协作和代码合并、回滚。

3. 测试规范

对于每一个功能模块或接口都需要进行测试，包括单元测试、集成测试和系统测试等。

4. 文档规范

对于项目中的各个方面都需要有相应的文档进行说明，包括需求文档、设计文档、测试文档等。

5. 安全规范

确保软件系统具有一定程度的安全性，如数据加密、用户权限管理等。

6. 软件项目管理

编制明确的项目计划和进度安排，并进行监控和跟踪。同时，需要保持与客户的沟通，及时处理客户的反馈。

7. 软件代码复用

为避免重复造轮子，尽可能复用已有组件或代码库，并尽量减少冗余代码的出现。

综上所述，软件项目的开发规范可以使团队成员在项目开发中遵循统一的标准，提高开发效率和代码质量，同时方便团队协作和项目管理。

2.1 编码规范

▶▶ 2.1.1 Java 开发规范

Java 开发规范主要是为了保证代码的质量和可读性，并提高团队协作的效率，具体做法如下。

1）使用驼峰式命名法命名 Java 类、方法和变量。

2）确保代码格式一致，使用制表符或空格字符进行缩进，其中缩进使用 4 个空格字符。

3）不能省略大括号，避免出现错误的复合语句。

4）避免使用长行代码，在必要时使用换行符。

5）有效地运用空格来分隔代码。

6）每个方法只处理一项任务。

7）不要使用过时的语言特性。

8）使用 final 关键字来定义不允许修改的变量。

▶▶ 2.1.2　版权规范

版权规范主要是为了保护项目的知识产权，防止代码被恶意复制或盗用，具体做法如下。

1）在项目中使用合适的授权许可证。

2）对使用的开源代码进行审查。

3）声明代码版权信息。

4）声明禁止将代码用于商业用途。

▶▶ 2.1.3　命名规范

命名规范主要是为了增加代码的可读性，降低维护成本，具体做法如下。

1）Java 类名采用大驼峰式命名法，命名规则为：名称（如业务名或功能名）+ 动词 +层级后缀。例如：在控制层管理员管理模块，它的类名是 AdminManageController，其中 Admin 是业务名、Manage 是动词、Controller 是控制层后缀。

2）Java 方法名采用小驼峰式命名法，命名规则为：动词 + 名称（如业务名或功能名）+ 业务数据结构名（可选）。例如：获取管理员列表方法，它的方法名是 getAdminList，其中 get 是动词、Admin 是业务名、List 是业务数据结构名。

3）Java 变量名采用小驼峰式命名法。

4）常量名采用大写字母，多个单词使用下画线进行分隔。

5）所有名称都尽量采用实际业务名或功能名。

▶▶ 2.1.4　注释规范

注释规范主要是为了增加代码的可读性和可维护性，具体做法如下。

1）对类和方法进行注释，包括功能、输入参数和输出值等。

2）对复杂代码片段进行注释。

3）注释应简洁、清晰。

4）注释应该与代码含义保持一致。

5）不要编写过多或者毫无意义的注释。

6）在代码中使用符合标准的单行注释和多行注释。

7）在代码变动时，更新注释的内容。

2.2　版本控制

版本控制（Version Control）是一种管理和控制代码或文档的历史版本和变更记录的工具。它可以帮助开发团队在开发过程中管理代码的变更、跟踪项目的历史记录、协作开发，以及解决代码冲突等问题。

▶▶ 2.2.1　版本

版本是指软件的不同发布状态。每个版本都代表着软件在某个时间点的特定状态，包括功能、修复和改进。这里的软件是指一组文件或代码，那么软件版本是指一组文件或代码在某一时刻的状态，它记录了文件或代码的修改历史。

每个版本都会有一个编号，这个编号叫版本号。版本号是用来标识和区分不同软件版本的一组数字，通常包括主版本号、次版本号、修订号和构建号，有时也可以有其他标识。以下是一些常见的版本号定义规则。

1）主版本号：表示重大功能改变或架构变化，一般在大幅重构或设计变更时增加。

2）次版本号：表示较大规模功能添加或修改，一般在添加新功能时增加。

3）修订号：表示小规模的修改或问题修复，一般在 bug 修复或小功能改进时增加。

4）构建号：表示每次编译生成的唯一标识符，每次构建都会增加。

版本号的定义规则可以根据具体项目和团队的需求进行定制。常见的规则包括"主.次.修订"格式（如 1.0.0），也有日期格式（如 2022-01-01）等。

版本号具有以下重要意义。

1）识别不同版本：通过不同的版本号，可以清楚地区分和识别不同软件发布状态，帮助用户选择合适的软件版本。

2）管理功能变更：通过对每个版本进行编号，可以追踪和管理软件中引入的新功能、修改和删除旧功能。

3）问题追踪与修复：通过对每个修订号进行编号，可以追踪和管理问题报告，并将问题与特定版本关联起来。

4）兼容性管理：通过比较不同软件版本之间的差异，可以帮助开发人员确保向后兼容性，并确保用户能够平滑升级到新版本。

总之，版本和版本号在商业软件项目中起着至关重要的作用，它们能够帮助开发团队更好地管理、追踪和控制软件发布过程中的各种变化。

▶▶ 2.2.2　版本分支

版本分支是指在开发软件时，为了同时进行多个开发任务或者为了管理不同版本之间的差异而在主干代码的基础上创建的一个独立的代码分支。

版本分支通常是在主干代码中的某个时间点创建的，可以在分支上独立地进行开发、测试、修复问题等工作，而不影响主干代码。同时，版本分支也可以合并回到主干代码中，将各个分支的修改内容整合在一起。

以下是一些常见的版本分支定义规则。

1）主干代码：通常是指软件的主要代码线，包含稳定的功能和修复过的问题。主干代码不允许直接修改和提交。

2）版本分支：通常是指从主干代码创建出来并用于独立开发或管理不同版本之间差异的独立代

码分支。版本分支可以自由修改和提交。

3）特性分支：通常是指用于实现某个特定功能或任务而从版本分支上创建出来的独立代码分支。特性分支可以自由修改和提交。

4）发布标签：通常是指一个标记点，用于标记在特定时间点上，主干代码或者某个特定版本分支的打包发布。

版本分支具有以下重要意义。

1）同时进行多项开发任务：通过创建不同的版本分支，在不同的开发任务之间切换和管理，使得团队成员可以更高效地同时进行多项开发任务。

2）管理不同软件版本：通过将不同软件版本保存在各自的版本分支上，并合并回主干代码或其他相应发布时，在保证稳定性和可靠性的同时实现对各种需求变化的及时响应。

3）保持发布历史记录：为每次发布的软件版本打标签，非常利于在以后追踪发布历史记录。

4）方便问题追踪与修复：通过对每个特性分支、修订号等进行编号，可以追踪和管理问题报告，并将问题与特定的功能、任务、发布等关联起来。

总之，版本分支是一种重要的软件管理机制，在软件开发过程中可以帮助团队更好地控制软件发布中的各种变化。正确使用版本分支能够有效提高团队协作效率，并确保项目的高质量、可靠。

▶▶ 2.2.3　版本合并

版本合并（Merge）是指将两个或多个不同的代码版本合并为一个新的版本。在软件开发过程中，版本合并是一个非常常见的操作，特别是在多人协作开发或者分支开发的情况下。

版本合并有以下一些执行规则和意义。

1）版本合并必须基于一个共同的祖先版本进行，即需要先找到两个或多个版本之间的共同祖先，然后将其分别与目标版本进行合并。

2）版本合并时需要注意代码冲突。如果两个或多个版本中都对同一段代码进行了修改，则需要手动解决代码冲突。

3）版本合并后必须进行测试和验证。合并后的代码可能会出现新的问题，需要对其进行测试和验证。

4）版本合并可以使不同分支之间的代码得以相互融合。这可以提高团队协作开发效率，避免重复工作。

5）版本合并可以使得不同分支之间相互独立。这可以避免在修改某个功能时影响到其他功能。

6）版本合并可以保留历史记录。每次合并都会生成一个新的版本，这样就能够保留历史记录，方便以后查看和追溯。

总之，版本合并是非常重要的操作，能够提高团队协作开发效率、避免重复工作、保留历史记录等。同时，在进行版本合并时需要注意遵守一些规则，以保证代码质量和稳定性。

▶▶ 2.2.4　版本冲突

版本冲突是指多人同时修改同一个文件的同一部分时会出现不同的版本，当试图将这些不同版本合并时，就会出现冲突。版本冲突是软件开发中非常常见的问题。

版本冲突有以下一些执行规则和注意事项。

1）当多人修改同一个文件的同一部分时，会自动检测到冲突。

2）版本冲突需要手动解决。

3）解决版本冲突需要仔细分析和比较不同版本之间的差异，保留所有有用的修改，并将其合并为一个新的版本。

4）解决版本冲突需要与其他开发人员协作进行代码审查、讨论、测试等操作。

5）解决版本冲突可以提高代码质量和稳定性，避免代码错误和漏洞。

总之，在软件开发中，避免和解决版本冲突是非常重要的问题。只有通过合理协作、认真分析、细致比较等方式来解决这个问题，才能保证团队的协作开发效率、提高代码质量和稳定性，并且确保软件项目成功完成。

▶▶ 2.2.5 中央式版本控制

中央式版本控制是一种常见的软件版本控制方式，也被称为集中式版本控制。

中央式版本控制通常使用客户端–服务器架构。开发者在本地使用客户端工具从中央服务器下载代码，进行开发和修改，再将修改后的代码上传到中央服务器。在上传之前，需要先从中央服务器上获取最新的代码，并进行合并和冲突解决。

现在广泛使用的软件产品是 Subversion（SVN）。Subversion 是一个流行的中央式版本控制系统，被广泛用于软件开发和源码管理。它具有稳定性高、可靠性好、易于使用等特点。

虽然中央式版本控制在很长一段时间内是主流的版本控制方式，但它也存在一些问题。例如，在分支管理、合并、离线工作等方面存在一些不便之处。因此，在当今软件开发领域出现了另一种主流的版本控制方式——分布式版本控制系统（例如 Git），其具有更加灵活、高效和便利等优点。

▶▶ 2.2.6 分布式版本控制

分布式版本控制是一种较新的版本控制方式，与中央式版本控制的不同点在于，分布式版本控制将代码库完全复制到每个开发者的本地机器上，每个开发者都可以在本地创建、合并分支，并且在不需要连接到中央服务器的情况下进行代码比较和版本历史查看等操作。当然，在需要和其他开发者共享代码时，分布式版本控制系统也提供了一些便利的方式。

当一个开发者需要与其他开发者共享代码时，可以将自己本地修改后的代码推送到他人所在机器上，并将自己修改后的代码合并到他人机器上。因此，分布式版本控制系统可以让每个开发者都有完整的代码库备份，避免了单点故障。

Git 是最流行和广泛使用的分布式版本控制系统之一，其拥有快速、高效、强大等优点，在大型团队协作和复杂项目管理方面表现出色。

综上所述，版本控制是软件开发中不可或缺的一部分。通过版本控制工具，团队成员可以更好地管理代码和文档，同时也可以提高开发效率和代码质量。本书项目使用 Git 进行版本控制。

2.3 测试规范

测试规范是为了保证软件产品的质量，规范测试流程和测试方法，以便更好地发现和修复软件缺陷。测试规范包含如下一些方面。

1. 测试计划

在测试开始前，需要编制详细的测试计划，包括测试目标、测试策略、测试范围、测试用例等。同时需要制定明确的测试时间表并指定负责人。

2. 测试用例

编写详细的测试用例，确保对软件的各个功能模块和接口进行全面的覆盖。

3. 测试环境

建立专门的测试环境，并对环境进行充分的准备和管理，以便在一个独立的环境中进行完整性、稳定性和兼容性等各方面的测试。

4. 测试工具

选择适当的工具对软件进行自动化或手动化测试，并确保能够充分利用工具进行自动化功能覆盖度检查、缺陷管理等。

5. 测试报告

在每一轮测试结束后，编制详细、全面且易于理解的报告，包括缺陷列表、修复情况以及版本迭代计划等内容。

6. 回归测试

对每一次版本迭代都需要进行回归测试，以检查新的版本是否影响了之前的功能和性能。

7. 合理安排测试时间

在开发周期的各个阶段安排测试时间，避免测试时间过于集中，确保充分测试和及时发现缺陷。

综上所述，测试规范是保证软件产品质量的重要手段，它可以帮助开发团队规范测试流程、提高测试效率、降低软件缺陷率。

2.4 文档规范

文档规范是指为了保证文档的质量和可读性而制定的标准，可以帮助编写人员更好地组织文档内容、提高阅读体验、减少误解和疑惑，它规范了文档的格式、内容和样式等方面的要求。

▶▶ 2.4.1 普通文档规范

普通文档规范包含如下几个方面。

1. 标题和目录

每个文档应该包含清晰的标题，以便读者了解文档内容。同时应该编制清晰、完整的目录，方便读者查找所需信息。

2. 正确使用字体

在文档中应该使用易于阅读的字体和字号，并避免使用过多字体。标题、正文、列表等应该采用不同的字号，以便区分不同部分。

3. 图片和表格

如果需要使用图片和表格来解释或支持某些内容，应确保图片清晰且大小适中，表格中每个单元格都要清晰易读，并采用统一格式。

4. 格式化代码

如果需要在文档中插入代码或者代码片段，应该采用统一的格式化方法，并且确保代码在输出后具有良好的可读性。

5. 术语解释

在文档中应该对某些专业术语进行解释或者提供相关链接，以便读者在阅读过程中快速查找术语含义。

6. 撰写风格

文档应采用简明扼要的语言，语言流畅，符合逻辑，不使用过于复杂的语句结构。

▶▶ 2.4.2 技术接口文档规范

本书主要介绍软件开发技术方面的知识点，那么需要大家更关注软件技术方面的文档规范，如技术接口文档规范，因此对技术接口文档规范需要提出更严格的要求。

技术接口文档是描述软件组件之间的接口和交互方式的文档。为了保证技术接口文档的准确性和易读性，以下是一些更严格的编写规范。

1. 详细描述接口

技术接口文档需要详细描述各个接口的输入、输出、数据格式、错误处理方式等信息，确保开发人员可以清晰地了解各个组件之间的交互方式。

2. 采用统一格式

技术接口文档需要采用统一格式，例如可以使用表格或者代码段来描述各个接口。同时需要统一使用特定格式来描述输入和输出数据类型，例如 JSON 或 XML。

3. 异常处理

在技术接口文档中需要详细描述异常处理方式，包括异常类型、异常代码和错误信息等内容。

4. 示例代码

在技术接口文档中可以提供示例代码来展示如何使用特定的 API 或组件。这样可以帮助开发人员更好地理解 API 和组件的使用方式。

5. 版本控制

在编写技术接口文档时，需要采用版本控制机制，以确保开发人员能够使用正确版本的 API 和组件。同时需要对每个版本进行详细说明，并且说明每个版本中新增和修改了哪些 API 或组件。

6. 精简描述

在编写技术接口文档时，尽量简洁明了地描述接口，避免出现冗余信息和无用的描述。这样可以提高开发人员的阅读体验和开发效率。

综上所述，技术接口文档是软件开发中非常重要的文档之一，编写规范可以保证其准确性和易读性。同时需要注意及时更新文档内容，以确保开发人员可以使用最新的 API 和组件。

2.5 安全规范

安全规范是指在软件项目开发和维护过程中，为了保护软件和数据安全而制定的规范。以下是软件项目中常见的安全规范。

1. 数据保护

在开发过程中需要保护数据的安全，避免出现数据泄露或者数据被篡改。需要采用加密技术，以确保敏感数据不被窃取。

2. 访问控制

需要限制不同用户对软件和数据的访问权限，以确保只有授权用户才能访问。这可以通过用户身份验证和权限管理来实现。

3. 弱口令检测

在开发过程中需要限制用户使用弱口令。可以采用口令强度检测技术来检测口令强度，并对使用弱口令的用户进行提示和警告。

4. 安全更新

在软件发布后需要及时发布安全更新，修复已知的漏洞和错误，并及时升级已知漏洞和错误所使用的第三方组件或代码库。

5. 安全审计

需要定期进行安全审计，检查是否存在未知漏洞或者错误，并及时修复。同时需要记录每次审计结果以便于未来跟踪。

6. 安全培训

对软件开发人员进行定期安全培训，提高开发人员的安全意识和安全知识水平，以便更好地保护软件和数据的安全。

综上所述，软件项目的安全规范是保护软件和数据安全的重要手段，需要严格遵守和执行。在开发过程中需要时刻关注软件和数据的安全问题，并及时采取措施加以保护。

2.6 软件项目管理

项目管理是指在软件开发过程中，通过有效的计划、组织、执行、监控和控制等管理活动，实现软件项目的目标和交付高质量的软件产品。以下是软件项目管理中常见的活动。

1. 项目计划

制订软件项目计划，明确项目目标、范围、进度和资源需求等内容。在制订计划时需要考虑风险因素，采取相应措施进行风险管理。

2. 项目组织

组织开发团队，明确团队成员职责和角色，并确保团队成员之间有良好的沟通和协作。

3. 项目执行

按照计划执行软件开发工作，实现各项工作任务，并进行相应的文档记录。

4. 项目监控

监控项目进展情况，及时发现并解决问题。需要采用一些工具进行进度监控、问题追踪和沟通协作等工作。

5. 项目评估

在软件开发完成后进行评估，并收集用户反馈信息。根据评估结果对软件产品进行改进和升级。

6. 质量保证

制订质量保证计划并执行相应活动，确保交付高质量的软件产品。

7. 风险管理

进行风险评估，制订相应的风险应对计划，并进行风险跟踪和管理。

综上所述，软件项目管理是软件开发过程中非常重要的一环，对于软件项目的成功交付和质量保证起着至关重要的作用。

2.7 软件代码复用

软件代码复用是指在软件开发过程中，重复使用已经开发过的代码来实现新的软件功能，以提高软件开发效率和降低软件开发成本。以下是软件代码复用的几种方式。

1. 函数和类库的复用

在编写新的代码时，可以重复使用已经编写好的函数和类库。例如，在实现一个新的算法时，可以使用已经编写好的数学函数库。

2. 模块化设计

在设计软件时，可以采用模块化设计思想，即将功能相似或者相同的代码模块进行抽象和封装，形成可重复使用的模块。例如，在开发 Web 应用时，可以将常见功能（如用户登录、数据查询等）封装成模块，在需要使用时进行调用。

3. 组件化设计

将模块进一步封装成组件，在需要时进行组合使用。例如，在开发 Web 应用时，可以将不同的模块组合成一个 Web 应用。

4. 面向对象编程

采用面向对象编程思想进行编程，即将相同或者相似功能封装在一个类中，并通过继承、接口等方式进行重复使用。

5. 开源软件

通过采用开源软件来降低开发成本和提高效率。通过使用现有优秀的开源框架、组件和库等，避免重复开发已有的功能，从而节省开发时间和降低开发成本。

综上所述，软件代码复用是提高软件开发效率和降低软件开发成本的重要手段，需要采用适当的复用方式，以实现代码的高度重复使用。

2.8 本章小结

在本章中，从编码规范、版本控制、测试规范、文档规范、安全规范、软件项目管理、软件代码复用等方面阐述了一些项目开发规范，来帮助大家树立规范意识、标准意识、团队合作意识，最终目的是交付出高品质的软件项目，打造出一个高效率的协作团队。

第 3 章将介绍软件项目开发技术，带领读者了解开发 Web 商业软件项目所需的技术。

第 3 章

项目开发技术

在本章中，将介绍开发 Web 软件项目所需要的技术，将按照从下往上、从内到外、从服务端到客户端、从底层数据库到前端页面的顺序，来简单介绍相关开发技术；最后还会介绍一下开发管理和开发工具的技术。

3.1 数据库技术

▶▶ 3.1.1　MySQL 数据库

MySQL 是一种关系型数据库管理系统，是目前最流行的开源数据库之一。MySQL 采用 C/C++语言编写，支持多种操作系统，包括 Windows、Linux、Unix 等。MySQL 具有性能高、易于使用、稳定性好、开源免费等优点。MySQL 的主要特点如下。

1. 支持多种数据存储引擎

MySQL 支持多种数据存储引擎，包括 InnoDB、MyISAM 等。不同的存储引擎具有不同的特点和优缺点，开发人员可以根据实际需求选择不同的存储引擎。

2. 支持事务处理

MySQL 支持 ACID 事务，可以确保在并发访问情况下数据的完整性和一致性。

3. 提供高效索引

MySQL 提供多种索引类型，包括 B-tree 索引、全文索引等，可以大大提高查询效率。

4. 支持分布式部署

MySQL 支持分布式部署，可以通过主从复制、分区等方式实现数据的分布式存储和管理。

5. 提供安全机制

MySQL 提供多种安全机制，包括访问控制、加密传输等，可以确保数据的安全性。

6. 易于管理和维护

MySQL 提供了多种管理工具和命令行工具，方便开发人员对数据库进行管理和维护。

MySQL 还有很多其他的特点和优点，例如开源免费、可扩展性强等。由于 MySQL 在开源社区中的广泛应用，也形成了丰富的生态系统和社区支持。同时，MySQL 也在不断发展和完善，引入了新的特性和技术，以满足不断变化的业务需求。

▶▶ 3.1.2　Redis 缓存数据库

Redis 是一款开源的、基于内存的、强大且功能丰富的缓存和键值数据结构存储系统，具有高性能、高可用性和可扩展性等优点，可以用作数据库、缓存和消息中间件等。Redis 支持多种数据结构，如字符串、哈希表、列表、集合和有序集合等，同时还支持事务、Lua 脚本、发布/订阅等功能。Redis 的数据存储在内存中，可以实现快速读写操作，同时也可以通过持久化机制将数据写入磁盘中以保证数据的可靠性。因此，在大型 Web 应用中广泛应用，它以其高效率、易扩展性、多样化特征以及强大而易于使用的命令得到了广泛的关注。以下是 Redis 技术的简单介绍。

1. 内存数据库

Redis 将所有数据存储在内存中，读写速度非常快。同时，Redis 也支持将数据存储到硬盘上，保证数据的持久性。

2. 键值数据库

Redis 以键值对的形式存储数据，键都是字符串业型，值可以是字符串、哈希、列表、集合或有序集合等类型。

3. 高性能

Redis 采用单线程模型和非阻塞 IO 技术，支持每秒上万次的读写操作。同时，Redis 也支持主从复制和集群部署等方式，提高系统的可用性和扩展性。

4. 多种数据结构

除了支持常见的字符串、哈希、列表、集合和有序集合等数据结构外，Redis 还支持位图、地理位置等复杂数据结构。

5. 事务处理

Redis 支持事务处理，在一个事务中可以执行多个操作，并保证所有操作都成功或都失败。

6. 发布/订阅模式

Redis 支持发布/订阅模式，在该模式下可以实现消息队列和实时通信等功能。

7. Lua 脚本

Redis 还支持使用 Lua 脚本执行一些复杂操作，并可以将 Lua 脚本缓存在服务器端以提高执行效率。

3.2 服务端技术

▶▶ 3.2.1 Java 基础知识

Java 是一种面向对象的编程语言，具有平台无关性、可移植性、强类型、自动内存管理等特点，在 Web 开发领域也得到广泛应用。Java 基础知识包括以下内容。

1. Java 基础知识

（1）数据类型和变量

Java 支持基本数据类型和引用数据类型。基本数据类型包括整型、浮点型、布尔型和字符型；引用数据类型包括类、数组和接口等。变量是程序中用于存储数据的内存空间，必需先声明后使用。

（2）运算符

Java 支持算术运算符、关系运算符、逻辑运算符等多种运算符，可用于完成各种计算操作。

（3）控制语句

Java 提供了 if-else、switch、for 循环、while 循环等多种控制语句，用于控制程序的流程。

（4）数组

数组是一种存储多个相同类型元素的容器，可以通过下标访问数组中的元素，可以快速访问到数据。

（5）方法

方法是一段代码块，可重复使用，在程序中起到模块化的作用。方法包括参数列表、返回值和方法体等部分。

（6）类和对象

类是一个模板，对象是根据类创建出来的实体。类可以包含属性、方法、构造函数等内容。

（7）继承和多态

继承是一种代码重用的机制，子类可以继承父类的属性和方法；多态是一种对象的行为变化，同一方法可以根据对象的不同而产生不同的行为。

（8）异常处理

Java 提供了 try-catch-finally 语句用于处理程序运行过程中可能出现的异常情况。

（9）IO 操作

Java 提供了多种输入输出流，可用于读写文件、网络传输等操作。

（10）包

Java 中的包是一种组织代码的机制，用于将相关的类和接口组织在一起。包可以避免命名冲突，并方便代码管理和复用。

（11）接口

接口是一种抽象类型，它定义了一组方法的签名，但没有实现。实现接口的类必需实现接口中定义的所有方法。

（12）抽象类

抽象类是一种不能被实例化的类，它可以包含抽象方法和非抽象方法。抽象方法没有实现，必需在子类中实现。

（13）泛型

泛型是 Java 引入的一个特性，它可以将类型参数化，在编译时检查类型安全性，并且可以减少类型转换操作。

（14）注解

注解是 Java 中一种特殊的注释形式，用于在程序中标记特定信息或者配置信息。注解可以用于代码分析、编译时生成代码、运行时生成代码等操作。

（15）Lambda 表达式

Lambda 表达式是 Java 8 引入的一个新特性，它允许以更简洁、更易读、更灵活的方式编写代码。Lambda 表达式主要用于函数式编程和集合操作。

（16）多线程

Java 提供了多线程机制，允许多个线程并发执行。多线程可以提高程序的执行效率，但也需要考虑线程安全问题。

2. Java 进阶知识

以上是一些初级的 Java 基础知识，掌握这些知识可以让读者深入地理解 Java 编程。当然，这还只是 Java 编程的一部分，如果读者想成为一名优秀的 Java 开发者，还需要掌握更多相关知识和技能。接下来再介绍一些进阶的 Java 知识。

（1）反射

Java 的反射机制允许程序在运行时进行获取类的信息、创建对象、调用方法等操作，它可以提高程序的灵活性和可扩展性。

（2）枚举

枚举是一种特殊的数据类型，它列举出所有可能的值，并限定变量只能取这些值之一。枚举可以提高代码可读性和类型安全性。

（3）注解处理器

注解处理器是 Java 中用于处理注解的工具，它可以在编译时或运行时扫描代码，并根据注解生成相应的代码或完成其他操作。

（4）NIO

NIO 是 Java 中提供的一种基于缓冲区、事件驱动、非阻塞的 IO 模型，它可以提高 IO 操作效率，并允许处理大量并发连接。

（5）JVM

JVM 是 Java 虚拟机，它是 Java 程序运行环境的核心组成部分。JVM 可以将 Java 字节码解释为本地机器指令，并提供垃圾回收、内存管理等功能。

（6）设计模式

设计模式是一种解决软件设计问题的经验总结。Java 中常用的设计模式包括单例模式、工厂模式、观察者模式等。

（7）数据库连接和 ORM

Java 可以通过 JDBC 连接各种关系型数据库，并通过 ORM 框架实现对象和数据库之间的映射。

▶▶ 3.2.2　Java 数据结构

Java 数据结构是 Java 语言提供的一组数据结构实现，包括数组、链表、栈、队列、堆、树、哈希表等。同时在 Java 中提供了一套丰富的集合框架，包括 List、Set、Map 等接口和实现类；集合框架可以方便地处理各种数据结构和算法问题。下面来介绍一些 Java 数据结构方面的知识[2]。

（1）数组

数组是 Java 中最基本的数据结构之一，它可以存储一组同类型的元素，并支持快速访问和修改。它是一种线性结构，它由一组连续的内存空间存储相同类型的数据。Java 提供了一系列数组操作方法，如排序、查找等。

（2）链表

链表是由一系列节点组成的线性结构，每个节点包含一个数据元素和一个指向下一个节点的指针。链表分单向链表和双向链表两种类型。Java 中提供了实现类 LinkedList 可以同时实现单向链表和双向链表。

（3）栈

栈是一种后进先出（LIFO）的数据结构，它支持压栈、出栈等操作，并且可以用于递归、括号匹配等问题。Java 中提供了 Stack 类用来实现栈。

（4）队列

队列是一种先进先出（FIFO）的数据结构，它支持入队、出队等操作，并且可以用于广度优先搜索等问题。Java 中提供了 Queue 接口和其实现类 LinkedList 来实现队列。

（5）堆

堆是一种特殊的完全二叉树形数据结构，它满足堆属性（最小堆或最大堆），可以分为大根堆和小根堆，并支持插入、删除等操作。堆可以用于排序、优先队列等问题。Java 中提供了 PriorityQueue 类来实现堆。

（6）树

树是一种分层次存储数据的抽象数据类型，它包括根节点、子节点等概念，并且支持遍历、搜索等操作。常见的树包括二叉树、平衡树、红黑树等。二叉树是由节点和指向子节点的指针组成的树形结构。

（7）哈希表

哈希表也称散列表，它将关键字映射到哈希表中的一个位置来访问记录。Java 中提供了 HashMap 类和 Hashtable 类来实现哈希表。

以上是 Java 数据结构方面的一些知识，掌握这些知识可以帮助读者更好地理解和应用 Java 编程语言。当然，数据结构和算法是 Java 编程的核心内容之一，如果读者想成为一名优秀的 Java 开发者，需要深入学习这方面的知识。下面列举一些常用的 Java 数据结构类，以及它们的作用和应用场景。

1）ArrayList：ArrayList 是 Java 中最常用的集合类之一，它可以动态地增加和删除元素，支持随机访问和遍历。ArrayList 类适合存储大量元素并且需要频繁访问和修改的场景。

2）LinkedList：LinkedList 是 Java 中另一种常用的集合类，它是一种双向链表结构，支持动态增加和删除元素，并且可以快速插入和删除元素。LinkedList 类适合频繁插入和删除元素的场景。

3）HashSet：HashSet 也是 Java 中常用的一种集合类，它基于哈希表实现，支持快速添加、删除、查找元素，并且可以去重。HashSet 类适合存储大量元素并且需要快速查找或去重的场景。

4）HashMap：HashMap 是 Java 中另一种基于哈希表实现的集合类，它将键值对映射到哈希表中，并支持快速添加、删除、查找键值对。HashMap 类适合存储大量键值对并且需要频繁查找或修改键值对的场景。

5）Stack：Stack 是 Java 中栈结构的实现类，它支持压栈、出栈等操作，并且可以用于递归、括号匹配等问题。

6）PriorityQueue：PriorityQueue 是 Java 中优先队列的实现类，它可以按照指定的排序方式（如自然排序或自定义排序）来排序元素，并且支持快速添加、删除、查找元素。

7）TreeMap：TreeMap 是 Java 中基于红黑树实现的一种 Map 集合类，它支持按照键进行排序，并且支持快速添加、删除、查找键值对。TreeMap 类适合存储大量键值对并且需要按照键进行排序或查找的场景。

8）TreeSet：TreeSet 是 Java 中基于红黑树实现的一种 Set 集合类，它支持按照自然排序或自定义排序方式来存储元素，并且可以去重。TreeSet 类适合存储大量元素并且需要按照指定方式进行排序或去重的场景。

以上是常用的 Java 数据结构类及其应用场景。不同的数据结构类具有不同的优缺点和适用场景，根据具体情况选择合适的数据结构可以提高程序性能和效率。

综上所述，Java 基础知识和数据结构的每个部分都非常重要，如果读者想更深入地学习 Java 编程，建议阅读更多相关书籍和资料。

▶▶ 3.2.3　Spring 技术

Spring 是一个轻量级的开源框架，用于构建企业级应用程序。它由 Rod Johnson 在 2003 年创建，目的是解决传统的 Java EE 框架（如 EJB）的笨重和复杂性。Spring 框架通过依赖注入（DI）和面向切面编程（AOP）等特性，简化了 Java 开发，提高了应用程序的可测试性、可扩展性和可维护性。

Spring 框架包括多个模块，每个模块都提供了特定的功能，下面是一些常用模块[3]。

1）Spring Core：Spring 框架的核心模块，提供了 DI 和 AOP 等基础功能。

2）Spring MVC：基于 MVC（Model-View-Controller）模式实现 Web 应用程序开发。

3）Spring Security：提供了身份验证和授权功能，保护 Web 应用程序的安全性。

4）Spring Data：提供了统一的数据访问接口，支持多种数据源（如关系型数据库、NoSQL 数据库、内存数据库等）。

5）Spring Batch：提供了批处理功能，支持大规模数据处理和批量任务处理。

6）Spring Cloud：基于 Spring Boot 构建微服务应用程序的工具包。

在使用 Spring 框架开发应用程序时，通常需要掌握以下技术。

1）Spring IoC 容器：理解 IoC 容器及其工作原理，并掌握依赖注入（DI）和依赖查找（DL）的方法。

2）Spring AOP：了解 AOP 的概念和原理，掌握如何使用 Spring 框架实现 AOP。

3）Spring MVC：理解 MVC 模式，掌握如何使用 Spring MVC 开发 Web 应用程序。

4）Spring JDBC：了解 JDBC 编程，掌握如何使用 Spring JDBC 简化 JDBC 编程。

5）Spring ORM：了解 ORM 框架（如 Hibernate、MyBatis 等），掌握如何使用 Spring 框架简化 ORM 编程。

综上所述，Spring 是一个强大的 Java 开发框架，通过提供多个模块来支持各种应用程序开发需求。开发人员需要掌握 Spring IoC 容器、AOP、MVC、JDBC 和 ORM 等技术来有效地使用 Spring 框架。

▶▶ 3.2.4　Spring Boot 技术

Spring Boot 是一个基于 Spring 的快速应用程序开发框架，可以快速构建生产级别的应用程序，同时也可以减少开发人员的工作量和配置负担。Spring Boot 是一个轻量级、开箱即用的框架，使用起来非常简单，可以自动配置大部分应用程序的功能[4]。

Spring Boot 的主要特点如下。

（1）简单易用

Spring Boot 采用"约定优于配置"的设计理念，使得应用程序开发变得简单易用。

（2）开箱即用

Spring Boot 自动配置了常见的功能（如数据访问、Web 开发、安全性等），无须手动配置。

（3）微服务支持

Spring Boot 与 Spring Cloud 集成，可以快速构建微服务应用程序。

（4）独立性

Spring Boot 不依赖于任何其他外部框架或容器，可以轻松地嵌入到 Java 应用程序中。

（5）丰富的插件生态系统

Spring Boot 拥有丰富的插件生态系统（如插件库和插件市场），可以帮助开发人员快速扩展应用程序功能。

使用 Spring Boot 进行应用程序开发时，需要掌握以下技术。

1）Spring Boot Starter：了解并使用 Spring Boot Starter 来快速构建 Web、数据库等常见应用程序功能。

2）Spring Boot Actuator：了解并使用 Spring Boot Actuator 来监控和管理应用程序。

3）Spring Boot DevTools：了解并使用 Spring Boot DevTools 来提高应用程序的开发效率。

4）Spring Boot Test：了解并使用 Spring Boot Test 来进行应用程序测试。

综上所述，Spring Boot 是一个强大的应用程序开发框架，可以大大提高开发效率和生产力。开发人员需要掌握 Spring Boot Starter、Actuator、DevTools 和 Test 等技术来快速构建应用程序。

▶▶ 3.2.5 Spring MVC 技术

1. MVC 技术概念

MVC（Model-View-Controller）是一种软件架构模式，主要用于分离用户界面、数据及控制逻辑。MVC 技术将应用程序分为三个主要部分：模型（Model）、视图（View）和控制器（Controller）。模型用于封装应用程序的业务逻辑和数据；视图用于展示用户界面；控制器用于接收用户输入并将其传递给模型或视图。使用 MVC 技术可以提高代码的可维护性和重用率。

2. Spring MVC 技术[5]

Spring MVC 是 Spring 框架的一个子模块，是一种基于 MVC 设计模式的 Web 框架。它的目的是为简化 Web 应用程序开发，提供了一个清晰的 MVC 架构，将应用程序逻辑和展示分离，同时提供了丰富的特性和功能。Spring MVC 的主要特点如下。

1）分离逻辑和展示：Spring MVC 将应用程序逻辑和展示分离，使得代码结构清晰易于维护。

2）可扩展性：Spring MVC 使用插件式开发模式，可以方便地扩展和自定义功能。

3）灵活性：Spring MVC 支持多种视图技术（如 JSP、Thymeleaf、FreeMarker 等），可以根据项目

需求自由选择。

4）易于测试：Spring MVC 支持单元测试、集成测试等多种测试方式，可以方便地进行代码测试。

5）高度集成：Spring MVC 与 Spring 框架完美集成，在开发过程中可以使用其他 Spring 框架的特性和功能。

使用 Spring MVC 进行 Web 应用程序开发时，需要掌握以下技术。

1）控制器（Controller）：掌握如何编写控制器类来处理用户请求，并返回响应结果。

2）视图（View）：了解如何使用视图技术来展示数据。

3）模型（Model）：了解如何将数据封装到模型对象中，并在视图中使用。

4）表单（Form）：了解如何处理表单数据，并在控制器中进行校验和处理。

5）国际化（I18n）：了解如何实现国际化和本地化。

现在使用 Spring MVC 技术开发代码，会大量使用一些注解技术，它可以帮助开发人员更加方便地编写控制器类和其他组件。以下是 Spring MVC 中常用的注解技术。

1）@Controller：用于标记控制器类，告诉 Spring 容器将其作为控制器组件进行管理。

2）@RequestMapping：用于标记请求映射路径，可以用于类级别和方法级别。类级别的@Request-Mapping 可以定义控制器处理请求路径的前缀，方法级别的@RequestMapping 可以定义具体的请求路径和请求方法。

3）@RequestParam：用于将请求参数绑定到方法参数上。通过指定参数名，可以将 HTTP 请求中的参数值映射到方法参数上。

4）@PathVariable：用于将 URL 中的占位符绑定到方法参数上。通过指定占位符名称，可以将 URL 中的占位符值映射到方法参数上。

5）@ResponseBody：用于将响应结果作为 HTTP 响应体返回给客户端。如果一个控制器方法标记了@ResponseBody 注解，则返回值将会直接写入 HTTP 响应体中，而不是被解析为视图名称进行视图渲染。

6）@ModelAttribute：用于将模型属性绑定到方法参数上。如果一个控制器方法标记了@ModelAttribute 注解，则 Spring MVC 会自动创建该模型属性对象，并且将请求参数绑定到该对象上。

7）@Validated：用于校验请求参数的有效性。如果一个控制器方法标记了@Validated 注解，则请求参数将会被校验，并且校验失败时会抛出异常。

8）@ExceptionHandler：用于定义异常处理方法。如果一个控制器类或方法标记了@ExceptionHandler 注解，则可以定义异常处理方法，用于处理在该类或方法中抛出的指定类型的异常。

9）@SessionAttributes：用于指定模型属性的作用域为 Session 作用域。如果一个控制器类标记了@SessionAttributes 注解，则该控制器中所有标记了@ModelAttribute 注解的方法会将模型属性保存到 Session 作用域中。

综上所述，Spring MVC 是一种强大的 Web 框架，可以大大提高 Web 应用程序开发的效率和可维护性。开发人员需要掌握控制器、视图、模型、表单、国际化等技术，才能更好地使用 Spring MVC 进行 Web 开发。

▶▶ 3.2.6 MyBatis 与 Spring 集成技术

MyBatis 是一种优秀的持久层框架，它是一种半自动化的 ORM（Object Relational Mapping）框架。MyBatis 通过 XML 文件或注解来配置 SQL 语句和映射关系，将 SQL 语句和 Java 对象进行映射，使得 Java 对象可以直接与关系型数据库进行交互。

MyBatis 的主要优点如下。

（1）灵活性

MyBatis 支持多种映射关系的配置方式，可以通过 XML 文件或注解来配置 SQL 语句和映射关系，也可以使用 MyBatis 标签和#{}占位符来动态构建 SQL 语句。

（2）可维护性

由于 MyBatis 使用 XML 文件或注解来配置 SQL 语句和映射关系，因此对于开发人员来说非常容易维护。

（3）易于学习

相对于其他 ORM 框架而言，MyBatis 学习曲线相对较低。只要掌握了基本的 XML 或注解配置方式，以及 Mapper 接口编写规范，就可以轻松地编写出高效的持久层代码。

在使用 MyBatis 时，主要涉及以下几个核心组件。

1）SqlSessionFactory：MyBatis 的核心组件之一，它是 MyBatis 的入口，负责创建 SqlSession 对象。

2）SqlSession：MyBatis 与数据库交互的核心组件，它封装了 JDBC 操作和数据库连接的细节。

3）Mapper：一种映射器，用于将 Java 对象与 SQL 语句进行映射。

MyBatis 的工作流程如下。

1）创建 SqlSessionFactory 对象。

2）使用 SqlSessionFactory 对象创建 SqlSession 对象。

3）使用 Mapper 接口编写 SQL 语句，并调用 Mapper 接口方法执行 SQL 语句。

4）SqlSession 负责将 SQL 语句转化为 JDBC 操作，并执行 SQL 语句与数据库进行交互，将查询结果封装为 Java 对象返回给调用方。

MyBatis 与 Spring 集成是非常常见的，它可以在使用 MyBatis 的同时，能够更好地利用 Spring 框架的依赖注入和事务管理等功能。下面来详细介绍一下 MyBatis 与 Spring 的集成技术。Spring 提供了下面两种方式来集成 MyBatis。

1）使用 Spring 的 SqlSessionFactoryBean 配置：在 Spring 配置文件中定义 SqlSessionFactoryBean，在其中注入 DataSource 和 MyBatis 配置文件路径等信息，最终将创建好的 SqlSessionFactory 注入 MapperScannerConfigurer 中。通过这种方式可以自动扫描指定包下所有标注了@Mapper 注解的接口，并创建对应的 Mapper 代理对象。

2）使用 mybatis-spring-boot-starter：使用 mybatis-spring-boot-starter 可以更加方便地集成 Spring Boot 和 MyBatis。只需要在 pom.xml 文件中添加对 mybatis-spring-boot-starter 的依赖，然后在 application.properties 文件中配置 MyBatis 相关信息，即可自动配置 SqlSessionFactory 和 MapperScannerConfigurer。

MyBatis 与 Spring 集成主要涉及以下几个步骤。

（1）引入相关依赖

在 pom.xml 文件中引入相关依赖，包括 MyBatis、Spring、MyBatis-Spring 等，其中，MyBatis-Spring 是 MyBatis 官方提供的 Spring 集成插件。

（2）配置数据源

在 Spring 配置文件中配置数据源，包括数据库驱动、数据库链接地址、用户名、密码等信息。这里可以使用 Spring 提供的 DataSource 组件来管理数据源。

（3）配置 SqlSessionFactoryBean

SqlSessionFactoryBean 是一个 Spring 工厂 Bean，它用于创建 SqlSessionFactory 对象。在配置 SqlSessionFactoryBean 时，需要将数据源注入其中，并指定 MyBatis 配置文件的路径。

（4）配置 MapperScannerConfigurer

MapperScannerConfigurer 是一个用于扫描 Mapper 接口的 Spring 组件，在配置 MapperScannerConfigurer 时，需要指定 Mapper 接口所在包的路径，并将 SqlSessionFactory 对象注入其中。

（5）编写 Mapper 接口和 XML 文件

在使用 MyBatis 时，需要编写 Mapper 接口和 XML 文件来映射 Java 对象和 SQL 语句。在编写 Mapper 接口时，需要将它们注入 Spring 容器中，以便在调用时自动注入。

（6）配置事务管理器

在使用 MyBatis 时，经常需要使用事务来保证数据的一致性。在 Spring 中，可以使用事务管理器来管理事务。在配置事务管理器时，需要将数据源注入其中，并指定事务管理策略。

以上就是 MyBatis 与 Spring 集成的主要步骤。通过集成 MyBatis 和 Spring，可以充分利用 Spring 框架的依赖注入和事务管理等功能，并且能够更加方便地编写和维护持久层代码。

▶▶ 3.2.7　Thymeleaf 与 Spring 集成技术

Thymeleaf 是一种用于 Web 和独立环境中现代服务器端的 Java 模板引擎，它能够将模板和数据进行绑定，生成 HTML、XML、JavaScript、CSS 等格式的文件。Thymeleaf 是一种基于 XML、XHTML、HTML5 的模板引擎，能够与 Spring 框架很好地集成。

下面来详细介绍一下 Thymeleaf 以及它与 Spring 的集成技术。

1. Thymeleaf 基础语法

Thymeleaf 使用类似于 HTML 的标签进行标记，通过属性和标签的方式将数据绑定到模板中。下面是一些常用的 Thymeleaf 语法。

（1）属性绑定

在 HTML 标签中添加 th: 属性来将数据绑定到模板中，例如：

```
<p th:text="${message}">Hello World</p>
```

上面的代码会将"Hello World"替换为 message 变量中的值。

（2）循环和条件语句

使用 th:each 和 th:if 属性来实现循环和条件语句，例如：

```
<ul>
  <li th:each="item : ${items}" th:text="${item}"></li>
</ul>
<div th:if="${items.isEmpty()}">No items found.</div>
```

上面的代码会根据 items 列表动态生成列表项或显示提示信息。

（3）模板片段

使用 th:include 和 th:replace 属性来引入和替换模板片段，例如：

```
<div th:include="fragments/header :: header"></div>
<div th:replace="fragments/footer :: footer"></div>
```

上面的代码会将 header 和 footer 片段引入到模板中。

2. Thymeleaf 与 Spring 集成

Thymeleaf 与 Spring 集成非常简单，只需要在 Spring 配置文件中添加以下内容即可。

```
<!-- 开启 Thymeleaf 视图解析器 -->
<bean id="viewResolver" class="org.thymeleaf.spring4.view.ThymeleafViewResolver">
  <property name="templateEngine" ref="templateEngine" />
</bean>
<!--Thymeleaf 模板引擎 -->
<bean id="templateEngine" class="org.thymeleaf.spring4.SpringTemplateEngine">
  <property name="templateResolver" ref="templateResolver" />
</bean>
<!--Thymeleaf 模板解析器 -->
<bean id="templateResolver" class="org.thymeleaf.spring4.templateresolver.SpringReso-
urceTemplateResolver">
    <property name="prefix" value="/WEB-INF/templates/" />
    <property name="suffix" value=".html" />
</bean>
```

上面的代码会配置 Thymeleaf 视图解析器、模板引擎和模板解析器，将 Thymeleaf 集成到 Spring 中。

3. 结语

Thymeleaf 是一种简单、易用、功能强大的模板引擎，能够很好地与 Spring 框架集成，使得大家能够更加方便地开发 Web 应用。如果读者想了解更多 Thymeleaf 的使用方法和细节，请参考官方文档。

▶▶ 3.2.8 Java Web 服务器

Java Web 服务器是一种基于 Java 语言的 Web 服务器，主要用于处理 HTTP 请求和响应。它是 Java Web 应用程序的运行环境，可以在服务器上部署和运行 Java Web 应用程序。

常见的 Java Web 服务器包括 Tomcat、Jetty、WebLogic 等。这些服务器都实现了 JavaServlet API，并提供了一些附加功能，如会话管理、安全管理、JSP 支持等。Java Web 服务器还可以支持各种 Web 应用程序框架（如 Spring、Struts2 等），提供了一些扩展功能，如连接池、集群支持等。

Java Web 服务器的主要特点如下。

1）高性能：Java Web 服务器通常采用多线程或异步 IO 技术来处理 HTTP 请求，可以提高服务器的并发处理能力，提高 Web 应用程序的性能。

2）安全性：Java Web 服务器支持 HTTPS 协议、SSL/TLS 加密等安全技术，可以保证 Web 应用程序的安全性。

3）可靠性：Java Web 服务器具有较好的容错和恢复能力，在出现异常情况时可以自动重启或恢复运行。

4）可扩展性：Java Web 服务器支持动态扩展功能模块、集群部署等高级特性，可以满足大型 Web 应用程序的需求。

Java Web 服务器的工作原理如下。

1）接收 HTTP 请求：当客户端发起 HTTP 请求时，Web 服务器会将请求传递给 Servlet 组件。

2）解析 HTTP 请求：Web 服务器会解析 HTTP 请求，包括 URL 路径、参数等。

3）加载对应的 Servlet：根据 URL 路径，Web 服务器会找到对应的 Servlet 组件，并加载到内存中。

4）调用 doXXX（）方法：一旦找到对应的 Servlet 组件，Web 服务器就会调用其 doXXX（）方法（如 doGet（）或 doPost（））处理 HTTP 请求。

5）生成响应并返回：根据调用结果，Web 服务器会生成 HTTP 响应并返回给客户端。

使用 Web 服务器开发 Web 应用程序需要掌握以下几个方面的知识。

1）Java 编程语言基础。

2）Java Servlet API 的使用方法和生命周期管理。

3）Java Web 服务器的选择和配置。

4）Web 应用程序的部署和发布。

5）安全管理和性能优化等知识。

Java Web 服务器是一个 Web 应用服务器，用于管理 Servlet 组件的生命周期、提供 Servlet 运行环境、处理 Servlet 请求和响应等。使用 Java Web 服务器开发 Web 应用程序需要掌握 Java 编程语言基础、Java Servlet API 的使用方法等知识。在本书项目的 IDEA 开发环境里，运行项目代码时，使用 Jetty 这个 Web 服务器；在项目部署到 Linux 服务器里，作为正式生成环境时，使用 Tomcat 这个 Web 服务器。

▶▶ 3.2.9　Nginx 服务器

Nginx 是一个高性能、轻量级的 Web 服务器和反向代理服务器。它由俄罗斯的程序设计师伊戈尔·赛索耶夫（Igor Sysoev）开发，并于 2004 年首次发布。Nginx 被广泛用于构建高并发、高性能的 Web 应用程序和服务。

以下是 Nginx 服务器的主要特点和功能。

1）高性能：Nginx 采用事件驱动、异步非阻塞的工作方式，能够处理大量并发连接，并具有较低的内存消耗。它能够高效地处理静态文件，同时也具备处理动态内容的能力。

2）反向代理：Nginx 可以作为反向代理服务器，将客户端请求转发到后端应用服务器。通过负载均衡和缓存静态资源等功能，可以提高后端服务器的性能和稳定性。

3）负载均衡：Nginx 支持多种负载均衡算法，如轮询、IP 哈希、最少连接等。通过将请求分发到多个后端服务器上，可以提高系统的可扩展性和容错性。

4）静态文件服务：Nginx 可以快速地提供静态文件（如 HTML、CSS、JavaScript、图片等）的服务，并支持 gzip 压缩和缓存机制，提升用户访问速度。

5）SSL/TLS 支持：Nginx 支持 HTTPS 协议，并提供 SSL/TLS 加密功能，可以保护数据在传输过程中的安全性。

6）动态内容处理：通过与后端应用服务器（如 Tomcat、Node.js 等）配合使用，Nginx 可以处理动态内容，如采用 PHP、Python 等脚本语言生成的网页。

7）虚拟主机：Nginx 支持虚拟主机配置，可以在同一台物理服务器上运行多个域名或网站，并使用不同配置文件进行管理。

8）简单配置和扩展性：Nginx 采用简单而灵活的配置语法，易于上手和维护。同时，它还支持许多第三方模块和插件，可以扩展其功能。

无论是构建小型网站还是大型分布式系统，在高并发场景下使用 Nginx 都能够有效地提升系统性能并保障稳定运行。

▶▶ 3.2.10　Docker 容器技术

容器技术是一种轻量级的虚拟化技术，可以将应用程序及其依赖包打包为一个独立的可执行容器，与底层操作系统相隔离，从而实现快速部署、可移植性和高度可扩展性。常见的容器技术包括 Docker、Kubernetes 等。

以下是容器技术的主要特点和功能。

1）隔离性：容器技术可以将应用程序及其依赖包与底层操作系统相隔离，使它们运行在一个独立的、安全的环境中。每个容器都有自己的文件系统、网络和进程空间。

2）轻量级：相比传统虚拟化技术，容器技术具有更低的开销和更高的效率。每个容器都共享主机操作系统内核，可以更快地进行启动、停止和销毁。

3）可移植性：通过打包应用程序及其依赖包为一个独立的可执行文件（即 Docker 镜像），可以实现应用程序在不同环境中快速部署和运行。

4）可扩展性：通过在不同主机上部署多个相同或不同的容器实例，并使用负载均衡等机制进行管理，可以轻松实现高度可扩展性和负载均衡。

5）快速迭代：使用容器技术可以快速构建、测试和部署应用程序，从而缩短开发周期，提高迭代效率。

6）自动化管理：通过使用自动化工具（如 Docker Compose、Kubernetes 等），可以自动化管理容器集群中的各种操作，如扩展、缩减、监控等。

容器技术是一种具有高度灵活性、可移植性和可扩展性的虚拟化技术，在现代应用开发和运维中得到广泛应用。它使得开发人员可以更加专注于应用程序本身，并加快了应用程序的交付速度；同时也提高了运维人员的效率，降低了运维成本。

Docker 是一种开源的应用容器引擎，是当前最流行的容器技术之一。

Docker 容器技术的实现原理是利用 Linux 内核的容器特性实现容器化。在 Linux 内核中，有一些命名空间（Namespace）和控制组（Cgroups）等特性，可以实现进程、文件系统、网络和资源等方面的隔离。Docker 利用这些特性，将应用程序及其依赖包打包为一个独立的、可执行的容器。

具体来说，Docker 通过以下步骤实现容器化[6]。

1）镜像构建：开发人员可以使用 Dockerfile 文件来定义一个应用程序的构建步骤，包括基础镜像、依赖包安装、环境配置等。根据 Dockerfile，使用 Docker 引擎将这些步骤自动地执行，并生成一个镜像。

2）镜像打包：生成的镜像是一个只读的文件系统，包含了应用程序及其依赖包。镜像可以通过 Docker 命令行工具或者 Docker Registry 进行打包和存储。

3）容器启动：基于镜像，使用 Docker 引擎启动一个容器。在启动过程中，Docker 引擎会为容器分配一个独立的文件系统、网络空间和进程空间，并在其中运行应用程序。

Docker 容器的执行流程如下。

1）镜像获取：从 Docker Registry 中获取所需的镜像。可以使用官方仓库（如 Docker Hub）或者私有仓库来获取镜像。

2）容器创建：根据所需镜像，在本地创建一个新的容器实例。在创建过程中，可以为容器指定各种配置项，如端口映射、环境变量等。

3）容器运行：运行已创建的容器实例，在其中执行应用程序。在运行过程中，可以通过控制台或日志查看容器输出，并与容器进行交互。

4）容器管理：通过命令行工具或者 API 调用管理已创建的容器实例。可以对容器进行启动、停止、重启等操作，并查看其状态和日志信息。

5）容器销毁：当不再需要某个容器时，可以将其停止并销毁。销毁后该容器及其所占资源会被释放，并不再占用系统资源。

Docker 容器主要包括镜像、容器和 Docker 引擎等组件。以下是每个组件的详细介绍及其用途。

（1）镜像（Image）

镜像是 Docker 应用程序的基本组成部分，包含了运行应用程序所需的所有依赖包和配置信息。镜像可以被看作是一个只读的文件系统，包含了一个或多个容器所需的文件、库、环境变量等信息。镜像是不可变的，一旦创建就不能被修改。

（2）容器（Container）

容器是由 Docker 引擎启动的一个运行环境，可以看作是一个独立的、轻量级的虚拟机。容器基于镜像创建，可以在其中运行应用程序。每个容器都有自己独立的文件系统、网络和进程空间。

（3）Docker 引擎（Docker Engine）

Docker 引擎是 Docker 应用程序运行的核心组件。它由多个子组件构成，包括 Docker 守护进程、CLI 客户端和 REST API 等。守护进程负责管理镜像、容器和网络等资源，CLI 客户端和 REST API 提供了与守护进程交互的方式。

（4）Docker Registry（仓库）

仓库是用于存储和管理 Docker 镜像的地方。它可以分为公共仓库和私有仓库两种类型。公共仓库包括 Docker Hub 等开源仓库，私有仓库可以在内部部署，提供更安全可控的镜像管理方式。

（5）Docker Compose

Docker Compose 是一个用于定义和运行多个 Docker 容器应用程序的工具。通过定义 Compose 文件，在其中指定所需服务及其依赖关系等信息，并通过 docker-compose 命令启动或停止整个服务栈。

（6）Docker Swarm

Docker Swarm 是一种基于 Docker 引擎构建的原生集群管理工具。通过使用 Swarm 可以将多个 Docker 主机构建成一个虚拟集群，并以集群为单位管理多个容器实例。

以上这些组件共同构成了 Docker 这种强大而灵活的容器技术，在现代应用开发和运维中得到广泛应用。它通过隔离、轻量级和可移植等特性提供了一种简单而高效的方式来构建、交付和运行应用程序。通过使用 Docker，开发人员可以更加专注于应用程序本身，而运维人员则能够更轻松地管理多个应用程序并提高效率，大大降低了开发人员与 IT 运维人员之间协作开发及交付过程中不同环境差异带来的不必要的时间及成本损失。

▶▶ 3.2.11　Java 定时任务技术

Java 定时任务技术是指在 Java 应用程序中，通过设定定时器，按照一定的时间间隔或特定的时间点来执行某个任务或一段代码的技术。Java 提供了多种实现定时任务的方式，主要包括以下几种。

（1）Timer 类

Java 中的 java.util.Timer 类可以用来执行一次性或重复性的任务。通过 Timer 类可以设定一个或多个定时器，在指定的时间点或固定的时间间隔内执行任务。

（2）TimerTask 类

Java 中的 java.util.TimerTask 类是一个抽象类，继承该类可以实现具体的任务。通过重写 TimerTask 类中的 run（）方法来定义需要执行的代码。

（3）ScheduledExecutorService 接口

通过 Java 中的 java.util.concurrent.ScheduledExecutorService 接口可以更灵活和高效地来执行定时任务。它可以通过线程池管理多个任务，并提供了更多灵活的调度方式。

（4）Spring 框架中的@Scheduled 注解

Spring 框架提供了基于注解的方式来实现定时任务。通过在方法上添加@Scheduled 注解，并设定时间表达式，就可以让该方法按照指定时间间隔或特定时间点自动执行。

无论使用哪种方式实现 Java 定时任务，都需要考虑以下几个方面。

1）时间表达式：需要根据需求设定合适的时间表达式，以确保任务在期望的时间点或时间间隔内触发。

2）线程管理：对于使用 Timer 和 TimerTask 方式实现的定时任务，需要注意线程安全和资源管理，确保合理地使用线程池，并处理好线程同步和资源释放问题。

3）异常处理：在执行过程中可能出现异常情况，需要适当处理，并保证后续任务能够继续正常执行。

4）高可用性：对于重要且长时间运行的定时任务，需要考虑其高可用性问题。可以使用集群、分布式调度等方式来保证服务可靠性和高可用性。

Java 提供了多种实现定时任务的方式，在开发应用程序时可以根据具体需求选择合适的方式，并注意处理好并发、异常和可靠性等方面的问题。

▶▶ 3.2.12　Spring Boot 定时任务技术

在 Spring Boot 项目中，可以使用 Spring 的@Scheduled 注解技术来实现后台定时任务功能，以下是具体的步骤。

1）在 Spring Boot 项目中，创建一个类并添加@Component 注解，将它标记为一个 Spring 组件。

```java
// Java 代码文件:MyScheduledTask .java
import org.springframework.scheduling.annotation.Scheduled;
import org.springframework.stereotype.Component;
@ Component
public class MyScheduledTask {
  @ Scheduled(cron = "0 0 0 * * ?") // 设置定时任务的执行时间规则,这里表示每天的凌晨执行
  public void myTask() {
    // 定时任务的逻辑处理
  }
}
```

2）在上述类中，添加一个方法，并使用@Scheduled 注解标记该方法为定时任务。在注解的 cron 属性中指定任务执行的时间规则，可以使用 cron 表达式来定义时间规则。

在上述示例中，cron = "0 0 0 * * ?"表示在每天的凌晨执行，可以根据需求自定义 cron 表达式来设置不同的执行时间。

cron 是一种用于定义定时任务执行时间规则的字符串表达式。它由 6 个或 7 个字段组成，每个字段代表一个时间单位，用空格分隔。以下是每个字段的含义。

① 秒（0~59）：表示一分钟中的哪一秒执行任务。例如，0 表示每分钟的第 0 秒执行任务，*/5 表示每隔 5 秒执行一次任务。

② 分钟（0~59）：表示一个小时中的哪一分钟执行任务。例如，0 表示每小时的第 0 分钟执行任务，*/15 表示每隔 15 分钟执行一次任务。

③ 小时（0~23）：表示一天中的哪个小时执行任务。例如，0 表示每天的凌晨 12 点执行任务，*/2 表示每隔 2 小时执行一次任务。

④ 日期（1~31）：表示一个月中的哪天执行任务。例如，"1,15"表示每月 1 号和 15 号执行任务。

⑤ 月份（1~12）：表示哪个月份执行任务。例如，"1,6,12"表示 1 月、6 月和 12 月执行任务。

⑥ 星期几（0~7）：表示一周中的哪天或者星期几执行任务。其中，0 和 7 都代表星期日。例如，"MON-FRI"表示周一至周五执行任务。

⑦ 年份（可选）：可选字段，表示在哪些年份上才会触发定时器。

在这些字段中可以使用以下特殊字符和符号。

① *：代表所有可能的值或范围内所有值。

② ?：用于替代日期或星期几中不需要指定的值。

③ -：用于指定一个范围内的值。

④ ,：用于指定多个不连续的值。

⑤ /：用于指定间隔时间。

⑥ L：只能出现在日期和星期几两个字段上，表示最后一天或最后一个星期几。

⑦ W：只能出现在日期字段上。可以理解为"工作日"，距离给定日期最近且不超过指定距离的工作日。

⑧ #：只能出现在星期几字段上，表示这个月第几个星期几。

下面是一些常见的例子。

① "0 0 12 * * ?"：每天中午 12 点触发。

② "0 */5 * * * ?"：每隔 5 分钟触发。

③ "0 15 10 ? * MON-FRI"：每周一至周五上午 10 点 15 分触发。

④ "0 30 23 L * ?"：每月最后一天晚上 11 点 30 分触发。

需要注意，在定义 cron 表达式时，请仔细考虑时区问题以及可能引起歧义的情况（如夏令时调整等）。最好提前进行测试和验证，确保表达式能够按照预期计划触发定时器。

3）在方法体内编写定时任务的逻辑处理代码。

4）确保在 Spring Boot 主类或配置类上添加 @EnableScheduling 注解，以便启用定时任务功能。

```java
// Java 代码文件:MyApplication .java
import org.springframework.boot.SpringApplication;
import org.springframework.boot.autoconfigure.SpringBootApplication;
import org.springframework.scheduling.annotation.EnableScheduling;
@SpringBootApplication
@EnableScheduling
public class MyApplication {
  public static void main(String[] args) {
    SpringApplication.run(MyApplication.class, args);
  }
}
```

通过以上步骤，可以在 Spring Boot 项目中实现后台定时任务功能。Spring 的 @Scheduled 注解使得定时任务配置变得简单明了，并且支持多种时间规则的定义。通过添加 @EnableScheduling 注解来启用定时任务功能，Spring Boot 将会自动扫描并执行带有 @Scheduled 注解的方法。

3.3 客户端技术

▶▶ 3.3.1 HTML/CSS 技术

HTML 和 CSS 是 Web 前端开发中最基础的两种技术。

HTML 是一种标记语言，用于描述网页的结构和内容。它通过标签和属性来描述页面中的各种元素，例如标题、段落、图片、超链接等。HTML 标签具有层次性，可以组成一个树形结构，其中有一个根元素（HTML），并且可以通过 CSS 来控制样式。常见的 HTML 版本有 HTML4、XHTML 和 HTML5 等。

CSS 是一种样式表语言，用于控制网页中各个元素的样式。它可以为页面中的元素指定颜色、字体、大小、间距等属性，并且可以通过选择器来选择具体要设置样式的元素。CSS 还可以实现动画效果、响应式设计等高级特性。

在实际开发中，HTML 和 CSS 通常是一起使用的。开发者首先使用 HTML 构建页面结构和内容，并且在需要时使用 CSS 来为各个元素添加样式。两者都是基础技术，对于 Web 前端开发人员来说掌握这两种技术是非常重要的。

除了基本的 HTML 和 CSS 语法以外，Web 前端开发人员还需要掌握以下内容。

1）浏览器兼容性：不同浏览器对 HTML 和 CSS 支持程度不同，需要开发人员针对不同的浏览器进行测试和调试。

2）响应式设计：为了适应不同屏幕尺寸的设备，需要使用响应式设计技术来使页面能够自适应不同设备。

3）前端框架：前端框架（如 Bootstrap、Foundation 等）可以帮助开发人员更快速、更方便地构建页面，以提高开发效率。

4）预处理器：预处理器（如 Less、Sass 等）可以让开发人员使用更加灵活、高效的方式来编写 CSS。

▶▶ 3.3.2 JavaScript 与 jQuery 技术

JavaScript 和 jQuery 都是 Web 前端开发中常用的技术。

JavaScript 是一种脚本语言，可以用于在网页中实现交互效果、动态更新网页内容、验证表单等功能。它可以直接嵌入 HTML 中，也可以通过外部 JavaScript 文件引入。JavaScript 的语法比较灵活，支持面向对象编程、闭包等高级特性。常见的 JavaScript 库和框架有 jQuery、AngularJS、React、Vue3 等。

jQuery[7]是一种 JavaScript 库，主要用于简化 JavaScript 代码编写和处理浏览器兼容性问题。它提供了丰富的 API 接口，可以轻松实现 DOM 操作、事件处理、AJAX 等功能，并且对浏览器兼容性进行了封装。相对于原生 JavaScript 代码，使用 jQuery 编写代码更加简洁明了。

在实际开发中，JavaScript 和 jQuery 经常被同时使用。Web 前端开发人员通过使用这两种技术来实现网页中的各种交互效果和动态更新。开发人员需要掌握以下内容。

1）JavaScript 基础语法：掌握 JavaScript 的基本语法和数据类型。

2）JavaScript DOM 操作：了解如何使用 JavaScript 来操作网页上的各个元素。

3）JavaScript 事件处理：了解如何使用事件处理函数来响应用户操作。

4）JavaScript 异步编程：了解 AJAX 等异步编程的基本原理和技巧。

5）jQuery 的基本使用：掌握 jQuery 的基本语法和 API 接口。

▶▶ 3.3.3 JSON 技术

JSON（JavaScript Object Notation）是一种轻量级的数据交换格式，它可以将数据以类似于 JavaScript

对象的形式进行传输和存储。它是一种纯文本格式，具有易读易写、格式简洁、数据传输效率高等特点。以下是 JSON 技术的详细介绍。

（1）JSON 的语法格式

JSON 的语法格式是基于 JavaScript 对象的，它由键值对组成，键值对之间使用逗号分隔，键和值之间使用冒号分隔，例如：

```
{
    "name": "Tom",
    "age": 18,
    "is_male": true,
    "hobbies": ["reading", "running"]
}
```

（2）JSON 与 XML

JSON 与 XML 都是用于数据交换的格式，但是它们有很大的区别。JSON 具有易读易写、格式简洁、数据传输效率高等特点，而 XML 则具有更严格的规范和更广泛的应用领域。

（3）JSON 与 AJAX

AJAX 是一种在 Web 应用中进行异步数据交换的技术，可以实现页面不刷新地向服务器发送请求并获取响应。在 AJAX 中，常常使用 JSON 作为数据交换格式。

（4）JSON 与 Java

Java 中可以使用第三方库（如 FastJson、Gson、Jackson 等）将 Java 对象转换为 JSON 格式或将 JSON 格式转换为 Java 对象。这使得 Java 应用程序能够与其他平台进行数据交换。

▶▶ 3.3.4　AJAX 技术

AJAX（Asynchronous JavaScript and XML）是一种用于创建快速动态 Web 应用程序的技术。它允许在不重新加载整个页面的情况下更新部分页面内容。通过使用 AJAX，Web 应用程序可以实现异步数据交换，从而提高应用程序的响应速度和用户体验。

AJAX 的核心技术是 XMLHttpRequest 对象，它是一个可以在后台与服务器进行数据交换的 JavaScript 对象。通过使用 XMLHttpRequest 对象，可以异步地发送请求和接收响应，而无须刷新整个页面。

使用 AJAX 可以实现很多功能，举例如下。

1）动态加载内容：可以异步地加载部分页面内容，从而提高页面加载速度。

2）表单验证：可以异步地验证表单数据，而无须提交表单并重新加载整个页面。

3）实时搜索：可以在用户输入搜索关键字时动态地从服务器获取搜索结果，并将结果实时显示给用户。

4）实时更新：可以异步地从服务器获取最新数据，并将数据实时更新到页面上。

5）自动完成：可以实现自动完成功能，在用户输入搜索关键字时自动提示可能的搜索结果。

要使用 AJAX 技术，需要注意以下几个关键点。

1）XMLHttpRequest 对象：XMLHttpRequest 对象是实现 AJAX 技术的核心，读者需要掌握如何创建

XMLHttpRequest 对象、如何发送请求、如何处理响应等。

2）事件处理程序：需要为 XMLHttpRequest 对象添加事件处理程序来处理请求和响应。例如，需要添加 onReadyStateChange 事件处理程序来监听 XMLHttpRequest 对象状态的变化。

3）服务器端处理程序：需要在服务器端编写相应的处理程序来处理客户端发送的请求并返回相应的响应。常见的服务器端编程语言有 PHP、Java、Python 等。

4）数据交换格式：需要选择合适的数据交换格式来传递数据，常见的数据交换格式有 JSON、XML、HTML 等。其中，JSON 是目前最流行的一种格式，它具有轻量级、易于解析等优点。

▶▶ 3.3.5 ES6 技术

ES6（ECMAScript 6）也称 ES2015，是 JavaScript 语言的一个版本，是 JavaScript 语言的下一代标准。ES6 包含了许多新特性，如箭头函数、类、模块、解构赋值等，大大增强了 JavaScript 的功能和表达能力。以下是 ES6 技术的一些简单介绍[8]。

（1）箭头函数

箭头函数是一种更加简洁的函数定义方式。通过使用箭头符号（=>），可以省略 function 关键字和大括号等符号，从而减少代码量和提高可读性。

（2）类

类是 ES6 中新增加的一种面向对象的编程方式。类提供了更加简洁和可读性更高的语法，支持继承、多态等面向对象编程特性。

（3）模块

模块化是 ES6 中一个非常重要的特性。模块化可以让代码更加可读、可维护和可扩展，通过使用 import 和 export 关键字，可以方便地导入和导出模块。

（4）解构赋值

解构赋值是一种快速获取数组或对象中元素或属性值的方式。通过使用{}或[]包含变量名，可以直接从数组或对象中获取相应的元素或属性值。

（5）let 和 const

let 和 const 关键字用于定义变量，在 ES6 中新增加了块级作用域的概念。let 关键字定义变量作用域在当前代码块内，而 const 关键字定义常量不可更改。

（6）Promise

Promise 是一种异步编程模式，在 ES6 中新增加了 Promise 类型来支持异步操作。Promise 可以让异步操作更加简单和直观，并且提供了链式调用等高级功能。

（7）模板字符串

模板字符串是一种方便拼接字符串的方式，通过使用反引号（`）包含需要拼接的字符串，并使用 ${}包含需要替换为变量值或表达式结果等内容。

（8）函数默认参数

函数默认参数是指在定义函数时给参数设定默认值，在调用时如果未传入该参数则使用默认值。这种方式可以减少冗余代码，并且提高代码的可读性。

ES6 技术引入了许多新特性来增强 JavaScript 语言的功能和表达能力，并且大大简化了代码编写过程，提高了开发效率和代码质量。在实际应用开发过程中，应根据实际需求灵活选择并应用相关技术特性。

▶▶ 3.3.6　TypeScript 语言

TypeScript 是一种由微软开发的开源编程语言，它是 JavaScript 的一个超集，意味着任何 JavaScript 代码都可以在 TypeScript 中运行。TypeScript 在 JavaScript 的基础上增加了静态类型和面向对象编程的特性，使得开发者可以更加方便地编写和维护大型复杂的应用程序。以下是对 TypeScript 语言的简单阐述。

（1）静态类型

TypeScript 引入了静态类型系统，允许在编译阶段检测并捕获潜在的类型错误。开发者可以为变量、函数参数、返回值等指定类型，并且编译器会根据这些类型信息进行类型检查。这有助于减少运行时错误，并提供更好的代码提示和自动补全功能。

（2）类型注解

TypeScript 使用类型注解来声明变量、函数、类等的类型。通过给变量或参数指定类型，可以明确指定它们所能存储或接受的数据类型，增强了代码可读性和可维护性。

（3）类和接口

TypeScript 支持面向对象编程，并引入了类和接口的概念。开发者可以使用类来定义对象和方法，并通过继承实现代码重用和扩展。接口定义了对象的结构，用于描述对象应具有哪些属性和方法。

（4）泛型

TypeScript 提供了泛型（Generics）功能，使得代码可以更加通用且可重用。泛型允许在定义函数、类或接口时使用一个占位符表示某种具体类型，在使用时再根据需要进行具体化。

（5）编译器支持

TypeScript 拥有自己的编译器（TSC），将 TypeScript 代码转换为 JavaScript 代码，从而可以在任何支持 JavaScript 的运行环境中运行。同时，TypeScript 支持最新版 ECMAScript 标准，并能够将其转换为向后兼容的 JavaScript 版本。

（6）工具生态系统

由于其广泛应用和强大功能，在 TypeScript 社区中涌现出了许多相关工具、框架和库，如 Angular、React 等。这些工具为开发者提供了更好的开发体验和更高效率。

通过引入静态类型系统、增强面向对象特性以及提供丰富工具支持等特点，TypeScript 使得开发大型应用程序更加高效且容易维护。同时，在语法上与 JavaScript 高度兼容，并能够转换为标准 JavaScript 进行部署与执行。因此，越来越多的开发者选择使用 TypeScript 来提升自己项目的可靠性与生产力。

▶▶ 3.3.7　单页应用技术

单页应用（Single-Page Application，SPA）是一种现代的 Web 应用程序架构模式，它使用动态加载页面内容，使用户在同一个页面上进行交互而无须每次加载整个页面。以下是对单页应用技术的简单阐述。

（1）前端路由

单页应用使用前端路由来处理不同页面之间的切换。前端路由通过监听 URL 的变化，并根据不同的 URL 路径加载相应的页面内容。通过使用浏览器的 History API 或 Hash 路由，可以实现 URL 和页面内容之间的映射关系。

（2）动态加载

单页应用通过动态加载数据和视图来实现页面内容的刷新和更新。当用户进行交互操作时，只需向服务器请求必要的数据，并通过 JavaScript 将数据渲染到当前页面中，而无须刷新整个页面。

（3）前后端分离

在单页应用中，前端和后端可以相对独立地开发和部署。前端负责渲染视图、处理用户交互、调用后端 API 等任务，而后端负责提供数据接口和处理业务逻辑。

（4）AJAX 技术

单页应用使用 AJAX 技术来实现异步加载数据。通过 AJAX 请求，可以向服务器发送异步请求，并在收到响应后更新页面内容，提供更流畅和动态的用户体验。

（5）前端框架

为了更好地组织和管理代码，开发者通常会使用前端框架来构建单页应用。常见的框架包括 React、Angular、Vue3 等，它们提供了丰富的工具和组件库来简化开发流程，并提供了状态管理、组件化等特性。

（6）性能优化

由于单页应用在加载时只需要获取必要的资源，因此可以减少网络传输量和提高响应速度。同时，在使用前端路由时需要注意性能问题，如按需加载、代码分割等方式可以优化初始加载速度。

（7）SEO 优化

由于单页应用只有一个 HTML 文件，在搜索引擎抓取时可能会影响搜索引擎对网站内容进行索引。为了解决这个问题，可以采取预渲染、服务器渲染或动态生成 Meta 标签等方式来进行 SEO 优化。

单页应用技术通过动态加载内容、前后端分离以及使用 AJAX 等特性来提供更流畅、快速且可交互性强的用户体验。同时需要注意性能优化和 SEO 优化等问题，并选择合适的前端框架进行开发。

▶▶ 3.3.8　Node.js 技术

Node.js 是一个基于 Chrome V8 引擎的 JavaScript 运行时环境，用于构建高性能、可扩展的网络应用。Node.js 采用事件驱动、非阻塞 I/O 模型，能够处理大量并发请求，适用于构建实时应用、网络服务器和命令行工具等。以下是对 Node.js 技术的简单阐述。

（1）事件驱动和非阻塞 I/O

Node.js 采用事件驱动和非阻塞 I/O 模型，在处理请求时不会阻塞主线程，而是通过回调函数的方式处理异步操作。这种模型使得 Node.js 能够高效地处理大量并发请求，并提供出色的性能。

（2）单线程

Node.js 采用单线程的工作方式，但通过事件循环机制实现并发处理。虽然单个 Node.js 进程只能利用单个 CPU 核心，但通过异步 I/O 和事件循环机制可以实现高效的并发处理。

（3）NPM 包管理器

NPM（Node Package Manager）是 Node.js 的包管理器，它提供了一个丰富的开源软件包生态系统。开发者可以通过 NPM 轻松安装、管理和共享代码包，并且可以快速引入第三方库来加速开发过程。

（4）构建 Web 服务器

使用 Node.js 可以构建高性能的 Web 服务器。通过使用框架（如 Express、Koa 等）来处理路由、中间件等功能，开发者可以快速构建 RESTful API 或基于 HTTP 协议的服务端应用。

（5）数据库访问

Node.js 提供了丰富的数据库访问工具和驱动程序，可以方便地与各种数据库进行交互。常见的数据库访问工具有 MongoDB 驱动程序（如 Mongoose）、MySQL 驱动程序（如 mysql2）等。

（6）命令行工具

由于 JavaScript 是一种通用脚本语言，在命令行环境下使用 Node.js 可以编写脚本来执行各种任务。例如，创建文件、调用 API 接口、自动化部署等任务都可以通过命令行工具来完成。

（7）丰富的模块生态系统

在 NPM 上有大量可供使用和共享的第三方模块和库。这些模块涵盖了各种功能领域，如文件操作、网络通信、数据处理等，在开发过程中能够快速引入并使用这些模块。

（8）可扩展性

由于事件驱动和非阻塞 I/O 模型以及单线程工作方式，Node.js 在处理大规模请求时表现出色，并具有很好的可扩展性。此外，还支持集群化部署以进一步提高系统性能。

Node.js 通过事件驱动和非阻塞 I/O 模型提供了一种高效且可扩展的方式来构建网络应用。它拥有强大而丰富的生态系统，并且广泛应用于 Web 开发、服务器端编程以及命令行工具开发等领域。

▶▶ 3.3.9　Vue 技术

Vue 是一种流行的 JavaScript 前端框架，用于构建用户界面。Vue 以简洁、灵活和高效的方式实现了数据驱动的视图组件化，使得开发者可以更轻松地构建交互式的单页应用。以下是对 Vue 技术的简单阐述。

（1）响应式数据绑定

Vue 使用响应式数据绑定机制，使得视图能够根据数据的变化自动更新。开发者只需将数据绑定到视图中，当数据发生改变时，相关视图会自动更新。这种机制使得开发者能够更容易地实现数据和视图的同步。

（2）组件化开发

Vue 采用组件化开发模式，将用户界面划分为独立、可复用的组件。每个组件具有自己的模板、逻辑和样式，并且可以嵌套在其他组件中。这种模式使得代码可维护性更强，并且能够提高开发效率。

（3）虚拟 DOM

Vue 使用虚拟 DOM（Virtual DOM）来提高性能。当数据发生改变时，Vue 会先生成虚拟 DOM 树，然后与实际 DOM 进行比较，并只更新差异部分，而不是直接操作实际 DOM。这种方式减少了对实际 DOM 的操作次数，提高了性能。

（4）指令和过滤器

Vue 提供了丰富的指令和过滤器来简化开发过程。指令（Directives）可以在模板中添加特殊属性来实现特定功能，如 v-if、v-for、v-bind 等；过滤器（Filters）用于对文本进行格式化或处理。

（5）状态管理

为了更好地管理应用状态，Vue 提供了 Pinia 库。Pinia 库将应用状态集中管理，并提供了一套规范化流程来修改和监听状态变化。这样可以方便地跨组件共享状态，并且便于调试和维护。

（6）路由管理

为了构建单页应用或多页面应用，Vue 提供了 vue-router 库来管理路由。vue-router 库允许开发者定义不同 URL 路径与相应组件之间的映射关系，并且支持嵌套路由、路由守卫等功能。

（7）生态系统

Vue 拥有一个活跃且庞大的生态系统，在其官方文档中可以找到大量扩展和插件来增强开发体验。此外，在 NPM 上有许多第三方库也与 Vue 兼容并提供相应支持。

（8）渐进式框架

Vue 被设计为渐进式框架，可以逐步引入到现有项目中或搭配其他库使用。开发者可以根据项目需求选择使用其功能特性，从而灵活地构建前端应用。

Vue 以其简洁、灵活和高效等特点成为一种流行的 JavaScript 前端框架。它通过响应式数据绑定、组件化开发以及虚拟 DOM 等特性帮助开发者构建交互式用户界面，并且具有庞大而活跃的生态系统。

目前 Vue 的最新版本是 Vue3，Vue3 相比于 Vue2，它在性能、体积、开发体验等方面有了大幅度的提升。以下是对 Vue3 技术的简要阐述。

（1）更快的性能

Vue3 通过重写虚拟 DOM 和优化编译器，使得渲染性能得到了大幅提升。同时，Vue3 还引入了静态提升和基于 Proxy 的响应式系统等新特性来进一步提高性能。

（2）更小的体积

为了进一步优化体积，Vue3 采用了 Tree-shaking 技术，将应用中未使用到的代码剔除。此外，还将全局 API、内置指令等抽离成可选模块，使得开发者可以按需引入相应功能。

（3）更好的开发体验

Vue3 引入了一些新特性来提高开发体验。例如，新的组合 API 可以让开发者更方便地组织和复用组件逻辑；Teleport 和 Suspense 等新组件可以更好地处理异步渲染和复杂动画效果。

（4）更好的 TypeScript 支持

Vue3 通过优化类型推断机制、增强类型检查等方式来更好地支持 TypeScript。此外，还引入了新的 Define Component 函数来使得组件类型声明更加简洁。

（5）更好的 SSR 支持

为了更好地支持服务端渲染（SSR），Vue3 引入了 Create Render API，并通过其支持多种渲染器（如 DOM、WebGL、Canvas 等）。这样可以方便地在不同平台上使用相同代码实现相同功能。

（6）更好的 Composition API

Composition API 是 Vue3 最重要也是最具争议性的特性之一。它通过一系列 API 来使得组件逻辑更加清晰、复用更加容易，并且允许开发者按照逻辑而不是生命周期来组织代码。

（7）保留兼容性

为了保证现有项目能够平滑迁移至 Vue3，它保留了许多与 Vue2 兼容且易于迁移的特性和 API。同时，在构建生态系统时也考虑到兼容性问题，提供了多种迁移工具和文档供开发者参考。

作为最新版本的前端框架，Vue3 在性能、体积、开发体验等方面都有显著提升，并且保留与前版本兼容且易于迁移。此外，在 Composition API 等方面也有创新，并进一步支持 TypeScript 和服务端渲染等特性。

3.4　项目管理和开发工具

▶▶ 3.4.1　Maven 管理工具

Maven 是一种 Java 项目管理工具，用于管理 Java 项目的构建、依赖和发布等方面。Maven 采用基于 XML 的项目描述文件（pom.xml）来管理项目，通过配置 pom.xml 文件中的相关信息，可以自动完成项目的构建、测试、打包、发布等工作。Maven 可以自动下载依赖包，并将依赖包放置在本地仓库中，方便管理和维护。

Maven 的主要特点如下。

1）集中化的项目管理：通过 pom.xml 文件来管理 Java 项目，包括构建过程、依赖库、测试用例等。

2）自动化构建：Maven 通过 POM 文件描述了项目结构和依赖关系，并提供了一套标准化的生命周期来自动执行项目构建、测试、打包、部署等过程。开发者只需要执行简单的命令即可完成复杂的构建过程。

3）管理依赖：Maven 通过中央仓库来管理和维护 Java 库的依赖关系。开发者可以在项目中指定所需的依赖库，Maven 会自动下载和安装所需的库文件，并将其添加到类路径中。这样可以简化开发者在开发过程中对库文件的管理和维护。

4）插件扩展：Maven 支持插件扩展机制，开发人员可以通过编写插件来扩展 Maven 的功能。

5）多模块支持：Maven 支持多模块项目管理，将一个大型 Java 项目分割成多个小模块进行开发和测试，并将这些小模块统一打包成一个大型项目。这样可以更好地实现代码重用和分离职责，并且有助于团队协作。

6）简化发布过程：通过配置 pom.xml 文件中的相关信息，Maven 可以自动完成 Java 程序的打包和发布过程。

7）易于集成：Maven 可以与其他工具进行集成，如 Eclipse、IntelliJ IDEA 等。

8）代码规范检查：Maven 可以通过插件实现对代码规范检查，如检查代码风格是否符合规范，是否存在未使用变量或未关闭文件流等问题。这有助于提高代码质量并减少潜在错误。

9）文档生成：Maven 可以通过插件实现对文档的自动生成，如 JavaDoc 文档生成、代码覆盖率报告生成等。这样可以减少手工编写文档带来的时间和精力成本。

Maven 作为一个自动化构建工具，能够帮助 Java 开发者更好地管理依赖关系、自动化执行构建过程、规范代码风格并生成文档等任务，并且有助于提高团队协作效率和减少潜在错误。

▶▶ 3.4.2　IntelliJ IDEA 开发工具

IntelliJ IDEA 是一款 Java 集成开发环境（IDE），由 JetBrains 公司开发。它是目前最流行的 Java 开发工具之一，广泛应用于 Java 应用程序的开发和维护。IntelliJ IDEA 具有强大的功能和易于使用的界面，可以大大提高 Java 程序员的开发效率。

IntelliJ IDEA 的主要特点如下。

1）强大的代码编辑器：IntelliJ IDEA 具有强大的代码编辑器，支持智能代码完成、语法高亮、代码导航、自动重构等功能。它支持多种编程语言，能够快速准确地识别和建议代码，大大提高了编码效率。

2）智能重构：IntelliJ IDEA 支持多种重构操作，如重命名、提取方法、内联方法等，可以帮助开发人员快速优化和调整代码。

3）强大的调试功能：IntelliJ IDEA 内置了强大的调试工具，支持断点调试、变量监视、表达式求值、远程调试等功能。开发者可以方便、快速地调试和定位问题、解决问题，提高开发效率。

4）内置版本控制集成：IntelliJ IDEA 集成了常用的版本控制系统，如 Git、SVN 等。它提供了直观易用的界面来管理代码版本和提交修改，并支持代码变更比较和冲突解决等功能。

5）智能构建工具：IntelliJ IDEA 集成了多种构建工具（如 Maven、Gradle 等），可以直接从 IDE 中运行构建命令，并提供了对应用程序部署和运行环境的配置支持，可以方便地进行项目构建和依赖包管理。

6）丰富的插件生态系统：IntelliJ IDEA 拥有丰富的插件生态系统，允许开发者根据自己的需求来扩展 IDE 功能。用户可以从插件库中选择并安装各种插件，如额外语言支持、框架集成、自动化工具、各种 Web 框架、数据库管理等。

7）智能提示与自动修复：IntelliJ IDEA 通过静态分析和智能提示功能，在编写代码时给予实时反馈并进行错误检查。它还提供了一些自动修复功能，可快速修复常见问题。

8）提供团队协作功能：IntelliJ IDEA 通过内置插件（如 Code With Me 等）和对常见协作工具（如 Slack 和 Microsoft Teams 等）的支持，提供了方便快捷的团队协作功能。

9）跨平台支持：IntelliJ IDEA 可以运行在多种操作系统上，如 Windows、Linux、MacOS 等。

▶▶ 3.4.3　Webpack 管理工具

Webpack 是一个现代化的前端模块打包工具，用于构建复杂的前端应用程序。它可以将多个模块（包括 JavaScript、CSS、图片等）打包成一个或多个静态资源文件，以提高网页加载速度并提供更好的开发体验。

Webpack 管理工具的主要特点如下。

1）模块化打包：Webpack 将应用程序划分为多个模块，每个模块都有自己的依赖关系。通过 Webpack，开发者可以使用类似于 CommonJS 或 ES6 模块语法来引入、导出和使用这些模块。Webpack 会自动分析这些依赖关系，并生成一个或多个打包后的静态资源文件。

2）代码拆分和按需加载：Webpack 支持将代码拆分为更小的块，并按需加载。这样可以减少初始加载时间，并根据需要动态加载所需的代码。

3）丰富的 Loader 支持：Webpack 提供了丰富的 Loader 来处理各种类型的文件，如 JavaScript、CSS、图片等。开发者可以使用各种 Loader 来处理文件，并对它们进行转换、压缩和优化等操作。

4）插件系统：Webpack 通过插件系统提供了许多功能扩展和优化选项。开发者可以根据需要选择并配置各种插件来实现特定功能，如压缩代码、提取公共模块、生成 HTML 文件等。

5）开发服务器和热模块替换：Webpack 内置了一个简单易用的开发服务器，支持热模块替换（HMR）。在开发过程中，开发者可以在浏览器中实时查看更改后的效果，而无须手动刷新页面。

6）优化与压缩：Webpack 提供了许多优化选项来减小生成文件的体积并提高性能。它支持代码压缩、文件合并与分割、静态资源内联等技术，以减少网络请求并提高网页加载速度。

7）开放性与生态系统：Webpack 具有非常强大和灵活的生态系统，拥有庞大且活跃的社区支持。社区中有许多现成的插件和工具可供选择，并且很容易找到相关问题解答和示例代码。

Webpack 是一个功能强大而灵活的前端构建工具，能够帮助开发者更好地管理前端项目中复杂而庞大的依赖关系，并实现高效地构建、优化和部署前端应用程序。它已成为现代 Web 开发中不可或缺的工具之一，并广泛应用于许多大型项目中。

▶▶ 3.4.4　WebStorm 开发工具

WebStorm 是由 JetBrains 公司开发的一款专业的前端开发工具，是基于 IntelliJ IDEA 的 JavaScript 和 Web 开发的 IDE。它提供了许多功能和工具，用于加速前端开发流程并提高开发效率。

WebStorm 开发工具的主要特点如下。

1）强大的代码编辑器：WebStorm 提供了一个功能强大的代码编辑器，具有智能代码完成、语法高亮、错误检查、代码导航等功能。它支持 JavaScript、TypeScript、HTML、CSS 等前端语言，并提供了对 Vue.js、React、Angular 等流行框架的深度集成支持。

2）前端工程化支持：WebStorm 内置了许多工程化功能，如自动化构建工具集成（如 Webpack 和 Gulp 等）、版本控制集成（如 Git 和 SVN 等）、包管理器集成（如 NPM 和 Yarn 等）等。这些功能能够帮助开发者更好地管理和组织项目，并提供一致性的开发环境。

3）快速调试与测试：WebStorm 提供了内置的调试器，可用于 JavaScript 和 TypeScript 代码的调试。它还支持在编辑器中运行单元测试，并提供实时测试结果反馈。

4）前端框架集成：WebStorm 对许多流行的前端框架进行了深度集成，如 React、Angular、Vue.js 等。它能够自动识别框架特定的语法、组件结构和路由配置，并提供相应的智能提示和代码补全。

5）智能重构与代码分析：WebStorm 内置了强大而安全的重构工具，可以帮助开发者进行代码重构操作，如变量、方法、类重命名，提取方法、类等。它还通过静态分析功能检测潜在错误，并提供相应建议以改进代码质量。

6）快速导航与查找：WebStorm 通过快速导航栏、文件导航栏以及强大的搜索功能（包括文件搜索、全局搜索和替换等）来帮助开发者快速定位并跳转到相关文件或行。

7）插件生态系统：WebStorm 拥有丰富而庞大的插件生态系统，可用于扩展 IDE 功能或添加特定框架或技术支持。用户可以根据需要选择并安装各种插件来满足个性化需求。

WebStorm 为前端开发者提供了许多实用的功能和工具，通过其智能编辑器、前端工程化支持以及对各种框架和技术的深度集成，可以显著加快前端项目开发速度，并帮助开发者更好地组织和管理项目。

▶▶ 3.4.5　Git 版本管理工具

Git 是一款免费、开源、分布式的版本控制系统，由 Linus Torvalds 创建，被广泛应用于软件开发中的版本控制。它具有高效、稳定、易于使用和强大的分支管理功能，支持多人协作和版本合并、回滚等。

Git 版本管理工具的主要特点如下。

1）版本控制：Git 通过记录文件的变化历史来实现版本控制。它会在每个版本之间存储文件变化的快照，而不是存储整个文件，这样可以节省磁盘空间并提高效率。

2）分布式管理：Git 采用分布式管理方式，每个开发者都可以在本地进行代码开发和管理，并通过远程仓库来协作。这种方式可以实现快速分支切换和合并，并提供了更好的可靠性和稳定性。

3）强大的分支管理：Git 拥有强大的分支管理功能，可以让开发者在不同分支上进行并行开发和测试，并在需要时将它们合并到主分支上。这样可以更好地组织代码、测试功能以及隔离错误。

4）多人协作：Git 可以让多个开发者同时协作同一个项目，并进行版本控制。每个人都可以从远程仓库中复制代码库到本地进行开发，然后通过推送或拉取操作来与远程仓库同步代码。

5）版本回滚：Git 具有快速且可靠的版本回滚功能，能够帮助开发者轻松地撤销不必要或错误的更改，并恢复到以前正常工作状态。

6）丰富的命令行工具：Git 提供了丰富而强大的命令行工具，可用于执行各种操作，如提交代码、创建分支、合并代码等。同时还提供了可视化界面和各种第三方插件与 IDE 集成。

7）开放性与生态系统：由于 Git 是一个免费、开源且广泛使用的项目，它拥有一个庞大而活跃的社区生态系统。社区中有许多现成的插件、教程以及问答平台可供选择，并能够及时获得技术支持和更新。

Git 通过其强大而灵活的分支管理功能、多人协作能力以及快速可靠地版本回滚等特性，它成为现代软件开发中必不可少的工具之一，并广泛应用于各种规模和类型的项目中。

▶▶ 3.4.6　Visual Studio Code 开发工具

Visual Studio Code（简称 VS Code）是一款由微软开发的免费开源的跨平台代码编辑器。它提供了丰富的功能和插件生态系统，适用于多种编程语言和开发场景。

VS Code 开发工具的主要特点如下。

1）跨平台支持：VS Code 可以在 Windows、MacOS 和 Linux 等多个操作系统上运行，提供了一致的用户体验和功能。

2）丰富的编辑器功能：VS Code 提供了代码高亮、智能感知、自动补全、代码片段、代码折叠、括号匹配等一系列基本的编辑器功能，以提高编码效率。

3）强大的调试支持：VS Code 内置了调试器，可以对多种编程语言进行调试。用户可以设置断点、单步调试、查看变量值等，方便进行代码调试。

4）版本控制集成：VS Code 内置了 Git 版本控制集成，可以进行常用的版本控制操作（如提交、拉取、推送等），并提供了友好的界面和可视化操作。

5）丰富的插件生态系统：VS Code 提供了大量的扩展插件，可以根据需求选择并安装插件来扩展编辑器功能。用户可以通过插件来支持不同编程语言、主题定制、自动化工具等。

6）快速导航和搜索：VS Code 提供了快速导航和搜索功能，用户可以快速定位到文件、函数或符号，并支持在项目中进行全局搜索和替换。

7）集成终端：VS Code 内置了集成终端，方便用户在编辑器中执行命令行操作，如运行程序、执行脚本等。

8）多窗口和分屏支持：VS Code 支持在多个窗口中同时工作，并且可以进行分屏布局以同时查看多个文件或目录。

9）快捷键定制和用户设置：VS Code 允许用户根据自己的喜好进行快捷键定制，并提供了一系列可配置的用户设置选项来满足个性化需求。

10）集成继承性强：作为微软开发的产品，VS Code 与其他微软工具（如 Azure 和 Visual Studio 等）以及其他开源工具（如 Git 等）有着良好的集成性，方便开发者进行全栈开发或与团队协作。

VS Code 是一款轻量级且强大的代码编辑器，具备跨平台支持和丰富的功能扩展能力。它适用于各种编程语言和开发场景，并且得到了广大开发者社区的积极参与与贡献。无论是个人项目，还是团队协作的大项目，在日常开发中都可以借助 VS Code 提高效率并享受愉快的编码体验。

▶▶ 3.4.7　Vite 开发工具

Vite 是一款由尤雨溪（Vue.js 的作者）开发的前端开发工具，旨在提高前端开发效率。Vite 是一个轻量级的开发服务器，具有快速的冷启动、即时热重载（Hot Module Replacement）、ES 模块化原生支持等特性。

Vite 开发工具的主要特点如下。

1）快速冷启动：Vite 利用现代浏览器的原生 ES 模块化支持，将依赖包打包成一系列独立的文件，并在浏览器端动态地组装成依赖图。这种方式避免了传统打包工具需要预先构建整个应用程序的烦琐过程，从而大大提高了冷启动速度。

2）即时热重载：Vite 支持在浏览器端进行即时热重载，可以快速地更新修改后的模块，而无需重新加载整个页面或刷新浏览器。

3）原生 ES 模块化支持：Vite 支持原生 ES 模块化，并且可以通过预编译和转换方式来支持 CommonJS 和 AMD 模块。

4）多种文件格式支持：Vite 支持多种文件格式，包括 TypeScript、JSX、Vue 单文件组件等，并提供了对应的插件和预设来优化编译和构建过程。

5）插件扩展能力：Vite 提供了丰富的插件扩展能力，用户可以根据需求选择并安装插件来扩展 Vite 的功能。用户也可以根据自己的需求自定义插件或使用第三方插件。

6）友好的错误提示：Vite 在遇到错误时会提供详细的错误提示和调试信息，方便用户快速定位和解决问题。

7）集成 Vue.js 和 React 等框架：Vite 内置了对 Vue.js 和 React 等框架的支持，并且提供了相应的插件和预设来优化这些框架在 Vite 中的使用体验。

8）自定义构建输出：用户可以根据自己的需求定制构建输出选项，包括输出格式、目标路径等。

Vite 是一个快速、轻量级、可扩展性强并且易于使用的前端开发工具。它通过利用现代浏览器原生 ES 模块化支持、即时热重载等特性，大大提高了前端开发效率和体验。

▶▶ 3.4.8　Power Designer 开发工具

Power Designer 是一款功能强大的商业建模工具，它提供了丰富的功能和工具，用于支持软件开发和数据建模等领域。

Power Designer 开发工具的主要特点如下。

1）数据建模：Power Designer 提供了丰富的数据建模功能，可以用于设计和管理数据库结构。它支持常见的关系型数据库（如 Oracle、SQL Server、MySQL 等）和其他数据存储技术（如 NoSQL 数据库、XML 等）。它可以帮助用户设计数据库模型，包括实体关系图（ER 图）、逻辑模型、物理模型等。

2）业务过程建模：Power Designer 提供了业务过程建模功能，用于分析和设计企业的业务流程。它支持标准的 BPMN（Business Process Model Notation，业务流程建模符号）标记，并提供了图形化界面来绘制流程图、状态图等。

3）UML 建模：Power Designer 支持 UML（Unified Modeling Language）建模，用于分析和设计软件系统。它提供了类图、用例图、时序图等 UML 图形，可以帮助开发人员可视化地描述系统的结构和行为。

4）数据仓库设计：Power Designer 支持数据仓库设计，并提供了数据仓库建模工具。它可以帮助用户定义维度表、事实表等，并生成相应的物理表结构。

5）代码生成：Power Designer 可以根据数据库或其他建模设计生成代码，包括表定义、存储过程、触发器等。这样可以减少手动编写代码的工作量，并提高开发效率。

6）可视化分析：Power Designer 提供了可视化分析功能，可以通过图形化界面展示数据关系、依赖关系等。这有助于用户更好地理解系统或数据结构，并进行更深入的分析。

7）团队协作：Power Designer 支持多人协作开发，在团队中共享和管理项目文件。它提供版本控制功能，可以帮助团队成员进行协同开发，并确保文件的一致性和安全性。

8）文档生成：Power Designer 可以生成各种文档，包括数据字典、技术规范文档等。这有助于团队成员之间共享项目信息，并提高沟通效率。

3.5　本章小结

本章的内容非常丰富，介绍了很多开发技术，希望读者能够全面进入开发一个 Web 项目所需的技术世界。以本章介绍的技术点作为指引，到各技术点的专业书籍里更进一步地去学习它们的使用方法、技术原理和工作流程等。

在本章中，从数据库、服务端、客户端、管理工具、开发工具等方面，简单介绍了本书项目搭建所需要的开发技术和管理技术。这些技术大部分是建立在 Java 语言基础上的，涵盖了 MySQL 数据库、Redis 缓存、Java 基础知识与数据结构、Spring、Spring Boot、Spring MVC、Mybatis、Thymeleaf、Java Web 和 Nginx 服务器、Docker 容器、前端网页、Maven 管理工具、IntelliJ IDEA 开发工具、Webpack 管理工具、WebStorm 开发工具、Git 版本管理工具、Visual Studio Code 开发工具、Vite 开发工具等多个方面的知识点。在后续章节中，将会深入了解这些技术的具体内容和应用场景。

在第 4 章中，将正式进入项目开发流程，开始进行项目需求分析。

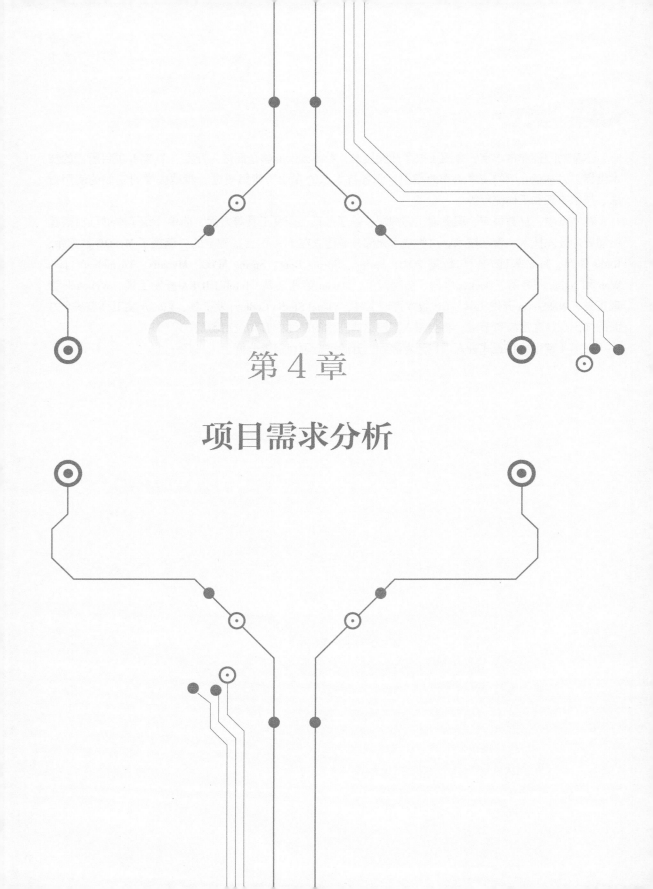

第 4 章

项目需求分析

在本章中，将介绍本书所涉及项目的业务需求、业务流程和要实现的功能。首先是项目概述，然后进行需求分析和概要设计，最后进行界面效果图设计。

4.1 项目概述

为了满足现代人们网络购物的需求，开发一个在线商城网站已成为许多公司的必然选择。本书项目旨在开发一个功能齐全且简单易用的在线商城网站，让消费者能够在移动端随时随地就可以购买到各种商品，同时也满足卖家的销售需求。根据客户要求，要尽量节省开发和推广成本。本书项目名称叫"无忧购物"商城网站。

4.2 需求分析

本书要开发的项目是一个在线商城网站，很明显是一个互联网 Web 项目，那么它要使用的肯定是 Web 开发技术；结合团队技术背景，使用 Java 开发语言及其庞大的生态系统和成熟的开发框架。

从使用者角度来进行需求分析，对于一个在线商城网站，通常来说使用它的人员有网站管理员、商家、网站会员（即消费者）等；从数据角度来进行需求分析，该网站有用户、商品、商品分类、商品文件、订单、购物车、收货地址、日志等数据；从终端角度来进行需求分析，为了让网站会员能够在移动端里随时随地购买商品，同时尽量节省开发和推广成本，决定只开发 WAP 网站和微信小程序，不开发移动端 APP；最后从业务流程角度来进行需求分析，该网站的核心业务流程如下。

1）商家创建商品、上架商品。

2）网站会员浏览商品、下单购买商品、在线支付商品货款。

3）商家接收订单、发货商品、填写物流信息。

4）网站会员收到商品、确认收货、浏览订单记录。

综上所述，本书项目主要可以分成如下三个部分。

1）第一部分为面向网站管理员和商家的后台管理部分，使管理员可以进行权限管理和使商家上架商品及处理订单。

2）第二部分为面向网站会员的前端展现部分，使网站会员在前端展现里查看网站数据、浏览商品、记录要购买的商品，在购物车页面里浏览等待下单的商品、下单购买商品、在线支付货款等。

3）第三部分为面向网站会员的会员中心部分，使网站会员在会员中心里浏览订单记录、查看订单状态、确认收货、查看一些统计数据等。

4.3 概要设计

根据上述需求分析和业务流程梳理，项目的概要设计如下。

▶ 4.3.1　后台管理

后台管理部分包含的模块有管理员管理、会员管理、商品管理、订单管理和模块数据管理。这些模块具体描述如下。

（1）管理员管理

管理员管理模块主要包括查询、添加、修改、删除管理员账号等操作。

（2）会员管理

会员管理模块主要包括查询、修改、删除、查看、审核、禁用会员账号等操作。

（3）商品管理

商品管理模块主要包括查询、添加、修改、删除、上架、下架商品等操作。同时还包括管理商品分类、品牌、属性、图片文件等信息。

（4）订单管理

订单管理模块主要包括查询、修改、删除、发货、退款订单等操作。

（5）模块数据管理

模块数据管理模块主要包括查询、添加、修改、删除、上线、下线模块数据等操作。

▶ 4.3.2　前端展现

前端展现部分包含的模块有前端展示页面、购物车页面、在线支付页面。这些模块具体描述如下。

（1）前端展示页面

前端展示页面模块通过网站首页、商品列表页、商品详情页、分类页面、搜索页面等方式，向网站会员展示网站数据和商品信息。

（2）购物车页面

购物车页面模块提供网站会员对商品的选购、记录、查看、结算与支付功能。

（3）在线支付页面

在线支付页面模块提供网站会员选择支付宝、微信等多种在线支付方式功能，方便网站会员购物、支付货款。

▶ 4.3.3　会员中心

会员中心部分包含的模块有会员登录与注册、我的订单、个人信息、收货地址、修改密码。这些模块具体描述如下。

（1）会员登录与注册

会员登录与注册模块提供网站会员进行注册、图形验证码、登录等操作。

（2）我的订单

我的订单模块提供网站会员对自己的订单进行搜索、查看、确认收货、退货、换货、评价等操作。

（3）个人信息

个人信息模块提供网站会员对个人信息进行查看、修改等操作。

（4）收货地址

收货地址模块提供网站会员对自己的收货地址进行新增、查看、修改、删除等操作。

（5）修改密码

修改密码模块主要提供网站会员进行登录密码修改的操作。

通过以上模块的设计，能够实现一个完整的在线商城网站，满足消费者和卖家的需求，并且提供便捷、高效的购物方式，从而为网站会员带来更好的线上购物体验。

4.4 界面效果图设计

根据上述需求分析和概要设计，项目的每个模块的功能界面效果图设计如下。

▶▶ 4.4.1 后台管理

后台管理模块包含的功能界面有登录、主操作窗口、管理员管理、会员管理、商品分类、商品管理、订单管理和模块数据管理等；为了方便管理员和商家操作，后台管理模块的界面都是计算机端的界面，具体的界面效果图设计如下。

（1）登录页面效果图（见图 4-1）

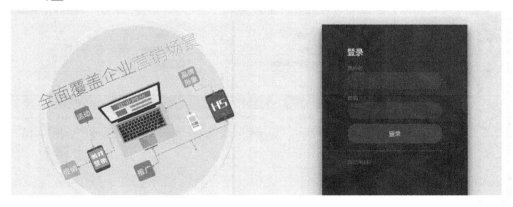

● 图 4-1　登录页面效果图

（2）主操作窗口效果图（见图 4-2）

在图 4-2 的左侧是菜单操作栏，主要有"管理员""会员""商品""订单"和"模块"5 个项目模块的菜单操作入口；左上角显示当前登录用户名，如 admin；单击右上角"注销"按钮，可以退出系统。

● 图 4-2　主操作窗口效果图

（3）管理员管理页面效果图（见图 4-3）

在图 4-2 上单击左侧栏第一个菜单操作栏"管理员"，默认打开管理员管理页面（见图 4-3）。在该图左侧栏的第二级菜单操作栏有"管理员管理"和"添加管理员"两个子菜单；该图右侧是管理员管理页面。该页面分三部分，分别是查询条件区域（上部分）、按钮工具栏（中间部分）和管理员信息列表（下部分）。

● 图 4-3　管理员管理页面效果图

（4）会员管理页面效果图（见图 4-4）

在图 4-2 上单击左侧栏第二个菜单操作栏"会员"，默认打开会员管理页面（见图 4-4）。在该图左侧栏的第二级菜单操作栏有"会员管理"子菜单；该图右侧是会员管理页面。该页面分三部分，分别是查询条件区域（上部分）、按钮工具栏（中间部分）和会员信息列表（下部分）。

● 图 4-4　会员管理页面效果图

（5）商品分类页面效果图（见图 4-5）

在图 4-2 上单击左侧栏第三个菜单操作栏"商品"，默认打开商品分类页面（见图 4-5）。在该图左侧栏的第二级菜单操作栏有"商品分类""商品管理"和"添加商品"三个子菜单；该图右侧是商品分类管理页面。该页面分两个部分，左边是三级商品分类链接（大类管理、小类管理和三级类管理），右边是添加商品分类功能（上部分）和商品分类信息列表（下部分）。

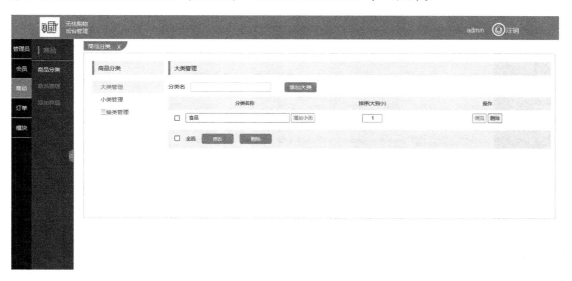

● 图 4-5　商品分类页面效果图

（6）商品管理页面效果图（见图4-6）

在图4-5上单击左侧栏第三个菜单操作栏"商品"的第二级菜单操作栏"商品管理"，打开商品管理页面（见图4-6）；该页面分三个部分，分别是查询条件区域（上部分）、按钮工具栏（中间部分）和商品信息列表（下部分）。

● 图 4-6　商品管理页面效果图

（7）订单管理页面效果图（见图4-7）

在图4-2上单击左侧栏第四个菜单操作栏"订单"，默认打开订单管理页面（见图4-7）。在该图左侧栏的第二级菜单操作栏有"订单管理"子菜单；该页面分两个部分，分别是查询条件区域（上部分）和多个Tab页及其内部的订单信息列表（下部分）。

● 图 4-7　订单管理页面效果图

（8）模块数据管理页面效果图（见图4-8）

在图4-2上单击左侧栏第五个菜单操作栏"模块"，默认打开模块数据管理页面（见图4-8）。该图左侧栏的第二级菜单操作栏有"模块数据管理"和"添加模块数据"两个子菜单；该图右侧是模块数据管理页面，该页面分三个部分，分别是查询条件区域（上部分）、按钮工具栏（中间部分）和模块数据信息列表（下部分）。

● 图4-8 模块数据管理页面效果图

前端展现

前端展现部分包含的功能页面有网站首页、商品列表页、商品详情页、商品搜索结果页、购物车、确认订单结算、在线支付等。它们的页面效果图都是手机 WAP 网站页面，在此就不一一列举了，只列举出如下几个，其他页面效果图请查看本书项目的源代码。

（1）网站首页效果图（见图4-9）

如图4-9所示，从上到下，在该图里分别是网站首页横幅图片轮播区域、商品分类图标区域、热门推荐和今日抢购模块数据两个子区域等组合在一起，成为一个前端网站的首页。

（2）商品列表页效果图（见图4-10）

图4-10为商品信息列表页面。在该页面的右上角为搜索图标按钮，单击它可以打开搜索栏，从而可以搜索商品信息；往下滚动页面，到达页面底部时，会自动从服务端获取更多商品信息；单击任何一个商品信息，可以打开商品详情信息页面。

（3）商品详情页效果图（见图4-11）

图4-11为商品详情信息页面。在该页面右上角为购物车数量图标按钮，单击它可以打开购物车列表页面；在该页面中间部分，单击"－"和"＋"按钮可以调整数量，单击"立即购买"按钮可以购买当前商品（即打开购买订单确认页面），单击"加入购物车"按钮可以把当前商品加入到购物车信息里。

● 图 4-9　网站首页效果图　　　　● 图 4-10　商品列表页效果图

（4）商品搜索结果页面效果图（见图 4-12）

图 4-12 为商品搜索结果页面。在该页面的右上角为搜索图标按钮，单击它可以打开搜索栏；往下滚动页面，到达页面底部时，会自动从服务端获取更多商品信息；单击任何一个商品，即可以打开商品详情信息页面。

（5）购物车页面效果图（见图 4-13）

图 4-13 为购物车页面。在该页面的右上角为管理链接，单击它可以打开管理购物车窗口，从而可以管理购物车信息；在该页面，单击每行购物车信息里的"–"和"＋"按钮可以调整购物车里商品购买数量；在该页面底部，可以选择购物车信息，单击"去结算"按钮，可以购买购物车里的商品，然后打开购买订单确认结算页面。

● 图 4-11　商品详情页效果图　　　● 图 4-12　商品搜索结果页面效果图

（6）确认订单结算页面效果图（见图 4-14）

图 4-14 所示为确认订单结算页面。在该页面的上面部分，单击它可以打开选择用户收货地址信息弹窗，在该弹窗里可以选择和新增用户收货地址信息；在该页面的中间部分，显示了要购买的商品信息列表；在该页面的底部，显示了购买商品的总数量和总金额信息，单击"去支付"按钮，打开选择在线支付方式页面。

（7）在线支付页面效果图（见图 4-15）

图 4-15 所示为在线支付页面。在该页面的上面部分，显示了三个在线支付方式，分别为微信支付、支付宝和货到付款；在该页面的底部，显示了需要支付的总金额信息，单击"确定"按钮，打开第三方在线支付页面或支付结果页面。

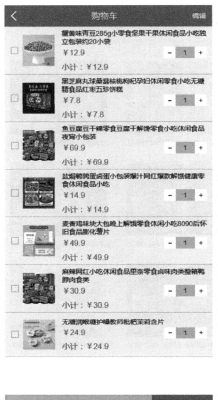

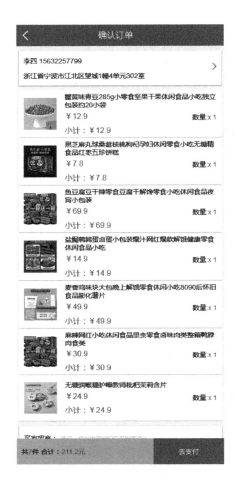

● 图 4-13 购物车页面效果图　　　　● 图 4-14 确认订单结算页面效果图

● 图 4-15 在线支付页面效果图

▶▶ 4.4.3　会员中心

会员中心部分包含的功能页面有会员登录、会员注册、会员中心、我的订单、我的信息、收货地址管理等，它们的页面效果图都是手机 **WAP** 网站页面，同样在此就不一一列举了，只列举出如下几个，其他页面效果图请查看本书项目的源代码。

（1）会员登录页面效果图（见图 4-16）

图 4-16 所示为会员登录页面。在该页面的上面部分，显示了用户名、密码和验证码的输入框，单击"登录"按钮，可以登录网站；单击"立即注册"链接按钮，打开会员注册页面。

（2）会员注册页面效果图（见图 4-17）

图 4-17 所示为会员注册页面。在该页面的上面部分，显示了用户名、密码、确认密码、邮箱和验证码的输入框，单击"注册"按钮，可以注册会员账号并且登录网站；单击"立即登录"链接按钮，打开会员登录页面。

● 图 4-16　会员登录页面效果图　　　　● 图 4-17　会员注册页面效果图

（3）会员中心页面效果图（见图 4-18）

图 4-18 所示为会员中心页面。在该页面的上面部分，显示了用户名和头像信息；在该页面的中间部分，显示了"我的订单"和"系统设置"菜单列表；单击"退出登录"按钮，可以退出网站。

（4）我的订单页面效果图（见图 4-19）

图 4-19 所示为我的订单信息列表页面。在该页面的上面部分，显示了我的订单各种状态数量；在该页面的中间部分，显示了我的订单信息列表；单击"订单详情"链接按钮，可以打开订单详情页面。

● 图 4-18　会员中心页面效果图　　　　● 图 4-19　我的订单页面效果图

（5）我的信息页面效果图（见图 4-20）

图 4-20 所示为我的信息列表页面。在该页面显示了我的个人信息；在该页面还可以编辑我的个人信息，单击"保存"按钮，可以把编辑后的个人信息保存到服务端。

（6）收货地址管理页面效果图（见图 4-21）

图 4-21 所示为收货地址信息列表页面。在该页面的上面部分，显示了会员的收货地址数量和添加收货地址图标按钮，单击"添加收货地址"图标按钮，可以打开新增收货地址弹窗，用于创建新的收货地址；在该页面的下面部分，显示了会员收货地址信息列表；单击"默认地址"按钮，可以设置当前收货地址为默认收货地址。

● 图 4-20　我的信息页面效果图　　　　● 图 4-21　收货地址管理页面效果图

　　通过以上功能页面效果图的设计，能够清晰地看到一个完整的在线商城网站效果；然后可以展现给客户查看，再由客户确认没有问题之后，就可以提交给前端和后端软件开发工程师。由他们开始进行前端静态 HTML 页面开发、进行详细业务流程设计和编写详细设计书。

4.5　本章小结

　　在本章整理了本书项目概述，然后进行了需求分析、业务流程梳理、概要设计和功能页面效果图设计。在需求分析中，从使用者、网站数据、网站终端和业务流程的角度，分析出项目的用户角色、数据结构、终端目标和业务流程。在概要设计中，梳理出后台管理、前端展现和用户中心三个部分，以及设计了它们的功能模块。最后，设计出了每个模块的功能页面效果图。

　　在第 5 章将进行项目架构和目录结构设计。按照项目开发流程，下一步应该是详细设计，但为什么第 5 章讲项目架构和目录结构设计呢？这是因为详细设计必需居于一个架构之上，才能往下执行，就像建设房子之前，必须先挖地基一样；项目架构和目录结构就是详细设计的地基。详细设计本身也需要一个组织结构，而组织结构就是架构的一部分。

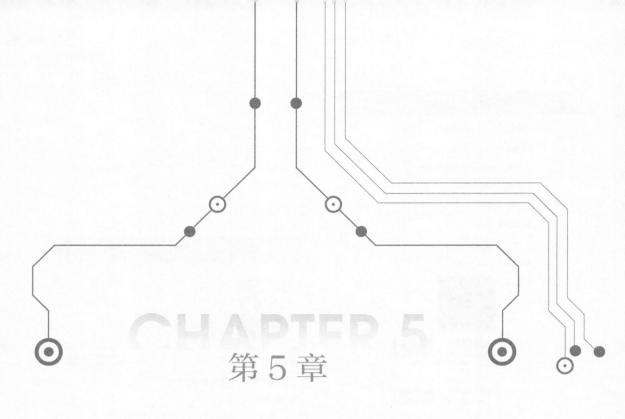

第5章

项目架构与目录结构设计

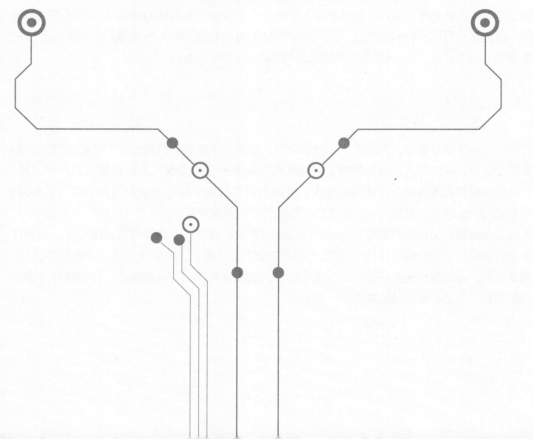

在本章将介绍项目架构和目录结构设计。本书项目选择以 Spring Boot 为基础开发架构，使用 Spring MVC 作为 Web 架构。本书项目名称叫"无忧购物"商城网站，对应的英文为 Worry-Free Shopping Mall Website，缩写为 wfsmw。

5.1 后端项目架构与目录结构

以 wfsmw 作为项目工程名，以它为根目录，逐层往下展开，逐步说明每层结构。

▶▶ 5.1.1 项目第一层目录

后端项目的第一层目录结构如图 5-1 所示。

如图 5-1 的长方形框里所示，从根目录开始第一层是 .idea、doc、src、target 四个目录，以及 .gitignore、LICENSE、pom.xml、README.md 四个文件，它们的说明如下。

1）.idea 是以 IntelliJ IDEA 开发工具建立的工程配置信息目录，是 IntelliJ IDEA 开发工具在创建工程时自动创建的。

2）doc 是项目文档目录，主要用于存放项目的数据库设计文件、数据库 SQL 脚本文件、需求分析文档、概要设计文档、接口文档等各种文件。

3）src 是项目源代码的根目录。

4）target 是以 IntelliJ IDEA 编辑器自动编译、打包出来的项目运行文件存放的根目录，是 IntelliJ IDEA 开发工具在创建工程时自动创建的。

5）.gitignore 文件是以 GIT 版本管理系统进行文件版本管理时，不需要版本管理的文件和目录配置文件。

6）LICENSE 文件是版权声明文件，声明项目是基于某个协议的版权信息。

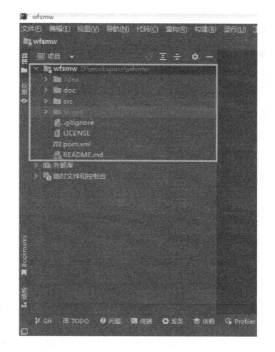

● 图 5-1　项目第一层目录

7）pom.xml 文件是 Maven 描述文件，用来管理项目，本项目里所有使用的软件包都是通过这个文件进行配置和管理的。

8）README.md 文件是自述文件，用于描述项目的各种信息，如技术类型、项目结构、使用说明、运行方式、发布等内容。

▶▶ 5.1.2 项目非 Java 包的目录

项目非 Java 包的目录是指在 src 项目源代码的根目录里，存放非 Java 源代码文件的目录。它的目录结构具体如图 5-2 所示。

如图 5-2 的长方形框里所示，从 src 项目源代码的根目录开始，第一层子目录有 main 和 test 两个目录，它们的说明如下。

（1）main 目录

main 目录是项目业务代码的主目录，它包含了 Java 源代码文件和各种资源文件，如配置文件、模板文件、JS（javascript）文件、CSS 文件和图片等。

从 main 目录开始，第二层有 java 和 resources 两个子目录，它们的说明如下。

1）java 目录是项目 Java 源代码的主目录。它包含了本项目的主 Java 包 cn.sanqingniao，在该主 Java 包里包含 commons 和 wfsmw 两个子包，它们是项目业务代码 Java 包的主目录包，它们的详细说明，请阅读 5.1.3 节。

2）resources 目录是项目资源文件的主目录。它包含了本项目的配置文件、国际化消息文件、SQL 脚本 XML 文件、静态文件和模板文件，分别保存到 config、messages、mybatis、static、templates 等子目录里，其中在 static 目录里可以再创建 js、css、images 子目录，分别用于保存对应的 JS 文件、CSS 文件和图片文件。

（2）test 目录

test 目录是项目测试代码的主目录，它主要包含了 Java 测试代码文件。

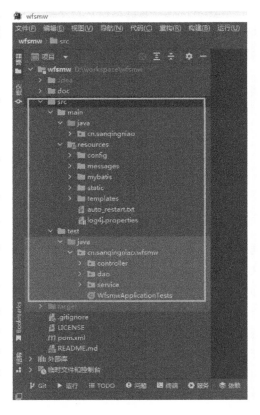

● 图 5-2 项目非 Java 包的目录

从 test 目录开始，第二层有 java 子目录，它是项目 Java 测试源代码的主目录。它包含了本项目测试代码的主 Java 包 cn.sanqingniao.wfsmw；当然还可以创建其他测试子包，如 cn.sanqingniao.commons 测试子包，用于存放 Java 测试源代码相关文件。

▶▶ 5.1.3 项目业务代码 Java 包的目录

项目业务代码 Java 包的目录是指在 src\main 项目业务代码的主目录里，存放 Java 源代码文件的目录。它的目录结构具体如图 5-3 所示。

如图 5-3 的长方形框里所示，从项目 Java 源代码的主目录 src\main\java 开始，它包含了本项目业务功能的主 Java 包 cn.sanqingniao，在该主包里再包含 commons 和 wfsmw 两个子包，它们的说明如下。

（1）commons 子包

commons 是项目业务代码的共通包，它包含了本项目的各种共通代码，可用在各种层级包里；同时也创建了某些层级的基础类；在该包里再包含 8 个子包，分别为 bean、controller、entity、exception、handler、result、security、utils，这些子包的说明如下。

1）bean 子包是指存放 Java Bean 类的 Java 包，Java Bean 类是指符合 Java Bean 规范的 Java 简单对

象类，这些规范包括：有一个无参构造函数、使用标准命名约定、支持属性访问器、可以被其他应用程序重用、可以在图形用户界面（GUI）中拖放等，其中支持属性访问器是指可以通过 getter 和 setter 方法来访问和修改Bean 中的属性值。

2）controller 子包是 Spring MVC 框架里的控制层包，在该子包里存放项目的控制器基类及其他共通功能的控制器类，例如：控制器基类 BaseController、心跳控制器类 HeartBeatController、公钥业务控制器类 PublicKeyController 等。

3）entity 子包是实体层包，在该子包里存放项目的实体层基类及其他特有业务功能的实体类，例如：实体基类 BaseEntity，及实现微信公众平台的支付、退款等业务功能所需数据的实体类。

4）exception 子包是异常层包，在该子包里存放项目自定义的异常类，例如：数据库访问异常类 DataAccessException、请求参数异常类 ParameterException、全局异常处理器类 GlobalExceptionResolver。

5）handler 子包是第三方业务处理包，在该子包里存放项目实现第三方平台业务功能的处理器类，例如：七牛云存储服务文件处理器类 QiniuFileHandler、微信预支

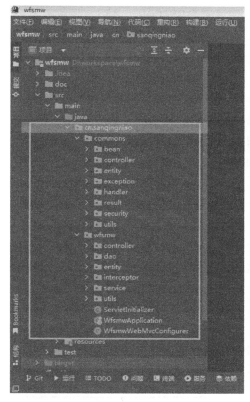

● 图 5-3　项目业务代码 Java 包的目录

付处理器类 WeiXinPrepayRequestServiceHandler、支付宝手机网站支付处理器类 AlipayWapPayServiceHandler 等。

在该子包里的所有处理器类都要遵循一个 Java 设计模式，叫模板模式。在该子包里有一个业务处理器接口 ServiceHandler，以及简单实现该业务处理器接口的适配器类 ServiceHandlerAdapter，其他第三方平台业务功能的处理器类都必须实现该接口或继承该适配器类。

Java 设计模式（Design Patterns）是一种用于解决软件设计问题的通用解决方案。它们是经过验证和经验积累的，可以在软件开发中被反复使用的设计模板。Java 设计模式描述了在特定情境中，如何以一种优雅和可扩展的方式组织代码和实现功能。模板模式（Template Pattern）是 Java 设计模式中的一种行为型模式。它定义了一个算法的框架，将一些步骤的具体实现延迟到子类中。在模板模式中，将一个算法分为多个步骤，并在一个抽象类中定义这些步骤的顺序，每个步骤由具体子类来实现。

6）result 子包是响应结果包，在项目里实现的功能接口都有统一的接口规范，规定了统一的接口URL、请求参数结构和响应结果数据结构。在该响应结果包里，根据接口规范的规定创建了统一的响应结果类，用于各种功能接口的响应结果中。这些响应结果类主要包含响应结构实体基类 BaseResult、响应结果实体类 Result、查询结果实体类 QueryResult 等。

7）security 子包是加密安全包，在该子包里存放项目实现加密解密功能的编码器类，例如：RSA

加密解密类 RSACoder、AES 加密解密类 AESCoder 等。

8）utils 子包是工具包，在该子包里存放项目实现各种通用功能的工具类，例如：字符串处理工具类 StringUtils、日期工具类 DateUtils、共通工具类 CommonUtils、Redis 客户端封装工具类 RedisClient 等。

（2）wfsmw 子包

wfsmw 子包是项目业务代码的主功能包，它包含了本项目的主业务代码；在该包里按照功能和层级进行划分，再包含 6 个子包和 3 个项目应用主入口类、主配置器类文件，它们分别为 controller、dao、entity、interceptor、service、utils 6 个子包，以及 ServletInitializer. java、WfsmwApplication. java、WfsmwWebMvcConfigurer.java 3 个主类文件，这些子包和类的说明如下。

1）controller 子包是 Spring MVC 框架里的控制层包，在该子包里存放项目的业务控制器类。

2）dao 子包是项目业务代码的持久层包，在该子包里存放项目的持久层业务代码接口。

3）entity 子包是项目业务代码的实体层包，在该子包里存放项目的实体层实体类。

4）interceptor 子包是项目业务代码的拦截器层包，在该子包里存放项目的拦截器类，例如：用户登录认证授权业务处理拦截类 UserLoginInterceptor。

5）service 子包是项目业务代码的业务层包，在该子包里存放项目的业务服务类。

6）utils 子包是项目业务代码的工具层包，在该子包里存放项目的业务工具类。

7）ServletInitializer.java 是项目 Servlet 应用入口类，当项目以 war 包形式在 Java Web 服务器里运行时，该类作为入口来启动项目。

8）WfsmwApplication.java 是项目应用入口类，当项目以 jar 包形式运行时，该类作为入口来启动项目。

9）WfsmwWebMvcConfigurer.java 是项目 Spring MVC 行为的配装器类，用于配置各种行为，例如：配置全局的过滤器、拦截器、异常处理器等。

▶▶ 5. 1. 4　项目测试代码 Java 包的目录

项目测试代码 Java 包的目录是指在项目测试代码的主目录 src\test\java 里，存放 Java 测试源代码文件的目录。它的目录结构具体如图 5-4 所示。

如图 5-4 的长方形框里所示，从项目 Java 测试源代码的主目录 src\test\java 开始，它包含了本项目测试功能的主 Java 包 cn.sanqingniao.wfsmw，它的说明如下。

wfsmw 测试子包是项目测试代码的主功能测试包，它包含了项目主业务代码的测试代码；在该包里按照功能和层级进行划分，再包含 3 个测试子包和 1 个项目应用测试主入口类文件，它们分别为 controller、dao、service 3 个测试子包，以及 WfsmwApplicationTests. java 测试主入口类文件。在这些测试子包里，可以按照模块进行划分，按需创建模块测试子包，创建各种测试类。这些测试子包和测试主入口类文件说明如下。

1）controller 测试子包是 Spring MVC 框架里的控制层测试包。在该子包里存放项目的业务控制器层测试套件类，以及按照业务模块划分，再创建对应的子包。然后在这些子包里存放相关业务功能的控制器测试类，例如：控制器层测试套件类 WfsmwControllerAllTests、后台管理模块测试子包 admin、基础数据模块测试子包 basedata、通用模块测试子包 commons、商品模块测试子包 goods、会员中心模块测试子包 member、用户订单模块测试子包 order、前端展现网站模块测试子包 site 等。

2）dao 测试子包是项目业务代码的持久层测试包，在该子包里存放本书项目的持久层测试套件类，以及按照业务模块划分，再创建对应的子包，然后在这些子包里存放相关业务功能的持久层接口测试类，例如：持久层测试套件类 WfsmwDaoAllTests、基础数据模块测试子包 basedata、商品模块测试子包 goods、日志模块测试子包 log、用户订单模块测试子包 order、网站模块测试子包 site、用户模块测试子包 user 等。

3）service 测试子包是项目业务代码的业务服务层测试包。在该子包里存放项目的业务服务层测试套件类，以及按照业务模块划分，再创建对应的子包。然后在这些子包里存放相关业务功能的业务层逻辑测试类，例如：业务服务层测试套件类 WfsmwServiceAllTests、基础数据模块测试子包 basedata、商品模块测试子包 goods、日志模块测试子包 log、网站会员模块测试子包 member、用户订单模块测试子包 order、网站模块测试子包 site、用户模块测试子包 user 等。

4）WfsmwApplicationTests.java 是一个测试类。在创建 Spring Boot 项目时，Spring Boot 会自动创建一个带 ApplicationTests 后缀的测试类，例如：项目名为 wfsmw，那么由 Spring Boot 自动创建的测试类名就是 WfsmwAppli-

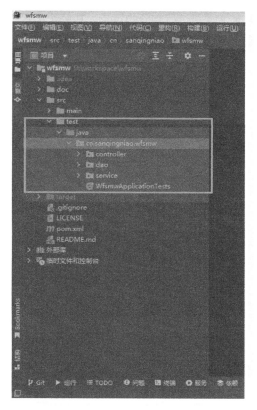

● 图 5-4　项目测试代码 Java 包的目录

cationTests。该测试类的作用是用于测试 Spring Boot 应用程序的基本功能，例如：应用程序是否能够正常启动、各组件是否能够正常加载等。

具体来说，该测试类会启动一个完整的 Spring 应用程序上下文，并执行一些基本的测试。它通常包含以下测试方法：

1）测试应用程序是否能够正常启动，通过在测试方法中使用@Autowired注解注入应用程序的主类，并断言该类不为空来实现。

2）测试一些基本功能，例如 Controller 是否能够正常响应、数据库是否能够正常连接等。

3）测试其他组件，例如缓存、消息队列等。

该测试类通常不需要开发人员手动编写，因为 Spring Boot 会自动生成它。如果需要进行其他更详细的功能测试，则需要手动编写其他测试类，并在其中进行更复杂的操作和断言。需要注意的是，在编写单元测试时，要注意不要依赖于外部资源或环境，可以使用模拟对象或虚拟环境来代替外部资源或环境。

▶▶ 5.1.5　项目业务模块的目录

项目业务模块的目录是指在项目业务代码的 Java 主包 src\test\java\cn.sanqingniao.wfsmw 里，按照功能和层级进行划分的目录。在每个层级的 Java 包里，可以再按照模块划分，建立各自的模块 Java 包。它的目录结构具体如图 5-5 所示。

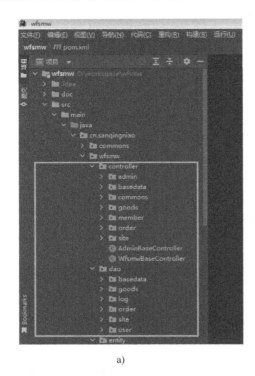 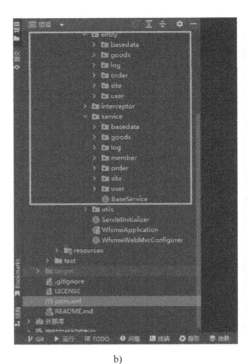

a)   b)

● 图 5-5　项目业务模块的目录

如图 5-5 的长方形框里所示，从项目业务代码的 Java 主包 src\main\java\cn.sanqingniao.wfsmw 开始，它包含了 4 个业务模块包，分别是 controller、dao、entity、service，它们的说明如下。

1）controller 业务模块包是 Spring MVC 框架里的控制层包，在该包里存放项目的业务控制器层控制器类，以及按照业务模块划分再创建的对应子包，然后在这些子包里存放相关业务功能的控制器类。该控制层包具体包含 7 个业务模块子包和 2 个控制层基类文件，它们分别是后台管理模块子包 admin、基础数据模块子包 basedata、通用模块子包 commons、商品模块子包 goods、会员中心模块子包 member、用户订单模块子包 order、前端展现网站模块子包 site，以及 AdminBaseController.java、WfsmwBaseController.java 这 2 个控制器基类文件。其中 AdminBaseController.java 是后台管理模块的控制器基类、WfsmwBaseController.java 是项目的全局控制器基类。

2）dao 业务模块包是项目业务代码的持久层包，在该包里存放项目的持久层业务代码，以及按照业务模块划分再创建的对应子包，然后在这些子包里存放相关业务功能的持久化接口。该持久层包具体包含 6 个业务模块子包，它们分别是基础数据模块子包 basedata、商品模块子包 goods、日志模块子包 log、用户订单模块子包 order、前端展现网站模块子包 site、用户模块子包 user。

在项目里通过 Mybatis 及它与 Spring 的集成技术来实现持久层业务代码，因此在 dao 业务模块包的每个持久化接口都有一个对应的 SQL 脚本映射 XML 文件，这些 XML 文件都存放在 src\main\resources\mybatis\mapper 目录里。

3）entity 业务模块包是项目业务代码的实体层包，在该包里存放项目的实体层业务代码，以及按照业务模块划分再创建的对应子包，然后在这些子包里存放相关业务功能的实体类。该实体层包具体包含 6 个业务模块子包，它们分别是基础数据模块子包 basedata、商品模块子包 goods、日志模块子包 log、用户订单模块子包 order、前端展现网站模块子包 site、用户模块子包 user。

4）service 业务模块包是项目业务代码的业务层包，在该包里存放项目的业务层业务代码，以及按照业务模块划分再创建的对应子包，然后在这些子包里存放相关业务功能的业务服务类。该业务层包具体包含 7 个业务模块子包和 1 个业务层基础类文件，它们分别是基础数据模块子包 basedata、商品模块子包 goods、日志模块子包 log、会员模块子包 member、用户订单模块子包 order、前端展现网站模块子包 site、用户模块子包 user 这 7 个业务模块子包，以及业务层的全局业务服务基类 BaseService.java。

5.2 后端项目目录层级设计

为了方便后端项目的管理和开发，需要对后端项目进行合理的目录层级设计。在实际项目中，通常将代码按照功能和层级进行划分，依据从下往上、从内到外、从数据库底端到页面前端的顺序进行，主要包括以下几个部分。

▶▶ 5.2.1 DAO 层

DAO（Data Access Object）层是负责数据库的访问和操作的，它是处于最下、最内、最底端的层，与实体层配合使用，对实体层的实体对象数据进行增、删、改、查操作，并对外提供访问数据库的接口。在 Spring Boot 架构中，通常使用@Repository 注解来标识一个类为 DAO 层。

在后端项目里是通过 MyBatis 及它与 Spring 的集成技术来实现持久层业务代码的，因此在 DAO 层的每张数据库表都有对应的一个持久化接口与它对应的 SQL 脚本映射的 XML 文件。

▶▶ 5.2.2 业务层

业务（Service）层负责处理业务逻辑，提供各种服务，处于中间层；它向下依赖于 DAO 层，往上服务于控制层。在 Spring Boot 架构中，通常采用@Service 注解来标识一个类为业务层。

▶▶ 5.2.3 控制层

控制（Controller）层是整个项目的服务端入口，负责接收客户端请求，处于中间层。首先调度业务层来处理业务逻辑，之后根据不同处理结果定位到不同视图层级，以便将结果返回给前端。在 Spring MVC 框架中，控制层主要是由@Controller 和@RestController 注解修饰的类来实现。

▶▶ 5.2.4 视图层

视图（View）层是整个项目的展现层，负责渲染页面、展现视图结果给用户查看，它是处于最上、最外、最前端的层。在项目中，它是存放展现前端页面文件的地方，一般来说视图层对应的文件是指模板文件，它通常保存在 resources 目录的 templates 子目录里。另外对于 JS 文件、CSS 文件和图片文件等属于模板文件的附属文件，它们统一保存在 resources 目录的 static 目录的 js、css、images 三个子目录里。

▶▶ 5.2.5　实体层

实体（Entity）层是项目存放实体类的地方。实体类通常与数据库的表一一对应，负责携带数据，在上述所有层级之间传递数据。在 Java 中，通常使用 POJO（Plain Old Java Object）来表示实体类。

▶▶ 5.2.6　工具层

工具（Utils）层主要是提供一些工具类和方法，方便在项目中所有层级里使用，例如时间转换、集合操作、加密解密、文件操作等。在 Spring Boot 架构中，通常将这些工具类保存在一个 utils 包中。

▶▶ 5.2.7　拦截器层

拦截器（Interceptor）层主要是提供一些拦截器类，方便在项目中处理所有业务流程里必需要实现的共通业务，例如权限控制、登录检查、记录访问日志、全局异常处理等。在 Spring Boot 架构中，通常将这些拦截器类保存在一个 interceptor 包中。

综上所述，首先划分了功能和层级，然后在 DAO 层、业务层、控制层、视图层和实体层里根据模块划分为模块层，分别是 admin、basedata、commons、goods、log、member、order、site、user 子包或子目录等。

5.3　前端项目架构与目录结构

前端项目架构以 Vue3 为基础，并且以 Vite 来进行开发和构建。Vue3 是渐进式 JavaScript 框架，易学易用、性能出色、适用场景丰富的 Web 前端框架。为了方便前端项目的管理和开发，还需要对前端项目进行合理的目录层级设计。在实际前端项目中，通常将代码按照功能和层级进行划分，依据从下往上、从内到外、从数据获取底端到页面前端的顺序进行，主要包括以下几个部分。

▶▶ 5.3.1　项目第一层目录

前端项目名是 WFSMW-H5，那么保存项目源代码的根目录名也是 WFSMW-H5。因此，前端项目的第一层目录就是根目录的第一级目录，目录结构具体如图 5-6 所示。

如图 5-6 的长方形框里所示，前端项目的第一层目录和文件是由 Vite 在创建 Vue3 架构项目时自动创建的，这部分内容将会在第 9.5 节进行详细阐述，感兴趣的读者也可以直接跳到该节先睹为快。

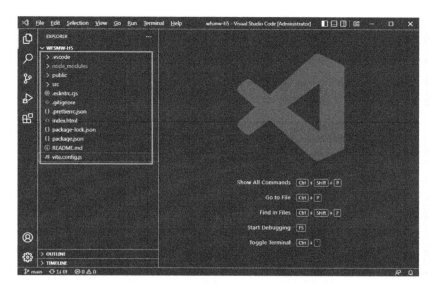

● 图 5-6　前端项目第一层目录结构

▶▶ 5.3.2　项目源代码目录

前端项目源代码目录是前端项目根目录的第二层目录，该源代码目录的根目录是 **src**。同样，该源代码根目录及其子目录大部分都是由 Vite 在创建 Vue3 架构项目时自动创建的，目录结构具体如图 5-7 所示。

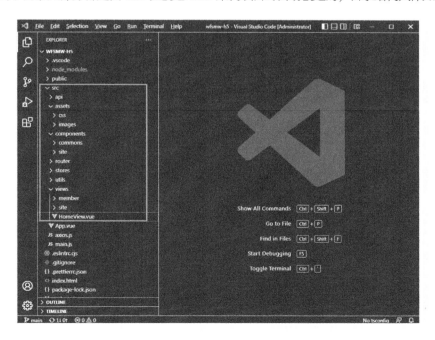

● 图 5-7　前端项目源代码目录结构

如图 5-7 的长方形框里所示，在前端项目的源代码目录里：src/assets、src/components、src/router、src/stores 和 src/views 是由 Vite 在创建 Vue3 架构项目时自动创建的；src/api、src/assets/css、src/assets/images、src/components/commons、src/components/site、src/utils、src/views/member 和 src/views/site 是根据功能和层次手工创建的。这部分内容将会在 9.5 节和 9.6 节里进行详细阐述，感兴趣的读者也可以直接跳到对应章节先睹为快。

5.4 本章小结

在本章中，进行了项目的架构和目录结构设计，并且展示了相关图片，以便直观地感受架构结构和目录结构；然后对项目进行了合理的目录层级设计，并且简单阐述了各层级的责任和相互依赖的关系。

按照项目开发流程，下一步应该是进行项目详细设计。在实际项目开发中，项目详细设计通常分数据库表结构设计和详细功能设计两部分，由产品经理和项目经理负责数据库表结构设计，由研发工程师负责详细功能设计。因此在第 6 章中，将进行项目数据库表结构的设计。

第 6 章

项目数据库表结构设计

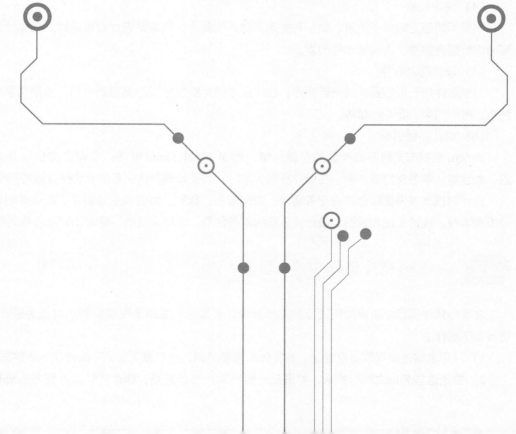

在本章中，将介绍数据库表结构设计的规范、原则、思路和规则，然后给出项目主要数据信息的表结构及其可创建表的 SQL 脚本。由于项目的数据是以关系型数据类型保存在 MySQL 数据库里，因此需要基于 MySQL 关系型数据库来进行表结构设计。

6.1 表结构设计规范和原则

在进行数据库表结构设计时，尽量按照如下规范和原则进行设计。

（1）明确业务需求

在设计数据库表前，需要明确业务需求，明确需要存储的数据类型、数据结构和数据之间的关系。只有在明确业务需求后，才能进行有针对性的设计。

（2）划分表和字段

在确定业务需求后，需要对被存储的数据进行划分。根据数据之间的关系和访问频率等因素，将数据划分到不同的表中。在确定每个表的字段时，需要根据字段之间的关系、数据类型、存储方式等因素来进行综合考虑。

（3）设计主键和索引

主键是每个表中唯一标识一条记录的字段，可以通过主键进行快速定位记录。索引可以加速查询操作。在设计主键和索引时，需要考虑查询频率、唯一性、数据量等因素。

（4）设计关系

如果不同表之间存在关系，如一对多或多对多的关系，则需要进行合理设计。在设计关系时，需要考虑数据完整性、查询效率等因素。

（5）设计约束条件

约束条件用于限制插入或更新操作，在保证数据完整性方面起到重要作用。常用约束条件有主键约束、唯一约束、非空约束等。

（6）设计存储引擎

MySQL 数据库支持不同类型的存储引擎，如 MyISAM、InnoDB 等。不同存储引擎具有不同的特点，如性能、事务支持等方面。在设计存储引擎时，需要根据具体业务需求选择合适的存储引擎。

设计数据库表需要综合考虑业务需求、数据结构、数据之间的关系等因素。在设计时需要合理划分表和字段、设计主键和索引、设计关系和约束条件等，以实现高效、稳定和安全的数据存储。

6.2 表结构设计思路

在实际软件项目中应该如何进行数据库表设计？通常的思路是在项目的所有业务逻辑和场景里，进行如下操作。

1）从需求描述中提取出有意义、有实体的重要名词，一个重要名词一般对应一张数据库表。

2）找出这些名词之间的关系，如果是一对一或一对多关系，那么它们以外键方式进行关联；如果是多对多关系，那么就创建一张关系表，在该关系表里，每条记录都代表一个关系。

3）根据这些重要名词对应的对象或者类型，逐个地整理出它们的属性，即对应表里的字段；根据这些字段的性质来进行数据类型、存储空间大小长度的设计。同时继续要考虑将一些保存关系的字段加入到表中去。

4）以这些重要名词为中心点出发，向外围发散思考一些附属在它们身边的普通名词，或者与它们有关联的业务或功能，重复上述思路进行相关表结构设计。

可以以思维导图的思考方式，以一个重要需求或者名词为中心点向外发散，一步步地进行数据库表结构设计。

6.3 数据库表名的命名规则

在设计数据库表结构时，通常也是一样按照模块进行设计的。因此对数据库表进行命名时，主要由表类型、模块名、业务名、过程功能名、函数功能名、关系标识组成，各组件之间使用下画线进行间隔。

数据库表类型有表（Table）、视图（View）、过程（Procedure）、函数（Function），在命名规则里使用这些类型单词的首字母小写，即表（t）、视图（v）、过程（p）、函数（f）。关系标识，通常以数字 2 表示。

通常数据库业务表命名规则为：**t_模块名_业务名**，例如：项目里的商品分类信息表，它所在的模块是商品模块，名叫 goods，因此它的表名为 t_goods_category。

数据库关系表命名规则为：**t_模块名_业务名 2 业务名**，例如：项目里的订单与商品关系表，它所在的模块是订单模块，名叫 order，因此它的表名为 t_order_order2goods，其中订单业务名和模块名同名，因此可以合并为一个 order。

同理，数据库视图命名规则为：**v_模块名_业务名**；数据库过程命名规则为：**p_模块名_过程功能名**；数据库函数命名规则为：**f_模块名_函数功能名**。

6.4 数据库字段名的命名规则

在设计数据库表的字段时，通常根据字段的用处和意义来进行命名，其命名规则如下。

（1）主键字段

在关系型数据库中，主键（Primary Key）是用于唯一标识数据库表中每个记录的一列或一组列，其具有以下特点：

1）唯一性：主键的值在整个表中是唯一的。

2）非空性：主键的值不能为 NULL。

3）稳定性：主键值在记录插入后不能修改或更改。

4）单一性：每个表只能有一个主键。如果一个表中有多个字段组合作为主键，则称为复合主键。

5）必要性：所有关系型数据库都要求每个表都要有一个主键。

通过定义主键，可以保证数据表中的每条记录都可以被唯一标识和访问。这样可以实现数据的快速检索、更新和删除操作。另外，主键还可以作为其他表与当前表之间建立关系的依据，通过外键与其他表进行关联查询和连接操作。

常见的定义主键的方式有以下两种：

1）单列主键：在一个列上定义唯一标识符作为主键。通常选择一个具有唯一性且不可更改的字段，如自增长整数字段、全局唯一标识符（GUID）或者业务逻辑上具备唯一性且稳定不变的字段。

2）复合主键：在多个列上组合形成唯一标识符作为主键，适用于需要使用多个字段组合来确保唯一性的情况。

总之，通过使用主键来标识和访问数据表中的记录，可以保证数据完整性、准确性和安全性，并提高数据库的查询和操作效率。主键的字段值在该整张表里是唯一、不可重复的值，可以代表这行数据的身份标识。

通常来说主键字段的命名都是以"id"来命名的，该字段的数据类型是整数且可自动增长。

（2）外键字段

在关系型数据库中，外键（Foreign Key）是指在从表中一个字段的值必需等于主表中某个字段（通常是主键）的值。这种关系通常用于实现多对一或一对一关系。例如，在一个订单管理系统中，订单项数据和订单数据就可以通过外键建立关联。

外键具有以下特点：

1）外键是从表中的字段，它们引用了主表中的某个字段。因此，在建立外键关系之前，需要先在主表中创建相应的主键。

2）外键可以实现多对一或一对一等不同类型的关系。

3）外键可以在多个从表和一个主表之间建立联系。这种情况下，从表会包含多个外键字段。

4）在删除主表记录时，与之相关联的从表记录需要进行相应的处理。如果设置了级联删除（Cascade Delete）选项，则与该记录相关联的从表记录也会被删除；如果没有设置级联删除选项，则删除操作会被拒绝，并抛出异常。

在数据库设计时，使用外键可以有效地管理不同数据之间复杂而又紧密的关系，并确保数据之间保持完整性和准确性。通过使用外键约束来限制数据访问和操作，可以提高数据库系统的安全性和可靠性。

通常来说，外键字段的命名规则：**主表业务名_id**，以业务名为主体加上"_id"后缀，各业务名之间使用下画线进行间隔，所有业务名都必须是小写。

（3）普通字段

普通字段的命名规则：**字段功能名**，各字段功能名之间使用下画线进行间隔，所有字段功能名都必须是小写。

6.5 数据库索引的命名规则

在设计数据库表的索引时，通常根据索引的创建规则和意义来进行命名，索引的主要创建规则和意义及其命名规则如下。

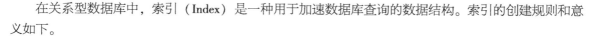
在关系型数据库中，索引（Index）是一种用于加速数据库查询的数据结构。索引的创建规则和意义如下。

（1）创建规则

创建索引需要指定要建立索引的列，以及使用何种方式进行索引。一般来说，在关系型数据库中的索引可以分为如下两种类型：

1）聚簇索引（Clustered Index）：是一种物理存储方式，按照索引列的顺序将数据行存储在磁盘上。每个表只能有一个聚簇索引，因为数据行只能按照一个顺序存储。

2）非聚簇索引（Non-clustered Index）：是一种逻辑存储方式，将指向数据行的指针存储在磁盘上。每个表可以有多个非聚簇索引。

（2）索引意义

创建索引可以加速数据库查询和排序操作，提高查询效率和性能。当使用 SQL 语句进行查询时，如果没有合适的索引，数据库则需要遍历整个表进行搜索。这样会造成大量的 IO 操作和资源浪费，并且查询效率会变得非常慢。而如果创建了适当的索引，则可以通过直接访问索引来定位数据行，并且避免了全表扫描操作。

此外，创建合适的索引还可以提高数据库系统的并发性能和可扩展性。因为当多个用户同时访问同一个表时，如果没有适当的索引，则每个用户都需要等待其他用户完成操作后才能进行下一步操作。这样会导致系统响应时间变长，并且可能导致系统死锁或资源争用问题。而如果使用了合适的索引，则每个用户都可以直接访问所需数据行，并且避免了冲突和资源竞争问题。

不过，在创建索引时需要权衡时间、空间和成本等因素，并根据具体情况进行选择和优化，以达到最优化性能和效果。

（3）索引命名规则

索引的命名规则：**主表名缩写_索引业务功能名_index**，以索引业务功能名为主体加上 "_index" 后缀，各索引业务功能名之间使用下画线进行间隔，主表名缩写和所有索引业务功能名都必须是小写。例如：在商品信息表里创建以商品名称字段值为索引，其中商品信息表名为 t_goods，商品名称字段名为 name，那么该索引名为 tg_name_index。

6.6 项目的表结构设计

▶▶ 6.6.1 项目的表结构设计逻辑与过程

按照上述设计规范、原则、规则和思路，本书项目的数据库表结构设计可以按照如下操作。

1）从需求描述中可以找到管理员、网站会员、商品、订单、收货地址等重要的有实体的名词，找到购物车这类虚拟物体名词。那么很显然管理员和网站会员是同一种数据结构、不同角色，因此它们可以归类为一张用户信息表，商品、订单、购物车、收货地址等重要名词都是独立的对象，因此它们都是独立的一张信息表，对应的是商品信息表、订单信息表、购物车信息表、收货地址信息表。

2）以用户为中心，与它相关的对象有订单、收货地址、购物车，并且它们之间都是一对多关系，因此在订单、购物车和收货地址信息表上都会有一个用户 ID 字段，即通过外键方式来保持它们之间的关系。

3）以商品为中心，与它相关的对象有订单、购物车；其中商品与订单之间都是多对多关系，因此需要创建商品与订单关系表；商品与购物车的关系是要通过网站会员进行关联的，因此在购物车信息表上会有一个商品 ID 字段，即通过外键方式来保持它们之间的关系。附属在商品身上的普通名词有商品分类、商品文件等，并且它们与商品是多对一的关系，它们对应的表有商品分类信息表、商品文件信息表。

4）以订单为中心，与它相关的对象有用户、商品、收货地址；其中订单与用户是一对一关系，因此只需要在订单信息表里有一个用户 ID 字段，即通过外键方式来保持它们之间的关系；商品与订单之间都是多对多关系，因此需要创建订单与商品关系表，它与上一步说的商品与订单关系表是同一张表；订单与收货地址是一对一关系，因此只需要在订单信息表里增加收货地址相关字段。

5）可以整理出的表有：用户信息表、商品信息表、订单信息表、购物车信息表、收货地址信息表、商品与订单关系表、商品分类信息表、商品文件信息表，根据这些重要名词对应的对象或者类型，逐个地去整理出它们的字段。

▶▶ 6.6.2　使用 Power Designer 开发工具设计表结构

（1）前提条件

以 Power Designer 为关键字在互联网搜索，然后去官网完成下载、安装该开发工具软件。打开该软件及选择数据库表结构设计菜单的效果如图 6-1 所示。

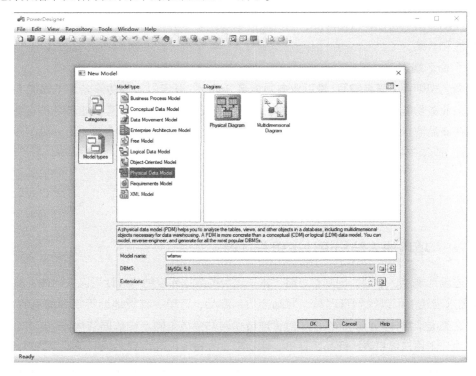

● 图 6-1　Power Designer 初始打开及选择数据库表结构设计菜单

（2）设计数据库表操作流程

为了进行数据库表结构设计，需要打开 New Model 功能窗口；选择"File→New Model"菜单或者单击该软件的工具栏上第一个图标按钮，其效果图如图 6-1 所示。

在该功能窗口里，依次单击选择"Model types→Physical Data Model→Physical Diagram"这三个功能图标；然后在"Model name"文本框输入后端项目名称"wfsmw"作为数据库表结构设计模型名称，在"DBMS"下拉列表框里选择"MySQL 5.0"作为数据库管理系统，这是因为后端项目的数据库是使用 MySQL 8.0 来保存数据的；最后，单击"OK"按钮之后，就可以打开数据库表结构设计操作界面了，其效果如图 6-2 所示。

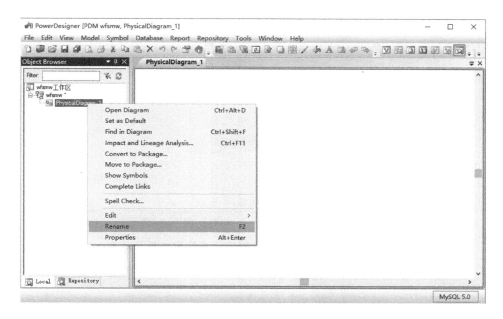

● 图 6-2　数据库表结构设计操作界面

如图 6-2 所示，在左侧栏操作区域的"PhysicalDiagram_1"上单击右键，弹出右键菜单，选择"Rename"菜单可以对它重命名为"wfsmw"。

下面就可以开始创建数据库表结构了。在左侧栏操作区域的"wfsmw"上单击右键，弹出右键菜单，选择"New→Table"菜单来打开数据库表结构设计功能窗口，该操作过程如图 6-3 所示。

如图 6-3 所示，在功能窗口里，有 General、Columns、Indexes、Keys 等 Tab 页面，每个 Tab 页面负责设置数据库表的部分信息值。该功能窗口如图 6-4 所示。

在数据库表结构设计中主要使用 General、Columns、Indexes 这 3 个 Tab 页面里的功能，它们的意义和功能说明如下。

1）General Tab 页：主要用于设置数据库表的名称、代码、注释说明、所有者等一般信息值。

2）Columns Tab 页：主要用于设置数据库表的所有字段信息值。

3）Indexes Tab 页：主要用于设置数据库表的索引信息值。

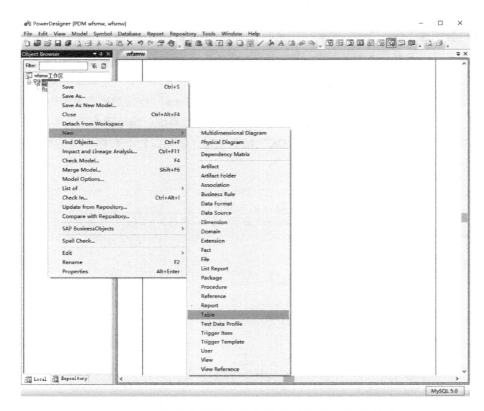

● 图 6-3　打开数据库表结构设计功能窗口操作过程

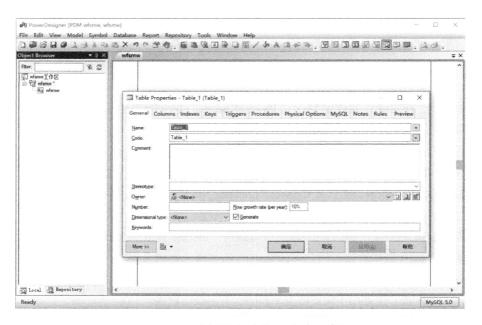

● 图 6-4　数据库表结构设计功能窗口

▶▶ 6.6.3　项目的表结构设计效果图

按照 6.6.2 节所述的数据库表结构设计操作过程，完成项目的数据库表结构设计，最后得到的效果如图 6-5 所示。

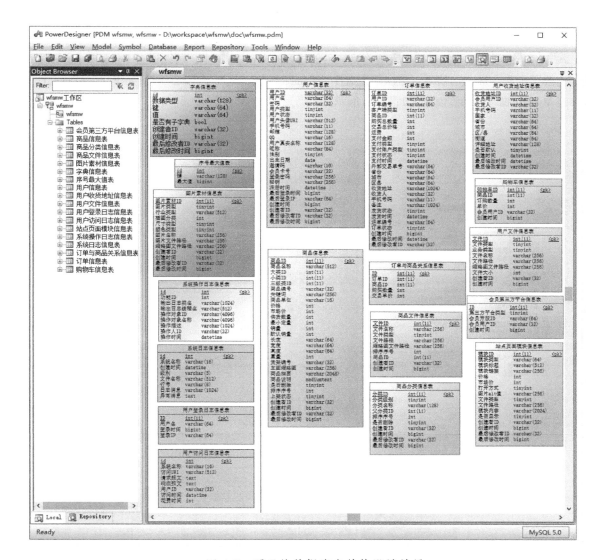

● 图 6-5　项目的数据库表结构设计效果

项目的数据库表有：会员第三方平台信息表、商品信息表、商品分类信息表、商品文件信息表、图片素材信息表、字典信息表、序号最大值表、用户信息表、用户收货地址信息表、用户文件信息表、用户登录日志信息表、用户访问日志信息表、站点页面模块信息表、系统操作日志信息表、系统日志信息表、订单与商品关系信息表、订单信息表和购物车信息表，如图 6-5 的左侧区域所示。

在图 6-5 的右侧区域中，根据业务与功能划分区域，把实现相同业务与功能的数据库表放在一起管理，例如：左边上部分 3 张数据库表是基础数据区域、左边下部分 4 张数据库表是日志数据区域和右边部分的所有数据库表是核心业务区域。

6.7 项目的数据库表结构

本节将介绍项目主要的数据库表结构及其可创建表的 MySQL 脚本，可以通过 Power Designer 来自动创建数据库表的 MySQL 脚本。依次单击选择"Database→Generate Database…"菜单，会打开创建数据库表 MySQL 脚本的功能窗口，如图 6-6 所示。

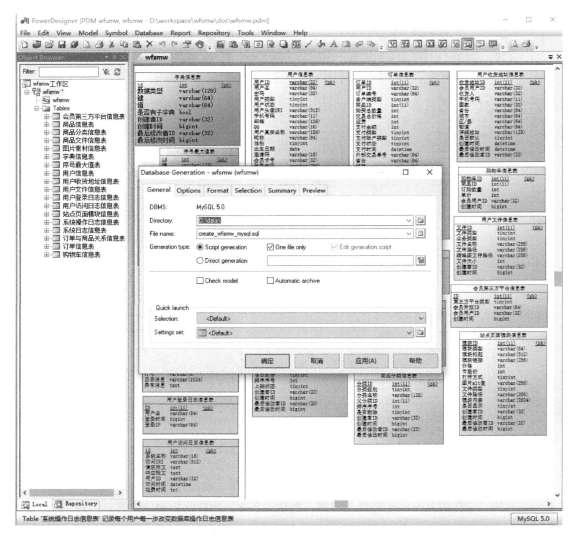

● 图 6-6 创建数据库表 MySQL 脚本的功能窗口

如图 6-6 中间里的功能窗口所示，在 "Directory" 下拉列表框里选择保存 MySQL 脚本文件的目录，在 "File name" 下拉列表框里输入或选择 MySQL 脚本文件名 "create_wfsmw_mysql.sql"，其他配置项目保留默认值，单击 "确定" 按钮就可以自动创建项目的数据库表结构的 MySQL 脚本了。

在 MySQL 脚本里，数据库表里的每个字段对应一行脚本代码，每行脚本代码的格式如表 6-1 所示。

表 6-1　每行脚本代码的格式说明

字　段　名	字段数据类型及其长度	约 束 条 件	字 段 描 述
id	varchar（32）	not null	comment '用户 ID '
user_type	tinyint	default 0	comment '用户类型 0：管理员 1：网站员工 2：网站会员'
last_login_time	bigint	unsigned default 0	comment '最后登录时间'

对于每个字段每行的脚本代码，按照其书写的连续性，对应的字段样例如下：

```
字段名          字段数据类型及其长度      约束条件      字段描述
id              varchar(32)            not null     comment '用户 ID',
user_name       varchar(64)                         comment '用户名',
password        varchar(32)                         comment '密码,MD5 加密保存',
user_type       tinyint                default 0    comment '用户类型 0:管理员 1:网站员工 2:网站
                                                            会员',
status          tinyint                default 1    comment '用户状态 0:无效  1:有效',
portrait_uri    varchar(512)                        comment '用户头像 URI',
cell_num        varchar(11)                         comment '手机号码',
email           varchar(128)                        comment '邮箱',
qq              varchar(16)                         comment 'QQ',
```

为了让读者对数据库表结构设计有直观的认识，同时看到一些完整的创建数据库表的 MySQL 脚本代码，下面会把项目的核心业务与功能对应的数据库信息表进行一一阐述。

▶▶ 6.7.1　用户信息表

在用户信息表里，主要保存用户基本信息和最后登录信息。在 Power Designer 开发工具里，关于用户信息表的结构设计功能窗口如图 6-7 所示。

图 6-7 中，从上到下，展现的内容是用户信息表的所有字段信息；从左往右，每列的说明如下：

1）Name：字段名称，用于定义字段的中文名。

2）Code：字段代码，用于定义字段在数据库管理系统里真正的表字段名。

3）Comment：字段注释，用于定义字段的功能说明。

4）Default：字段的默认值，全称是 Default Value。

5）Data Type：字段的数据类型。

6）Length：字段长度。

7）I：字段身份标识，全称是 Identity，由数据库系统自动创建一个不重复的 id 值，通常是自动增长的正整数数值，以便标识每一行数据的身份。

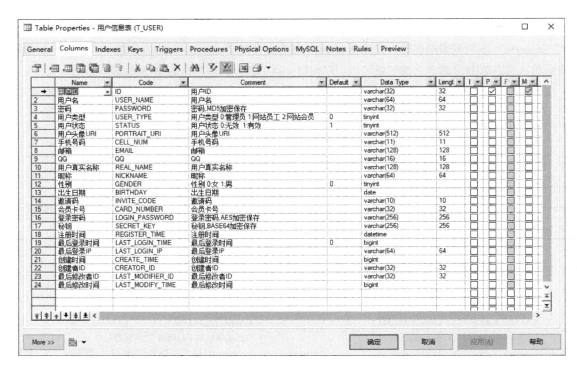

● 图 6-7　用户信息表的结构设计功能窗口

8）P：字段主键，全称是 Primary，用于定义字段是否为主键。

9）F：字段外键，全称是 Foreign Key，用于定义字段是否为外键。

10）M：字段强制性，全称是 Mandatory，用于定义字段是否强制为非 Null。

根据数据库表命名规则，用户信息表名为 t_user，创建该表的 MySQL 脚本代码如下。

```
create table t_user(
    id              varchar(32) not null comment '用户 ID',
    user_name       varchar(64) comment '用户名',
    password        varchar(32) comment '密码,MD5 加密保存',
    user_type       tinyint default 0 comment '用户类型 0:管理员 1:网站员工 2:网站会员',
    status          tinyint default 1 comment '用户状态 0:无效  1:有效',
    portrait_uri    varchar(512) comment '用户头像 URI',
    cell_num        varchar(11) comment '手机号码',
    email           varchar(128) comment '邮箱',
    qq              varchar(16) comment 'QQ',
    real_name       varchar(128) comment '用户真实名称',
    nickname        varchar(64) comment '昵称',
    gender          tinyint default 0 comment '性别 0:女 1:男',
    birthday        date comment '出生日期',
    invite_code     varchar(10) comment '邀请码',
    card_number     varchar(32) comment '会员长号',
    login_password  varchar(256) comment '登录密码,AES 加密保存',
    secret_key      varchar(256) comment '秘钥,BASE64 加密保存',
```

```
  register_time           datetime comment '注册时间',
  last_login_time         bigint unsigned default 0 comment '最后登录时间',
  last_login_ip           varchar(64) comment '最后登录 IP',
  create_time             bigint comment '创建时间',
  creator_id              varchar(32) comment '创建者 ID',
  last_modifier_id        varchar(32) comment '最后修改者 ID',
  last_modify_time        bigint comment '最后修改时间',
  primary key (id));
```

6.7.2 商品信息表

在商品信息表里，主要保存商品的详细信息及其状态。在 Power Designer 开发工具里，关于商品信息表的结构设计功能窗口如图 6-8 所示。

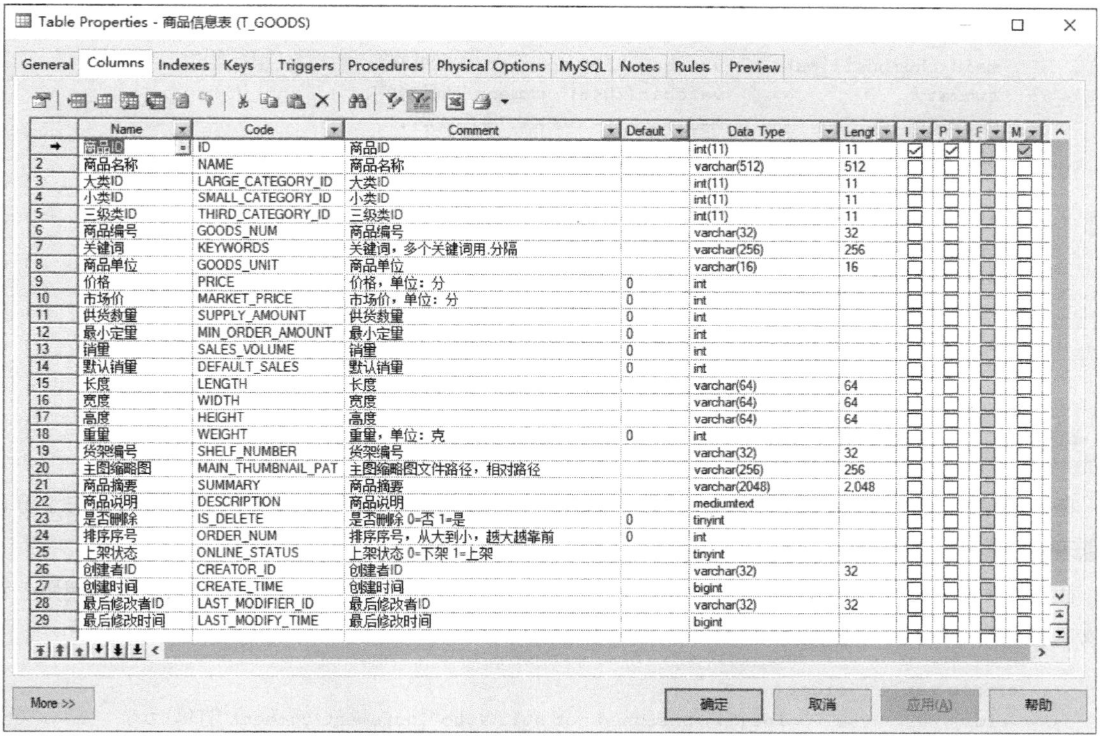

	Name	Code	Comment	Default	Data Type	Length	I	P	F	M
→	商品ID	ID	商品ID		int(11)	11	✓	✓		✓
2	商品名称	NAME	商品名称		varchar(512)	512				
3	大类ID	LARGE_CATEGORY_ID	大类ID		int(11)	11				
4	小类ID	SMALL_CATEGORY_ID	小类ID		int(11)	11				
5	三级类ID	THIRD_CATEGORY_ID	三级类ID		int(11)	11				
6	商品编号	GOODS_NUM	商品编号		varchar(32)	32				
7	关键词	KEYWORDS	关键词，多个关键词用.分隔		varchar(256)	256				
8	商品单位	GOODS_UNIT	商品单位		varchar(16)	16				
9	价格	PRICE	价格，单位：分	0	int					
10	市场价	MARKET_PRICE	市场价，单位：分	0	int					
11	供货数量	SUPPLY_AMOUNT	供货数量	0	int					
12	最小定量	MIN_ORDER_AMOUNT	最小定量	0	int					
13	销量	SALES_VOLUME	销量	0	int					
14	默认销量	DEFAULT_SALES	默认销量	0	int					
15	长度	LENGTH	长度		varchar(64)	64				
16	宽度	WIDTH	宽度		varchar(64)	64				
17	高度	HEIGHT	高度		varchar(64)	64				
18	重量	WEIGHT	重量，单位：克	0	int					
19	货架编号	SHELF_NUMBER	货架编号		varchar(32)	32				
20	主图缩略图	MAIN_THUMBNAIL_PAT	主图缩略图文件路径，相对路径		varchar(256)	256				
21	商品摘要	SUMMARY	商品摘要		varchar(2048)	2,048				
22	商品说明	DESCRIPTION	商品说明		mediumtext					
23	是否删除	IS_DELETE	是否删除 0=否 1=是	0	tinyint					
24	排序序号	ORDER_NUM	排序序号，从大到小，越大越靠前	0	int					
25	上架状态	ONLINE_STATUS	上架状态 0=下架 1=上架		tinyint					
26	创建者ID	CREATOR_ID	创建者ID		varchar(32)	32				
27	创建时间	CREATE_TIME	创建时间		bigint					
28	最后修改者ID	LAST_MODIFIER_ID	最后修改者ID		varchar(32)	32				
29	最后修改时间	LAST_MODIFY_TIME	最后修改时间		bigint					

● 图 6-8 商品信息表的结构设计功能窗口

在图 6-8 中，从上到下，展现的内容是商品信息表的所有字段信息。根据数据库表命名规则，商品信息表名为 t_goods，创建该表的 MySQL 脚本代码如下。

```
create table t_goods (
  id                      int(11) not null auto_increment comment '商品 ID',
  name                    varchar(512) comment '商品名称',
  large_category_id       int(11) comment '大类 ID',
```

```
    small_category_id      int(11) comment '小类 ID',
    third_category_id      int(11) comment '三级类 ID',
    goods_num              varchar(32) comment '商品编号',
    keywords               varchar(256) comment '关键词,多个关键词用,分隔',
    goods_unit             varchar(16) comment '商品单位',
    price                  int default 0 comment '价格,单位:分',
    market_price           int default 0 comment '市场价,单位:分',
    supply_amount          int default 0 comment '供货数量',
    min_order_amount       int default 0 comment '最小定量',
    sales_volume           int default 0 comment '销量',
    default_sales          int default 0 comment '默认销量',
    length                 varchar(64) comment '长度',
    width                  varchar(64) comment '宽度',
    height                 varchar(64) comment '高度',
    weight                 int default 0 comment '重量,单位:克',
    shelf_number           varchar(32) comment '货架编号',
    main_thumbnail_path    varchar(256) comment '主图缩略图文件路径,相对路径',
    summary                varchar(2048) comment '商品摘要',
    description            mediumtext comment '商品说明',
    is_delete              tinyint default 0 comment '是否删除 0=否 1=是',
    order_num              int default 0 comment '排序序号,从大到小,越大越靠前',
    online_status          tinyint comment '上架状态 0=下架 1=上架',
    creator_id             varchar(32) comment '创建者 ID',
    create_time            bigint comment '创建时间',
    last_modifier_id       varchar(32) comment '最后修改者 ID',
    last_modify_time       bigint comment '最后修改时间',
    primary key (id));
```

▶▶ 6.7.3　订单信息表

在订单信息表里，主要保存订单的详细信息及其状态。在 Power Designer 开发工具里，关于订单信息表的结构设计功能窗口如图 6-9 所示。

在图 6-9 中，从上到下，展现的内容是订单信息表的所有字段信息。根据数据库表命名规则，订单信息表名为 t_order，创建该表的 MySQL 脚本代码如下。

```
create table t_order(
    id             int(11) unsigned not null auto_increment comment '订单 ID',
    user_id        varchar(32) comment '用户 ID',
    order_number   varchar(64) comment '订单编号,格式:yyyyMMddHHmmss + MongoDB 的 ObjectID',
    client_type    tinyint default 0 comment '客户端类型 0=PC 1=APP 2=手机 3=微信小程序 4=
支付宝小程序 5=百度小程序',
    goods_id       int(11) comment '商品 ID,由于可能存在一个订单含有多个商品,因此请使用 T_OR-
DER2GOODS 关系表来关联商品信息,但是为了方便查询订单列表时展示一个商品名称作为样例,在该字段里保存订单
里第一个商品的 ID。',
    buy_num        int default 0 comment '购买总数量',
    trade_price    int default 0 comment '交易总价格(单位:分)',
    freight        int default 0 comment '运费(单位:分)',
    pay_amount     int default 0 comment '支付金额(单位:分)',
```

```
        pay_type            tinyint default 0 comment '支付类型 0:微信 1:支付宝 2:银联 3:货到付款',
        accouth_type        tinyint default 0 comment '支付账户类型 0=支付宝 1=微信公众号支付(含电脑
端、手机端、微信 APP 端)2=微信 APP 支付 3=微信小程序支付',
        pay_status          tinyint default 0 comment '支付状态 0:未支付 1:已支付 2:支付失败 3:支付中
4:转入退款 5:已关闭 6:已撤销',
        pay_time            datetime comment '支付时间',
        out_trade_no        varchar(64) comment '外部交易单号',
        province            varchar(64) comment '省份',
        city                varchar(64) comment '城市',
        area                varchar(64) comment '区县',
        address             varchar(1024) comment '收货地址',
        receiver            varchar(32) comment '收货人',
        cell_num            varchar(11) comment '手机号码',
        remarkvarchar(1024) comment '备注',
        deliver_status      tinyint default 0 comment '发货状态 0=未发货 1=开始拣货 2=已出库 3=已发货
4=已收货',
        deliver_time        datetime comment '发货时间',
        waybill_number      varchar(64) comment '运单编号',
        status              tinyint default 0 comment '订单状态 -1=已取消 0=未处理 1=配送中 2=已完成
3=已退款 4=退换中 5=已退货 6=已换货',
        create_time         bigint unsigned comment '创建时间,即购买时间',
        last_modify_time    datetime comment '最后修改时间',
        last_modifier_id    varchar(32) comment '最后修改者 ID',
        primary key (id));
```

● 图 6-9　订单信息表的结构设计功能窗口

6.7.4 购物车信息表

在 Power Designer 开发工具里，关于购物车信息表的结构设计功能窗口如图 6-10 所示。

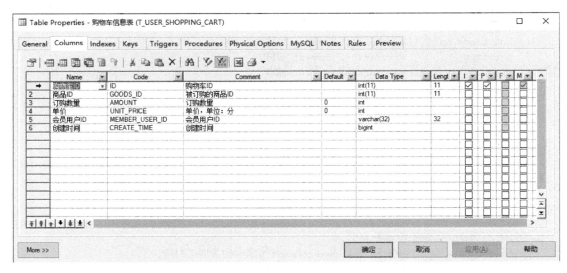

● 图 6-10 购物车信息表的结构设计功能窗口

在图 6-10 中，从上到下，展现的内容是购物车信息表的所有字段信息。根据数据库表命名规则，购物车信息表名为 t_user_shopping_cart，创建该表的 MySQL 脚本代码如下。

```
create table t_user_shopping_cart(
    id                int(11) not null auto_increment comment '购物车 ID',
    goods_id          int(11) comment '被订购的商品 ID',
    amount            int default 0 comment '订购数量',
    unit_price        int default 0 comment '单价,单位:分',
    member_user_id    varchar(32) comment '会员用户 ID',
    create_time       bigint comment '创建时间',
    primary key (id));
```

6.7.5 用户收货地址信息表

在 Power Designer 开发工具里，关于用户收货地址信息表的结构设计功能窗口如图 6-11 所示。

在图 6-11 中，从上到下，展现的内容是用户收货地址信息表的所有字段信息。根据数据库表命名规则，用户收货地址信息表名为 t_user_receive_address，创建该表的 MySQL 脚本代码如下。

```
create table t_user_receive_address(
    id            int(11) unsigned not null auto_increment comment '收货地址 ID',
    user_id       varchar(32) comment '会员用户 ID',
    receiver      varchar(32) comment '收货人',
    cell_num      varchar(11) comment '手机号码',
    country       varchar(32) comment '国家',
```

```
    province            varchar(64) comment '省份/州',
    city                varchar(64) comment '城市',
    area                varchar(64) comment '区/县',
    street              varchar(64) comment '街道',
    detail_address      varchar(128) comment '详细地址',
    is_default          tinyint default 0 comment '是否默认 0:否 1:是',
    create_time         datetime comment '创建时间',
    last_modify_time    datetime comment '最后修改时间',
    last_modifier_id    varchar(32) comment '最后修改者 ID',
    primary key (id));
```

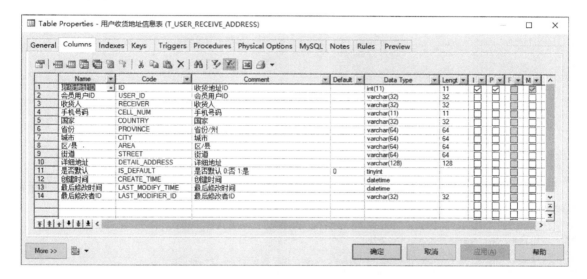

● 图 6-11　用户收货地址信息表的结构设计功能窗口

▶▶ 6.7.6　订单与商品关系信息表

在 Power Designer 开发工具里，关于订单与商品关系信息表的结构设计功能窗口如图 6-12 所示。

在图 6-12 中，从上到下，展现的内容是订单与商品关系信息表的所有字段信息。根据数据库表命名规则，订单与商品关系信息表名为 t_order2goods，创建该表的 MySQL 脚本代码如下。

```
create table t_order2goods(
    id              int(11) unsigned not null auto_increment comment 'ID',
    order_id        int(11) comment '订单 ID',
    goods_id        int(11) comment '商品 ID',
    buy_num         int default 0 comment '购买数量',
    unit_price      int default 0 comment '交易单价,单位:分',
    primary key (id));
```

● 图 6-12　订单与商品关系信息表的结构设计功能窗口

▶▶ 6.7.7　商品分类信息表

在商品分类信息表里，主要保存商品分类及其层次信息。在 **Power Designer** 开发工具里，关于商品分类信息表的结构设计功能窗口如图 **6-13** 所示。

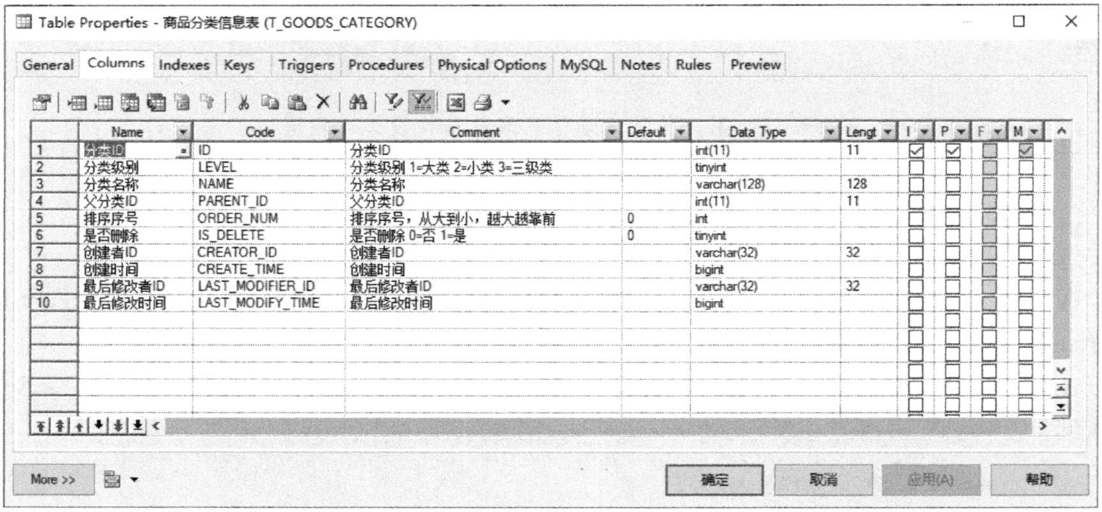

● 图 6-13　商品分类信息表的结构设计功能窗口

在图 **6-13** 中，从上到下，展现的内容是商品分类信息表的所有字段信息。根据数据库表命名规则，商品分类信息表名为 **t_goods_category**，创建该表的 **MySQL** 脚本代码如下。

```
create table t_goods_category(
    id                    int(11) not null auto_increment comment '分类 ID',
    level                 tinyint comment '分类级别 1=大类 2=小类 3=三级类',
    name                  varchar(128) comment '分类名称',
    parent_id             int(11) comment '父分类 ID',
    order_num             int default 0 comment '排序序号,从大到小,越大越靠前',
    is_delete             tinyint default 0 comment '是否删除 0=否 1=是',
    creator_id            varchar(32) comment '创建者 ID',
    create_time           bigint comment '创建时间',
    last_modifier_id      varchar(32) comment '最后修改者 ID',
    last_modify_time      bigint comment '最后修改时间',
    primary key (id));
```

▶▶ 6.7.8 商品文件信息表

在商品文件信息表里，主要保存商品文件描述及其相对路径信息。在 Power Designer 开发工具里，关于商品文件信息表的结构设计功能窗口如图 6-14 所示。

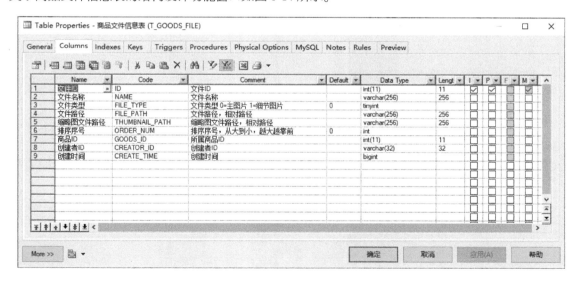

● 图 6-14 商品文件信息表的结构设计功能窗口

在图 6-14 中，从上到下，展现的内容是商品文件信息表的所有字段信息。根据数据库表命名规则，商品文件信息表名为 t_goods_file，创建该表的 MySQL 脚本代码如下。

```
create table t_goods_file(
    id                int(11) unsigned not null auto_increment comment '文件 ID',
    name              varchar(256) comment '文件名称',
    file_type         tinyint default 0 comment '文件类型 0=主图片 1=细节图片',
    file_path         varchar(256) comment '文件路径,相对路径',
    thumbnail_path    varchar(256) comment '缩略图文件路径,相对路径',
    order_num         int default 0 comment '排序序号,从大到小,越大越靠前',
```

```
goods_id            int(11) comment '所属商品 ID',
creator_id          varchar(32) comment '创建者 ID',
create_time         bigint comment '创建时间',
primary key (id));
```

6.8 本章小结

在本章中，先阐述了设计数据库表结构的规范、原则、思路和规则；再介绍了数据库表名、字段名、索引名的命名规则；然后介绍了在 Power Designer 开发工具里如何进行数据库表的结构设计，并且给出了一些效果图，以供读者参考；最后以此指导思路，设计了项目的数据库表结构，并且给出了主要的数据库表结构设计图及其可创建表的 MySQL 脚本代码。

按照项目开发流程，在第 7 章将进行项目详细功能设计。

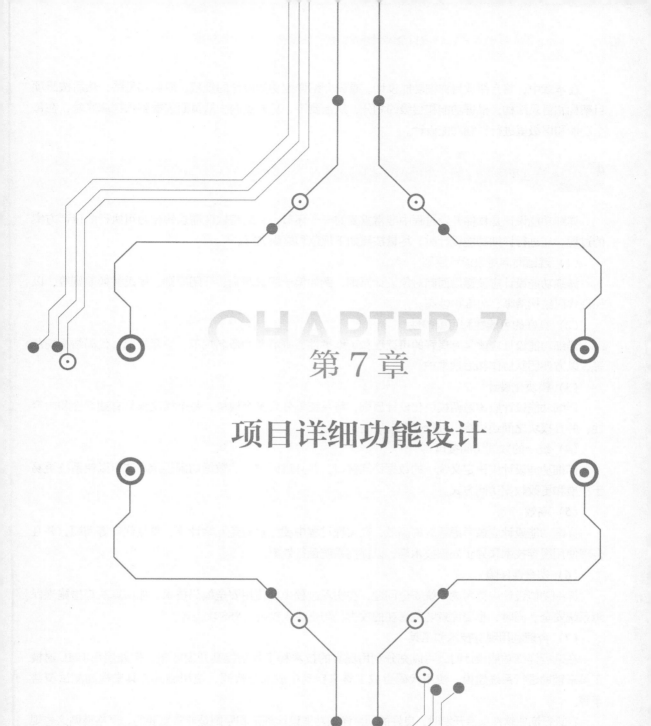

第 7 章

项目详细功能设计

在本章中，将介绍项目详细功能设计。首先介绍详细功能设计的规范、原则和思路，然后按照项目架构和目录结构，根据功能和层级的划分，从上到下、从外到内、从页面前端到数据库底端，在每个功能和层级里进行详细功能设计。

7.1 详细功能设计的规范和原则

详细功能设计是软件开发过程中非常重要的一个环节，它是将软件需求转化为可执行的设计方案的过程。在进行详细功能设计时，尽量按照如下规范和原则进行。

（1）遵循面向对象设计原则

详细功能设计应该遵循面向对象设计原则，例如单一职责原则、开闭原则、里氏替换原则等，以保证代码结构清晰、可维护性高。

（2）良好的可读性和可维护性

详细功能设计应该具有良好的可读性和可维护性，有清晰的命名规范、注释规范、代码结构规范等，以方便团队协作和后期维护。

（3）模块化设计

详细功能设计应该遵循模块化设计原则，将系统划分为多个模块，每个模块都具有独立性和内聚性，并且模块之间通过接口进行交互。

（4）统一的数据访问接口

详细功能设计应该定义统一的数据访问接口，并且遵循统一的数据访问规范。这可以使系统更易于扩展和更改数据访问方式。

（5）高效

详细功能设计应该考虑系统的高效，在实现过程中要注意避免冗余计算、重复代码等问题，并且合理使用缓存技术和异步处理技术等，以提高系统运行效率。

（6）安全性保障

详细功能设计应该考虑系统安全问题，在实现过程中要使用安全编码技术、加密算法等措施来保障系统安全。同时，也要注意防范潜在的攻击，防止注入攻击、XSS 攻击等。

（7）合理利用现有技术和工具

在进行详细功能设计时，可以充分利用现有的技术和工具来提高开发效率。例如使用 UML 建模工具来辅助进行系统建模、使用代码生成工具来自动生成部分代码、使用测试工具来提高测试覆盖率等。

在进行商业软件项目开发时，良好的项目详细功能设计规范和原则是非常重要的。严格遵循这些规范和原则，才能够最大限度地确保软件项目顺利实施，并且在后期运行时能够顺利地进行扩展和升级。

7.2 详细功能设计思路

在实际软件项目中应该如何进行详细功能设计呢？通常的思路是在项目的所有业务逻辑和场景

里，按照从上到下、从外到内、从页面前端到数据库底端的顺序，依据项目架构和目录结构，在每个功能和层级里进行详细功能设计，具体设计思路如下。

1）在视图层，根据界面效果图和项目在前端页面的架构设计，对界面进行主次划分，划分为主架构、共通和可变 3 个部分，并且由不同前端页面文件实现；同时对于 JS、CSS 代码，要求在独立文件里实现。在可变部分里，按照模块和功能划分，分别在独立的前端页面文件里实现。

2）在控制层，根据模块和功能划分，分别在独立的控制器类源代码文件里实现。前端页面里每个功能在每个控制器类里对应有一个控制器方法，通过访问 URL 映射关联起来，并且设计好需要传递的参数和响应结果，例如参数的数量、参数对象名、参数的数据类型、响应结果对象名等内容。

3）在业务层，根据模块和功能划分，分别在独立的业务服务类源代码文件里实现。根据控制层的每个控制器方法要实现的业务，在对应的业务服务类里实现相关业务方法，并且设计好需要传递的参数和返回结果。

4）在 DAO 层，根据模块和功能划分，分别在独立的数据访问类或接口源代码文件里实现。根据业务层的每个业务方法要实现的业务逻辑，在对应的数据访问类或接口里实现相关数据访问方法，并且设计好需要传递的参数和返回结果。

5）在 DAO 层的 SQL 脚本 XML 文件里，按照每个数据访问类或接口的数据访问方法要实现的对数据进行增、删、改、查的操作，编写对应的 SQL 脚本，并且设计好需要传递的参数和返回结果。同样的一个数据访问类或接口对应一个 SQL 脚本 XML 文件，它们根据相同文件名关联起来。

7.3 各层级命名规范

在每个层级里，文件名、类名、方法名、URL 名、参数名、返回结果对象名都有自己的命名规范。

首先，方法名、参数名、返回结果对象名在所有层级的命名规范是一样的，具体命名规范如下。

（1）方法名的命名规范

方法名的命名规范为“（动词 + 业务名称 + 助词 + 条件名称）”，其中动词是必需的，其他都是可选的。例如：一个新增用户信息的方法名应该为 insertUser，一个根据用户 ID 获取用户信息的方法名应该为 getUserById。关于动词，规定使用 insert、add、delete、remove、update、modify、get、query、find、select 等来作为增、删、改、查的操作。

（2）参数名和返回结果对象名的命名规范

参数名和返回结果对象名的命名规范为“（状态词 + 业务名词 + 数量词）”或者“（状态词 + 业务名词复数）”，其中业务名词是必需的，其他都是可选的。例如：一个用户信息列表的参数名或对象名应该为 userList 或者 users，一个表示当前用户信息的参数名或对象名应该为 currentUser。

文件名和类名在每个层级的命名规范是不一样的，具体命名规范见后文。

▶▶ 7.3.1 DAO 层命名规范

在 DAO 层主要保存数据访问类或接口，以及 SQL 脚本 XML 文件。由于 Java 源代码文件名跟类名或接口名一样，同样 SQL 脚本 XML 文件也要跟类名或接口名一样。因此，在该层文件名和类名的命名规范为"（业务名词 + Dao）"，其中 Dao 是固定后缀，业务名词是必需的。例如：用户信息数据访问类名应该为 UserDao。

▶▶ 7.3.2　业务层命名规范

在业务层主要保存业务服务类，由于 Java 源代码文件名是跟类名或接口名一样的，因此在该层文件名和类名的命名规范为"（业务名词 + Service）"，其中 Service 是固定后缀，业务名词是必需的。例如：用户信息服务类名应该为 UserService。

▶▶ 7.3.3　控制层命名规范

在控制层主要保存控制器类，由于 Java 源代码文件名是跟类名或接口名一样的，因此在该层文件名和类名的命名规范为"（形容词 + 业务名词 + 动词 + Controller）"，其中 Controller 是固定后缀，业务名词是必需的，形容词和动词是可选的。例如：用户信息管理控制类名应该为 UserManagerController、用户模块的抽象基类名应该为 AbstractUserController。

在控制器类里的每个控制方法，都对应有一个访问 URL，该 URL 的命名规范为"（动词 + _ + 业务名词 + _ + 数量词 + .html）"，其中动词和业务名词是必需的，数量词是可选的，每个词都是小写，并且它们之间使用下画线间隔，".html"后缀是固定的。例如：查询用户信息列表的 URL 名应该为 query_user_list.html。

▶▶ 7.3.4　视图层命名规范

在视图层主要保存视图模板文件，因此在该层文件名的命名规范为"（业务名词 + _ + 动词 + .html）"，其中动词是必需的，业务名词是可选的，每个词都是小写，并且它们之间使用下画线间隔，".html"后缀是固定的。例如：用户信息管理页面的模板文件名应该为 user_manager.html，网站首页的模板文件名应该为 index.html。

▶▶ 7.3.5　实体层命名规范

在实体层主要保存业务实体类，由于 Java 源代码文件名是跟类名或接口名一样的，因此在该层文件名和类名的命名规范为"（业务名词 + Entity）"，其中 Entity 是固定后缀，业务名词是必需的。例如：用户信息实体类名应该为 UserEntity。

▶▶ 7.3.6　工具层命名规范

在工具层主要保存工具类和常量类，由于 Java 源代码文件名是跟类名或接口名一样的，因此对于工具类，在该层文件名和类名的命名规范为"（工具名词 + Utils）"，其中 Utils 是固定后缀，工具名词是必需的。例如：处理字符串工具类名应该为 StringUtils。对于常量类，在该层文件名和类名的命名规范为"（工具名词 + Constant）"，其中 Constant 是固定后缀，工具名词是可选的。例如：功能 ID 常量类名应该为 FunctionConstant。

▶▶ 7.3.7　拦截器层命名规范

在拦截器层主要保存拦截器类，由于 Java 源代码文件名是跟类名或接口名一样的，因此在该层文件名和类名的命名规范为 "（业务名词 + 动词 + Interceptor）"，其中 Interceptor 是固定后缀，动词是必需的，业务名词是可选的。例如：用户登录检查的拦截器类名应该为 UserLoginInterceptor。

在进行详细功能设计时，需要为软件项目每一层的文件名、类名、接口名、方法名、URL 名、参数名、返回结果对象名进行详细设计，必须按照上述命名规范进行，这样便于团队成员之间相互理解编写的代码以及后期代码维护。

7.4　本书项目的详细功能设计

在本书项目中，主要分后台管理、前端展现和会员中心 3 个部分；后台管理包含的模块有管理员管理、会员管理、商品管理、订单管理、模块数据管理和自动下架产品定时任务；前端展现包含的模块有前端页面展示、购物车、在线支付；会员中心包含的模块有会员登录、会员注册、我的订单、个人信息、收货地址、修改密码。部分模块的详细功能设计如下。

▶▶ 7.4.1　管理员管理

管理员管理模块主要是对网站管理员的账号进行管理，包括添加、修改、删除、查询等，该模块的详细功能设计如下。

（1）视图层详细设计

该模块在视图层的名称为 admin，根据界面效果图设计，主要包含两个页面模板文件，分别如下。

1）管理员管理页面模板文件，其全路径是：wfsmw \ src \ main \ resources \ templates \ admin \ admin_manage.html。

2）管理员编辑页面模板文件，其全路径是：wfsmw \ src \ main \ resources \ templates \ admin \ admin_edit.html。

在管理员管理页面里，有查询、添加、修改、启用和禁用等功能点；在管理员编辑页面里，有验证用户名是否存在、保存、返回等功能点。因此这些功能点都有对应的访问 URL，以及在控制层的控制器类里有对应的控制方法。这些功能点对应的访问 URL 分别如下。

1）查询管理员列表的功能点的访问 URL：/admin/query_admin_list.html。

2）添加和修改管理员的功能点的访问 URL：/admin/get_admin.html。这两个功能点共享同一个访问 URL，通过管理员的用户 ID 是否为空来区分。

3）启用和禁用管理员的功能点的访问 URL：/admin/modify_user_status.html。这两个功能点共享同一个访问 URL，通过管理员的状态参数值来区分：0 表示禁用、1 表示启用。该功能点通过使用 AJAX 技术进行异步请求，传递的参数数据格式是 JSON，可以同时更新多个管理员的状态。

4）保存管理员的功能点的访问 URL：/admin/save_admin.html。

5）验证用户名是否存在的功能点的访问 URL：/admin/verify_user_name.html。

6）返回的功能点（返回管理员管理页面）的访问 URL：/admin/query_admin_list.html。

（2）控制层详细设计

该模块在控制层的名称也为 admin，其对应的控制器类为 AdminManageController，其全路径是 wfsmw\src\main\cn.sanqingniao.wfsmw.controller.admin.AdminManageController。在该控制器类里，有查询、添加、修改、启用、禁用、验证用户名是否存在、保存等功能点及其对应的控制方法，详细说明如下。

1）查询管理员列表的功能点的控制方法：queryAdminList。在该方法中实现的业务逻辑如下。

a. 检查用户类型查询条件是否为 null，如果为 null，则设置它的值为管理员类型，以便默认为查询管理员，然后把注册开始时间和结束时间转为日期值，以便在数据库里直接比较相关值。

b. 调度业务层 UserService 服务类的 getUserList 方法，获取管理员信息列表。

c. 把查询条件和管理员信息列表保存到视图层里，以便在前端页面里展现，并且返回视图名"admin/admin_manage"。

2）添加和修改管理员的功能点的控制方法：getAdmin。这两个功能点共享同一个控制方法，在该方法中实现的业务逻辑如下。

a. 通过管理员的用户 ID 是否为空来区分。

b. 如果为空，表示为添加管理员，即创建一个空管理员对象。

c. 如果不为空，根据用户 ID，调度业务层 UserService 服务类的 getUserById 方法，获取一个管理员信息。

d. 最后把管理员信息保存到视图层里，以便在前端页面里展现，并且返回视图名"admin/admin_edit"。

3）启用和禁用管理员的功能点的控制方法：modifyUserStatus。这两个功能点共享同一个控制方法，通过管理员的状态参数值来区分：0 表示禁用、1 表示启用。该方法是一个接收 JSON 数据格式参数、返回结果的数据格式也是 JSON 的方法。在该方法中实现的业务逻辑如下。

a. 对管理员的用户 ID 进行转化处理，将 JSON 格式的数据转化为列表。

b. 调度业务层 UserService 服务类的 updateUserStatus 方法，更新管理员的状态。

c. 更新结果为 JSON 数据格式，并且保存到视图层，以便在前端页面里进行结果判断，提示更新结果消息。

4）保存管理员的功能点的控制方法：saveAdmin。在该方法中实现的业务逻辑如下。

a. 检查管理员信息每个字段值的合法性，具体有：检查用户名是否不为空、是否合法；用户类型是否不为空；真实姓名是否不为空；Email 不为空的情况下检查它的格式是否合法；手机号码不为空的情况下检查它的格式是否合法。

b. 在检查结果都合法的情况下，如果出生日期不为空，把它转为日期类型。

c. 如果管理员的用户 ID 为空，设置该管理员的默认登录密码的加密值和明文值、用户状态（为 1＝有效）、注册时间、创建时间和创建者 ID。调度业务层的 UserService 服务类的 insert 方法，新增管理员信息，并返回是否成功的结果值。

d. 如果管理员的用户 ID 不为空，设置该管理员的最后修改时间和最后修改者 ID。调度业务层的 UserService 服务类的 update 方法，更新管理员信息，并返回是否成功的结果值。

e. 根据结果值判断是否成功。如果成功，则往视图层保存成功提示消息；否则往视图层保存失败提示消息。

f. 最后返回视图名："admin/admin_edit"。

5）验证用户名是否存在的功能点的控制方法：verifyUserName。该方法是一个接收 JSON 数据格式参数、返回结果的数据格式也是 JSON 的方法。在该方法中实现的业务逻辑如下。

a. 从 JSON 数据格式参数获取用户名字段值。

b. 调度业务层的 UserService 服务类的 existsByUserName 方法，返回该用户名是否存在的结果。

c. 如果已存在，则返回含有 0x9013C00 错误代码的 JSON 数据格式结果。

d. 如果不存在，则返回含有 8200 成功代码的 JSON 数据格式结果。

（3）业务层详细设计

该模块在业务层的名称为 user，其对应的业务服务类为 UserService，其全路径是 wfsmw\src\main\cn.sanqingniao.wfsmw.service.user.UserService。在该业务服务类里，有获取用户信息列表、获取一个用户信息、更新用户状态、新增用户信息、更新用户信息、确定用户名是否已经存在等业务服务方法，它们的详细说明如下。

1）获取用户信息列表的业务服务方法：getUserList。在该方法里实现的业务逻辑如下。

a. 创建分页响应体实体类 PageResponseBodyBean 的一个对象 bodyBean，根据查询条件设置该对象的页码和每页数量。

b. 调度 DAO 层 UserDao 持久化接口的 count 方法，根据查询条件获取满足条件的管理员总数量。

c. 计算当前分页的第一条数据下标位置和获取数量，并且把它们设置到查询条件里。调度 DAO 层 UserDao 持久化接口的 query 方法，根据查询条件获取满足条件的管理员信息列表。对每个管理员的注册时间、出生日期、年龄做转化处理，转化为可显示的字符串值或数字值。把管理员信息列表保存到 bodyBean 对象里。

d. 计算出总页数，并且保存到 bodyBean 对象里，返回 bodyBean 对象值。

2）获取一个用户信息的业务服务方法：getUserById。在该方法中实现的业务逻辑如下。

a. 调度 DAO 层 UserDao 持久化接口的 selectByPrimaryKey 方法，根据用户 ID 查询条件获取对应的管理员信息对象。

b. 直接返回该管理员信息对象。

3）更新用户状态的业务服务方法：updateUserStatus。在该方法中实现的业务逻辑如下。

a. 调度 DAO 层 UserDao 持久化接口的 updateUserStatus 方法，根据用户 ID 列表更新对应的管理员的用户状态值。

b. 直接返回更新用户状态的结果值。

4）新增用户信息的业务服务方法：insert。在该方法中实现的业务逻辑如下。

a. 创建新的用户 ID，并且把它设置在新的用户信息对象 user 里。

b. 为当前新用户生成邀请码。

c. 设置用户卡号，其中 12 位用户卡号在默认情况下使用邀请码，不足的情况下左边补 0。

d. 加密登录密码，调度 DAO 层 UserDao 持久化接口的 insert 方法，以便新增用户信息；在新增成功的情况下，新增用户登录日志信息，以便未来分析处理日志。

e. 在该方法上增加@Transactional 事务注解，以便控制数据库的事务，返回更新结果。

5）更新用户信息的业务服务方法：update。在该方法中实现的业务逻辑如下。

a. 调度 DAO 层 UserDao 持久化接口的 updateByPrimaryKeySelective 方法，根据用户 ID 更新对应的用户信息。

b. 直接返回更新用户信息的结果值。

6）确定用户名是否已经存在的业务服务方法：existsByUserName。在该方法中实现的业务逻辑如下。

a. 调度 DAO 层的 UserDao 持久化接口的 existsByUserName 方法，根据用户名获取对应的数量。

b. 判断数量是否大于 0，直接返回用户名是否已经存在的结果值。

（4）DAO 层详细设计

该模块在 DAO 层的名称为 user，其对应的数据访问接口为 UserDao，其全路径是 wfsmw\src\main\cn.sanqingniao.wfsmw.dao.user.UserDao。在该数据访问接口里，有获取用户总数量、获取用户信息列表、获取一个用户信息、更新用户状态、新增用户信息、更新用户信息、确定用户名是否已经存在等数据访问接口方法，它们的详细说明如下。

1）获取用户总数量的数据访问方法：count。该方法参数为一个实体层的实体类 UserEntity 的对象 query，其全路径是 wfsmw\src\main\cn.sanqingniao.wfsmw.entity.user.UserEntity，用于携带查询条件数据。

2）获取用户信息列表的数据访问方法：query。该方法参数为一个实体层的实体类 UserEntity 的对象 query，用于携带查询条件数据。

3）获取一个用户信息的数据访问方法：selectByPrimaryKey。该方法参数为用户 ID 字符串。

4）更新用户状态的数据访问方法：updateUserStatus。该方法参数为用户状态和用户 ID 列表。

5）新增用户信息的数据访问方法：insert。该方法参数为一个实体层的实体类 UserEntity 的对象 record，用于携带一个新的用户信息对象数据。

6）更新用户信息的数据访问方法：updateByPrimaryKeySelective。该方法参数为一个实体层的实体类 UserEntity 的对象 record，用于携带一个已经存在的用户信息对象数据。

7）确定用户名是否已经存在的数据访问方法：existsByUserName。该方法参数为用户名字符串。

（5）SQL 脚本详细设计

在 DAO 层的 SQL 脚本 XML 文件里，对应的文件为 UserDao.xml，其全路径是 wfsmw\src\main\resources\mybatis\mapper\UserDao.xml。在该 SQL 脚本 XML 文件里，有获取用户总数量、获取用户信息列表、获取一个用户信息、更新用户状态、新增用户信息、更新用户信息、确定用户名是否已经存在等数据访问接口方法对应的 SQL 脚本的 MyBatis 元素项，它们的详细说明如下。

1）获取用户总数量的 SQL 脚本 MyBatis 查询项：<select id = " count" ></select>。该查询项及其 SQL 脚本的主体代码如下：

```
    <select id="count" parameterType="cn.sanqingniao.wfsmw.entity.user.UserEntity" re-
sultType="java.lang.Integer">
        select count(*) from t_user
        where user_type = #{userType,jdbcType=TINYINT}
    <if test="userName != null">
        and user_name like concat('%',#{userName,jdbcType=VARCHAR},'%')
    </if>
        // 为了节省篇幅,省略了一些设置查询条件的代码
    </select>
```

上述这些查询条件根据前端页面上的查询条件值来进行设置。

2）获取用户信息列表的 SQL 脚本 MyBatis 查询项：<select id="query"></select>。该查询项及其 SQL 脚本的主体代码如下：

```
    <select id="query" parameterType="cn.sanqingniao.wfsmw.entity.user.UserEntity"
resultMap="BaseResultMap">
        select id, user_type, user_name, status, real_name, register_time, portrait_uri, gen-
der, birthday, card_number, email, qq, cell_num, nickname from t_user
        where user_type = #{userType,jdbcType=TINYINT}
    <if test="userName != null">
        and user_name like concat('%',#{userName,jdbcType=VARCHAR},'%')
    </if>
        // 为了节省篇幅,省略了一些设置查询条件的代码
        order by create_time desc
        limit ${firstResult}, ${fetchSize}
    </select>
```

上述这些查询条件根据前端页面上的查询条件值来进行设置。

3）获取一个用户信息的 SQL 脚本 MyBatis 查询项：<select id="selectByPrimaryKey"></select>。该查询项及其 SQL 脚本的主体代码如下：

```
    <select id="selectByPrimaryKey" parameterType="java.lang.String" resultMap="BaseRe-
sultMap">
        select <include refid="Base_Column_List" /> from t_user
        where id = #{id,jdbcType=VARCHAR}
    </select>
```

4）更新用户状态的 SQL 脚本 MyBatis 更新项：<update id="updateUserStatus"></update>。该更新项及其 SQL 脚本的主体代码如下：

```
    <update id="updateUserStatus">
        update t_user set status = #{status,jdbcType=TINYINT}
        where id in <foreach collection="userIds" item="id" open="(" close=")" separator
=",">#{id}</foreach>
    </update>
```

5）新增用户信息的 SQL 脚本 MyBatis 新增项：<insert id="insert"></insert>。该新增项及其 SQL 脚本的主体代码如下：

```xml
<insert id="insert" parameterType="cn.sanqingniao.wfsmw.entity.user.UserEntity">
    insert into t_user (......)values (......)
</insert>
```

6）更新用户信息的 SQL 脚本 MyBatis 更新项：< update id = " updateByPrimaryKeySelective" ></update>。该更新项及其 SQL 脚本的主体代码如下：

```xml
<update id="updateByPrimaryKeySelective"
parameterType="cn.sanqingniao.wfsmw.entity.user.UserEntity">
    update t_user
    <set>
    <if test="userType != null">
        user_type = #{userType,jdbcType=TINYINT},
    </if>
    <if test="portraitUri != null">
        portrait_uri = #{portraitUri,jdbcType=VARCHAR},
    </if>
        // 为了节省篇幅,省略了一些设置更新字段的代码
    </set>
    where id = #{id,jdbcType=VARCHAR}
</update>
```

7）确定用户名是否已经存在的 SQL 脚本 MyBatis 查询项：<select id = " existsByUserName" ></select>。该查询项及其 SQL 脚本的主体代码如下：

```xml
<select id = "existsByUserName" parameterType = "java.lang.String" resultType = "java.lang.Integer">
    select count(*) from t_user where user_name = #{userName,jdbcType=VARCHAR}
</select>
```

综上所述，管理员管理模块详细功能设计的思路为：从前端页面的某个功能点出发，然后一步一步地往下层思考；在每一层按照项目架构和目录结构设计的要求，以及每一层的责任划分，进行详细设计，实现每一层的业务逻辑，以及编写对应的伪代码。

同理，对会员管理、商品管理、订单管理、模块数据管理、前端页面展示、购物车、会员登录、会员注册、我的订单、个人信息、收货地址、修改密码等模块，均可以按照同样的思路进行详细功能设计，在此就不再赘述了。

▶▶ 7.4.2　在线支付

由于在线支付业务里涉及第三方支付服务，因此其详细功能设计与上述思路有一些不同，目前本项目只支持支付宝和微信支付两种在线支付服务，具体描述如下。

在线支付主要分两个业务流程来实现：第一个是进行支付请求，创建用户订单；第二个是处理第三方支付服务平台异步通知过来的支付结果，更新用户订单的状态、商品销量和库存。

创建在线支付订单业务流程的详细功能设计如下。

（1）视图层详细设计

该模块在视图层的名称为 site，根据界面效果图设计，主要包含 4 个页面及其模板文件，它们的

详细说明如下。

1）选择付款方式页面：在选择付款方式页面里，有选择付款方式和发起支付并提交订单的功能点；该页面模板文件的全路径是 wfsmw\src\main\resources\templates\site\ wap_shopping_pay.html。

2）显示第三方支付服务的提交付款页面：在显示第三方支付服务的提交付款页面里，有显示支付宝或微信支付二维码的功能点；该页面模板文件的全路径是 wfsmw\src\main\resources\templates\site\shopping_submit.html。

3）显示付款结果页面：在显示付款结果页面里有展示付款结果和返回的功能点；该页面模板文件的全路径是 wfsmw\src\main\resources\templates\site\wap_shopping_result.html。

4）显示发生错误页面：在显示发生错误页面里有展示错误信息和返回的功能点；该页面模板文件的全路径是 wfsmw\src\main\resources\templates\site\ wap_shopping_errort.html。

上述功能点都有对应的访问 URL，以及在控制层的控制器类里有对应的控制方法。由于在线支付是面向网站会员、由会员进行操作的，因此把在线支付设计到会员模块，那么这些功能点对应的访问 URL 分别如下。

1）打开选择付款方式页面功能点的访问 URL：/member/shopping_pay.html。

2）发起支付并提交订单功能点的访问 URL：/member/shopping_submit.html。

3）查询支付结果功能点的访问 URL：/member/query_pay_result.html。

（2）控制层详细设计

该模块在控制层的名称为 member，对应的控制器类为 ShoppingCartController，其全路径是 wfsmw\src\main\cn.sanqingniao.wfsmw.controller.member.ShoppingCartController。在该控制器类里，有打开选择付款方式页面、发起支付并提交订单等功能点及其对应的控制方法，它们的详细说明如下。

打开选择付款方式页面的控制方法：getShoppingPayPage，其访问 URL 为/member/shopping_pay.html。在该方法中实现的业务逻辑如下。

1）该控制方法接收的参数有：购物车记录 ID 数组和购物请求参数 ShoppingRequestParamBean 类的对象 shoppingParam。这些参数值是从订单确认页面传递过来的，此外还需要 ModelMap、HttpServletRequest 和 HttpServletResponse 三个类的对象参数，用于获取一些客户端信息和保存数据到页面上。

2）从模型映射 ModelMap 对象里获取当前发起支付的会员用户信息对象。把会员用户 ID 和当前客户端是否在微信 APP 里标识设置到购物请求参数对象 shoppingParam 里，并且把当前会员的访问 Token值保存到客户端 Cookies 里。

3）返回视图名"site/wap_shopping_pay"，用于打开选择付款方式页面。

发起支付并提交订单功能点的控制方法：getShoppingSubmitPage，其访问 URL 为/member/shopping_submit.html。在该方法中实现的业务逻辑如下。

1）该控制方法接收的参数有购物订单请求参数 ShoppingRequestParamBean 类的对象 requestParam，这些参数值是从选择付款方式页面传递过来的，此外还需要 ModelMap、HttpServletRequest 和 HttpServletResponse 这三个类的对象参数，用于获取一些客户端信息和保存数据到页面上。

2）调度业务层的 ShoppingCartService 服务类的 insertUserOrderFromPage 方法，来创建用户订单信息，并且返回创建用户订单信息是否成功的标识。

3）如果创建失败，那么直接返回视图名 site/wap_shopping_error，用于打开发生错误提醒页面。

4）如果创建成功，那么首先调度父类的 setPayRequestParam 方法，来设置第三方支付平台所需的支付请求参数值。然后根据付款方式来确定是向第三方支付平台发起支付请求，还是跳转到支付结果页面。具体业务判断逻辑如下：

a. 如果付款方式是微信支付，那么调度父类的 createWeiXinPayRequest 方法，向微信支付平台发起支付请求，并且获得相关支付参数，用于后续用户进行实际付款操作。

b. 如果付款方式是支付宝，那么调度父类的 createAlipayPayRequest 方法，向支付宝平台发起支付请求，并且获得相关支付参数，用于后续用户进行实际付款操作。

c. 如果付款方式是货到付款，那么直接返回视图名 site/wap_shopping_result，用于打开支付结果页面。

5）当向第三方支付平台发起支付请求成功之后，直接返回视图名 site/shopping_submit，用于打开第三方支付平台的实际付款页面，以便用户进行实际付款操作。

之后，还有处理会员用户购物结果相关业务的控制器类 ShoppingResultController，其全路径是 wfsmw\src\main\cn.sanqingniao.wfsmw.controller.member.ShoppingResultController。在该控制器类里，有查询支付结果这个功能点及其对应的控制方法，具体如下。

查询支付结果功能点的控制方法：queryPayResult，其访问 URL 为/member/query_pay_result.html。在该方法中实现的业务逻辑如下。

1）该控制方法接收的参数有客户端类型、用户订单号和支付类型，它们统一存放在 JSONObject 类的 requestParam 对象里，此外还需要 ModelMap 对象参数，用于获取当前登录用户信息。

2）调度业务层的 OrderService 服务类的 getBaseByOrderNumber 方法，来根据用户订单号获取基本用户订单信息。

3）最后把基本用户订单信息以 JSON 数据格式返回给客户端。

（3）业务层详细设计

在业务层，对于创建在线支付订单业务，需要使用两个模块，它们在业务层的模块名称为 member 和 order。member 模块对应的业务服务类为 ShoppingCartService，其全路径是 wfsmw\src\main\cn.sanqingniao.wfsmw.service.member.ShoppingCartService，在该业务服务类里，主要是实现创建用户订单信息；order 模块对应的业务服务类为 OrderService，其全路径是 wfsmw\src\main\cn.sanqingniao.wfsmw.order.member.OrderService，在该业务服务类里，主要是实现获取基本用户订单信息。两个业务服务方法分别如下。

1）创建用户订单信息的业务服务方法：insertUserOrderFromPage。在该方法里实现的业务逻辑如下。

a. 根据参数里的购物车记录 ID 数组和会员用户 ID，调度 DAO 层的 ShoppingCartDao 持久化接口的 getListByIds 方法，获取购物车记录信息列表。

b. 根据购物车记录信息列表，重新计算出总交易价格、总支付金额、总运费、总商品金额、总商品数量。

c. 检查这些值和参数里的值是否一致。如果不一致，则抛出 ParameterException 异常；如果一致，那么创建用户订单信息。

d. 调度 DAO 层的 OrderDao 持久化接口的 insertSelective 方法，保存用户订单信息到数据库里；调度 DAO 层的 Order2GoodsDao 持久化接口的 insertList 方法，保存订单与商品关系信息列表到数据库里；调度 DAO 层的 ShoppingCartDao 持久化接口的 deleteById 方法，从数据库里删除购物车记录信息。

2）获取基本用户订单信息的业务服务方法：getBaseByOrderNumber。在该方法里实现的业务逻辑是直接调度 DAO 层的 OrderDao 持久化接口的 getBaseByOrderNumber 方法，根据用户订单号和会员用户 ID 从数据库里获取一个用户订单信息。

（4）DAO 层详细设计

在 DAO 层，对于创建在线支付订单业务，需要使用两个模块，它们在 DAO 层的模块名称分别为 user 和 order。user 模块对应的数据访问接口为 ShoppingCartDao，其全路径是 wfsmw \ src \ main \ cn.san-qingniao.wfsmw.dao.user.ShoppingCartDao，在该数据访问接口里，有获取购物车记录信息列表、删除购物车记录信息等数据访问接口方法；order 模块对应的数据访问接口为 OrderDao 和 Order2GoodsDao，它们的全路径是 wfsmw \ src \ main \ cn.sanqingniao.wfsmw.dao.order.OrderDao 和 wfsmw \ src \ main \ cn.sanqingniao.wfsmw.dao.order.Order2GoodsDao，在这两个数据访问接口里，有保存用户订单信息、保存订单与商品关系信息列表、获取一个用户订单信息等数据访问接口方法。详细介绍如下。

1）获取购物车记录信息列表的数据访问方法：getListByIds。该方法的参数为：购物车记录 ID 整数数组 ids、会员用户 ID。

2）删除购物车记录信息的数据访问方法：deleteById。该方法的参数为：购物车记录 ID 整数数组 ids、会员用户 ID。

3）保存用户订单信息的数据访问方法：insertSelective。该方法的参数为：用户订单信息。

4）保存订单与商品关系信息列表的数据访问方法：insertList。该方法的参数为：订单与商品关系信息列表。

5）获取一个用户订单信息的数据访问方法：getBaseByOrderNumber。该方法的参数为：用户订单号、用户 ID。

（5）SQL 脚本详细设计

最后在 DAO 层的 SQL 脚本 XML 文件里，有三个 SQL 脚本 XML 文件，分别为 ShoppingCartDao.xml、OrderDao.xml 和 Order2GoodsDao.xml，它们的全路径都是 wfsmw \ src \ main \ resources \ mybatis \ mapper \。在这三个 SQL 脚本 XML 文件里，有获取购物车记录信息列表、删除购物车记录信息、保存用户订单信息、保存订单与商品关系信息列表、获取一个用户订单信息等数据访问接口方法对应的 SQL 脚本的 MyBatis 元素项，它们的详细介绍分别如下。

1）获取购物车记录信息列表的 SQL 脚本 MyBatis 查询项：<select id = " getListByIds" ></select>。该查询项及其 SQL 脚本的主体代码如下：

```
<select id="getListByIds" resultMap="BaseResultMap">
    select msc.*, p.name, p.goods_num, p.weight, p.main_thumbnail_pathfrom t_user_shop-
ping_cart msc
    left join t_goods p on p.id = msc.goods_id
    where msc.member_user_id = #{memberUserId,jdbcType=VARCHAR}
```

```
and msc.id in <foreach collection="ids" item="id" open="(" close=")" separator=",">
    #{id}</foreach>
        order by create_time desc
    </select>
```

2）删除购物车记录信息的 SQL 脚本 MyBatis 删除项：<delete id="deleteById"></delete>。该删除项及其 SQL 脚本的主体代码如下：

```
<delete id="deleteById">
    delete from t_user_shopping_cart
    where member_user_id = #{memberUserId,jdbcType=VARCHAR}
    and id in <foreach collection="ids" item="id" open="(" close=")" separator=",">#
{id}</foreach>
</delete>
```

3）保存用户订单信息的 SQL 脚本 MyBatis 新增项：<insert id="insertSelective"></insert>。该新增项及其 SQL 脚本的主体代码如下：

```
<insert id="insertSelective" keyProperty="id" useGeneratedKeys="true" parameterType=
"cn.sanqingniao.wfsmw.entity.order.OrderEntity">
        insert into t_order
    <trim prefix="(" suffix=")" suffixOverrides=",">
    <if test="id != null">id,</if>
        // 为了节省篇幅，省略了一些设置新增字段的代码
    </trim>
    <trim prefix="values (" suffix=")" suffixOverrides=",">
    <if test="id != null">#{id,jdbcType=INTEGER},</if>
        // 为了节省篇幅，省略了一些设置新增字段值的代码
    </trim>
</insert>
```

4）保存订单与商品关系信息列表的 SQL 脚本 MyBatis 新增项：<insert id="insertList"></insert>。该新增项及其 SQL 脚本的主体代码如下：

```
<insert id="insertList" parameterType="java.util.List">
    insert into t_order2goods (order_id, goods_id, buy_num, unit_price)values
<foreach collection="list" item="item" index="index" separator=",">
        (#{item.orderId,jdbcType=INTEGER}, #{item.goodsId,jdbcType=INTEGER}, #{item.buy-
Num,jdbcType=INTEGER}, #{item.unitPrice,jdbcType=INTEGER})
    </foreach>
    </insert>
```

5）获取一个用户订单信息的 SQL 脚本 MyBatis 查询项：<select id="getBaseByOrderNumber"></select>。该查询项及其 SQL 脚本的主体代码如下：

```
<select id="getBaseByOrderNumber"resultMap="BaseResultMap">
    select id, pay_type, pay_status, order_numberfrom t_order
    where order_number = #{orderNumber,jdbcType=VARCHAR}
    and user_id = #{userId,jdbcType=VARCHAR} limit 1
</select>
```

至此，完成了创建在线支持付订单业务流程的详细功能设计。同理，可以进行第二个业务流程的设计，在此就不再赘述了。总之完成了在线支付这个模块的详细功能设计。

▶▶ 7.4.3 自动下架商品定时任务

一般来说，定时任务是服务端的后台任务，因此它只涉及任务层（与控制层同级）、业务层和 DAO 层，不涉及视图层。

对于自动下架商品定时任务功能，在后端项目里要实现的业务逻辑是：首先从商品信息表 t_goods 里获取已上架的库存数量为 0 的商品信息列表；然后根据这些商品的 ID 更新其上架状态为下架；最后设置一个定时任务来定时执行上述业务逻辑。该功能的详细设计描述如下。

（1）任务层详细设计

首先，在任务层定义一个计划任务类。由于在项目里只有一个计划任务类，因此没有必要专门创建一个 Java 包来存放它。这样一个计划任务类相当于一个工具类，因此把该计划任务类存放在工具层包里。该计划任务类名为 AutoOfflineGoodsScheduledTask，创建该类并添加@Component 注解，将它标记为一个 Spring 组件，其全路径是 wfsmw\src\main\cn.sanqingniao.wfsmw.utils.AutoOfflineGoodsScheduledTask。在该计划任务类里，定义一个自动下架商品方法，该方法名为 autoOfflineGoods，并使用@Scheduled 注解标记该方法为定时任务。在该注解的 cron 属性中指定任务执行的时间规则为 0 */5 * * * ?，该时间规则的意思是每隔 5 分钟触发一次。该计划任务类的主要代码如下。

```
1行   @Component
2行   public class AutoOfflineGoodsScheduledTask {
3行       @Autowired
4行       private GoodsService goodsService;
         /**
          * 每隔 5 分钟触发一次自动下架商品
          */
5行       @Scheduled(cron = "0 */5 *** ?")
6行       public void autoOfflineGoods() {
7行           goodsService.updateOnlineStatusForAutoOffline();
8行       }
9行   }
```

如上述代码，第 1 行代码是@Component 注解，标记当前类为一个 Spring 组件。第 3 行和第 4 行代码定义了业务层 GoodsService 类的对象。第 5 行代码是@Scheduled 注解，标记该方法为定时任务。第 6 行代码定义了自动下架商品方法。第 7 行代码是调用业务层 GoodsService 类的对象的 updateOnlineStatusForAutoOffline 方法，在该方法中实现了自动下架商品的业务逻辑。

其次，要在后端项目里启用定时任务功能。在项目的 Spring Boot 主类上添加 @EnableScheduling 注解，以启用定时任务功能。项目的 Spring Boot 主类是 WfsmwApplication，该主类的主要代码如下。

```
1行   @SpringBootApplication
2行   @ServletComponentScan(basePackages = "cn.sanqingniao")
3行   @ComponentScan(basePackages = "cn.sanqingniao")
4行   @MapperScan(basePackages = "cn.sanqingniao.wfsmw.dao")
5行   @EnableScheduling
```

```
6行   public class WfsmwApplication {
7行      public static void main(String[] args) {
8行           SpringApplication.run(WfsmwApplication.class, args);
9行      }
10行 }
```

如上述代码，第 1 行代码是@SpringBootApplication 注解，标记当前类为一个 Spring Boot 主类。第 2 行代码是@ServletComponentScan 注解，标记启用扫描 cn.sanqingniao 包及其子包里的 Servlet 组件。第 3 行代码是@ComponentScan 注解，标记启用扫描 cn.sanqingniao 包及其子包里的 Spring 组件。第 4 行代码是@MapperScan 注解，标记启用扫描 cn.sanqingniao.wfsmw.dao 包及其子包里的 DAO 层组件及其 SQL 映射文件。第 5 行代码是@EnableScheduling 注解，标记启用定时任务功能。第 6 行代码定义了后端项目的 Spring Boot 主类 WfsmwApplication。第 7 行代码是 Spring Boot 主类的 main 方法，在该方法里实现了启动后端项目应用。

（2）业务层详细设计

在业务层实现自动下架商品功能，该功能对应的业务服务类为 GoodsService，其全路径是 wfsmw\src\main\cn.sanqingniao.wfsmw.service.goods.GoodsService。在该业务服务类里，定义一个可自动更新下架商品的上架状态为下架的方法。在该方法里实现了自动下架商品功能，该方法名为 updateOnlineStatusForAutoOffline，它的代码如下。

```
1行  @Transactional
2行  public void updateOnlineStatusForAutoOffline() {
3行    List<GoodsEntity> goodsList = goodsDao.getBaseForAutoOffline();
4行    if (goodsList != null && goodsList.size() > 0) {
5行       List<Integer> ids = newArrayList<>();
6行       for (GoodsEntity goods : goodsList) {
7行            ids.add(goods.getId());
8行       }
9行       goodsDao.updateOnlineStatusByIds(ids, ONLINE_STATUS_OFFLINED);
10行    }
11行 }
```

如上述代码，第 1 行代码是@Transactional 注解，标记启用数据库事务管理功能。第 2 行代码定义了自动下架商品功能方法 updateOnlineStatusForAutoOffline。第 3 行代码获取可以自动下架的商品基础信息。第 5~8 行代码是组装可下架的商品 ID 列表。第 9 行代码是根据商品 ID 列表，更新其上架状态字段值为下架。

（3）DAO 层详细设计

该模块在 DAO 层的名称为 goods，对应的数据访问接口为 GoodsDao，其全路径是 wfsmw\src\main\cn.sanqingniao.wfsmw.dao.goods.GoodsDao。在该数据访问接口里，定义了获取可以自动下架的商品基础信息和根据商品 ID 列表更新其上架状态字段值这两个数据访问接口方法，它们的详细说明如下。

1）获取可以自动下架的商品基础信息：getBaseForAutoOffline。该方法没有参数。

2）根据商品 ID 列表更新其上架状态字段值：updateOnlineStatusByIds。该方法参数为商品 ID 列表和上架状态。

（4）SQL 脚本详细设计

最后在 DAO 层的 SQL 脚本 XML 文件里，对应的文件为 GoodsDao.xml，其全路径是 wfsmw\src\main\resources\mybatis\mapper\GoodsDao.xml。在该 SQL 脚本 XML 文件里，定义了获取可以自动下架的商品基础信息和根据商品 ID 列表更新其上架状态字段值这两个数据访问接口方法对应的 SQL 脚本的 MyBatis 元素项，它们的详细说明如下。

1）获取可以自动下架的商品基础信息的 SQL 脚本 MyBatis 查询项：<select id = " getBaseForAutoOffline" ></select>。该查询项及其 SQL 脚本的主体代码如下：

```xml
<select id="getBaseForAutoOffline" resultMap="BaseResultMap">
    select idfrom t_goods
    where online_status = 1 and supply_amount &lt;= 0
</select>
```

2）根据商品 ID 列表更新其上架状态字段值的 SQL 脚本 MyBatis 更新项：<update id = " updateOnlineStatusByIds" ></update>。该更新项及其 SQL 脚本的主体代码如下：

```xml
<update id="updateOnlineStatusByIds">
    update t_goods
    set online_status = #{onlineStatus,jdbcType=TINYINT}
    where id in
<foreach collection="ids" item="id" open="(" close=")" separator=",">
    #{id}
</foreach>
</update>
```

自动下架商品定时任务的详细功能设计的方法为：首先在任务层里，在 Spring Boot 架构的基础上，使用@Component、@Scheduled 和@EnableScheduling 这三个注解，简单地实现一个后台计划任务功能；然后在业务层、DAO 层和 SQL 脚本层里进行业务逻辑的详细设计；最后在后台计划任务里调用业务逻辑执行方法，把它们连接在一起完成自动下架商品定时任务功能。

7.5 本章小结

本章阐述了详细功能设计的规范、原则、思路和命名规则；然后以此为指导，设计了本书项目的管理员管理、在线支付和自动下架商品定时任务 3 个模块。在这些设计里，详细描述了各层级里每个功能点、每个方法和每个 SQL 脚本的业务逻辑与伪代码，以便读者直观地感受到是如何一步一步地开发一个功能的。

按照项目开发流程，从第 8 章开始，将进入编码实现阶段。为了开始进行项目开发编码，必须先了解本书项目的技术框架选型及其所依赖的开源软件包。

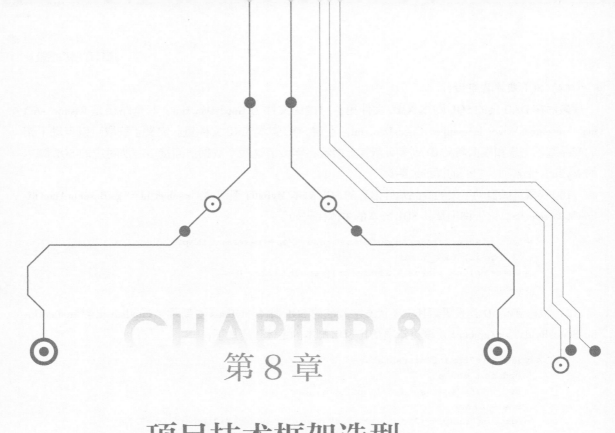

第 8 章

项目技术框架选型

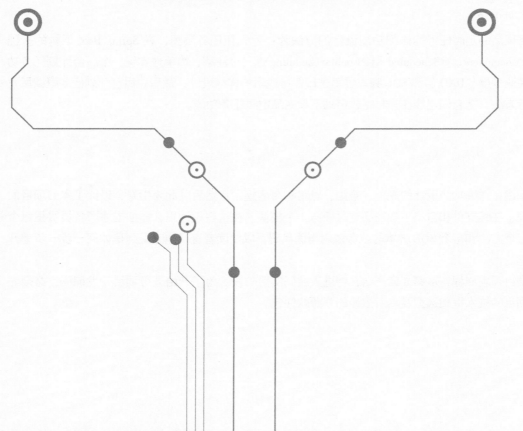

在本章中，将介绍本书项目的技术框架选型及其依赖的开源软件包。这些软件包都是使用 Maven 技术进行管理的，因此会介绍它们在配置文件 pom. xml 中的 Maven 配置代码。

8.1 技术框架选型

按照本书项目的架构设计，后端开发编程语言是 Java；数据库技术框架选型是 MySQL + Druid + Redis；后端技术框架选型是 Spring Boot + Spring MVC + Mybatis + Thymeleaf；测试框架选型是 Spring Test + JUnit4；部署技术选型是 Spring Boot + Nginx + Docker；前端技术框架选型是 HTML5 + CSS3 + jQuery + Node.js + Vue3 + Vite；日志框架选型是 Log4j；服务器技术框架选型是 Tomcat9。

在后续章节里，将陆续介绍上述这些技术框架及其对应的开源软件包。

8.2 数据库技术选型

8.2.1 MySQL 框架

MySQL 是一种关系型数据库管理系统，是目前最流行的开源数据库之一。Spring 集成了 MySQL，该框架在配置文件 pom.xml 中的 Maven 配置代码如下。

```
<dependency>
    <groupId>com.mysql</groupId>
    <artifactId>mysql-connector-j</artifactId>
    <scope>runtime</scope>
</dependency>
```

8.2.2 Redis 缓存服务

Redis 是一款功能强大的开源数据结构存储系统，在互联网应用开发中发挥着重要作用。Redis 常用于缓存、分布式锁、计数器、排行榜等场景，在互联网中有广泛应用。同时，Redis 也支持主从复制和集群等分布式架构，以满足高可用和高性能的需求。

本书项目使用 Redis 来缓存一些通用数据和登录用户信息，为项目的无状态、分布式扩展提供了可靠的支持。在 Spring Boot 应用程序中，可以通过 Maven 配置来使用 Redis 缓存服务。下面是该服务在配置文件 pom.xml 中的 Maven 配置代码。

```
<dependency>
    <groupId>org.springframework.boot</groupId>
    <artifactId>spring-boot-starter-data-redis</artifactId>
</dependency>
```

8.2.3 MyBatis 框架

MyBatis 是一种优秀的持久层框架，它是一种半自动化的 ORM（Object Relational Mapping）框架。

MyBatis 与 Spring 集成是非常常见的，它使得在使用 MyBatis 的同时，能够更好地利用 Spring 框架的依赖注入和事务管理等功能。

该框架在配置文件 pom.xml 中的 Maven 配置代码如下。

```
<dependency>
    <groupId>org.mybatis.spring.boot</groupId>
    <artifactId>mybatis-spring-boot-starter</artifactId>
</dependency>
```

8.3 服务端技术选型

▶ 8.3.1 Java 版本

本书项目要求的后端开发编程语言是 Java 的 JDK 1.8 版本或更高版本。

▶ 8.3.2 Spring 与 Spring Boot 框架

Spring 是一个开源的 Java 开发框架，它提供了一个全面的编程和配置模型，用于构建现代化的基于 Java 的企业级应用程序。本项目使用 Spring 来实现应用程序的 IOC（控制反转）和 AOP（面向切面编程）等功能。

Spring Boot 是一个基于 Spring 的快速应用程序开发框架，可以快速构建生产级别的应用程序，同时也可以减少开发人员的工作量和配置负担。Spring Boot 是一个轻量级、开箱即用的框架，使用起来非常简单，可以自动配置大部分应用程序的功能。

该框架在配置文件 pom.xml 中的 Maven 配置代码如下。

```
<parent>
    <groupId>org.springframework.boot</groupId>
    <artifactId>spring-boot-starter-parent</artifactId>
    <version>2.7.9</version>
    <relativePath/><!-- lookup parent from repository -->
</parent>
```

▶ 8.3.3 Spring MVC 框架

Spring MVC 是 Spring 框架的一个子模块，是一种基于 MVC 设计模式的 Web 框架。本项目使用 Spring MVC 框架提供的 Web 开发的基础设施，来实现应用程序的 Web 层逻辑。

该框架在配置文件 pom.xml 中的 Maven 配置代码如下。

```
<dependency>
    <groupId>org.springframework.boot</groupId>
    <artifactId>spring-boot-starter-web</artifactId>
</dependency>
```

▶▶ 8.3.4　Thymeleaf 框架

Thymeleaf 是一种用于 Web 和独立环境中的现代服务器端 Java 模板引擎，它能够将模板和数据进行绑定，生成 HTML、XML、JavaScript、CSS 等格式的文件。

该框架在配置文件 pom.xml 中的 Maven 配置代码如下。

```
<dependency>
    <groupId>org.springframework.boot</groupId>
    <artifactId>spring-boot-starter-thymeleaf</artifactId>
</dependency>
```

8.4　测试技术选型

▶▶ 8.4.1　Spring Test 框架

Spring Test 是 Spring 框架的一个模块，用于支持编写单元测试和集成测试。它提供了一组工具和注解，可以方便地进行 Spring 应用程序的测试。Spring Test 框架的主要特性和功能如下。

（1）测试上下文管理

Spring Test 框架可以自动创建和管理测试上下文。测试上下文是一个包含了应用程序配置的环境，它可以加载 Spring Bean 定义、处理依赖注入、执行 AOP 拦截等。测试上下文提供了模拟或替代真实环境中的组件，以便进行单元测试或集成测试。

（2）注解驱动

Spring Test 框架使用注解来驱动测试。通过使用注解，可以将某个类或方法标记为测试类或测试方法，并配置一些特定行为，例如加载配置文件、启用组件扫描等。

（3）测试运行器

Spring Test 框架提供了多个运行器（TestRunner），例如 SpringRunner、Parameterized 等。运行器用于在执行测试之前创建和准备好相应的上下文，并在测试结束后进行清理。

（4）基于 JUnit

Spring Test 框架与 JUnit 完美集成，通过扩展 JUnit 提供了一些额外的功能。例如，可以使用 @Before和@After 注解在每个单元测试方法执行前后执行一些初始化或清理工作。

（5）Mock 对象支持

Spring Test 框架通过整合 Mockito、EasyMock 等工具，提供了对 Mock 对象的支持。使用 Mock 对象可以模拟外部依赖，并对其进行各种行为的设置和验证。

（6）Web 应用程序支持

对于 Web 应用程序的测试，Spring Test 框架提供了一组专门的工具和注解。例如，可以使用 @WebAppConfiguration注解来指定 Web 应用程序上下文，并使用@MockMvc 来模拟 HTTP 请求并验证响应。

通过使用 Spring Test 框架，开发人员可以更轻松地编写各种类型的单元测试和集成测试，并且能够更好地与其他开发人员合作，以便在开发过程中保证代码质量和可靠性。

该框架在配置文件 pom.xml 中的 Maven 配置代码如下。

```xml
<dependency>
    <groupId>org.springframework.boot</groupId>
    <artifactId>spring-boot-starter-test</artifactId>
    <scope>test</scope>
</dependency>
```

▶▶ 8.4.2　JUnit 框架

JUnit 是一个 Java 测试框架，它提供了一组简单而有效的 API，用于编写和执行自动化测试用例。

本项目使用 JUnit 来编写和执行测试用例，测试用例可以为应用程序的核心逻辑提供高效的测试支持，从而提高应用程序的稳定性和可靠性。在使用 JUnit 进行 Spring Boot 项目单元测试时，可以通过 Maven 配置来引入相关依赖。

该框架在配置文件 pom.xml 中的 Maven 配置代码如下。

```xml
<dependency>
    <groupId>junit</groupId>
    <artifactId>junit</artifactId>
    <scope>test</scope>
</dependency>
```

8.5　部署技术选型

▶▶ 8.5.1　Spring Boot 部署技术

Spring Boot 是一种基于 Spring 框架的快速开发应用程序的框架，它提供了许多特性和功能，可以简化应用程序的开发、测试和部署。Spring Boot 应用程序可以以多种方式进行部署，具体如下。

1）JAR 文件部署：Spring Boot 应用程序可以打包为可执行的 JAR 文件，该文件包含了所有依赖包和运行时环境，将 JAR 文件上传到服务器并使用 Java 命令运行即可。

2）WAR 文件部署：Spring Boot 应用程序也可以打包为 WAR 文件，然后将 WAR 文件部署到 Servlet 容器（例如 Tomcat、Jetty 等）中运行。

3）Docker 容器化部署：Docker 是一种轻量级的容器技术，可以将 Spring Boot 应用程序打包为 Docker 镜像，并将镜像上传到 Docker 仓库。然后，在服务器上使用 Docker 命令来创建并运行 Docker 容器。

4）Cloud Foundry 平台部署：Cloud Foundry 是一种开放源代码的云平台，可以支持各种语言和框架。Spring Boot 应用程序可以直接在 Cloud Foundry 上进行部署，并使用平台提供的自动化管理和扩展功能。

5）AWS Elastic Beanstalk 部署：AWS Elastic Beanstalk 是一种快速、简便的方式来托管 Web 应用

程序。Spring Boot 应用程序可以直接在 AWS Elastic Beanstalk 上进行部署，并使用平台提供的自动化管理和扩展功能。

Spring Boot 提供了多种灵活且便捷的方式来进行应用程序部署，开发人员可以根据自己的需求和技术栈选择适合自己的方式来进行部署。

▶▶ 8.5.2　Nginx 服务器部署技术

Nginx 是一款高性能、开源、轻量级的 Web 服务器和反向代理服务器。它的部署和配置相对简单，适用于高并发、负载均衡和反向代理等场景。下面是 Nginx 服务器部署技术的详细介绍。

1）安装 Nginx：可以通过官网下载安装包进行安装，也可以通过 Linux 发行版的包管理器进行安装。安装完成后，可以使用 systemctl 命令启动 Nginx 服务。

2）配置 Nginx：Nginx 的配置文件位于/etc/nginx/nginx.conf，可以根据需求修改该文件中的配置项，例如监听端口、日志输出等。

3）部署 Web 应用程序：可以将 Web 应用程序打包成 WAR 或 JAR 文件，并将其部署到 Tomcat 等应用服务器中。在 Nginx 配置文件中添加代理服务器配置，将请求转发到 Tomcat 等应用服务器。

4）配置负载均衡：可以通过在 Nginx 配置文件中添加多个代理服务器配置，来实现负载均衡。例如，在 upstream 块中添加多个 server 配置项，使用不同的权重值来实现不同程度的负载均衡。

5）配置 HTTPS：可以通过在 Nginx 配置文件中添加 SSL 证书相关的配置项来启用 HTTPS 协议。例如，在 server 块中添加 ssl_certificate 和 ssl_certificate_key 配置项，并开启 443 端口监听。

6）优化性能：可以通过修改一些性能相关的配置项来优化 Nginx 服务器性能。例如，增加 worker_processes 数量、调整 worker_connections 值等。

通过上述步骤，可以完成对 Nginx 服务器的部署和配置，并根据实际需求进行负载均衡、HTTPS 协议启用和性能优化等操作。

▶▶ 8.5.3　Docker 容器部署技术

Docker 是一种轻量级的容器技术，它提供了一种将应用程序及其依赖包打包为独立容器的方式。Docker 容器可以在不同的环境中运行，无须担心依赖冲突或配置问题。下面是 Docker 容器部署技术的详细介绍。

1）安装 Docker：可以根据操作系统的不同，下载并安装对应版本的 Docker。安装完成后，使用 docker 命令行工具可以进行容器管理和操作。

2）编写 Dockerfile：Dockerfile 是用于构建 Docker 镜像的文本文件，其中包含了一系列指令和配置信息。通过编写 Dockerfile，可以定义容器镜像中包含的文件、环境变量、依赖包等。

3）构建镜像：使用 docker build 命令和 Dockerfile 来构建自定义的镜像。该命令会根据 Dockerfile 中的指令逐步执行，并生成一个可运行的镜像。

4）运行容器：使用 docker run 命令来运行容器，并指定要运行的镜像名称或 ID。通过该命令可以启动一个新的容器，并为其分配资源（例如 CPU、内存等）。

5）容器管理：使用 docker ps 命令可以查看正在运行的容器列表，使用 docker stop 命令可以停止正在运行的容器，还可以使用 docker rm 命令删除已停止的容器。

6）容器网络：通过配置网络，可以使多个容器之间相互通信。在创建容器时，可以指定网络参数来定义网络连接方式和访问权限。

7）镜像管理：使用 docker pull 命令从远程镜像仓库下载公共镜像，也可以使用 docker push 命令将自定义镜像推送到远程仓库，还可以使用 docker rm 命令删除本地存在的镜像。

8）缩放和负载均衡：通过使用 Docker Swarm 或 Kubernetes 等编排工具，可以将多个容器部署在不同主机上，并实现自动负载均衡和服务发现功能。

通过上述步骤，开发人员可以轻松地进行应用程序部署，并利用 Docker 提供的便捷性、可移植性和资源隔离性等特性，在不同环境中高效地运行应用程序。

8.6 前端技术选型

▶▶ 8.6.1 Node.js 架构

Node.js 是一种基于 JavaScript 运行时的开发框架，可以在服务器端运行 JavaScript 程序。下面是 Node.js 架构安装技术的详细介绍。

1）下载安装包：可以从 Node.js 官网上下载对应操作系统版本的安装包，也可以使用包管理器（例如 yum、apt-get、brew 等）进行安装。

2）安装 Node.js：将下载的安装包解压缩后，运行安装脚本进行安装。在 Linux 系统中，可以使用以下命令进行安装：

```
$tar -xvf node-v14.15.0-linux-x64.tar.xz
$cd node-v14.15.0-linux-x64
$sudo cp -R * /usr/local/
```

3）验证 Node.js：在终端中输入 node 命令，如果成功进入 Node.js 的交互式命令行界面，则表示 Node.js 已经成功安装。

4）安装包管理器 npm：npm 是 Node.js 自带的包管理器，可以用于管理和发布 JavaScript 模块，可以使用以下命令来安装 npm：

```
$sudo apt-get install npm
```

5）使用 npm 安装模块：可以使用 npm install 命令来下载和安装第三方模块。例如，在终端中输入以下命令即可下载和安装 Express 框架：

```
$npm install express
```

通过上述步骤，可以成功地进行 Node.js 架构的安装和配置，并利用 npm 进行模块管理和应用程序开发。

▶▶ 8.6.2 Vue3 框架

Vue3 是一种流行的 JavaScript 前端框架，用于构建用户界面。下面是在 Windows11 系统里有关

Vue3 框架安装与使用技术的详细介绍。

1）安装 Node.js：可以从官网 https://nodejs.org/下载最新 Windows 版本，然后直接安装 Node.js。

2）创建新项目：打开命令行窗口，在命令行中进入工作目录，执行以下命令来创建一个新的 Vue3 项目，例如：本书项目的工作目录是"D:\workspace>"，创建命令如下。

```
D:\workspace>npm create vue@ latest
```

这将使用 Vite 创建一个新的 Vue3 项目，并将其保存在名为 wfsmw-h5 的文件夹中。

3）在命令行中进入项目目录，命令如下。

```
D:\workspace>cd wfsmw-h5
```

4）安装依赖：在项目目录下执行以下命令来安装所需依赖。

```
D:\workspace>npm install
```

5）启动开发服务器：执行以下命令来启动 Vite 的开发服务器。

```
D:\workspace>npm run dev
```

Vite 将会启动开发服务器，并打开浏览器展示 Vue3 应用程序。可以在 src 目录下编辑 App.vue 文件和 main.js 文件，保存后 Vite 将会自动重新编译并刷新浏览器展示最新效果。

6）构建生产版本：当准备好将应用程序部署到生产环境时，可以执行以下命令来构建生产版本。

```
D:\workspace>npm run build
```

Vite 将会生成一个优化后的、用于生产环境的 dist 目录，其中包含了应用程序的最终打包结果。

Vue3 的安装和使用步骤相对简单，通过使用 Vite 快速创建和启动一个 Vue3 项目，可以充分利用 Vue3 的新特性和优势来进行前端开发。如果读者还没有尝试过 Vue3，现在是时候开始了！

8.7 其他技术选型

▶▶ 8.7.1 Log4j 框架

Log4j 是一个流行的日志记录工具，它为 Java 应用程序提供了高度灵活的日志功能。Log4j 允许开发人员对应用程序的每个组件进行细粒度控制，使得开发人员可以根据需要对日志信息进行过滤和分类。

本项目使用 Log4j 来记录应用程序中的日志信息，为项目的调试和维护提供了可靠的支持。在 Spring Boot 应用程序中，可以通过 Maven 配置来使用 Log4j 框架。下面是该框架在配置文件 pom.xml 中的 Maven 配置代码。

```xml
<dependency>
    <groupId>org.springframework.boot</groupId>
    <artifactId>spring-boot-starter-log4j</artifactId>
    <version>1.3.8.RELEASE</version>
</dependency>
```

▶▶ 8.7.2 Spring Boot Devtools 技术

Spring Boot Devtools 技术是 Spring Boot 提供的一款开发工具，它提供了很多便利的功能，能够在开发阶段提高开发效率。具体来说，Spring Boot Devtools 可以实现以下功能。

1）代码热部署：在修改 Java 类、静态资源文件等文件后，自动重新启动应用程序，从而可以快速看到修改的效果。

2）自动重启：当应用程序类路径下的文件发生变化时，自动重启应用程序。

3）全局重启：当应用程序所在的进程退出时，自动重启应用程序。

4）LiveReload 支持：在浏览器中实现了 LiveReload 功能，在修改了静态资源文件后自动刷新浏览器页面。

在 Spring Boot 应用程序中，可以通过 Maven 配置来使用 Spring Boot Devtools。下面是该技术在配置文件 pom.xml 中的 Maven 配置代码。

```
<dependency>
  <groupId>org.springframework.boot</groupId>
  <artifactId>spring-boot-devtools</artifactId>
  <scope>runtime</scope>
  <optional>true</optional>
</dependency>
```

8.8 本章小结

在本章中，阐述了本书项目的技术框架选型及其依赖的开源软件包，并且给出了每个开源软件包在配置文件 pom.xml 中的 Maven 配置代码；同时也介绍了一些技术的部署和安装过程。

按照项目开发流程，在第 9 章将介绍项目开发编码实现阶段的项目初始化与底层搭建。

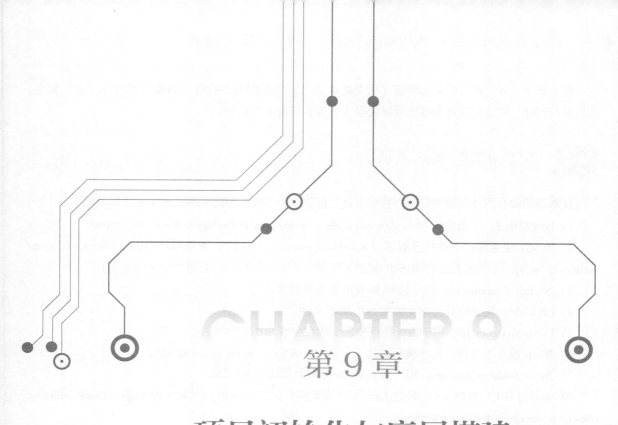

第 9 章

项目初始化与底层搭建

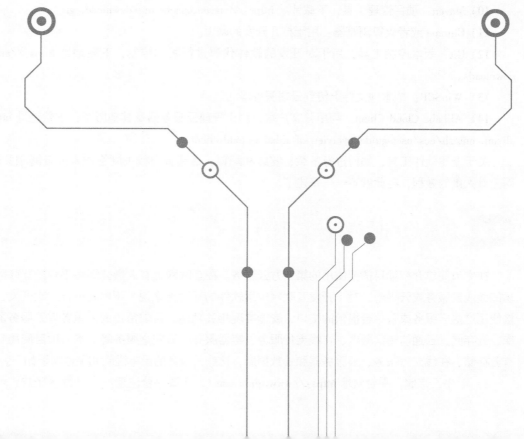

在本章中，首先将介绍本书项目（后文简称项目）需要安装的软件工具和使用的第三方云服务；然后进行创建、初始化项目和搭建项目底层（后端和前端两个部分）。

9.1 需要安装的软件工具

在本节简单介绍项目需要安装的软件工具，每款软件工具的用处简单说明和下载网址如下。

1）Java SDK 8：下载地址 https://www.oracle.com/cn/java/technologies/downloads/#java8。

2）MySQL 服务端：下载社区版本（MySQL Community Server），下载地址 https://dev.mysql.com/downloads/mysql/（下载 Java 和 MySQL 都需要注册一个 Oracle 账户，登录之后才能下载）。

3）Navicat Premium 16：用于访问 MySQL 数据库的客户端。

4）UltraEdit：用于打开文本文件和 SQL 脚本文件。

5）Power Designer 16：用于设计数据库表结构和生成 SQL 脚本文件。

6）Redis 缓存服务器：用于缓存数据，下载地址 https://redis.io/download/。

7）Redis Desktop Manager：用于访问 Redis 缓存数据库的客户端。

8）IntelliJ IDEA 2022.1.4：后端 Java 项目的集成开发环境 IDE，下载地址 https://www.jetbrains.com/idea/download/#section=windows。

9）Visual Studio Code：前端 Vue3 项目的集成开发环境 IDE，下载地址 https://code.visualstudio.com/。

10）Maven：项目管理工具，下载地址 https://maven.apache.org/download.cgi。

11）Chrome 或者火狐浏览器：用于打开开发的网页。

12）Git：版本控制工具，用于对开发的软件代码进行版本控制，下载地址 https://git-scm.com/downloads。

13）WinSCP：把本地文件上传到云端服务器的工具。

14）Alibaba Cloud Client：阿里云客户端，用于管理云服务器及其他服务，下载地址 https://help.aliyun.com/zh/ecs/user-guide/overview-of-alibaba-cloud-client。

关于上述软件工具，如何进行下载、安装和配置，请读者自行去网络搜索或查阅相关软件官网，网上有大量的教程，在此就不一一赘述了。

9.2 需要使用的第三方云服务

在本节简单介绍项目需要使用的第三方云服务。在互联网上有大量公司和平台把互联网底层基础功能做成云服务或云平台，对于开发互联网应用软件的开发者来说，不需要进行二次开发，只需要直接使用这些云服务或云平台提供的接口，就能实现相关功能。目前常用的云服务有云服务器、云数据库、云存储、云通信短信服务、在线支付服务、容器服务、云安全服务等。本书项目使用到的云服务有云存储、在线支付服务、云服务器和云数据库，这些云服务的简单说明和平台网址如下。

1）七牛云存储，平台网址 https://www.qiniu.com/，在该平台注册一个开发者账户，可以得到一

些基础免费的云存储服务，用于存储图片、视频等。把图片、视频文件上传到平台，能够快速访问对应的图片和视频，特别是对大图片的快速访问。

2）支付宝支付服务，平台网址 https：//open.alipay.com/，在该平台注册一个开发者账户，申请各种类型支付服务，可以得到支付宝在线支付、收款服务。

3）微信支付服务，平台网址 https：//open.weixin.qq.com/，在该平台注册一个开发者账户，申请各种类型支付服务，可以得到微信支付在线支付、收款服务。

4）阿里云服务，平台网址 https：//www.aliyun.com/，在该平台注册一个开发者账户，可以购买大量云服务，如云服务器 ECS、云数据库、域名注册与备案等。当前创业公司开发的软件一般都部署在云服务器上。

如果需要使用七牛云、支付宝支付和微信支付等服务，需要注册并且备案一个域名，如本书项目使用的 www.sanqingniao.cn 就是注册和备案的真实域名。

9.3　创建和初始化后端项目

在本节将介绍后端项目的创建和初始化的操作过程。后端项目是以 Spring Boot 为基础架构、以 Maven 进行依赖管理的 Java Web 项目。

▶▶ 9.3.1　使用 Spring Boot 官网初始化项目

在创建和初始化 Spring Boot 项目时，可以使用 Spring Boot 官网来进行创建和初始化，具体操作方法如下。

首先，打开 Spring Boot 官网网站，其网址为 https：//start.spring.io/。

其次，在该网页里进行相关选项的选择和内容的填充，如图 9-1 所示。

在图 9-1 的长方形框中，每一项的具体选择值或填充的内容说明如下。

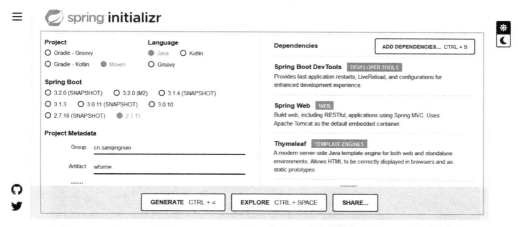

● 图 9-1　使用 Spring Boot 官网初始化项目

1）在"Project"区域里选择 Maven。

2）在"Language"区域里选择 Java。

3）在"Spring Boot"区域里选择 2.7.15，这里选择最低版本的原因是本书项目的 Java 使用的是8.0版本。

4）在"Project Metadata"区域里填写或选择域名（Group）、项目名（Artifact 和 Name）、项目描述（Description）、打包方式（Packaging）、Java 版本。

5）在"Dependencies"区域，单击右上角"ADD DEPENDENCIES"按钮，添加项目所用相关开源软件包的依赖，具体有 Spring Boot DevTools、Spring Web、Thymeleaf、MyBatis Framework、MySQL Driver、Spring Data Redis、Java Mail Sender 等。

然后，单击"GENERATE"按钮，就可以创建和初始化 Spring Boot 项目了，并且需要下载一个对应的压缩包文件，把这个压缩包文件解压到工作目录；最后导入到 IntelliJ IDEA（开发 IDE 软件）里，就可以得到一个以 Spring Boot 为基础架构、以 Maven 进行依赖管理的 Java Web 项目。以上依赖包只是项目初始化的基本依赖包，在后续开发中会陆续添加开发所需的 Maven 依赖包代码。

▶▶ 9.3.2 使用 IntelliJ IDEA 开发 IDE 初始化项目

在创建和初始化 Spring Boot 项目时，可以使用 IntelliJ IDEA 开发 IDE 来进行创建和初始化项目，具体操作方法如下。

首先，打开 IntelliJ IDEA 软件工具，单击"文件>>新建>>项目"路径的菜单，打开新建项目窗口。

其次，在该窗口里进行相关选项的选择和内容的填充，如图 9-2 所示。

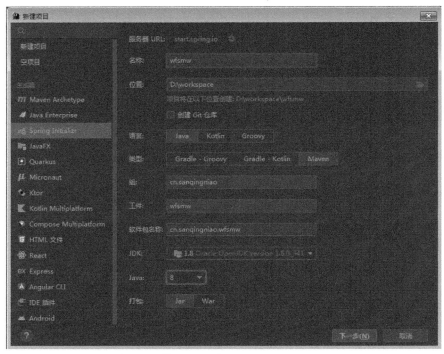

● 图 9-2 使用 IntelliJ IDEA 开发 IDE 来进行创建和初始化项目

在图 9-2 中，每一项的具体选择值或填充的内容说明如下。

1）在"名称"输入框里填入项目名称，本书项目名称为：wfsmw。

2）在"位置"选择框里选择项目存放的目录路径，本书项目存放路径为：D：\workspace。

3）在"语言"区域里选择 Java。

4）在"类型"区域里选择 Maven。

5）在"组"输入框里填入项目主 Java 包值，本书项目的主 Java 包值为：cn.sanqingniao。

6）在"工件"输入框里填入项目名称，本书项目名称为：wfsmw。

7）在"软件包名称"输入框里填入项目业务代码的主 Java 包值，该值会由 IDE 自动生成，请不要随便修改，本书项目业务代码的主 Java 包值为：cn.sanqingniao.wfsmw。

8）在"JDK"区域里选择本地安装的 Java 版本，本书项目选择的 Java 版本为：1.8。

9）在"Java"区域里选择 8。

10）在"打包"区域里选择 Jar。

在图 9-2 的窗口里，填入或选择上述的选择项值后，单击"下一步"按钮，打开选择 Spring Boot 版本和依赖包窗口，如图 9-3 所示。

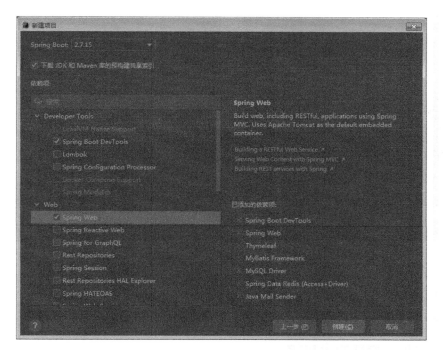

● 图 9-3　选择 Spring Boot 版本和依赖包

在图 9-3 中，每一项的具体选择值或填充的内容说明如下。

1）在"Spring Boot"区域里选择 Spring Boot 版本，本书项目的 Spring Boot 版本为 2.7.15，这里选择最低版本的原因是本书项目使用的 Java 是 8.0 版本。

2）在"依赖项"区域里选择项目依赖包，添加项目里所用开源软件包的相关依赖包，本书项目的依赖包具体有 Spring Boot DevTools、Spring Web、Thymeleaf、MyBatis Framework、MySQL Driver、Spring Data Redis、Java Mail Sender 等。

然后单击"创建"按钮，就可以创建和初始化本书的 Spring Boot 项目了。

9.4 搭建后端项目底层

在本节将介绍搭建后端项目底层的操作过程。在创建和初始化项目之后，并且在 IntelliJ IDEA（开发 IDE 软件）里打开它；然后要继续为项目搭建底层架构和代码，后端项目架构如图 9-4 所示。

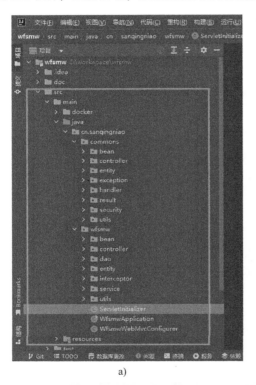
a)

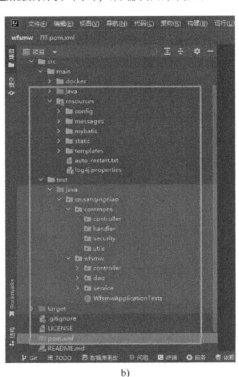
b)

● 图 9-4　后端项目架构

如图 9-4a、9-4b 的长方形框所示，从上往下，逐个目录地去说明它们的意义和用处。

▶▶ 9.4.1　Java 源代码主目录

本书项目的 Java 源代码主目录是：wfsmw\src\main\java，在该目录里保存项目开发的所有 Java 源代码文件；该目录的下一级目录是项目的主 Java 包。

▶▶ 9.4.2　Java 源代码主 Java 包

根据图 9-4a 的长方形框里所示，wfsmw\src\main\java\cn.sanqingniao 是项目的 Java 源代码主 Java

包。在实际项目里，为了保证 Java 文件名和类名的全球唯一性，通常使用公司注册的域名，按照它的组件反向来定义项目的主 Java 包。例如本书项目使用的域名是 sanqingniao.cn，那么它的组件反向就是 cn.sanqingniao，以此作为本书项目的主 Java 包。在该主 Java 包里有两个子包：commons 和 wfsmw。

▶▶ 9.4.3　共通 Java 包

根据图 9-4a 的长方形框里所示，wfsmw\src\main\java\cn.sanqingniao.commons 是项目的共通 Java 包。在实际项目里，通常会定义一个共通 Java 包，在该包里保存整个项目所有层级都要用到的共通功能类和工具类，以及每个层级的基类。在该共通 Java 包里有 bean、controller、entity、exception、handler、result、security、utils 等子包，它们的意义和用处说明如下。

（1）bean 子包

bean 子包的全路径是：wfsmw\src\main\java\cn.sanqingniao.commons.bean，也叫简单 Java Bean 组件包。在实际项目里，通常会定义一个简单 Java Bean 组件包，在该包里保存整个项目里要用到的一些简单的 Java Bean 组件类，用于在每个层级直接传输数据。Java Bean 组件的意思是指一个简单 Java 类，它只有一些属性以及这些属性的 set 和 get 方法，除此之外不再有其他任何功能方法，主要的目的是携带数据，可以在不同层级或互联网里传输数据。

（2）controller 子包

controller 子包的全路径是：wfsmw\src\main\java\cn.sanqingniao.commons.controller，也叫控制器基包。本书项目是 Web 项目，因此在实际项目里，通常会定义一个控制器基包，在该包里保存整个项目控制器层的基类，该基类通常命名为 BaseController；在该控制器基类里编写控制器层级的共通功能方法。在控制器基包里，也会存放一些共通功能的控制器类，例如项目里有 CommonsController、Heart-BeatController 和 PublicKeyController 3 个控制器类；在 CommonsController 编写了一些共通页面的功能方法，如获取图片验证码接口、获取登录已超时或未登录提醒页面和获取系统发生错误提醒页面等；在 HeartBeatController 里编写了一个获取系统状态的功能方法，它是系统外部的监视器，通过定时访问这个接口，来监听系统是否在正常运行，通常也叫系统心跳接口；在 PublicKeyController 里编写了在页面上要进行 RSA 加密的获取公钥接口，通常用在注册和登录页面时对密码进行加密。

（3）entity 子包

entity 子包的全路径是：wfsmw\src\main\java\cn.sanqingniao.commons.entity，也叫实体基包。在实际项目里，通常会定义一个实体包，在实体包里每个实体类都分别对应一张数据库表，实体类的属性对应数据库表的字段，一个实体类对象对应数据库表里的一条数据。当然在当前实体基包里，保存整个项目的实体层级的基类，该基类通常命名为 BaseEntity；在该实体基类里定义了所有实体类的共同属性，如关于分页功能的一些属性页码（page）、每页数量（pageSize）、获取第一个记录的下标（firstResult）、获取数量（fetchSize）等。

（4）exception 子包

exception 子包的全路径是：wfsmw\src\main\java\cn.sanqingniao.commons.exception，也叫异常类包。在实际项目里，通常会定义一个异常类包，在该包里保存整个项目的自定义异常类。根据不同业务需要定义相应的异常类，在相关业务执行过程中如果发生不符合实际的业务时，就可以主动使用、抛出对应的异常。在本书项目里定义了 DataAccessException、GlobalExceptionResolver、ParameterException 3 个异常类。

异常类 DataAccessException 的作用是在把业务数据保存到数据库时，如果发生不符合实际的业务，就主动抛出对应的异常，以便回滚数据库事务、保持数据的完整性。

异常解析器类 GlobalExceptionResolver 的作用是当系统发生了异常，但又没有捕捉处理的情况下，该异常解析器类就会处理这些异常，并且给出非常友好的提醒信息，如显示异常结果页面，以防止出现一堆异常栈和非技术人员看不懂的错误信息。

异常类 ParameterException 的作用是在前端页面提交的各种参数值到服务端时，检查这些参数是否合法；如果不合法，就会抛出这个异常告知前端页面。

（5）handler 子包

handler 子包的全路径是：wfsmw\src\main\java\cn.sanqingniao.commons.handler，也叫业务处理器类包。业务处理器的意思是指当系统需要向第三方系统获取功能服务时，会编写一个业务处理器类，用来封装第三方系统提供的功能服务业务执行流程。本系统只需要简单调用该业务处理器，就可以获取相关功能服务，如本书项目使用到的七牛云存储服务、支付宝支付服务和微信支付服务等。

（6）result 子包

result 子包的全路径是：wfsmw\src\main\java\cn.sanqingniao.commons.result，也叫 JSON 结果类包。在本书项目提供的 Web 服务里，有一些接口返回结果的数据结构是 JSON，为了统一数据结构，定义了一个共通的 Result 结果类，方便在任何接口里使用。

（7）security 子包

security 子包的全路径是：wfsmw\src\main\java\cn.sanqingniao.commons.security，也叫安全包。在该包里保存了一些用于封装加密、解密的工具类，如 AES、RSA 加密算法。

（8）utils 子包

utils 子包的全路径是：wfsmw\src\main\java\cn.sanqingniao.commons.utils，也叫工具类包。在实际项目里，通常会定义一个工具类包，在该包里保存整个项目的自定义工具类（根据不同业务需要定义相应的工具类）。在本书项目里定义了 CommonUtils、Constants、DateUtils、JsonUtils、StringUtils 等常用的工具类。

▶▶ 9.4.4 项目 Java 包

根据图 9-4a 的长方形框里所示，wfsmw\src\main\java\cn.sanqingniao.wfsmw 是项目的主项目 Java 包。在实际项目里，通常会定义一个主项目 Java 包，在该包里保存了整个项目的所有业务代码。在主项目 Java 包里有 controller、dao、entity、interceptor、service、utils 等子包，它们的意义和用处说明如下。

（1）controller 子包

controller 子包的全路径是：wfsmw\src\main\java\cn.sanqingniao.wfsmw.controller，也叫控制器包。在实际项目里，通常会定义一个控制器包，在该包里保存整个项目控制器层级的控制器类；在该包里，会根据项目模块各自独立再定义一层控制层包，例如在本书项目里有 admin、basedata、commons、 goods、member、order、site 等模块，因此定义了相应的子包。

在实际项目中，在控制器 controller 包里通常会定义整个项目的一个项目全局控制器基类，所有其他控制器类都必须继承它；在该基类里通常会编写一些在控制器层级的共通功能方法，如设置保存到 Session 范围的对象值的键、读取国际化消息文件里的消息方法、新增日常日志方法、保存数据到 Cookies 里的方法等。

在本书项目里定义了 WfsmwBaseController 这个全局控制器基类，它是所有其他控制器类的父类。为了统一后台管理访问 URL，还定义了一个后台管理部分的控制器基类 AdminBaseController，以便后台管理部分的所有控制器类都必须继承它。

（2）dao 子包

dao 子包的全路径是：wfsmw\src\main\java\cn.sanqingniao.wfsmw.dao，也叫数据访问对象包。在实际项目里，通常会定义一个数据访问对象包，在该包里保存整个项目的数据库访问层级的数据访问对象类；在该包里，会根据项目模块各自独立再定义一层数据库访问层包，例如在本书项目里有 basedata、goods、log、order、site、user 等模块，因此定义了相应的子包。

在实际项目中，在数据访问对象包里，数据访问对象类。通常是根据数据库架构来进行定义的。在设计数据库表结构时，通常也是一样分模块进行设计的。在本书项目里，它是基于 MyBatis 开源框架进行数据库访问的，因此在 dao 包里保存的都是一些接口（一个接口对应一张数据库表）。

（3）entity 子包

entity 子包的全路径是：wfsmw\src\main\java\cn.sanqingniao.wfsmw.entity，也叫数据实体包。在实际项目里，通常会定义一个数据实体包，在该包里保存整个项目的数据库实体层级的数据实体类；在该包里，会根据项目模块各自独立再定义一层数据实体层包，例如在本书项目里有 basedata、goods、log、order、site、user 等模块，因此定义了相应的子包。在实际项目中，在数据实体 entity 包里定义的所有实体类都必须继承共通 Java 包里的实体基类 BaseEntity。

（4）interceptor 子包

interceptor 子包的全路径是：wfsmw\src\main\java\cn.sanqingniao.wfsmw.interceptor，也叫拦截器包。在实际项目里，通常会定义一个拦截器包，在该包里保存整个项目的拦截器类。拦截器的意思是指在执行实际业务之前或之后，进行自动拦截，增加一些控制，如数据库事务控制、记录访问日志控制、登录认证控制、访问权限控制等。

在本书项目里，开发了一个登录认证控制，类名为 UserLoginInterceptor，主要拦截在访问后台管理和会员中心部分的功能页面时，必须是在登录之后才可以访问，否则就跳转到登录页面，要求登录。其中后台管理访问 URL 拦截规则为 "/admin/ * / * *"，会员中心访问 URL 拦截规则为 "/member/ * / * *"；这也是后台管理部分的控制器类为什么必须继承控制器基类 AdminBaseController 的原因，方便设置统一的访问 URL；同理会员中心部分的所有控制器类必须继承 AbstractMemberController。

（5）service 子包

service 子包的全路径是：wfsmw\src\main\java\cn.sanqingniao.wfsmw.service，也叫业务包。在实际项目里，通常会定义一个业务包，在该包里保存整个项目业务层级的业务服务类；在该包里，会根据项目模块各自独立再定义一层业务层包，例如在本书项目里有 basedata、goods、member、log、order、 site、user 等模块，因此定义了相应的子包。

在实际项目中，在业务包里会定义一个业务服务基类，实现一些在业务层的共通功能方法，其他所有业务服务类都必须继承它。在本书项目里，定义了名叫 BaseService 的业务服务基类，其他业务服务类都会继承它。

（6）utils 子包

utils 子包的全路径是：wfsmw\src\main\java\cn.sanqingniao.wfsmw.utils，也叫工具包。在实际项目里，通常会再定义一个项目范围内的 utils 包，在该包里保存整个项目的各种工具类，例如本书项目里有 FunctionConstant、GoodsCategoryComparator、WfsmwConstant、WfsmwUtils 等工具类。

FunctionConstant 是一个功能 ID 值常量接口，定义项目每个功能的 ID 值，以便在权限控制和记录访问日志时使用。

GoodsCategoryComparator 是一个简单的比较器类，以商品分类序号倒序进行比较的比较器类，用于对商品分类列表进行排序。

WfsmwConstant 是一个本书项目范围内的常量接口，定义项目里的一些枚举常量值。

WfsmwUtils 是一个本书项目范围内的工具类，定义项目里的一些功能方法。

▶▶ 9.4.5 项目资源文件主目录

根据图 9-4b 的长方形框里所示，本书项目资源文件主目录是：wfsmw\src\main\resources。在该目录里保存本书项目开发的所有资源文件和配置文件；该目录的下一级目录是根据项目的各种不同业务定义的，它们有 config、messages、mybatis、static、templates 等子目录，以及 auto_restart.txt 和 log4j.properties 资源文件。它们的意义和用处说明如下。

1. config 子目录

config 子目录的全路径是：wfsmw\src\main\resources\config，在该目录保存了 Spring Boot 架构的配置文件。为了支持多环境配置，在本书项目中，该目录添加了 4 个配置文件，分别为 application.properties、application-dev.properties、application-prod.properties、application-test.properties。application.properties 是 Spring Boot 架构的默认配置文件，在该文件里只配置了 Spring Boot 的热部署和多环境相关配置，其他配置项都放在环境配置文件里。application-dev.properties 是开发环境配置文件，在该文件里配置开发环境对应的配置项值。application-prod.properties 是生产环境配置文件，在该文件里配置生产环境对应的配置项值。application-test.properties 是测试环境配置文件，在该文件里配置测试环境对应的配置项值。

多环境配置是指在同一个应用程序中，针对不同的环境（如开发环境、测试环境、生产环境等）进行不同的配置，以便应用程序能够在不同的环境中正常运行。这种方式可以避免在部署和测试时需要手动修改配置文件的麻烦，并且可以减少错误发生的概率。

通常情况下，多环境配置会涉及以下几个方面。

1）数据库连接信息：针对不同的环境，需要配置不同的数据库连接信息，以便应用程序能够连接到正确的数据库。

2）日志级别：在开发和测试阶段，通常需要开启较高的日志级别以便进行调试。而在生产环境中，则需要将日志级别调整为较低水平，以避免过多的日志信息对性能造成影响。

3）缓存策略：在不同的环境中，缓存策略可能会有所不同。例如，在开发和测试阶段可以采用较短时间的缓存策略以方便调试和测试；而在生产环境中，则需要采用更为稳定和可靠的缓存策略。

4）安全策略：在不同的环境中，安全策略也可能会有所不同。例如，在开发阶段可以采用较宽松的安全策略以方便调试和测试；而在生产环境中，则需要采用更为严格和安全的策略以保证应用程序的安全性。

通过多环境配置，可以使应用程序更加灵活、可维护、易部署，并且提高了应用程序开发和部署过程的效率。

2. messages 子目录

messages 子目录的全路径是：wfsmw\src\main\resources\messages，在该目录保存了用于国际化的消息属性文件。例如，保存中文消息属性文件 messages_zh_CN.properties。

3. mybatis 子目录

mybatis 子目录的全路径是：wfsmw\src\main\resources\mybatis，在该目录保存了 MyBatis 持久层框架的配置文件 generatorConfig.xml 和 mybatis-config.xml，以及子目录 mapper。

generatorConfig.xml 配置文件的作用是为了使用 MyBatis 反向生成代理插件的配置文件，其目的是为了根据数据库表结构反向自动生成 Entity 实体类、Dao 接口、MyBatis SQL 脚本映射 XML 文件（1 张表结构对应反向自动生成这 3 种源代码文件）。

mybatis-config.xml 配置文件的作用是设置 MyBatis 在运行时的一些配置项值。例如，cacheEnabled 代表全局映射器是否启用缓存、useGeneratedKeys 代表是否允许自动创建每条记录的键值。

在 mapper 子目录里保存访问数据的 SQL 脚本映射 XML 文件，一张数据库表对应一个映射 XML 文件，该映射 XML 文件名对应 Dao 接口类名。

4. static 子目录

static 子目录的全路径是：wfsmw\src\main\resources\static，在该目录保存了项目里的所有 CSS 文件、图片和 JS 文件，它有 css、images、js、ueditor 等子目录。

1）css：在该子目录里保存了项目的所有 CSS 文件。

2）images：在该子目录里保存了项目的所有图片文件。

3）js：在该子目录里保存了项目的所有 JS 文件。

4）ueditor：在该子目录里保存了项目使用的第三方开源的 UEditor 富文本编辑器的所有 CSS 文件、图片和 JS 文件等各种文件。

5. templates 子目录

templates 子目录的全路径是：wfsmw\src\main\resources\templates，也叫视图模板目录。在实际项目里，通常会定义一个视图模板目录，在该目录里保存整个项目的视图层级的模板 HTML 文件；在该目录里会根据项目模块各自独立再定义一层视图层目录，例如在本书项目里有 admin、commons、goods、member、module、order、site 等模块，因此定义了相应的子视图模板目录。

1）admin：在该子目录里保存了项目里的管理员管理页面、会员管理页面、主页面和登录页面模板 HTML 文件。

2）commons：在该子目录里保存了项目的共通功能页面、共通模块模板 HTML 文件。

3）goods：在该子目录里保存了项目的商品管理页面和商品分类管理页面模板 HTML 文件。

4）member：在该子目录里保存了项目的会员中心部分所有页面模板 HTML 文件。

5）module：在该子目录里保存了项目的模块数据管理页面模板 HTML 文件。

6）order：在该子目录里保存了项目的订单管理页面模板 HTML 文件。

7）site：在该子目录里保存了项目的网站前端展现的所有展现页面模板 HTML 文件。

6. 热部署触发文件

热部署触发文件 auto_restart.txt 的全路径是：wfsmw\src\main\resources\auto_restart.txt，该文件是 Spring Boot 支持的 DevTools 技术热部署触发文件，只有在修改该文件时，项目才会自动重新加载之前新增和修改的源代码文件。

Spring Boot 的热部署是指在应用程序运行的过程中，不需要重新启动应用程序就可以动态地修改应用程序的代码或资源，并且使修改后的代码或资源立即生效。这样可以提高开发和调试效率。

传统的 Java 应用程序需要在每次修改后重新编译和打包，并且需要重新启动整个应用程序才能看到修改后的效果。使用 Spring Boot 的热部署技术，则可以在开发阶段快速地进行代码和资源的修改和测试。

Spring Boot 支持多种热部署技术，包括基于类加载器的热部署（如 Spring Loaded、JRebel 等）以及基于文件系统监控的热部署（如 Spring Boot DevTools 等）。无论使用哪种技术，Spring Boot 都可以帮助开发者快速、高效、便捷地进行开发和测试。在本书项目里使用的是 Spring Boot DevTools 热部署技术。

7. 日志配置文件

日志配置文件 log4j.properties 的全路径是：wfsmw\src\main\resources\log4j.properties，在项目里使用 log4j 日志架构来实现记录日志功能，通过配置文件设置一些输出日志的各种配置项值。

log4j 是一款流行的 Java 日志框架，其配置相对简单且具有较强的可扩展性，下面是 log4j 日志架构的配置说明。

（1）配置日志级别

在 log4j 中，有 5 个日志级别：TRACE、DEBUG、INFO、WARN 和 ERROR，可以根据实际需求设置不同的级别。例如，可以在开发和测试阶段设置 DEBUG 级别，以便进行调试；而在生产环境中，则应该将日志级别设置为 INFO 或以上。

可以使用 rootLogger 来配置全局日志级别，例如：

```
log4j.rootLogger=DEBUG, stdout, file
```

其中，rootLogger 为根日志记录器，DEBUG 为全局日志级别，stdout 和 file 是输出目标（stdout 为控制台输出目标、file 为文件输出目标）。

（2）配置输出目标

log4j 支持将日志输出到控制台、文件、数据库等不同的输出目标，可以使用 appender 来配置不同的输出目标，例如：

```
# 输出到控制台
log4j.appender.stdout=org.apache.log4j.ConsoleAppender
log4j.appender.stdout.Target=System.out
log4j.appender.stdout.layout=org.apache.log4j.PatternLayout
log4j.appender.stdout.layout.ConversionPattern=%d{yyyy-MM-dd HH:mm:ss} %-5p %c{1}:%L-%m%n
# 输出到文件
log4j.appender.file=org.apache.log4j.RollingFileAppender
log4j.appender.file.File=/path/to/log/file.log
log4j.appender.file.MaxFileSize=10MB
log4j.appender.file.MaxBackupIndex=10
log4j.appender.file.layout=org.apache.log4j.PatternLayout
log4j.appender.file.layout.ConversionPattern=%d{yyyy-MM-dd HH:mm:ss} %-5p %c{1}:%L-%m%n
```

上述代码中定义了两个 appender：stdout 和 file，其中 stdout 是将日志记录输出到控制台，file 是将日志记录输出到文件中。

（3）配置日志格式

在 appender 中还可以定义 layout 来格式化日志记录内容，例如：

```
# 控制台输出格式化配置
log4j.appender.stdout.layout=org.apache.log4j.PatternLayout
# 输出时间、线程名、类名等信息，并以%n 分隔多条信息
# 具体信息可以参考 PatternLayout 文档
# %d 输出时间日期字符串、%p 输出优先级、%t 输出线程名、%c 输出类名、%L 行号、%m 输出信息、%n 是换行符
log4j.appender.stdout.layout.ConversionPattern=%d{yyyy-MM-dd HH:mm:ss} %-5p %c{1}:%L-%m%n
# 文件输出格式化配置
log4j.appender.file.layout=org.apache.log4j.PatternLayout
logFileApp.logger.additivity=false
logFileApp.logger.debugEnabled=true
logFileApp.logger.infoEnabled=true
logFileApp.logger.errorEnabled=true
logFileApp.logger.fatalEnabled=true
#指定消息内容打印方式和样式
logFileApp.logger.pattern=[%d{yyyy-MM-dd HH:mm:ss}] [%p] [%t] [%c:%L] [%M] :%n%m%n
```

上述代码中使用了 PatternLayout 来进行格式化，并定义了日期、优先级、线程名等信息的输出方式。

总之，在使用 log4j 进行配置时需要根据实际需求灵活设置不同的参数以达到最佳效果。

▶▶ 9.4.6 Test 源代码主目录

根据图 9-4b 的长方形框里所示，项目 Test 源代码主目录是：wfsmw\src\test\java。在该目录里保存项目开发测试代码的所有 Java 源代码文件。该目录的下一级目录是项目的测试代码主 Java 包。

▶▶ 9.4.7 测试代码主 Java 包

根据图 9-4b 的长方形框里所示，项目测试代码主 Java 包是：wfsmw\src\test\java\cn.sanqingniao。在实际项目里，为了保证 Java 文件名和类名的全球唯一性，通常使用公司注册的域名，按照它的组件反向来定义项目的主 Java 包。例如在项目里使用的域名是 sanqingniao.cn，那么它的组件反向就是 cn.sanqingniao，以此作为项目测试代码的主 Java 包。在该主 Java 包里有两个子包：commons 和 wfsmw。

▶▶ 9.4.8 共通测试 Java 包

根据图 9-4b 的长方形框里所示，子包 wfsmw\src\test\java\cn.sanqingniao.commons 是项目共通测试 Java 包。在该包里保存整个项目里所有共通功能的测试代码，包里有 controller、handler、security、utils 等子包。它们的意义和用处说明如下。

（1）controller 子包

controller 子包的全路径是：wfsmw\src\test\java\cn.sanqingniao.commons.controller，也叫共通控制器测试包。在该包里会定义共通控制器测试类，实现一些共通控制方法的测试方法。

（2）handler 子包

handler 子包的全路径是：wfsmw\src\test\java\cn.sanqingniao.commons.handler，也叫业务处理器测试包。在该包里会定义业务处理器测试类，实现一些业务处理方法的测试方法。

（3）security 子包

security 子包的全路径是：wfsmw\src\test\java\cn.sanqingniao.commons.security，也叫安全编译器测试包。在该包里会定义安全编译器测试类，实现一些安全编译器的加密解密方法的测试方法。

（4）utils 子包

utils 子包的全路径是：wfsmw\src\test\java\cn.sanqingniao.commons.utils，也叫共通工具测试包。在该包里会定义共通工具测试类，实现一些共通工具方法的测试方法。

▶▶ 9.4.9 项目测试 Java 包

根据图 9-4b 的长方形框里所示，子包 wfsmw\src\test\java\cn.sanqingniao.wfsmw 是主项目测试 Java 包。在实际项目里，通常会定义一个主项目测试 Java 包，在该包里保存整个项目里所有业务测试代码，包里有 controller、dao、service 等子包。它们的意义和用处说明如下。

（1）controller 子包

controller 子包的全路径是：wfsmw\src\test\java\cn.sanqingniao.wfsmw.controller，也叫控制器测试包。在该包里会根据项目模块各自独立再定义一层控制层测试包，例如在项目里有 admin、basedata、commons、goods、member、order、site 等模块，因此定义了相应的测试子包。

（2）dao 子包

dao 子包的全路径是：wfsmw\src\test\java\cn.sanqingniao.wfsmw.dao，也叫数据访问对象测试包。在该包里会根据项目模块各自独立再定义一层数据库访问层测试包，例如在项目里有 basedata、goods、log、order、site、user 等模块，因此定义了相应的测试子包。

（3）service 子包

service 子包的全路径是：wfsmw\src\test\java\cn.sanqingniao.wfsmw.service，也叫业务测试包。在该包里会根据项目模块各自独立再定义一层业务层测试包，例如在项目里有 basedata、goods、member、log、order、site、user 等模块，因此定义了相应的测试子包。

▶▶ 9.4.10　Git 版本忽略配置文件

根据图 9-4b 的长方形框里所示，Git 版本忽略配置文件.gitignore 的全路径是：wfsmw\.gitignore，是 Git 版本管理软件忽略版本管理的配置文件。在该文件里添加的文件路径和文件夹路径及其它们的通配符，表示这些文件及其文件夹里的所有文件都不会被 Git 管理。

▶▶ 9.4.11　Maven 管理项目配置文件

根据图 9-4b 的长方形框里所示，Maven 管理项目配置文件 pom.xml 的全路径是：wfsmw\pom.xml，是 Maven 管理项目所有依赖代码的配置文件，在该文件里添加项目所依赖的第三方开源包的 Maven 配置代码。

▶▶ 9.4.12　自述 Markdown 文件

根据图 9-4b 的长方形框里所示，自述 Markdown 文件 README.md 的全路径是 wfsmw\README.md，是项目自我介绍的 Markdown 文件，在该文件里添加项目的一些简单介绍，如技术介绍、使用说明等。Markdown 标记语言介绍如下。

Markdown 是一种轻量级的标记语言，用于编写纯文本格式的文档。它的语法简洁明了，易于阅读和编写，几乎可以在所有的文本编辑器中使用。Markdown 语法包括以下内容：

1）标题：使用#号表示标题级别，例如#表示一级标题、##表示二级标题等。

2）段落：用空行分隔两个段落。

3）加粗和斜体：用两个星号或下画线包含文字表示加粗，用一个星号或下画线包含文字表示斜体。

4）列表：有序列表使用数字加点表示，无序列表使用星号或减号表示。

5）链接：用方括号包含链接文字，用小括号包含链接地址。

6）图片：与链接类似，只需在方括号前加一个感叹号即可。

7）引用：使用大于号表示引用文本。

8）代码块：用 3 对反引号包含代码块内容，或者在代码前加 4 个空格或一个制表符表示行内代码。

Markdown 可以生成 HTML、PDF 等多种格式的文档，并且在很多平台和应用程序中得到了广泛应用。

9.5　创建和初始化前端项目

在本节将介绍搭建前端项目底层的操作过程，前端项目是以 Vue3 为基础架构、以 Vite 进行依赖管理的 JavaScript 单页应用项目。在创建和初始化项目之后，在 Visual Studio Code（开发 IDE 软件）里打开它，继续为项目搭建底层架构和代码。前端项目架构如图 9-5 所示。

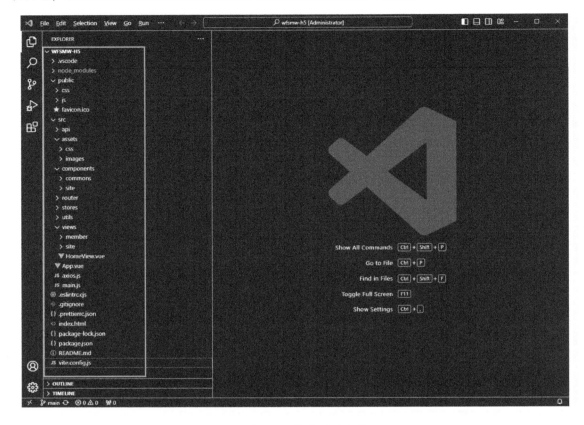

● 图 9-5　前端项目架构

首先使用 Vite + Vue3 来搭建和初始化前端项目，然后根据图 9-5 长方形框里所示，从上往下，逐个目录说明它们的意义和用处。

▶▶ 9.5.1　使用 Vite 初始化前端项目

根据 Vue3 官方公布的最新技术要求，要使用 Vue3 框架搭建前端项目，前提条件是已安装 16.0 或更高版本的 Node.js，具体操作命令、步骤和详细说明如下。

（1）检查 Node.js 是否安装、版本是否为 16.0 或更高

打开命令行窗口，进入工作目录（即存放项目文件的目录），例如：笔者的工作目录是"D:\workspace>"，执行下面命令：

```
D:\workspace>node -v
```

该操作过程和执行结果如图 9-6 所示。

如图 9-6 所示，安装 Node.js 的版本是 v18.18.1，满足其前提条件。

● 图 9-6　检查 Node.js 结果

（2）创建前端项目

在项目中使用 Vite 来构建和初始化前端项目，执行如下命令来创建一个新的 Vue3 项目：

D:\workspace>npm create vue@latest

在该命令中，每段字符的意思说明如下：

1）npm：Node.js 自带的包管理器，可用于安装、管理和共享代码包。

2）create vue：Vue 官方的项目脚手架工具，用来安装并执行 create-vue 指令。

3）@latest：使用 Vue 前端框架的最新版本作为新建项目的模板，并且使用 Vite 的最新版本来构建和初始化前端项目。

执行该命令之后，将会看到一些诸如 TypeScript 、Vue Router 和测试支持之类的可选功能是否添加的提示，如图 9-7 所示。

● 图 9-7　创建和初始化项目

如图 9-7 所示，执行该命令之后。首先提示需要安装 create-vue@3.8.0 包，询问是否执行？回答是，输入 y 字符，回车执行。

在安装完成之后，提示输入项目名称，如本书前端项目名称为 WFSMW-H5。

之后，提示是否使用或引入一些可选功能。这些可选功能的简介如下。

1）是否使用 TypeScript 语法：如果要使用 TypeScript 来开发前端项目，则需要使用 TypeScript 语法。

2）是否启用 JSX 支持：JSX 是 JavaScript XML（HTML）的缩写，是一种在 JavaScript 中编写类似 XML 的语法扩展。它被广泛用于 React 应用程序中，用于定义组件的结构和内容。如果在项目里要使用它，则需要启用 JSX 支持。

3）是否引入 Vue Router 进行单页面应用开发：如果在单页面应用项目里使用 Vue Router 技术进行页面的跳转请求（即页面路由），则需要把它引入到项目里。

4）是否引入 Pinia 用于状态管理：是否需要在项目里使用 Pinia 技术来管理项目一些状态数据。

5）是否引入 Vitest 用于单元测试：是否需要在项目里使用 Vitest 单元测试框架技术来编写和进行单元测试。

6）是否要引入一款端到端（End to End）测试工具：端到端（End to End）测试是一种模拟真实用户场景进行软件功能、性能和可靠性检测的方法，常用的端到端测试工具包括 Cypress、Puppeteer、Selenium 等。如果在项目里要进行端到端测试，则需要引入一个端到端测试工具。

7）是否引入 ESLint 用于代码质量检测：是否需要在项目里使用 ESLint 技术来检测代码质量。

8）是否引入 Prettier 用于代码格式化：是否需要在项目里使用 Prettier 技术来格式化代码。

其次，在选择这些可选功能时，按左、右箭头键进行选择。在前端项目里，对是否引入 Vue Router 进行单页面应用开发、是否引入 Pinia 用于状态管理、是否引入 ESLint 用于代码质量检测和是否引入 Prettier 用于代码格式化这 4 个可选功能进行引入，操作选择"是"；其他可选功能不使用或不引入，操作选择"否"或"不需要"。

最后，在选择完这些可选功能之后，就会执行构建项目。在项目构建完成之后，会提示下一步要执行的命令。

（3）安装项目依赖包

如图 9-7 所示，首先在命令行中进入项目目录，执行如下命令：

```
D:\workspace>cd wfsmw-h5
```

然后在项目目录下执行以下命令来安装所需依赖：

```
D:\workspace\wfsmw-h5>npm install
```

（4）格式化项目代码

在构建完成 Vue 项目之后，执行以下命令来格式化项目代码：

```
D:\workspace\wfsmw-h5>npm run format
```

"npm run format"命令是为了运行代码格式化工具，对项目中的代码进行统一的格式化。

代码格式化是一种规范代码风格的技术，通过对代码进行自动化的格式调整，使其符合统一的编码规范和风格指南。执行"npm run format"通常会使用一种代码格式化工具（如 Prettier、ESLint 等），该工具会自动识别并调整代码中的缩进、换行、空格、括号等方面的细节，具体如下。

1）统一风格：不同开发者编写的代码可能存在不同的风格和格式。通过使用代码格式化工具，可以使整个项目中的代码风格保持一致，增加可读性和可维护性。

2）规范化：使用代码格式化工具可以确保项目中的代码符合统一制定的编码规范和最佳实践。这样可以减少不必要的错误和潜在问题，并提高团队协作效率。

3）自动化：执行"npm run format"命令可以自动调整整个项目中的代码格式，无须手动逐个文件进行修改。这样可以节省时间和精力，并提高开发效率。

需要注意的是，在运行"npm run format"之前，需要在项目中配置好相应的格式化工具，并编写好相应的配置文件（如.prettierrc.json、.eslintrc.js 等）。这些配置文件定义了所使用的规则和参数，以确保生成符合预期风格要求的代码。

在每次编译和发布项目代码之前，通过执行"npm run format"命令可以自动调整 Vue 项目中的代码风格和格式，提高项目质量和开发效率。那么执行该命令之后，格式化结果如图 9-8 所示。

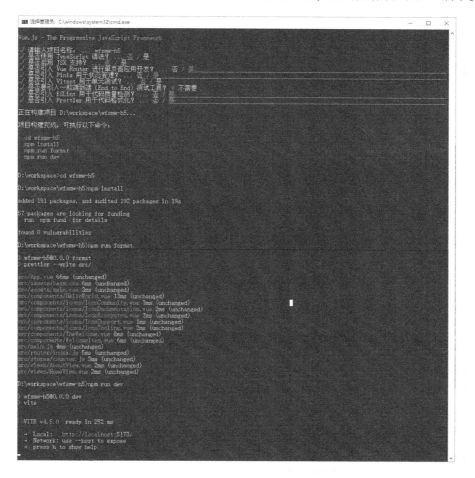

● 图 9-8　格式化结果

（5）运行项目

如图 9-8 所示，在构建完成 Vue 项目之后，执行以下命令来运行项目：

```
D:\workspace>npm run dev
```

执行该命令之后，就可以启动和运行项目。复制图 9-8 里的"http://localhost:5173"链接，打开浏览器，在浏览器的地址栏里输入该链接，即可打开图 9-9 所示页面，表示成功创建和初始化前端项目。

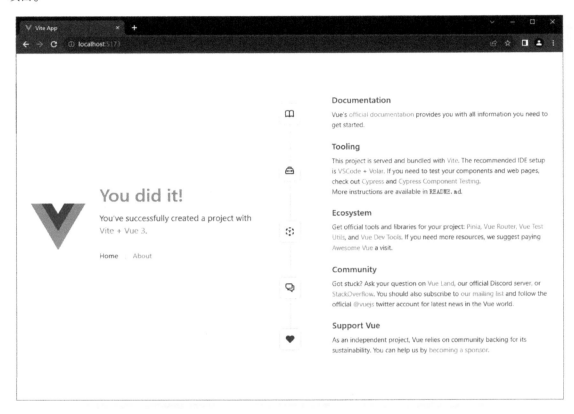

● 图 9-9　成功创建和初始化前端项目

▶▶ 9.5.2　使用 Visual Studio Code 开发 IDE 初始化项目

（1）前提条件

根据 9.1 节所述，完成下载、安装 Visual Studio Code 开发 IDE 工具软件。初次打开该软件的效果如图 9-10 所示。

在初次打开 Visual Studio Code 软件时，它会提示对该软件进行一些简单配置，例如：选择操作界面颜色风格、下载要使用的计算机开发语言插件等。如果不需要或者不清楚如何配置，则一直单击"Next Section"链接，就可以进行默认配置。

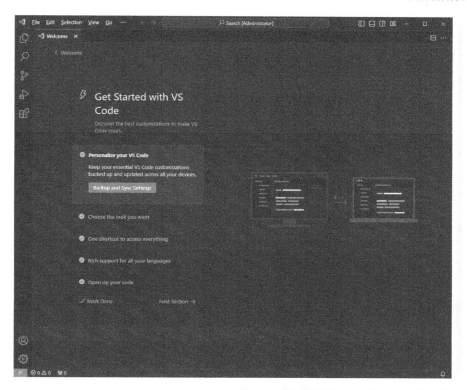

● 图 9-10　初次打开 Visual Studio Code 软件效果

（2）打开前端项目

如图 9-10 所示，在 Visual Studio Code 软件里，单击"File→Open Folder"菜单，选择之前创建的前端项目 WFSMW-H5 对应的文件夹 D:\workspace\wfsmw-h5，从而可以打开本书前端项目，其效果如图 9-11 所示。

图 9-11 中长方形框里的文件和目录，都是在执行"npm create vue@latest"命令之后自动创建的。下面从上往下，逐个文件和目录说明它们的意义和用处。

.vscode 目录：它是 Visual Studio Code 软件配置信息文件存放目录，里面的文件内容是该软件自动生成的，不需要编辑。

node_modules 目录：它是 Vue3 前端项目的依赖包安装目录，即执行"npm install"命令之后，安装的所有依赖包的文件与目录，不要编辑。

public 目录：它用于存放公共资源文件，不会被压缩合并，如静态 HTML 文件、图标、图片、第三方 JS 脚本文件等，在默认情况下包含了网站的图标（favicon.ico）。这些文件会直接复制到构建输出的根目录下。

src 目录：这是项目的主要工作目录，包含了核心代码和资源文件。

src/assets 目录：用于存放静态资源文件，如图片、样式表等。这些资源可以通过相对路径引入代码中，并在构建过程中进行处理和优化。

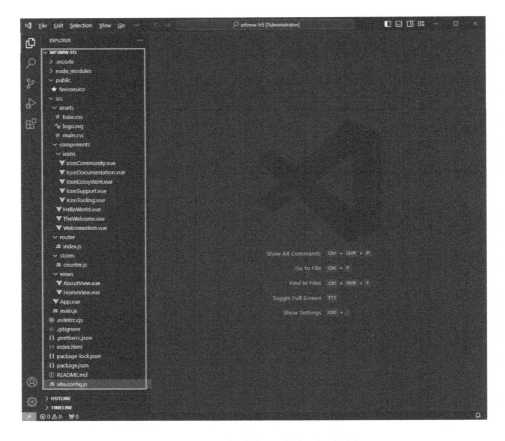

● 图 9-11　初次打开前端项目效果

　　src/components 目录：用于存放项目应用的组件文件，可以根据业务需求创建不同的组件，并按照功能或页面进行组织。

　　src/router 目录：用于存放项目应用的路由配置文件，可以使用 Vue Router 来管理应用的前端路由，将不同路径对应到不同的视图页面。

　　src/stores 目录：用于存放项目应用的状态管理相关文件，可以使用 Pinia 来进行全局状态管理，集中管理应用中共享的数据和状态。

　　src/views 目录：用于存放项目应用的视图页面文件。每个页面通常由一个独立的 Vue 组件表示，该组件负责定义页面结构和逻辑。

　　src/App.vue 文件：这是项目的根组件文件，包含了整个应用的布局和路由视图。可以在此文件中定义应用的共享状态、全局样式等。

　　src/main.js 文件：这是项目的入口文件，主要用于创建 Vue 应用实例、加载插件和挂载根组件等。

　　.eslintrc.js 文件：这是项目的 ESLint 的配置文件，定义了代码规范和检查规则。

　　.gitignore 文件：这个文件用来配置哪些文件不归 GIT 管理。

　　.prettierrc.json 文件：这是项目的 Prettier 的配置文件，定义了代码格式化规则。

index.html 文件：这是项目的首页入口 HTML 文件。

package-lock.json 和 package.json 两个文件：这些是项目的包管理器 npm 的配置文件，定义了项目依赖包及其版本信息等。

README.md 文件：这是项目的说明文档，主要用来解释项目运行的命令。

vite.config.js 文件：这是项目的 Vite 的配置信息文件，用于定义 Vite 配置和插件信息。

其他文件都是一些组件、视图、图片和样式文件，在项目里有些可用、有些无用，无用的文件会删除掉。

（3）安装插件

在 Visual Studio Code 开发 IDE 软件里，开发、编辑代码时，可以安装一些插件来辅助开发，以提高开发效率、统一代码风格和检查语法错误。安装插件的操作过程和结果如图 9-12 所示。

● 图 9-12　安装插件的操作过程和结果

在图 9-12 中，单击 图标按钮，打开安装插件窗口；在大长方形框的搜索栏里输入要安装的插件名称，就可以查询到对应的插件；然后单击插件信息内的"install"按钮，就可以进行安装了。在本书前端项目里，只需要安装 3 个插件，分别是 ESLint、Prettier、Volar，它们的作用说明如下。

ESLint 插件：作用是对 JavaScript 代码进行语法检查，提示有语法错误、警告的地方。

Prettier 插件：全称是 Prettier-Code formatter，顾名思义，它的作用就是格式化所有代码。

Volar 插件：全称是 Vue Language Features，它的作用就是使用 Vue 语言开发代码时，自动提示 Vue 相关功能关键字，自动补全相关指令、代码，提高开发效率。

在 Visual Studio Code 开发 IDE 的生态环境里，提供了丰富的各种功能插件，可以根据的项目需要安装对应的插件，来提高自己的开发效率、简化开发难度。

9.6　搭建前端项目底层

在本节将介绍搭建前端项目底层的操作过程。在创建和初始化项目之后，并且在 Visual Studio Code 开发 IDE 软件里打开它；然后要继续为项目搭建底层架构和代码，前端项目架构如图 9-13 所示。

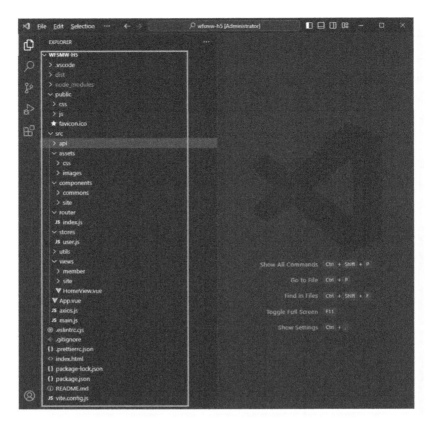

● 图 9-13　前端项目架构

在图 9-13 的长方形框里，从上往下，这些目录的意义和用处大部分在 9.5.2 节 "使用 Visual Studio Code 开发 IDE 初始化项目" 里已经进行了说明，其中新增的目录有 dist、public/css、public/js、src/api、src/assets/css、src/assets/images、src/components/commons、src/components/site、src/utils、src/views/member、src/views/site，这些目录的意义和用处说明如下。

dist：这是在执行 "npm run build" 命令编译整个前端项目的文件之后，生成的可以部署到生成环境运行的代码文件。

public/css 和 public/js：分别用于存放第三方不需要编译和压缩的 CSS 文件和 JS 脚本文件。

src/api：用于存放向服务端系统发起请求数据的 API 接口实现的 JS 脚本文件。

src/assets/css 和 src/assets/images：分别用于存放项目里使用到的 CSS 文件和图片文件。

src/components/commons：用于存放项目共通模块的组件文件。

src/components/site：用于存放项目站点页面模块的组件文件。

src/utils：用于存放项目自定义功能工具的 JS 脚本文件。

src/views/member：用于存放项目会员模块的页面视图文件。

src/views/site：用于存放项目站点页面模块的页面视图文件。

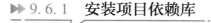

9.6.1　安装项目依赖库

根据前端项目业务需求，在前端项目里需要安装的依赖库有 axios、Pinia、jQuery 和 legacy，它们的详细功能和安装说明如下。

（1）Axios（HTTP 网络请求库）简介

Axios 是一个基于 Promise 的 HTTP 客户端，用于在浏览器和 Node.js 环境中发送 HTTP 请求。它的特点是支持浏览器端和 Node.js 端，同时支持 Promise 和 async/await 两种方式，可以方便地进行请求的配置和拦截器的使用。

下面是 Axios 的一些常用特性和用法。

1）发送 HTTP 请求：使用 Axios 发送 HTTP 请求的方式非常简单，可以使用 axios.request( ) 函数发送一个请求，例如：

```
axios.request({
   url:'/user',
   method:'get',
   params: {
     id: 123
   }
}).then(response => {
   console.log(response.data);
}).catch(error => {
   console.log(error);
});
```

2）配置请求：可以在发送请求前配置请求的相关信息，例如请求的 URL、HTTP 方法、参数、头部信息等。Axios 也提供了一些方便的方法来进行请求的配置，例如 axios.get( )、axios.post( ) 等，例如：

```
axios.get('/user', {
  params: {
    id: 123
  }
}).then(response => {
   console.log(response.data);
}).catch(error => {
   console.log(error);
});
```

3）拦截器：Axios 允许在请求和响应过程中使用拦截器来对数据进行处理或修改。拦截器分为请求拦截器和响应拦截器两种类型，分别用于在发送请求前和处理响应后对数据进行修改或处理，例如：

```
axios.interceptors.request.use(config => {
   // 对请求数据进行处理或修改
   return config;
}, error => {
   // 对请求错误进行处理或修改
   return Promise.reject(error);
```

```
});

    axios.interceptors.response.use(response => {
      // 对响应数据进行处理或修改
      return response;
    }, error => {
      // 对响应错误进行处理或修改
      return Promise.reject(error);
    });
```

4）错误处理：Axios 提供了多种错误处理机制来帮助开发者在遇到异常时对其进行正确的处理，包括 Promise 的 catch( )函数、error 回调函数、全局错误捕捉等方式。

5）并发操作：Axios 可以通过 axios.all( )和 axios.spread( )函数来实现并发操作，这两个函数分别用于并发多个请求和并发多个请求后对其结果进行处理。

总的来说，Axios 是一个功能强大、易于使用的 HTTP 客户端库，支持多种特性包括异步/同步方式、Promise 和 async/await 方式等，并提供了丰富的配置选项和拦截器功能来方便开发者定制自己所需的网络通信行为。

（2）Axios 库的安装和配置

安装 Axios 库非常简单，只需要在项目根目录里执行"npm install axios"命令，就可以安装最新版本的 Axios 库。具体操作是，首先通过 Visual Studio Code 开发 IDE 工具打开前端项目 WFSMW-H5；然后单击"Terminal→New Terminal"菜单，打开一个命令终端窗口，输入和执行如下命令：

```
D:\workspace>npm install axios
```

执行完上述命令之后，就可以完成安装 Axios 库了，其结果如图 9-14 所示。

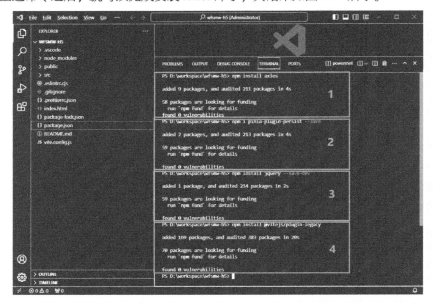

● 图 9-14　安装项目依赖包结果

如图 9-14 中标号 1 的长方形框所示，其就是在前端项目的根目录里安装 Axios 库的结果。

在前端项目的 wfsmw-h5/src/axios.js 配置文件里，配置了前端项目的 HTTP 网络请求相关的共同功能，它的配置代码及说明如下。

```
// 从 axios 模块里导入 axios 对象
import axios from 'axios'
// 导入路由管理对象
import router from './router';
// 导入当前登录用户信息的状态管理对象
import {useUserStore } from '@ /stores/user'

// 设置全局 axios 默认值
// 设置请求超时时间值 30000 毫秒
axios.defaults.timeout = 30000
// 在请求头里设置内容类型为 application/json;charset=UTF-8
axios.defaults.headers['Content-Type'] = 'application/json;charset=UTF-8';
// 根据环境值来设置网络请求基础 URL 值,development:开发环境;production:生产环境
axios.defaults.baseURL = import.meta.env.PROD ?  'http://api.sanqingniao.cn' : 'http://
localhost:8080';
// 设置允许跨域请求,以便传递 cookie 值
axios.defaults.withCredentials = true;
// 添加请求拦截器
axios.interceptors.request.use(
    config => {
        // 获取当前登录用户信息的状态管理对象
        const currentUser = useUserStore();
        // 获取当前登录用户的 Token 值
        const token =currentUser.token;
        // 为请求添加 token 参数
        let tUrl = config.url;
        if (!(tUrl.indexOf('?t=') >= 0 ||tUrl.indexOf('&t=') >= 0) && token) {
            tUrl += (tUrl.indexOf('? ') >= 0) ?'&' :'? ';
            tUrl += `t= ${token}`;
            config.url =tUrl;
        }
        return config;
    },
    err => {
        return Promise.reject(err)
    }
)
// 添加响应拦截器
axios.interceptors.response.use(
    response => {
        // 当前服务端响应结果代码是这些值时,需要当前用户重新登录,因此需要路由迁移到登录视图页面
        let errorCodes = [9013407, 9013406, 9013403, 9013402, 990502];
        if (!response ||errorCodes.indexOf(response.data.result_code) >= 0) {
            // token 失效,需要重新登录
```

```
        // 清空本地缓存数据
        localStorage.clear();
        // 路由迁移到登录视图页面
        router.push({ name: 'login_view'});
    }
    return response;
    },
    err => {
        return Promise.reject(err)
    }
)
// 导出默认 HTTP 网络请求 axios 对象
export default axios
```

（3）Pinia 持久化存储插件的安装说明

顾名思义，Pinia 持久化存储插件实现的功能是在 Pinia 状态管理里把项目状态数据保存到用户浏览器本地存储里。安装该插件也非常简单，只需要在项目根目录里执行 "npm i pinia-plugin-persist --save" 命令，就可以安装最新版本的插件。具体操作是，首先通过 Visual Studio Code 开发 IDE 工具打开前端项目 WFSMW-H5；然后单击 "Terminal→New Terminal" 菜单，打开一个命令终端窗口，输入和执行如下命令：

```
D:\workspace>npm i pinia-plugin-persist --save
```

执行完上述命令之后，就可以完成安装该插件了，其结果如图 9-14 中标号 2 的长方形框所示。

（4）jQuery 依赖库的安装说明

jQuery 是一种 JavaScript 库，前端项目 WFSMW-H5 的一些页面需要使用到该技术库。安装该 JavaScript 库也非常简单，只需要在项目根目录里执行 "npm install jquery --save-dev" 命令，就可以安装最新版本的 jQuery 库。具体操作是，首先通过 Visual Studio Code 开发 IDE 工具打开前端项目 WF-SMW-H5；然后单击 "Terminal→New Terminal" 菜单，打开一个命令终端窗口，输入和执行如下命令：

```
D:\workspace>npm install jquery --save-dev
```

执行完上述命令之后，就可以完成安装 jQuery 库了，其结果如图 9-14 中标号 3 的长方形框所示。

（5）兼容传统浏览器 legacy 插件的安装说明

为了支持传统浏览器的兼容性，在前端项目 WFSMW-H5 里需要安装@vitejs/plugin-legacy 插件。安装该插件也非常简单，只需要在项目根目录里执行 "npm install @vitejs/plugin-legacy" 命令，就可以安装最新版本的插件。具体操作是，首先通过 Visual Studio Code 开发 IDE 工具打开前端项目 WFSMW-H5；然后单击 "Terminal→New Terminal" 菜单，打开一个命令终端窗口，输入和执行如下命令：

```
D:\workspace>npm install @vitejs/plugin-legacy
```

执行完上述命令之后，就可以完成安装该插件了，其结果如图 9-14 中标号 4 的长方形框所示。

▶▶ 9.6.2　项目依赖库配置文件和安装目录

如图 9-13 的长方形框里所示，前端项目的依赖库配置文件是 package-lock.json 和 package.json。一

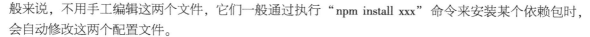
般来说，不用手工编辑这两个文件，它们一般通过执行"npm install xxx"命令来安装某个依赖包时，会自动修改这两个配置文件。

前端项目的依赖库安装目录是 node_modules，执行"npm install"命令之后，会把所有依赖包的文件与子目录安装在该目录里，不需要编辑。

（1）package.json 配置文件的说明

在 package.json 文件中，包含了对项目的描述信息和配置选项。下面是 package.json 文件中常见配置项的意义和作用的介绍。

1）name：项目的名称，用于唯一标识项目。

2）version：项目的版本号，遵循语义化版本规范。

3）description：项目的简要描述，用于介绍项目的目标、功能等信息。

4）main：指定项目的主入口文件，通常是一个 JavaScript 文件。

5）scripts：定义了一组命令脚本，可以通过 npm 或 yarn 运行。常见的配置项有：

a. start：定义了启动应用程序的命令。

b. build：定义了构建应用程序的命令，通常用于生成生产环境下的可部署文件。

c. test：定义了运行测试脚本的命令。

d. 自定义命令：可以根据实际需求添加其他自定义脚本命令，例如运行代码格式化、代码检查等。

6）keywords：关键词列表，用于描述项目特点和属性，便于搜索和分类。

7）author 和 contributors：指定项目作者和贡献者列表。

8）license：指定项目所采用的开源许可证类型。常见许可证类型有 MIT、Apache-2.0、GPL-3.0 等。

9）dependencies 和 devDependencies：列出当前项目所依赖的包及其版本信息。其中：dependencies 中列出了运行时依赖包，在生产环境中被使用；devDependencies 中列出了开发时依赖包，通常包含测试工具、构建工具、代码检查工具等，仅在开发阶段被使用。

10）peerDependencies：指定项目依赖的对等包，通常用于指定与其他库的兼容版本。

11）repository：指定项目的源代码仓库地址。

12）engines：指定项目所需的 Node.js 版本和 npm 版本等信息。

13）private：标识该项目是否为私有项目。如果设置为 true，则该项目不能被发布到 npm 库中。

14）其他自定义配置项：可以根据实际需求添加其他自定义配置项，用于扩展和定制化项目功能。

以上是 package.json 文件中常见配置项的介绍。在实际开发中，需要根据具体需求来对这些配置项进行设置和调整。例如，根据项目需要添加或删除依赖包、调整构建命令等。同时，还可以使用一些工具和插件来帮助管理和维护 package.json 文件。例如，在 Visual Studio Code 编辑器中使用 npm intall lisense 插件，可以自动提示可用的 npm 包名称和版本信息，以提高开发效率。

（2）前端项目 package.json 配置文件的说明

在前端项目的 package.json 配置文件里，定义了部分配置项，它的配置代码及其说明如下。

```
{
    "name": "WFSMW-H5", // 前端项目名称 WFSMW-H5
    "version": "0.0.0", // 前端项目版本号
```

```
    "private": true, // 前端项目是私有项目
    "scripts": { // 定义了前端项目的一组命令脚本
      "dev": "vite", // 开发时执行"npm instal dev"命令使用 Vite 工具运行前端项目
      // 执行"npm instal build"命令使用 Vite 工具编译前端项目代码,生成用于生产环境下的可部署文件
      "build": "vite build",
      // 执行"npm instal preview"命令使用 Vite 工具运行前端项目,用于预览生产环境下的可部署文件
      "preview": "vite preview", // 前端项目名称 WFSMW-H5
      // 执行"npm instal lint"命令使用 ESLint 插件来检查前端项目代码的语法
      "lint": "eslint .--ext .vue,.js,.jsx,.cjs,.mjs --fix --ignore-path .gitignore",
      // 执行"npm instal format"命令使用 Prettier 插件来格式化前端项目代码
      "format": "prettier --write src/"
    },
    "dependencies": { // 定义了前端项目运行时的一组所依赖的包及其版本信息
      "axios": "^1.5.1",   // 定义 axios 库版本号,该库用于网络请求
      "pinia": "^2.1.6",   // 定义 pinia 库版本号,该库用于管理 Vue 项目状态信息
      "pinia-plugin-persist": "^1.0.0",   // 定义 pinia-plugin-persist 库版本号,该库用于持久化
Vue 项目状态信息
      "vue": "^3.3.4",   // 定义 vue 库版本号,该库用于开发本书前端项目
      "vue-router": "^4.2.4"   // 定义 vue-router 库版本号,该库用于开发前端项目的路由
    },
    "devDependencies": { // 定义了前端项目开发时的一组所依赖的包及其版本信息
      // 定义@rushstack/eslint-patch 插件库版本号,该库是@vue/eslint-config-prettier 插件库的
依赖库
      "@rushstack/eslint-patch": "^1.3.3",
      // 定义@vitejs/plugin-legacy 插件库版本号,该库为打包后的文件提供传统浏览器兼容性支持
      "@vitejs/plugin-legacy": "^4.1.1",
      // 定义@vitejs/plugin-vue 插件库版本号,该库提供 Vue 3 单文件组件支持
      "@vitejs/plugin-vue": "^4.4.0",
      // 定义@vue/eslint-config-prettier 插件库版本号,该库用于将 Prettier 作为 ESLint 规则运行,
并将差异报告为单个 ESLint 问题。关闭 eslint 中与 prettier 冲突的规则,让两个工具各司其职
      "@vue/eslint-config-prettier": "^8.0.0",
      "eslint": "^8.49.0", // 定义 ESLint 库版本号,该库用来检查本书前端项目代码的语法
      "eslint-plugin-vue": "^9.17.0", // 定义 eslint-plugin-vue 插件库版本号,该库提供 Vue 3 的代
码语法检查
      "jquery": "^3.7.1", // 定义 jQuery 库版本号,该库是提供 jQuery 技术支持
      "prettier": "^3.0.3", // 定义 Prettier 库版本号,该库用来格式化前端项目代码
      "vite": "^4.4.9", // 定义 Vite 库版本号,该库使用 Vite 工具来运行前端项目代码
      "vite-plugin-legacy": "^2.1.0" // 定义 vite-plugin-legacy 库版本号,该库为打包后的文件提供
传统浏览器兼容性支持
    }
  }
```

▶▶ 9.6.3 项目构建配置文件

如图 9-13 的长方形框里所示，构建前端项目的配置文件是：vite.config.js。

前端是 Vue 3 项目，在 Vue 3 项目中使用 Vite 构建工具时，可以通过 vite.config.js 文件来配置项目的构建选项和行为。下面是 vite.config.js 文件中常见配置项的说明。

（1）vite.config.js 配置文件的说明

1）root：指定项目的根目录，默认为当前工作目录。

2）base：指定项目在生产环境中的基础路径。例如，如果项目部署在域名的根目录下，可以将 base 设置为 /；如果部署在子目录下，可以将 base 设置为子目录路径。

3）publicDir：指定存放静态资源文件（如图片、字体等）的目录，默认为 /public。

4）build.outDir：指定构建输出文件的目标路径，默认为 /dist。

5）build.assetsDir：指定构建输出文件中静态资源文件（如图片、字体等）存放的子目录，默认为 /assets。

6）build.sourcemap：是否生成源代码映射文件，默认为 false。如果设置为 true，则在构建过程中生成 .map 文件，方便调试。

7）build.rollupOptions.input：指定构建时入口文件的路径，默认为 /src/main.js，可以根据实际需要进行调整，例如将入口文件设置为其他文件或多个文件。

8）plugins：配置 Vite 插件。可以通过数组形式添加需要使用的插件，并进行相应配置。

9）server.host：指定开发服务器监听的主机名，默认是 localhost。

10）server.port：指定开发服务器监听的端口号，默认是 5173。

11）其他自定义配置项：可以根据实际需求添加其他自定义配置项，用于扩展和定制化项目功能。例如添加代理服务器、修改路由配置等。

需要注意的是，上述只是一些常见的配置项示例，并不是所有可能出现在 Vite 配置文件中的选项。Vite 的配置选项非常丰富且灵活，可以根据具体需求进行调整和扩展。详细可用选项请参考 Vite 的官方文档或相关文档资源。

在实际开发中，通常需要根据项目需求来对这些配置进行设置和调整。通过修改和优化 Vite 配置选项，可以实现更高效、更符合业务需求的开发环境和构建过程。

（2）前端项目 vite.config.js 配置文件的说明

在前端项目的 vite.config.js 配置文件里，定义了部分配置项，它的配置代码及其说明如下。

```
// 从 Node.js 的 URL 模块导入 fileURLToPath 和 URL 这两个函数功能,URL 用于创建 URL 对象,fileURL-
ToPath 用于把文件 URL 对象转换为 Path 路径对象
import {fileURLToPath, URL } from 'node:url'
// 从 Vite 导入 defineConfig 函数功能,用于定义 Vite 配置项目值
import {defineConfig } from 'vite'
// 导入 Vite 的 Vue 插件,用于创建 Vue 插件对象
import vue from '@vitejs/plugin-vue'
// 导入 Vite 的 Legacy 插件,用于创建 Legacy 插件对象,以便提供传统浏览器兼容性支持
import legacy from '@vitejs/plugin-legacy';
// https://vitejs.dev/config/,这个是 Vite 的配置说明网页地址
// 使用 ES6 语法导出默认模块,即用 defineConfig 函数定义 Vite 配置项目值,在该函数里传入对象参数,在
该对象参数的每个值就是一个 Vite 配置项及其值。
export default defineConfig({
  // 定义 Vite 插件的配置项
  plugins: [
```

```
            // 创建 Vue 插件对象
            vue(),
            // 创建 Legacy 插件对象,在该函数传入对象参数,配置传统浏览器兼容性相关值
            legacy({
                // 指定需要支持的浏览器版本范围,目前配置值的意思是支持默认浏览器、IE 11、Chrome 52 版本及以上
的浏览器
                targets: ['defaults', 'ie >= 11', 'chrome 52'],
                // 手动添加一个自定义 polyfill 模块
                additionalLegacyPolyfills: ['regenerator-runtime/runtime'],
                // 要求 Vite 渲染一个专门的 legacy 入口文件
                renderLegacyChunks:true,
                // 指定需要注入的 polyfill 库
                polyfills:[
                    'es.symbol',
                    'es.array.filter',
                    'es.promise',
                    'es.promise.finally',
                    'es/map',
                    'es/set',
                    'es.array.for-each',
                    'es.object.define-properties',
                    'es.object.define-property',
                    'es.object.get-own-property-descriptor',
                    'es.object.get-own-property-descriptors',
                    'es.object.keys',
                    'es.object.to-string',
                    'web.dom-collections.for-each',
                    'esnext.global-this',
                    'esnext.string.match-all'
                ]
            })
        ],
        // 用来配置模块的解析方式,决定了 Vite 在寻找模块时的查找路径和方式
        resolve: {
            // 设置模块路径的别名,可以简化代码中的 import 和 require 语句
            alias: {
                // 使用@ 字符作为"./src"路径的别名
                '@':fileURLToPath(new URL('./src', import.meta.url))
            }
        }
    })
```

▶▶ 9.6.4 项目资源文件主目录

如图 9-13 的长方形框里所示，前端项目的资源文件主目录是：**public** 和 **src/assets**。下面是这两个目录的详细介绍。

（1）公共资源文件主目录 public

前端项目的公共资源文件主目录全路径是 **wfsmw-h5/public**，在该目录里保存前端项目开发的公共

资源文件，不会被压缩合并，如静态 HTML 文件、图标、图片、第三方 JavaScript 脚本文件等，在默认情况下包含了网站的图标（favicon.ico）。这些文件会直接复制到构建输出的根目录下。为了区分文件类型，在该目录里定义了两个子目录：wfsmw-h5/public/css 和 wfsmw-h5/public/js，分别用于存放样式文件和 JavaScript 脚本文件。

在 wfsmw-h5/public/css 子目录里，保存了第三方样式文件 swiper.min.css，该样式文件里的 CSS 样式是前端项目站点首页里横幅图片轮播的 CSS 样式。

在 wfsmw-h5/public/js 子目录里，保存了 4 个第三方 JavaScript 脚本文件和 1 个第三方 JavaScript 脚本目录，它们分别如下。

1）jquery-2.1.1.min.js 脚本文件：jQuery 2.1.1 版本最小 JavaScript 脚本文件，jQuery 是一个 JavaScript 库。

2）jquery.loader.js 脚本文件：基于 jQuery 库实现加载中提示功能的第三方最小 JavaScript 脚本文件。

3）picker.min.js 脚本文件：实现手机端从底部弹起的联动选择器的第三方最小 JavaScript 脚本文件，在前端项目编辑收货地址时，用它实现选择省、市和区县的联动选择器。

4）swiper.min.js 脚本文件：实现图片轮播功能的第三方最小 JavaScript 脚本文件，在前端项目的网站首页里用它实现轮播横幅图片。

5）My97DatePicker 脚本目录：实现日历选择器的第三方 JavaScript 脚本库，在前端项目的"我的信息"页面里用它实现出生日期的日历选择器。

（2）项目资产文件主目录 assets

前端项目的项目资产文件主目录全路径是：wfsmw-h5/src/assets，在该目录里保存前端项目开发的静态资源文件，如图片、样式表等。这些资源可以通过相对路径引入到代码中，并在构建过程中进行处理和优化。为了区分文件类型，在该目录里定义了两个子目录：wfsmw-h5/src/assets/css 和 wfsmw-h5/src/assets/images，分别用于存放样式文件和图片文件。

在 wfsmw-h5/src/assets/css 子目录里，保存了两个样式文件，它们分别如下：

wap_member.css 样式文件：本书前端项目会员模块所有页面的样式文件。

wap_reset.css 脚本文件：本书前端项目所有页面的样式文件。

▶▶ 9.6.5 项目入口文件

如图 9-13 的长方形框里所示，前端项目的入口文件是由 src/App.vue、src/main.js 和 index.html 这三个文件组合在一起来实现的。下面是这三个文件的详细介绍。

（1）根组件文件 App.vue

前端项目的根组件文件全路径是：wfsmw-h5/src/App.vue，在该文件里包含了整个应用的布局和路由视图，也可以在此文件中定义应用的共享状态、全局样式等，该文件里的源代码如下。

```
// 在这里编辑 JavaScript 脚本代码
<script setup>
// 从 Vue Router 模块导入路由视图 RouterView,用于展示项目的视图页面
import {RouterView } from 'vue-router'
```

```
</script>
// 在这里编辑模板代码
<template>
  // 在这里展示项目的视图页面
  <RouterView />
</template>
// 在这里编辑页面样式代码
<style scoped>
</style>
```

（2）入口文件 main.js

前端项目的入口文件全路径是：**wfsmw-h5/src/main.js**，该文件主要用于创建 Vue 应用实例、加载插件和挂载根组件等，该文件里的源代码如下。

```
// 导入本书前端项目所有页面的基础样式文件
import './assets/css/wap_reset.css'

// 从 Vue 模块导入 createApp 函数,用于创建 APP 对象
import {createApp } from 'vue'
// 从 Pinia 模块导入 createPinia 函数,用于创建状态管理对象
import {createPinia } from 'pinia'
// 从 pinia-plugin-persist 模块导入该插件,用于持久化项目状态值
import piniaPluginPersist from 'pinia-plugin-persist'

// 从根组件文件里导入 APP 对象
import App from './App.vue'
// 从路由模块导入路由对象
import router from './router'

// 创建项目状态管理对象
const store =createPinia()
// 加载使用项目状态持久化插件
store.use(piniaPluginPersist)

// 创建项目 APP 对象
const app =createApp(App)
// 加载项目状态管理对象
app.use(store)
// 加载路由对象
app.use(router)

// 挂载项目 APP 对象到项目的首页入口 HTML 文件的 DOM 元素上,用于渲染项目应用内容
app.mount('#app')
```

（3）首页入口 HTML 文件 index.html

前端项目的首页入口 HTML 文件全路径是：**wfsmw-h5/index.html**，在该文件里主要用于加载第三方 JavaScript 脚本文件、加载第三方样式文件、定义挂载项目 APP 对象的 DOM 元素、加载项目入口文件等，该文件里的 HTML 源代码如下。

```
// 定义一个完整的 HTML 源代码
<!DOCTYPE html>
<html lang="en">
  <head>
    <meta charset="UTF-8">
    <link rel="icon"href="/favicon.ico">
    <meta name="viewport" content="width=device-width, initial-scale=1.0">
    <title>无忧购物</title>
    // 加载第三方 JavaScript 脚本文件
    <script type="text/javascript" src="/public/js/jquery-2.1.1.min.js"></script>
    <script type="text/javascript" src="/public/js/swiper.min.js"></script>
    <script type="text/javascript" src="/public/js/picker.min.js"></script>
    <script type="text/javascript" src="/public/js/My97DatePicker/WdatePicker.js">
</script>
    // 加载第三方样式文件
    <link rel="stylesheet" href="/public/css/swiper.min.css" />
  </head>
  <body>
    // 定义挂载项目 APP 对象的 DOM 元素
    <div id="app"></div>
    // 加载项目入口文件
    <script type="module" src="/src/main.js"></script>
  </body>
</html>
```

▶▶ 9.6.6　其他配置文件

如图 9-13 的长方形框里所示，前端项目的其他配置文件还有：.eslintrc.js、.gitignore 和 .prettierrc.json 等。下面是这三个文件及其相关功能的详细介绍。

（1）ESLint 简介

ESLint 是一个基于 JavaScript 的静态代码分析工具，它能够帮助开发者检测和修复代码中的潜在问题和错误，从而提高代码的质量和可读性。它的主要功能包括：

1）语法检测：能够检测代码中是否存在语法错误或者使用了不合法的语言特性。例如，使用未定义的变量、函数等。

2）代码规范检测：能够根据预定义的规则检查代码是否符合编码规范。例如，强制要求缩进、强制要求使用分号、强制要求每行最多只能有一条语句等。

3）代码安全性检测：能够检查代码中是否存在安全漏洞或者潜在的安全问题。例如，避免在生产环境中使用 console、避免在正则表达式中使用 eval 等。

4）提高可读性：能够通过规则强制要求一些良好的编码习惯，提高代码可读性和可维护性。例如，强制要求变量名采用驼峰命名法、强制要求注释等。

5）插件和扩展支持：支持插件和扩展，能够根据实际需求对其进行扩展和定制化配置。例如，在 Vue.js 项目中可以使用 Vue.js 插件进行规范检测。

总的来说，ESLint 是一个非常强大且灵活的静态代码分析工具，能够帮助开发者保证项目代码质量、提高开发效率和降低维护成本。

（2）ESLint 的配置文件.eslintrc.js

在 Vue 3 项目中使用 ESLint 技术来检测代码质量时，可以通过 .eslintrc.js 文件来定义代码规范和检查规则。下面是 .eslintrc.js 文件中常见配置项的详细介绍。

1）env：指定代码运行的环境，可以是一个对象或者布尔值。常见的值包括：

- browser：浏览器环境。
- node：Node.js 环境。
- es6：支持 ES6 语法。
- jest：支持 Jest 测试框架。

2）extends：指定要继承的规则配置，可以是一个字符串或字符串数组。常见的值包括：

- ' eslint：recommended '：ESLint 内置推荐规则。
- ' plugin：vue/vue3-recommended '：Vue 3 推荐规则。

3）plugins：指定要使用的插件，可以是一个字符串或者字符串数组。

4）rules：指定自定义规则，可以是一个对象。

5）parserOptions：用来指定 ESLint 的解析器选项。

- ecmaVersion：用来指定要使用哪个 ECMAScript 版本。
- sourceType：用来指定 ECMAScript 模块类型。
- ecmaFeatures：用来指定使用额外的语言特性。

6）其他自定义配置项：可以根据实际需求添加其他自定义配置项，用于扩展和定制化检测规则和行为。

需要注意的是，在使用 ESLint 进行代码检测时，要根据项目需求进行调整和测试，以保证代码质量和开发效率。同时，在实际开发中还需要注意遵守代码规范和编码标准，以便团队协作和代码维护。

下面是一个 .eslintrc.js 文件的样例，用来检测 Vue 3 项目中的代码。

```
module.exports = {
  env: {
    browser: true,
    node: true,
  },
  extends: [
    'eslint:recommended',
    'plugin:vue/vue3-recommended',
  ],
  parserOptions: {
    parser: 'babel-eslint',
    ecmaVersion: 2020,
    sourceType: 'module',
  },
```

```
  plugins: [
    'vue',
  ],
  rules: {
    // 自定义规则
    'vue/max-attributes-per-line': [
      'error',
      {
        singleline: 5,
        multiline: {
          max: 1,
          allowFirstLine: false
        }
      }
    ],
    'vue/html-indent': [
      'error',
      2,
      { alignAttributesVertically: false }
    ],
    // 禁止使用 console
    'no-console': process.env.NODE_ENV === 'production' ? ['error', { allow: ['warn',
'error'] }] : ['off'],
  },
};
```

上述样例中，配置了环境变量为浏览器和 Node.js，使用了 ESLint 推荐规则、Vue.js 推荐规则和 Babel 解析器，并配置了自定义规则，例如强制要求 HTML 属性每行最多只能有 5 个等。同时，禁止在生产环境中使用 console。这是一个比较常见的配置文件示例。

（3）前端项目的.eslintrc.js 配置文件的说明

前端项目的 ESLint 配置文件全路径是：**wfsmw-h5/.eslintrc.js**，在该文件里定义了代码规范和检查规则，源代码如下。

```
// 导入一个 ESLint 插件，该插件是一个能够修复和增强 ESLint 在处理现代模块解析时的功能和兼容性问题
的插件。它可以帮助开发者更好地使用和集成 ESLint 在各种项目中，并提高代码分析和检查的准确性
require('@rushstack/eslint-patch/modern-module-resolution')
// 定义规则
module.exports = {
  // 设置当前配置文件为 ESLint 配置文件的根文件，从而将当前 ESLint 配置作为全局规则并停止向上查找
其他规则
  root: true,
  // 指定要继承的规则配置
  'extends': [
    // 继承 Vue 3 推荐规则
    'plugin:vue/vue3-essential',
    // 继承 ESLint 内置推荐规则
    'eslint:recommended',
```

```
    // 继承 Prettier 推荐规则
    '@vue/eslint-config-prettier/skip-formatting'
  ],
  // 指定 ESLint 的解析器选项
  parserOptions: {
    // 指定要使用 ECMAScript 最新版本
    ecmaVersion: 'latest'
  }
}
```

（4）前端项目的.gitignore 配置文件的说明

前端项目的.**gitignore** 配置文件全路径是：**wfsmw-h5/.gitignore**，在该文件里定义了哪些文件不归 GIT 管理，源代码如下。

```
// 在.gitignore 配置文件里主要是定义一些文件夹名、文件名及其通配规则,以及一些例外文件
# Logs
logs
*.log
npm-debug.log*
yarn-debug.log*
yarn-error.log*
pnpm-debug.log*
lerna-debug.log*
// 上面这些规则定义了日志相关的目录和文件,都不归 GIT 管理

// 依赖包的安装目录及其所有子目录和文件都不归 GIT 管理
node_modules
.DS_Store
dist
dist-ssr
coverage
*.local

/cypress/videos/
/cypress/screenshots/

# Editor directories and files
.vscode/*
// 这个文件属于例外,要求归 GIT 管理
!.vscode/extensions.json
.idea
*.suo
*.ntvs*
*.njsproj
*.sln
*.sw?
```

（5）Prettier 简介

Prettier 是一款强大的代码格式化工具，它可以帮助开发者自动化地格式化代码，从而使代码具有

统一的风格和格式。Prettier 的主要功能包括：

1）代码格式化：能够自动格式化代码，使其符合预设的规范和风格。它可以格式化多种类型的文件，包括 JavaScript、CSS、HTML、JSON 等。

2）语法分析：能够对代码进行语法分析，并根据语法规则进行格式化。例如，可以自动添加缩进、空格、换行符等。

3）配置灵活：支持多种配置选项，可以根据实际需求进行定制化配置。例如，可以设置缩进大小、单行代码长度、行末分号等。

4）集成工具广泛：支持与多种开发工具和编辑器集成，例如 VS Code、Sublime Text、Atom 等。开发者可以在编辑器中安装 Prettier 插件，并在保存文件时自动进行格式化。

5）支持多人协作：能够帮助团队协作时统一代码风格和格式，从而减少团队成员之间的不必要争论和沟通成本。

（6）Prettier 的配置文件.prettierrc.json

在 Vue 3 项目中使用 Prettier 技术来格式化代码时，通过.prettierrc.json 文件可以定义各种配置选项来定制代码格式化的行为。下面是一些常用的配置选项及其说明。

1）printWidth：指定代码行的最大宽度。当一行代码超过该宽度时，Prettier 会自动进行换行，默认值为 80。

2）tabWidth：指定一个制表符等于多少个空格，默认值为 2。

3）useTabs：指定是否使用制表符代替空格进行缩进。如果设置为 true，则使用制表符；如果设置为 false，则使用空格进行缩进，默认值为 false。

4）semi：指定是否在语句末尾添加分号。如果设置为 true，则添加分号；如果设置为 false，则不添加分号，默认值为 true。

5）singleQuote：指定是否使用单引号代替双引号作为字符串的引号风格。如果设置为 true，则使用单引号；如果设置为 false，则使用双引号，默认值为 false。

6）quoteProps：指定对象属性是否使用引号包裹，可以设置以下三个选项：

- "as-needed"：仅在必要时添加引号。
- "consistent"：保持所有对象属性的引号风格一致。
- "preserve"：保留原有的引号风格。

7）jsxSingleQuote：指定在 JSX 中是否使用单引号作为字符串的引号风格。和 singleQuote 配置项类似，默认值是继承自该选项。

8）trailingComma：指定对象和数组最后一个元素后是否添加逗号（尾逗号），可以设置以下三个选项：

- "none"：不添加尾逗号。
- "es5"：在 ES5 中有效的地方（如数组、对象等）添加尾逗号。
- "all"：在所有可能的地方都添加尾逗号（包括函数参数列表）。

9）bracketSpacing：指定花括号（对象字面量）两侧是否保留空格。如果设置为 true，则会在花括号两侧保留空格；如果设置为 false，则不保留空格。

10）其他配置选项还包括了对缩进、换行符、注释等细节进行配置的选项，如：

- jsxBracketSameLine：指定 JSX 元素的开始标签和结束标签是否同一行显示。
- 详细信息请参考 Prettier 的官方文档或相关资源。

这些只是 Prettier 配置文件中一些常用的配置选项示例，可以根据自己项目需求进行相应的配置来定义代码格式化规则和风格。

（7）前端项目的.prettierrc.json 配置文件的说明

前端项目的 Prettier 配置文件全路径是：wfsmw-h5/.prettierrc.json，在该文件里定义了代码格式化规则，源代码如下。

```
// 定义代码格式化规则
{
  // 设置 Prettier 工具的 schema 的网址
  "$schema": "https://json.schemastore.org/prettierrc",
  // 指定在语句末尾不添加分号
  "semi": false,
  // 指定一个制表符等于两个空格
  "tabWidth": 2,
  // 指定使用单引号代替双引号作为字符串的引号风格
  "singleQuote": true,

  // 指定代码行的最大宽度为 100 个字符
  "printWidth": 100,
  // 指定在对象和数组最后一个元素后不添加尾逗号
  "trailingComma": "none"
}
```

▶▶ 9.6.7 项目状态配置

在前端项目里使用 Pinia 技术来管理项目的一些状态数据，如图 9-13 的长方形框里所示，前端项目的项目状态配置目录是：src/stores。在该目录里保存着前端项目开发的各种状态管理文件。

目前在前端项目里只需要管理当前登录用户信息，因此定义了 user.js 文件来管理登录用户信息，该文件全路径是：wfsmw-h5/src/stores/user.js，源代码如下。

```
// 从 pinia 模块导入 defineStore 函数,用于创建状态管理对象
import {defineStore } from 'pinia'

// 创建对象名为 useUserStore 的状态管理对象
export const useUserStore = defineStore({
  // 定义对象 ID
  id:'currentUser',

  // 定义状态管理对象的属性
  state: () => {
    return {
      _currentUser: {}, // 当前登录用户信息对象
      _token: '', // 当前登录用户 Token 值
```

```
      _exponent: ", // RSA 加密公钥指数
      _modulus: " // RSA 加密公钥模数
    }
  },

  // 定义获取状态管理对象的属性值的函数
  getters:{
    // 获取当前登录用户信息对象
    currentUser() {
        return this._currentUser;
    },
    // 获取当前登录用户 Token 值
    token() {
        return this._token;
    },
    // 获取 RSA 加密公钥指数
    exponent() {
      return this._exponent;
    },
    // 获取 RSA 加密公钥模数
    modulus() {
      return this._modulus;
    }
  },

  // 定义保存状态管理对象属性值的函数
  actions:{
    // 保存当前登录用户信息对象
    saveUser(currentUser) {
        this._currentUser = currentUser;
    },
    // 保存当前登录用户 Token 值
    saveToken(token) {
        this._token = token;
    },
    // 保存 RSA 加密公钥指数
    setExponent(exponent) {
      this._exponent = exponent;
    },
    // 保存 RSA 加密公钥模数
    setModulus(modulus) {
      this._modulus = modulus;
    }
  },
  // 定义持久化状态管理对象值的规则
  persist: {
    // 开启能够持久化状态管理对象值
    enabled: true,
```

```
    // 定义持久化存储方式
    strategies: [
      {
        key: 'currentUser', // 设置存储的 key
        storage:localStorage // 表示存储在 localStorage 上
      }
    ]
  }
})
```

▶▶ 9.6.8 项目路由配置

在前端项目里使用 Vue Router 技术来进行页面路由，如图 9-13 的长方形框里所示，前端项目的项目路由配置目录是：src/router。

（1）前端项目的路由配置说明

前端项目的路由配置目录全路径是：wfsmw-h5/src/router，在该目录里可以保存前端项目开发的路由配置管理文件。

由于前端项目的页面不多，因此只定义了 index.js 文件来配置页面路由。该文件全路径是：wfsmw-h5/src/router/index.js，源代码如下。

```
// 从 vue-router 模块导入 createRouter 和 createWebHistory 函数,用于创建路由管理对象和 Web 页面
历史对象
import {createRouter, createWebHistory } from 'vue-router'
// 导入首页视图组件
import HomeView from '../views/HomeView.vue'

// 创建路由管理对象,然后传入各种参数,主要是设置 Web 页面历史模式和页面路由数组
const router =createRouter({
  // 创建 Web 页面历史对象,设置路由为 history 模式
  history:createWebHistory(import.meta.env.BASE_URL),
  // 定义页面路由数组
  routes: [
    // 定义网站首页的路由信息对象
    {
      path: '/', // 设置路由访问路径
      name: 'home', // 设置当前路由名称,在页面上可以使用这个名称来路由访问页面,把这个称之为命名路由
      component:HomeView // 使用视图组件名称来设置路由页面组件
    },

    // 定义注册页面的路由信息对象
    {
      path: '/register',
      name: 'register_view',
      // route level code-splitting
      // this generates a separate chunk (About.[hash].js) for this route
      // which is lazy-loaded when the route is visited.
```

```
      component: () => import('../views/member/MemberRegisterView.vue') // 使用箭头函数来
设置路由页面组件,在该函数里导入注册页面的视图组件文件
      },
      ......
      // 省略一些代码
      ......
      // 定义会员订单详情信息页面的路由信息对象
      {
        path:'/member_order_detail',
        name:'member_order_detail_view',
        component: () => import('../views/member/MemberOrderDetailView.vue')
      }
    ]
  })
  // 导出默认路由管理对象
  export default router
```

（2）Vue3 项目的多个路由配置文件说明

在 Vue 3 项目中使用 Vue Router 进行页面路由。如果在项目里有非常多的页面时，可以使用多个路由配置文件来配置页面路由，每个路由配置文件对应定义一个项目模块里所有页面的路由信息。以下是一种常见的做法。

1）在项目中创建一个名为 router 的文件夹，用于存放路由相关的配置文件。

2）在 router 文件夹中创建多个路由配置文件，例如 home.js、about.js 等。每个配置文件对应一个页面或一组相关的页面。

3）在每个路由配置文件中，使用 Vue Router 的路由定义语法来定义对应的路由信息。例如：

```
// 在 home.js 文件进行如下的 JavaScript 代码编写
import Home from '../views/Home.vue';

const routes = [
  {
    path:'/',
    name:'Home',
    component: Home
  },
  // 其他的路由信息
];

export default routes;
```

4）在主 router/index.js 文件中，导入各路由配置文件，并在 createRouter 函数中使用 routes.concat()函数将它们合并成一个总的路由数组。例如：

```
// router/index.js
import {createRouter, createWebHistory } from 'vue-router';

import homeRoutes from './home';
```

```
import aboutRoutes from './about';

const routes = [
  ...homeRoutes,
  ...aboutRoutes,
  // 其他的路由信息
];

const router =createRouter({
  history:createWebHistory(import.meta.env.BASE_URL),
  routes
});

export default router;
```

5）在主 main.js 文件或其他入口文件中，导入并使用主 router/index.js 文件作为 Vue 应用程序的路由配置。例如：

```
// main.js
import {createApp } from 'vue';
import App from './App.vue';

import router from './router/index';

const app =createApp(App);

app.use(router);

app.mount('#app');
```

通过这种方式，可以将不同项目模块的页面或组件相关的路由信息分别存放在不同的文件中，以提高代码结构的清晰度和可维护性。每个路由配置文件专注于对应项目模块的页面或组件相关的定义和设置。在主 router/index.js 文件中，将这些分散在不同文件中的路由信息合并成一个总的路由数组，并将其作为 Vue Router 的配置参数来创建和使用路由实例。

需要注意的是，在合并多个路由数组时，要确保每个数组都是合法且完整的，包括路径、组件等信息都正确设置。这样就可以通过多个独立的路由配置文件来配置页面路由了。

▶▶ 9.6.9 项目代码主目录

根据前端项目业务需求，在每个视图页面里主要完成两部分功能，分别如下：

1）根据服务端 API 接口从服务端获取页面数据。为了方便集中处理这部分业务代码，将这部分功能代码独立出来，并且根据每个项目模块对应一个 JavaScript 脚本文件原则，创建多个文件，然后统一保存在 src/api 目录里。

2）根据页面样式和数据渲染页面。在网站所有页面里，有部分区域内容是相同的，因此会把这些相同的部分区域独立出来做成单独组件。这些单独组件文件根据项目模块分别保存在 src/components

组件根目录的子目录里，一个项目模块对应一个组件子目录。同理，每一个页面视图文件根据项目模块分别保存在 src/views 视图根目录的子目录里。

在前端项目网站的所有页面里，需要使用一些第三方 JavaScript 脚本库，以及自定义一些工具类功能函数，这些工具类 JavaScript 脚本文件统一保存在 src/utils 目录里。

综上所述，以及如图 9-13 的长方形框里所示，前端项目的代码主目录有：src/api、src/components、src/utils 和 src/views 这 4 个文件夹，前端项目的业务功能主要由这 4 个文件夹里的代码组合在一起来实现。下面是这四个文件夹的详细介绍：

（1）服务端 API 接口目录 api

在前端项目里实现服务端 API 接口目录的全路径是：wfsmw-h5/src/api，在该目录里保存项目开发的所有实现，根据服务端 API 接口从服务端获取页面数据功能的 JavaScript 脚本文件。该目录结构图如图 9-15 的长方形框里所示。

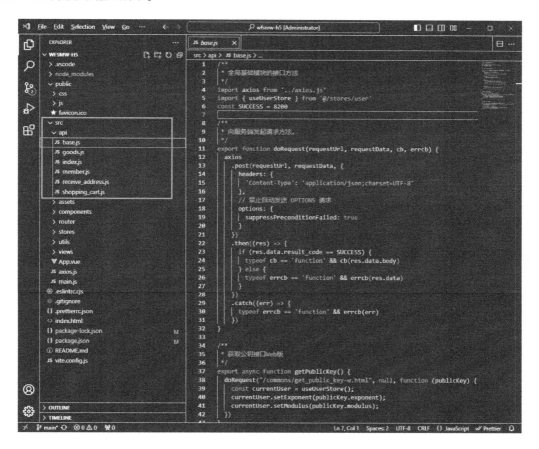

● 图 9-15　服务端 API 接口目录结构

首先，根据 Axios 库来实现向服务端发起 HTTP 请求和响应结果处理的共通业务代码，并且保存到 wfsmw-h5/src/api/base.js 脚本文件中，源代码如下。

```
// wfsmw-h5/src/api/base.js
/**
 * 全局基础模块的接口函数
 */
// 从 axios 模块里导入 axios 对象
import axios from '../axios.js'
// 导入当前登录用户信息的状态管理对象
import {useUserStore } from '@/stores/user'
// 定义成功响应结果代码:8200
const SUCCESS = 8200


/**
 * 向服务端发起请求函数
 */
export function doRequest(requestUrl, requestData, cb, errcb) {
  axios
    .post(requestUrl, requestData, {
      headers: {
        'Content-Type':'application/json;charset=UTF-8'
      },
      // 禁止自动发送 OPTIONS 请求
      options: {
        suppressPreconditionFailed: true
      }
    })
    .then((res) => {
      if (res.data.result_code == SUCCESS) {
        // 当前响应结果是正常的且响应结果代码是成功的,那么执行正常回调函数且把响应结果数据作为参
数传递给它
        // 这里首先判断正常回调参数变量是一个函数,然后才能以函数方式进行回调执行
        typeof cb == 'function' && cb(res.data.body)
      } else {
        // 当前响应结果是正常的,但响应结果代码不是成功的,那么执行错误回调函数且把响应结果数据作为
参数传递给它
        // 这里首先判断错误回调参数变量是一个函数,然后才能以函数方式进行回调执行
        typeof errcb == 'function' && errcb(res.data)
      }
    })
    .catch((err) => {
      // 当前响应结果不正常、发生错误时,那么执行错误回调函数且把响应结果错误数据作为参数传递给它
      // 这里首先判断错误回调参数变量是一个函数,然后才能以函数方式进行回调执行
      typeof errcb == 'function' && errcb(err)
    })
}

/**
 * 获取公钥接口 Web 版接口函数
 */
```

```javascript
export async function getPublicKey() {
  doRequest("/commons/get_public_key-w.html", null, function (publicKey) {
    // 获取当前登录用户信息的状态管理对象
    const currentUser = useUserStore();
    // 把 RSA 加密公钥的指数和模数保存到当前登录用户信息的状态管理对象里
    currentUser.setExponent(publicKey.exponent);
    currentUser.setModulus(publicKey.modulus);
  })
}

/**
 * 获取图片验证码 URL 接口函数
 */
export async function getImageVerifyCodeUrl(cb) {
  const response = awaitaxios.get('/commons/get_image_verify_code.html', {
    // 由于服务端返回回来的数据流是验证码图片文件的二进制字节流数据,因此在此需要设置响应结果数据类
型是 ArrayBuffer。ArrayBuffer 对象代表内存之中的一段二进制数据,从而可以用来缓存图片验证码字节流数据
    responseType: 'arraybuffer'
  })
  // 从响应结果里获取二进制字节流数据
  const binaryData = response.data
  // 把二进制字节流数据封装到一个 URL 对象里
  const url = URL.createObjectURL(new Blob([binaryData]))
  // 执行回调函数且把 URL 对象作为参数传递给它
  // 这里首先判断回调参数变量是一个函数,然后才能以函数方式进行回调执行
  typeof cb == 'function' && cb(url);
}
```

其次,根据前端项目划分的项目模块,每个项目模块单独对应使用一个 JavaScript 脚本文件,来实现相关的服务端 API 接口业务代码,并且保存到 wfsmw-h5/src/api。例如:商品模块对应的 JavaScript 脚本文件是 goods.js,它的源代码如下。

```javascript
/**
 * 商品模块的接口函数
 */
// 从共通模块的基础 JavaScript 脚本文件 base.js 里导出执行 HTTP 请求的 doRequest 函数
import {doRequest } from './base.js'

/**
 * 获取商品一览接口函数
 */
export function getGoodsList(requestData, cb, errcb) {
  doRequest('/goods/get_goods_list.html', requestData, cb, errcb)
}

/**
 * 获取商品分类名称接口函数
 */
```

```
export function getCategoryName(categoryId, cb, errcb) {
  let requestData = { categoryId: categoryId }
  doRequest('/goods/get_category_name.html', requestData, cb, errcb)
}

/**
 * 获取商品详情接口函数
 */
export function getGoodsDetail(id, cb, errcb) {
  let requestData = { id: id }
  doRequest('/goods/get_goods_detail.html', requestData, cb, errcb)
}
```

其他模块还有：首页模块对应的 JavaScript 脚本文件是 index.js、会员模块对应的 JavaScript 脚本文件是 member.js、收货地址模块对应的 JavaScript 脚本文件是 receive_address.js，以及会员购物车模块对应的 JavaScript 脚本文件是 shopping_cart.js。这些项目模块的全部源代码，与上述源代码差不多，只是函数名称、接口 URL 和参数不一样；详细的源代码，请到随书附赠的前端项目代码库里去查看，在此就不再一一列举了。

（2）独立组件根目录 components

在前端项目里实现独立组件根目录 components 的全路径是：wfsmw-h5/src/components，在该目录里有两个子目录 commons 和 site，分别保存两个项目模块的独立组件文件。该目录结构如图 9-16 的长方形框里所示。

如图 9-16 的长方形框里所示，在独立组件子目录 commons 里含有两个独立组件，分别为 Common-Loading.vue 和 CommonTipsBox.vue，其中 CommonLoading.vue 是实现加载中 Loading 动画样式功能的独立组件文件，该文件里的源代码如下。

```
// Loading 独立组件文件:wfsmw-h5/src/components/commons/CommonLoading.vue
// 以 Vue 3 的组合式 API 模式,编写 Vue 组件的 JavaScript 脚本代码
<script setup>
import '/public/js/jquery-2.1.1.min.js' // 导入第三方 JavaScript 脚本文件 jQuery 库
import '/public/js/jquery.loader.js' // 导入第三方 JavaScript 脚本文件 jQuery Loader 库
</script>
// 编写 Vue 组件的页面模板代码
<template>
  <div class="mask_loading">
      <div id="shclDefault"></div>
    </div>
</template>
// 编写 Vue 组件的页面 CSS 样式代码
<style scoped>
.mask_loading{width: 100%;height: 100vh; background:rgba(0,0,0,.2);display: none;posi-
tion: fixed;top: 0;left: 0;z-index: 9033;}
  #shclDefault {width: 200px; height: 200px; color:#42bcfd; position: absolute;top: 50%;
left: 50%;margin-left: -100px;margin-top: -100px;}
  </style>
```

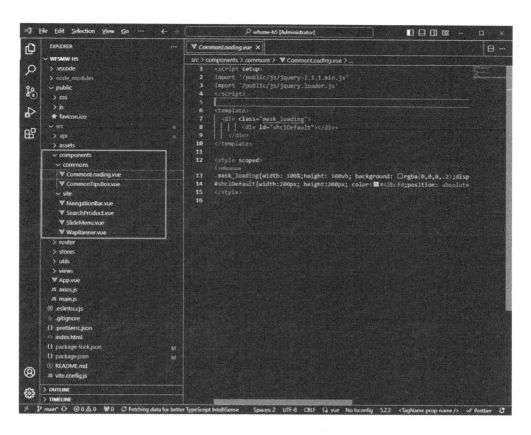

● 图 9-16　独立组件根目录 components 结构

其中 CommonTipsBox.vue 是实现成功、警告、错误、确认信息提示框功能的独立组件文件，该文件里的源代码结构与上述源代码结构是一样的，详细源代码，请到随书附赠的前端项目代码库里去查看，在此就不再列举了。

如图 9-16 的长方形框里所示，在独立组件子目录 site 里含有 4 个独立组件，分别为 NavigationBar.vue、SearchProduct.vue、SlideMenu.vue 和 WapBanner.vue，其中 WapBanner.vue 是实现 WAP 端网页里横幅图片轮播功能的独立组件文件，该文件里的源代码如下。

```
// WapBanner 独立组件文件：wfsmw-h5/src/components/site/WapBanner.vue
// 以 Vue 3 的组合式 API 模式，编写 Vue 组件的 JavaScript 脚本代码
<script setup>
// 从 Vue 模块导入 onMounted 和 reactive 函数，其中 onMounted 是注册一个回调函数，在组件挂载完成后
执行；reactive 是返回一个对象的响应式代理
import {onMounted, reactive } from 'vue'
// 从首页模块 JavaScript 脚本文件 index.js 导入 getBannerDataList 函数，该函数实现获取横幅数据列
表接口函数
import {getBannerDataList } from '@/api/index.js'

// 定义横幅数据列表的响应式代理对象，用于加载在页面模板里的横幅数据
```

```
const moduleWapBannerDataList = reactive([]);

// 定义获取横幅数据异步执行的箭头函数
const getBannerData = async () => {
    // 执行获取横幅数据列表的接口函数
    getBannerDataList(function (bannerDataList) {
        // 成功执行之后,把响应结果数据(横幅数据列表)进行循环,逐个加载到横幅数据列表的响应式代理对象里
        bannerDataList.forEach(function (bannerData) {
            moduleWapBannerDataList.push(bannerData);
        });
        // 延迟 200 毫秒之后加载横幅滚动功能
        setTimeout(initSwiper, 200);
    })
}


// 定义 Swiper 组件初始化函数
function initSwiper() {
    // 以含有 CSS class 对象 swiper-container 的 div 为承载的 DOM 根元素,来创建 Swiper 组件,并且传
入一些参数
    new Swiper('.swiper-container', {
        // 设置自动播放参数,延迟 2500 毫秒来启动自动播放,在用户手动操作交互时,不禁止自动播放
        autoplay: {
            delay: 2500, // 延迟 2500 毫秒来启动自动播放
            disableOnInteraction: false  // 在用户手动操作交互时,不禁止自动播放
        },
        loop: true, // 允许循环播放
        // 设置分页参数
        pagination: {
            el: '.swiper-pagination' // 设置承载分页功能的 DOM 元素含有的 CSS class 对象
swiper-pagination
        }
    });
}


// 注册一个回调箭头函数,在组件挂载完成后执行
onMounted(() => {
    // 执行获取横幅数据异步执行的箭头函数
    getBannerData();
})
</script>
// 编写 Vue 组件的页面模板代码
<template>
    // 横幅图片轮播功能的根元素
    <div id="module_wap_banner" class="module">
        <div class="module_inner editor_click_module">
            // 加载 Swiper 组件的根元素
            <div class="swiper-container mod_banner">
                <div class="swiper-wrapper">
```

```
                    // 承载每个轮播图片的 div 元素,其中使用 v-for 这个 Vue 指令对横幅数据进行循环遍历展
现出来
                    <div class="swiper-slide" v-for="(moduleWapBannerDataItem, index) in mod-
uleWapBannerDataList"
                            :key="index">
                        <a :href="moduleWapBannerDataItem.link != null ? moduleWapBannerDataIt-
em.link :
                            'javascript:void(0)'">
                            <img :src="moduleWapBannerDataItem.filePath" :alt="moduleWapBanner-
DataItem.imageAlt"/>
                        </a>
                    </div>
                </div>
                <div class="swiper-pagination"></div>
            </div>
        </div>
    </div>
</template>
// 编写 Vue 组件的页面 CSS 样式代码
<style scoped>
#module_wap_banner {width: 100%;position: relative;background: #FFFFFF;}
#module_wap_banner .swiper-wrapper { width: 100%; height: 100%;}
#module_wap_banner .swiper-slide {text-align: center; font-size: 18px; width: 100%;
height: 100%;}
#module_wap_banner img { width: 100%; height: 100%;}
</style>
```

其中 NavigationBar.vue 是实现 WAP 端网页底部导航栏功能的独立组件文件,SearchProduct.vue 是实现搜索产品功能的独立组件文件,SlideMenu.vue 是实现侧边栏菜单功能的独立组件文件,这三个独立组件的源代码结构与上述源代码结构是一样的,详细源代码,请到随书附赠的前端项目代码库里去查看。

(3)工具类目录 utils

在前端项目里实现工具类目录 utils 的全路径是:wfsmw-h5/src/utils,在该目录里保存一些第三方 JavaScript 脚本库文件,以及自定义的一些工具类功能函数 JavaScript 脚本文件。该目录结构如图 9-17 的长方形框里所示。

如图 9-17 的长方形框里所示,在工具类目录 utils 里含有 4 个 JavaScript 脚本文件,分别为 city.js、common.js、RSAUtils.js 和 SecurityHelper.js,这些 JavaScript 脚本文件都是基于 ES6 语法编写的,其中 SecurityHelper.js 是实现使用 RSA 公钥加密数据功能的脚本文件,该文件里的源代码如下。

```
// SecurityHelper 脚本文件:wfsmw-h5/src/utils/SecurityHelper.js
// 以 ES6 语法编写工具类的 JavaScript 脚本代码
// 从当前工具类目录的 RSAUtils.js 脚本文件里导入 RSA 加密工具类对象
import RSAUtils from './RSAUtils';
// 从状态管理器里导入当前登录用户信息的状态管理对象
import {useUserStore } from '@/stores/user'
```

```
/**
 * 用公钥加密内容
 */
export const encryptByPublicKey = function (data) {
    // 设置 RSA 加密最大的二进制长度为 10240 位
    RSAUtils.setMaxDigits(10240);
    // 获取当前登录用户信息的状态管理对象
    const currentUser = useUserStore();
    // 根据 RSA 加密的指数和模数获取一对秘钥对象
    let keyPair = RSAUtils.getKeyPair(currentUser.exponent, '', currentUser.modulus);
    // 对内容数据进行 RSA 加密,获得一个密文字符串
    let encryptDatas = RSAUtils.encryptedString(keyPair, data);
    // 去除密文字符串里空格,以空格为分隔符,把该密文字符串分割为一个密文字符串数组
    let datas = encryptDatas.split(' ');
    // 反转密文字符串数组的顺序,并且重新把它们连接一起为一个密文字符串
    let encryptData = datas.reverse().join('');
    return encryptData;
}
```

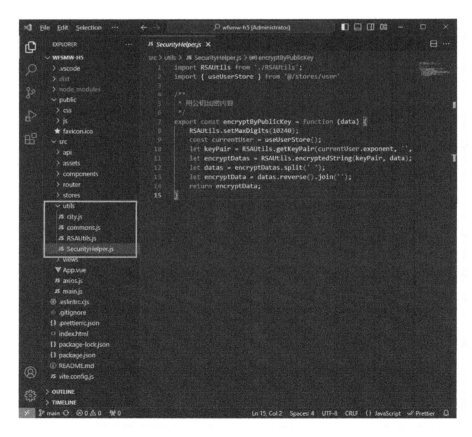

● 图 9-17　工具类目录结构

其中 city.js 是在收货地址编辑页面里实现省、市、区县三级联动选择器功能的基础 JavaScript 脚本文件；common.js 是实现前端项目里使用到的通用工具函数的 JavaScript 脚本文件，所谓通用工具函数是指实现一些简单功能的独立函数，例如定义一些常量值，实现对字符串进行一些处理的工具类函数，如通过 isEmpty 判断给定的参数是否为空、通过 isEMail 判断字符串是否符合电子邮箱格式等；RSAUtils.js 是实现 RSA 加密功能的第三方 JavaScript 脚本文件，只是对它做了一些符合 ES6 语法的修改。这三个独立 JavaScript 脚本文件的源代码结构与上述源代码结构是一样的，详细源代码，请到随书附赠的前端项目代码库里去查看。

（4）页面视图目录 views

在前端项目里实现主要业务功能的页面视图目录 views 的全路径是：**wfsmw-h5/src/views**，在该目录里有一个视图文件 HomeView.vue，以及两个子目录 member 和 site，它们分别保存两个项目模块的页面视图文件。子目录 member 保存会员中心模块的各种页面视图文件；子目录 site 保存前端项目网站页面视图文件。这些目录结构如图 9-18 的长方形框里所示。

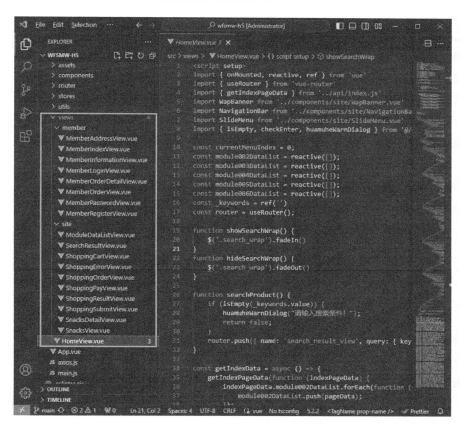

● 图 9-18　页面视图目录 views 结构

如图 9-18 的长方形框里所示，在页面视图目录 views 里含有一个视图文件 HomeView.vue，该视图文件实现了网站首页功能。

在页面视图目录 views/member 子目录里含有 MemberAddressView.vue、MemberIndexView.vue、MemberInformationView.vue、MemberLoginView.vue、MemberOrderDetailView.vue、MemberOrderView.vue、MemberPasswordView.vue 和 MemberRegisterView.vue 8 个页面视图文件，其中 MemberAddressView.vue 视图文件实现了会员收货地址管理功能、MemberIndexView.vue 视图文件实现了会员中心菜单列表功能、MemberInformationView.vue 视图文件实现了会员个人信息管理功能、MemberLoginView.vue 视图文件实现了会员登录功能、MemberOrderDetailView.vue 视图文件实现了会员订单详情展示功能、MemberOrderView.vue 视图文件实现了会员订单列表管理功能、MemberPasswordView.vue 视图文件实现了会员登录密码修改功能、MemberRegisterView.vue 视图文件实现了会员注册功能。

在页面视图目录 views/site 子目录里含有 ModuleDataListView.vue、SearchResultView.vue、ShoppingCartView.vue、ShoppingErrorView.vue、ShoppingOrderView.vue、ShoppingPayView.vue、ShoppingResultView.vue、ShoppingSubmitView.vue、SnacksDetailView.vue 和 SnacksView.vue 10 个页面视图文件，其中 ModuleDataListView.vue 视图文件实现了展示模块数据列表页面功能、SearchResultView.vue 视图文件实现了展示搜索商品结构列表页面功能、ShoppingCartView.vue 视图文件实现了展示会员购物车数据列表页面功能、ShoppingErrorView.vue 视图文件实现了展示会员购物下单支付失败提示页面功能、ShoppingOrderView.vue 视图文件实现了会员购物订单确认页面功能、ShoppingPayView.vue 视图文件实现了会员购物订单支付页面功能、ShoppingResultView.vue 视图文件实现了展示会员购物订单支付结果页面功能、ShoppingSubmitView.vue 视图文件实现了向第三方支付平台提交支付请求功能、SnacksDetailView.vue 视图文件实现了展示商品详情页面功能、SnacksView.vue 视图文件实现了展示商品列表页面功能。

上述这些视图页面是前端项目 WFSMW-H5 要实现的主要业务功能页面，它们实现的思路、步骤和结构基本上都是一致的，具体的实现逻辑会在后续章节里进行详细阐述。

综上所述，前端项目 WFSMW-H5 的项目代码主目录是由上述 4 个业务代码目录组成，它们分别是 src/api、src/components、src/utils 和 src/views，这 4 个业务代码目录分工明确、各司其职。在开发业务代码时，要严格按照它们的分工来进行相关功能代码的编写。

9.7 本章小结

在本章中，阐述了项目需要安装的软件工具、需要使用的第三方云服务，然后介绍了创建、初始化后端与前端项目的过程和方法，以及搭建后端与前端项目底层的过程和方法，并且详细介绍了项目每个目录的含义。

按照项目开发流程，在第 10 章将介绍项目开发编码实现阶段的项目业务代码开发。

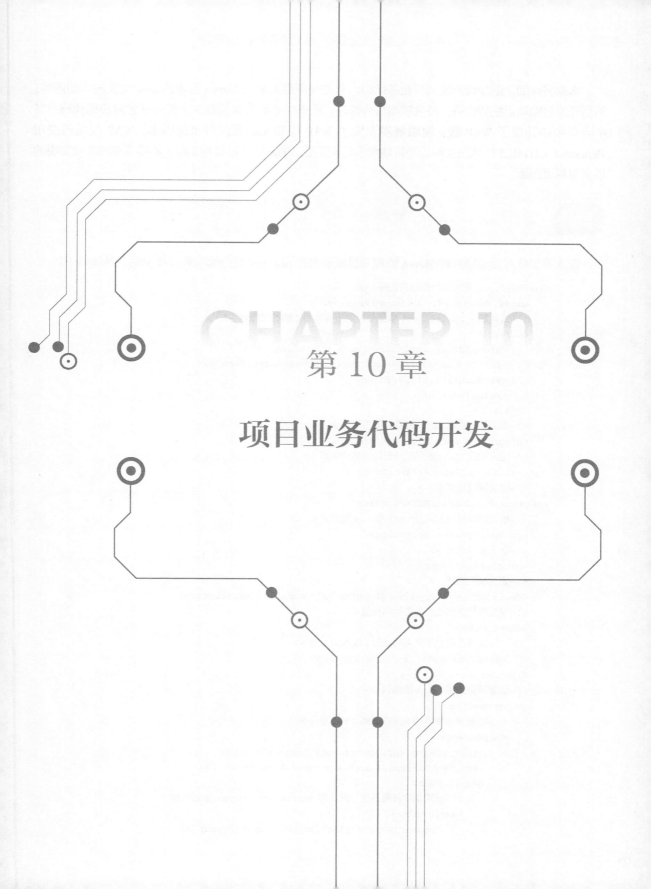

第 10 章

项目业务代码开发

本章将详细介绍如何开发项目业务代码。首先介绍后端项目 Maven 管理的 pom 文件的详细内容；然后开发后端项目框架代码；最后按照后台管理、会员中心和前端展现 3 个部分开发对应的代码，其中会员中心开发了 WAP 版，前端展现开发了 WAP 版和 Vue 版两种页面版本。WAP 版是指使用 Thymeleaf + HTML5 技术来实现的手机端展示的网页版，Vue 版是指使用 Vue 3 前端框架技术来实现的单页应用页面版。

10.1 编辑 Maven pom 文件

在本节里将对后端项目的 Maven 管理项目配置文件 pom.xml 进行编辑和详细说明，具体如下。

```xml
<!-- 声明此 pom 符合项目描述符的哪个版本 -->
    <modelVersion>4.0.0</modelVersion>
    <!--这是基于 Spring Boot 框架开发的所有项目依赖的父级包 -->
    <parent>
        <groupId>org.springframework.boot</groupId>
        <artifactId>spring-boot-starter-parent</artifactId>
        <version>2.7.11</version>
        <relativePath/>
    </parent>
    <!--定义项目的组 ID,一般都是使用域名倒序 -->
    <groupId>cn.sanqingniao</groupId>
    <!--定义项目 ID,一般都是使用项目名称缩写 -->
    <artifactId>wfsmw</artifactId>
    <!--定义项目版本号 -->
<version>0.0.1-SNAPSHOT</version>
    <!--定义项目打包方式,分 jar 和 war 两种方式 -->
    <packaging>war</packaging>
    <!--定义项目名称 -->
    <name>wfsmw</name>
    <!--定义项目描述 -->
    <description>Worry-Free Shopping Mall Website</description>
    <!--设置在项目里使用的各种属性值 -->
    <properties>
        <!--设置在项目里使用的 Java 版本是 1.8 -->
        <java.version>1.8</java.version>
    </properties>
    <!--设置项目使用的所有依赖包 -->
    <dependencies>
        <!--设置项目使用的 Spring MVC Web 包 -->
        <dependency>
            <groupId>org.springframework.boot</groupId>
            <artifactId>spring-boot-starter-web</artifactId>
            <exclusions>
                <!--设置在项目里不使用默认的 Spring Boot Logging 日志包 -->
                <exclusion>
                    <groupId>org.springframework.boot</groupId>
```

```
                    <artifactId>spring-boot-starter-logging</artifactId>
                </exclusion>
            </exclusions>
        </dependency>
        <!--设置项目使用的 MyBatis 包 -->
        <dependency>
            <groupId>org.mybatis.spring.boot</groupId>
            <artifactId>mybatis-spring-boot-starter</artifactId>
            <version>2.2.2</version>
        </dependency>
        <!--由于篇幅所限,省略一些代码 -->
        <!--设置项目使用的 Apache 开源的 HTTP 客户端库包 -->
        <dependency>
            <groupId>org.apache.httpcomponents</groupId>
            <artifactId>httpclient</artifactId>
            <version>4.5.14</version>
        </dependency>
    </dependencies>
```

上述这些 pom.xml 文件中的 Maven 配置代码，主要声明、定义了本项目的一些属性和所用到的第三方开源软件包，还有一些关于 Maven 插件的配置代码。由于篇幅所限，省略了一些代码，感兴趣的读者请到随书附赠的项目源代码里去查看，在这里就不再赘述了。

10.2 开发后端项目框架代码

在本节里将介绍后端项目 Java 框架代码的开发。

▶ 10.2.1 开发项目运行入口类 WfsmwApplication

根据 Spring Boot 框架，项目必须要有一个程序运行入口类，其类名通常是项目名+ Application。本书项目名为 wfsmw，所以该类名为 WfsmwApplication，其主体代码如下。

```
1行  @SpringBootApplication
2行  @ServletComponentScan(basePackages = "cn.sanqingniao")
3行  @ComponentScan(basePackages = "cn.sanqingniao")
4行  @MapperScan(basePackages = "cn.sanqingniao.wfsmw.dao")
5行  @EnableScheduling
6行  public class WfsmwApplication {
7行      public static void main(String[] args) {
8行          SpringApplication.run(WfsmwApplication.class, args);
9行      }
10行 }
```

每行代码的意义说明如下。

第 1 行代码是一个注解，表明当前类是一个 Spring Boot 程序入口。

第 2 行代码是一个注解，意思是告知 Spring Bean 容器要以 cn.sanqingniao 包为基础包，开始去扫描、加载所有子包里的所有 Servlet、Filter 和 Listener 组件。

第3行代码是一个注解，意思是告知 Spring Bean 容器要以 cn.sanqingniao 包为基础包，开始去扫描、加载所有子包里的所有带有 @Component 注解的组件。

第4行代码是一个注解，意思是告知 Spring Bean 容器要以 cn.sanqingniao.wfsmw.dao 包为基础包，开始去扫描、加载所有子包里持久层的所有数据访问对象组件及其 SQL 脚本映射文件。

第5行代码是一个注解，意思是告知 Spring Boot 要启用定时任务功能，Spring Boot 将会自动扫描并执行带有 @Scheduled 注解的方法。

第6~9行代码，定义了 WfsmwApplication 类，并且在该类中定义了项目程序运行入口 main 方法，在该方法里只有第7行一行代码，意思是执行项目程序。

▶▶ 10.2.2　开发项目配置 Spring MVC 行为的配装器类

当希望添加一些全局的过滤器、拦截器、异常处理器时，在 Spring Boot 项目中，通过实现 WebMvcConfigurer 接口来达到目的。

WebMvcConfigurer 的主要作用是提供一个回调函数，可以自定义一些 Spring MVC 的配置。WebMvcConfigurer 中定义了许多方法，可以通过覆盖这些方法来自定义 Spring MVC 的配置。下面是一些常见的方法。

```
-addInterceptors():添加拦截器
-addViewControllers():添加视图控制器
- configureContentNegotiation():配置内容协商
- configureDefaultServletHandling():配置默认 Servlet 处理
- configureMessageConverters():配置消息转换器
-addResourceHandlers():添加静态资源处理器
- configureHandlerExceptionResolvers:配置处理异常解析器
```

执行 WebMvcConfigurer 有两种方式。

（1）通过 @EnableWebMvc 注解标注类

如果需要自定义 Spring MVC 的配置，可以在一个类上标注 @EnableWebMvc 注解，并实现 WebMvcConfigurer 接口。在这种情况下，所有 WebMvcConfigurer 中定义的方法都会被执行，实现代码如下。

```
@Configuration
@EnableWebMvc
public class MyConfig implements WebMvcConfigurer {
    // 在这里覆盖需要自定义的方法
}
```

（2）继承 WebMvcConfigurationSupport 类

也可以通过继承 WebMvcConfigurationSupport 类来实现自定义 Spring MVC 的配置。在这种情况下，需要覆盖以 configure 开头的各种方法来实现自定义逻辑。例如如下实现代码。

```
@Configuration
public class MyConfig extends WebMvcConfigurationSupport {
    // 在这里覆盖需要自定义的方法
```

```
public void configureMessageConverters(List<HttpMessageConverter<? >> converters) {
    this.messageConvertersProvider.ifAvailable((customConverters) -> {
        converters.addAll(customConverters.getConverters());
    });
}
}
```

需要注意的是，如果使用继承 WebMvcConfigurationSupport 类来自定义 Spring MVC 的配置，那么 Spring Boot 的自动配置将失效。因此，需要手动配置很多东西，包括视图解析器、消息转换器、异常处理等。

如果只需要自定义一些简单的配置，例如添加拦截器、处理静态资源等，那么建议使用@EnableWebMvc 注解来实现。如果需要完全掌控 Spring MVC 的配置，建议通过继承 WebMvcConfiguration-Support 类来实现。

总之，WebMvcConfigurer 是用来配置 Spring MVC 的类，在 Spring Boot 项目中非常有用，可以通过它来实现自定义拦截器、消息转换器、静态资源处理等功能。

在本书项目里，通过在 WfsmwWebMvcConfigurer 类上标注@EnableWebMvc 注解，并实现 WebMvc-Configurer 接口来添加一些全局的拦截器和异常处理器，具体代码如下。

```
1行   @Configuration
2行   @EnableWebMvc
3行   public class WfsmwWebMvcConfigurer implements WebMvcConfigurer {
4行       @Autowired
5行       private UserLoginInterceptor userLoginInterceptor;
6行       @Autowired
7行       private GlobalExceptionResolver globalExceptionResolver;
8行       @Override
9行       public void addInterceptors(InterceptorRegistry registry) {
10行          registry.addInterceptor(userLoginInterceptor)
11行                  .addPathPatterns("/admin/*/**", "/member/*/**")
12行                      .excludePathPatterns ("/admin/", "/admin/login.html", "/admin/
logout.html")
13行                  .excludePathPatterns("/member/", "/member/login.html", "/member/
login-w.html", "/member/logout.html", "/member/register.html", "/member/register-w.html")
14行                      .excludePathPatterns ("/member/shopping_result.html", "/member/
alipay_result_notify.html", "/member/wei_xin_pay_result_notify.html", "/member/get_wei_
xin_open_id.html");
15行          WebMvcConfigurer.super.addInterceptors(registry);
16行       }
17行       @Override
18行       public void configureHandlerExceptionResolvers(List<HandlerExceptionResolver> re-
solvers) {
19行          resolvers.add(globalExceptionResolver);
20行          WebMvcConfigurer.super.configureHandlerExceptionResolvers(resolvers);
21行       }
22行       @Override
23行       public void addResourceHandlers(ResourceHandlerRegistry registry) {
```

```
24行        registry.addResourceHandler("/**").addResourceLocations("classpath:/static/");
25行        WebMvcConfigurer.super.addResourceHandlers(registry);
26行    }
27行    @Override
28行    public void extendMessageConverters(List<HttpMessageConverter<? >> converters) {
29行        converters.add(0, customJsonConverter());
30行    }
31行    @Override
32行    public void addCorsMappings(CorsRegistry registry) {
33行        registry.addMapping("/**")
34行                .allowedOriginPatterns("*")
35行                .allowedMethods("*")
36行                .allowedHeaders("*")
37行                .allowCredentials(true)
38行                .maxAge(3600);
39行    }
40行    @Bean
41行    public MappingJackson2HttpMessageConverter customJsonConverter() {
42行        MappingJackson2HttpMessageConverter converter = new MappingJackson2Http
MessageConverter();
43行        converter.setSupportedMediaTypes(Collections.singletonList(MediaType.
APPLICATION_JSON));
44行        // 设置自定义的 ObjectMapper
45行        converter.setObjectMapper(customObjectMapper());
46行        return converter;
47行    }
48行    @Bean
49行    public ObjectMapper customObjectMapper() {
50行        ObjectMapper objectMapper = new ObjectMapper();
51行        // 设置只返回有值的字段值
52行        objectMapper.setSerializationInclusion(JsonInclude.Include.NON_NULL);
53行        return objectMapper;
54行    }
55行 }
```

第 1、2 行代码的@Configuration 和@EnableWebMvc 这两个注解，表明该类是一个配置且能够控制 Spring MVC 行为的类。

第 5 行代码定义了一个用户登录时的拦截器，该拦截器的主要目的是检查访问后台管理和会员中心时用户是否登录，如果没有登录就跳转到登录页面。

第 7 行代码定义了一个全局异常解析器，在后台程序运行时所有未被处理的异常，都由该解析器进行处理。

第 9~15 代码是实现添加拦截器的方法。其中，第 10 行代码是添加用户登录拦截器；第 11 行代码是添加会被拦截的访问 URL 路径模式，例如本项目里后台管理的访问 URL 路径模式是 "/admin/ */**"，会员中心的访问 URL 路径模式是 "/member/ */ **"；第 12~14 行代码是在访问后台管理和会员中心时，一些路径不需要被拦截，例如一些登录、注册路径。

第 17~21 行代码实现配置处理异常解析器。

第 22~26 行代码实现配置本地静态资源 Class 路径。

第 27~30 行代码实现在系统的 HTTP 消息转换器列表的第一个位置添加自定义 HTTP JSON 消息转换器。

第 31~39 行代码配置在浏览器客户端可以实现跨域访问、跨域传递 Cookie 值，设置资源的最大缓存时间是 3600 秒。

第 40~47 行代码实现创建自定义 HTTP JSON 消息转换器对象。其中第 42 行代码是创建自定义 HTTP JSON 消息转换器对象，第 43 行代码是为该自定义 HTTP JSON 消息转换器对象设置支持的媒体类型——Application JSON，第 45 行代码是为该自定义 HTTP JSON 消息转换器对象设置对象映射器，对象映射器的功能是把 Java 对象映射转化为 JSON 对象。

第 48~54 行代码实现创建自定义对象映射器。其中第 50 行代码是创建对象映射器，第 52 行代码是为该对象映射器设置只返回有值的字段值。

10.3 后台管理

本节将介绍后台管理部分的开发。根据第 4 章项目概述，后台管理部分含有管理员管理、会员管理、商品管理、订单管理和模块数据管理等功能及其页面。

一般开发一个功能代码的逻辑顺序是，从底层数据库开始依次往上开发到最上层的前端页面，具体步骤如下。

1）设计、查看数据库表结构，理解表里每个字段的意义以及表与表之间的关系。

2）开发持久层和实体层代码，在本项目里对应代码文件就是相关模块 dao 包里的 Dao 接口、MyBatis 的 SQL 脚本映射 xml 文件和实体层的 Entity 类，这一步可以使用 MyBatis（反向生成代理插件）自动生成主体代码及其文件。然后根据实际业务需求，在 Dao 接口里添加方法，在映射 xml 文件里添加 SQL 脚本及其参数配置。

3）开发业务服务层代码，在本项目里对应代码文件就是相关模块 service 包里的 Service 类，并且该类必须继承该层基类 BaseService。在该类里根据实际业务需求，添加相关方法，对数据库里的数据进行增、改、删、查、转换、格式化等业务操作。如果是对数据库里的数据进行增、改、删三种操作，还需要在方法上增加数据库事务控制@Transactional 注解。

4）开发控制层代码，在本项目里对应代码文件就是相关模块 controller 包里的 Controller 类，并且该类必须继承该层基类 WfsmwBaseController 或者其模块的基类。例如项目里后台管理模块的基类是 AdminBaseController，会员中心模块的基类是 AbstractMemberController，当然这两个基类都继承了项目基类 WfsmwBaseController。在这些 Controller 类中，根据实际业务需求，添加相关控制层方法。

5）开发视图层代码，所谓视图层代码就是前端页面模板文件，在本项目里对应代码文件就是资源模板文件/resources/templates 的相关模块的子目录里的 HTML 文件。一般来说，一个项目里所有的前端页面都有统一的总体风格和布局，因此这些风格和布局的代码都是统一放在相关 CSS 文件里。

上述开发代码的过程顺序不是固定不变的，因为在实际项目开发中，这些工作不是一个人来做的，是多个人分工合作的，因此有时是同时进行的。一般的分工为：第 1 步会由产品经理、架构师和技术经理一起讨论完成；第 2~4 步由后端软件工程师完成；第 5 步由 UI 设计师和前端软件工程师一起合作完成。

▶▶ 10.3.1　开发管理员登录功能及其页面

本小节将对管理员登录的功能进行开发和详细说明。登录功能分为登录页面和登录认证两个功能点，它们的代码开发过程与顺序如下。

（1）开发管理员登录页面

根据管理员登录页面 UI 效果图，该页面实现的业务功能是：管理员输入用户名和密码，单击"登录"按钮，登录后台管理系统，对于密码这个字段值，需要使用 RSA 加密处理。根据项目架构规划，该登录页面属于管理员模块，它的控制器及其页面开发说明如下。

第 1 步：在控制层的 cn.sanqingniao.wfsmw.controller.admin 子控制器包里，增加 LoginController 控制器类，它继承了后台管理基类 AdminBaseController，在该类里增加 login 控制方法，它的主体代码如下。

```
1 行  @Controller
2 行  @CrossOrigin
3 行  public class LoginController extends AdminBaseController {
4 行      @GetMapping(value = "login.html")
5 行      public String login(ModelMap modelMap) throws Exception {
6 行          initPageData(modelMap);
7 行          return "admin/login";
8 行      }
9 行  }
```

第 1 行代码是@Controller 注解，表明 LoginController 是一个控制层的组件。

第 2 行代码是@CrossOrigin 注解，表明该控制器类是可以跨域访问的。

第 4 行代码是@GetMapping（value = "login.html"）注解，表明当前登录方法是以 Get 方式访问，并且设置它的访问路径是 login.html，因为它属于管理员模块，因此它的全路径是/admin/login.html。

第 6 行代码是调用基类 WfsmwBaseController 的 initPageData 方法，由于在登录页面需要对登录密码进行加密，因此在该方法里将加密需要的密钥信息初始化到登录页面里。

第 7 行代码是返回视图层的"admin/login"视图，其中"admin"表示在视图层模板目录的管理员模块 admin 子目录里，"login"是视图文件名，不要加上文件名后缀".html"，Spring MVC 架构在定位视图文件时会自动加上。

第 2 步：在视图层里，根据前端页面的总体风格，开发 login.html 前端静态 HTML 页面。根据项目架构规划，该登录页面属于管理员模块，因此它的存放路径为/resources/templates/admin/login.html。该视图模板文件的全部源代码，请到随书附赠的项目代码库里去查看。

（2）开发管理员登录认证功能

管理员登录认证功能的实现业务就是根据用户名从数据库里获取用户信息，验证登录密码是否正确。如果正确即登录成功，并且把当前登录用户信息缓存起来，之后调整到后台管理主页面里。该功能的开发说明如下。

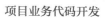
第 1 步：根据第 6 章数据库表结构设计，管理员信息对应的是数据库表是 t_user，且用户类型是 0（管理员）和 1（网站员工）的数据。

第 2 步：登录功能的业务是根据登录用户名从数据库里获取用户信息，因此在持久层的 UserDao 接口里，添加一个 getUserByName 方法，代码如下。

```
UserEntity getUserByName(String userName);
```

然后在 SQL 脚本映射 UserDao.xml 文件里，添加一个 <select> 查询元素项及其查询 SQL 脚本，代码如下。

```
<select id="getUserByName" parameterType="java.lang.String" resultMap="BaseResultMap">
  select
  <include refid="Base_Column_List"/>
from t_user
  where user_name = #{userName,jdbcType=VARCHAR}
</select>
```

第 3 步：在业务服务层的 cn.sanqingniao.wfsmw.service.user 子服务包里，增加 UserService 服务类，它继承了业务服务层基类 BaseService，在该类里增加 getUserByName 业务方法，它的代码如下。

```
public UserEntity getUserByName(String userName) {
    return userDao.getUserByName(userName);
}
```

它主要就是一行调用 DAO 层的代码。

第 4 步：在控制层的 cn.sanqingniao.wfsmw.controller.admin 子控制器包的 LoginController 控制器类里，增加 login 控制方法，它的主体代码如下。

```
@PostMapping(value = "login.html")
public String login(String userName, String password, ModelMap modelMap,HttpServlet
Request request, HttpServletResponse response) throws Exception {
    ......
}
```

在这个方法里第 1 行代码 @PostMapping（value = "login.html"）是注解，表明当前登录方法是以 Post 方式访问的，并且设置它的访问路径是 login.html，因为它属于管理员模块，因此它的全路径是/admin/login.html。在该方法的参数里，userName 和 password 就是从页面里传递过来的。该方法的主要业务逻辑就是：首先认证从页面上传递过来的两个参数是否为空，对登录密码进行解密；然后调用业务层第 3 步的 getUserByName 业务方法，获取登录用户信息；获取到用户信息后，比较登录密码是否与数据库里的一致，如果一致，则表示登录成功，接着处理登录成功之后的业务信息，例如为用户创建登录 Token，把用户信息保存到 Redis 缓存和 Session 里，然后记录登录日志和操作日志信息；最后重定向到本项目的主页面里。该控制方法的全部源代码，请到随书附赠的项目代码库里去查看。

▶▶ 10.3.2　开发管理员管理功能及其页面

本小节将对管理员管理功能进行开发和详细说明。管理员管理主要有新增、修改、查询、启用和禁用等功能点，它们的代码开发过程与顺序如下。

（1）开发新增管理员功能及其页面

根据新增管理员页面 UI 效果图，该页面实现的业务功能是：在该页面上输入管理员的各种信息，如用户名、用户类型、真实名称、昵称、性别、出生日期、手机号码、邮箱、QQ 等，单击"保存"按钮，把这些管理员信息保存到数据库里。该功能属于管理员模块，它的持久层 Dao 接口、SQL 脚本映射 xml 文件、业务服务类、控制器及其页面开发说明如下。

第 1 步：设计和确认管理员信息对应的数据库表。根据第 6 章数据库表结构设计，管理员信息对应的是数据库表是 t_user，且用户类型是 0（管理员）和 1（网站员工）的数据。

第 2 步：在持久层的 cn.sanqingniao.wfsmw.dao.user.UserDao 接口里，新增功能的业务是把用户信息保存到数据库里，因此添加一个 insert 方法，代码如下。

```
int insert(UserEntity record);
```

然后在 SQL 脚本映射 UserDao.xml 文件里，添加一个<insert>新增元素项及其 SQL 脚本，代码如下。

```
<insert id="insert"parameterType="cn.sanqingniao.wfsmw.entity.user.UserEntity">
    insert into t_user (id, user_name, password,......)
    values (#{id,jdbcType=VARCHAR}, #{userName,jdbcType=VARCHAR}, {password,jdbcType=
VARCHAR},......)
    </insert>
```

第 3 步：在业务服务层的 cn.sanqingniao.wfsmw.service.user.UserService 服务类里增加 insert 业务方法，它的代码如下。

```
1行   @Transactional
2行   public boolean insert(UserEntity user) {
3行       user.setId(getNewUID());
4行       // 为当前新用户生成邀请码
5行       String inviteCode = getLastInviteCode();
6行       user.setInviteCode(inviteCode);
7行       // 12 位用户卡号在默认情况下使用邀请码,不足左边补 0
8行       user.setCardNumber(leftPad(inviteCode, 12, '0'));
9行       // 加密登录密码
10行      encryptLoginPassword(user);
11行      boolean result = userDao.insert(user) > 0;
12行      if (result) {
13行          // 新增用户登录日志信息
14行          insertLoginLog(user);
15行      }
16行      return result;
17行   }
```

第 1 行代码是@Transactional 注解，表明当前方法需要增加数据库事务控制。

第 2～10 行代码，分别是生成用户的 ID、邀请码、卡号、加密登录密码。

第 11 行代码调用持久层 userDao 的 insert 方法，把用户信息保存到数据库里。

第 14 行代码新增用户登录日志信息。

第 4 步：在控制层的 cn.sanqingniao.wfsmw.controller.admin 子控制器包里，新增 AdminManageController 控制器类，它继承了 AdminBaseController 后台管理基类，在该类里增加 getAdmin 和 saveAdmin 两个控制方法，其主体代码如下。

```
@ RequestMapping("get_admin.html")
public String getAdmin(String id, ModelMap modelMap) {
    ......
}


@ RequestMapping("save_admin.html")
public String saveAdmin(UserEntity currentAdmin, ModelMap modelMap) {
    ......
}
```

在 getAdmin 方法里，是打开新增和编辑管理员页面。当用户 ID 为空时表示打开新增页面，否则根据用户 ID，调用业务服务层的方法获取用户信息，然后打开编辑页面。在 saveAdmin 方法里，是新增用户信息，首先检查参数 currentAdmin 对象里的一些必需值是否符合业务要求，然后调用业务服务层的 UserService 服务类的 insert 业务方法，来新增用户信息。

第 5 步：在视图层里，根据前端页面的总体风格和页面 UI 设计效果图，开发 admin_edit.html 前端静态 HTML 页面。该管理员编辑页面属于管理员模块，因此它的存放路径为/resources/templates/admin/ admin_edit.html。在该页面里，新增 JavaScript 方法 saveAdmin，在该方法里，通过向上述控制层的服务端接口发起请求，来触发实现新增管理员功能。

对于管理员管理模块的修改、查询、启用和禁用等功能点，都可以按照上述思路和顺序进行代码开发。上述这些功能点的全部源代码，请到随书附赠的项目代码库里去查看。

（2）开发修改管理员功能及其页面

在项目里，修改管理员功能页面就是新增管理员页面，它们之间的区别是根据管理员的用户 ID 是否存在来判断的，如果存在，则表示是修改功能。修改管理员功能实现的业务是：首先根据管理员的用户 ID，从数据库里获取管理员用户信息，并且传递到前端页面里；然后在该页面上修改信息，单击“保存”按钮，把这些信息更新到数据库里。根据前面的开发思路和顺序，先后开发修改管理员功能点的持久层 Dao 接口、SQL 脚本映射 xml 文件、业务服务类、控制器及其页面，具体过程就不再赘述了。修改功能点在每个层级对应的类及其方法说明如下。

1）在持久层的 cn.sanqingniao.wfsmw.dao.user.UserDao 接口里新增 selectByPrimaryKey 和 updateByPrimaryKeySelective 两个方法，selectByPrimaryKey 方法用来实现从数据库里获取管理员用户信息，updateByPrimaryKeySelective 方法用来实现把这些信息更新到数据库里。在它们的 SQL 脚本映射 UserDao.xml 文件里添加<select id＝" selectByPrimaryKey">查询元素项和<update id＝" updateByPrimaryKeySelective">更新元素项。

2）在业务服务层的 cn.sanqingniao.wfsmw.service.user.UserService 服务类里新增 getUserById 和 update 两个业务方法。在 getUserById 方法里，通过调用上述持久层的方法，来实现获取管理员用户信息。在 update 方法里，通过调用上述持久层的方法，来实现更新管理员用户信息。

3）在控制层的 cn. sanqingniao. wfsmw. controller. admin. AdminManageController 控制器类里新增 getAdmin 和 saveAdmin 两个控制方法。在 getAdmin 方法里，通过调用上述业务服务层的方法，来实现获取管理员信息功能接口，用于打开修改页面。在 saveAdmin 方法里，通过调用上述业务服务层的方法，来实现更新管理员信息功能接口，用于将管理员用户信息更新到数据库里。

4）在视图层里，根据前端页面的总体风格和页面 UI 设计效果图，开发对应的视图模板文件/resources/templates/admin/ admin_edit. html。该视图模板文件是管理员编辑页面。在该页面里，新增 JavaScript 方法 saveAdmin，在该方法里，通过向上述控制层的服务端接口发起请求，来触发实现更新管理员功能。

（3）开发查询管理员功能及其页面

根据查询管理员页面 UI 效果图，该页面实现的业务功能是：在该页面输入查询条件，单击"查询"按钮，进行分页查询管理员用户信息，并且在该页面里有添加管理员用户信息、启用和禁用管理员功能按钮入口。根据前面的开发思路和顺序，先后开发查询管理员功能点的持久层 Dao 接口、SQL 脚本映射 xml 文件、业务服务类、控制器及其页面，具体过程就不再赘述了。查询功能点在每个层级对应的类及其方法说明如下。

1）在持久层的 cn.sanqingniao.wfsmw.dao.user.UserDao 接口里新增 count 和 query 两个方法，在 SQL 脚本映射 UserDao.xml 文件里新增<select id = " count" >和<select id = " query" >两个查询元素项。其中 count 方法是根据查询条件查询总数量，query 方法是根据查询条件和页码获取当前页的用户信息列表。

2）在业务服务层的 cn.sanqingniao.wfsmw.service.user.UserService 服务类里新增 getUserList 业务方法，在该方法里，通过调用上述持久层的方法，来实现查询管理员用户信息列表。

3）在控制层的 cn.sanqingniao.wfsmw.controller.admin.AdminManageController 控制器类里新增 queryAdminList 控制方法，在该方法里，通过调用上述业务服务层的方法，来实现查询管理员功能接口。

4）在视图层里，根据前端页面的总体风格和页面 UI 设计效果图，开发 admin_manage.html 前端静态 HTML 页面。管理员编辑页面属于管理员模块，因此它的存放路径为/resources/templates/admin/admin_manage. html，该视图模板文件是管理员管理页面。在该页面里，新增 JavaScript 方法 queryAdmin。在该方法里，通过向上述控制层的服务端接口发起请求，来触发实现查询管理员功能。

（4）开发启用和禁用管理员功能及其页面

启用和禁用管理员功能实现的业务是修改管理员的用户状态这个字段值。根据前端页面的总体风格和页面 UI 设计效果图，在管理员管理页面的工具栏里，新增"启用"和"禁用"按钮，管理员信息列表的第一列是一个复选框。通过复选框选择一些管理员信息时，单击"启用"和"禁用"按钮，就可以触发实现启用和禁用管理员功能。根据前面的开发思路和顺序，先后开发启用和禁用管理员功能点的持久层 Dao 接口、SQL 脚本映射 xml 文件、业务服务类、控制器及其页面，具体过程就不再赘述了。对于启用和禁用功能点，在每个层级对应的类及其方法说明如下。

1）在持久层的 cn.sanqingniao.wfsmw.dao.user.UserDao 接口里新增 updateUserStatus 方法，在 SQL 脚本映射 UserDao.xml 文件里新增<update id = " updateUserStatus" >更新元素项。

2）在业务服务层的 cn.sanqingniao.wfsmw.service.user.UserService 服务类里新增 updateUserStatus 业务方法，在该方法里，通过调用上述持久层的方法，来实现修改管理员的用户状态这个字段值。

3）在控制层的 cn.sanqingniao.wfsmw.controller.admin.AdminManageController 控制器类里新增 modify-UserStatus 控制方法。在该方法里，通过调用上述业务服务层的方法，来实现启用和禁用管理员功能接口。

4）在视图层里，根据前端页面的总体风格和页面 UI 设计效果图，开发对应的视图模板文件/resources/templates/admin/ admin_manage.html，该视图模板文件是管理员管理页面。在该页面里，新增 JavaScript 方法 modifyUserStatus。在该方法里，通过向上述控制层的服务端接口发起请求，来触发实现启用和禁用管理员功能。

至此，完成了开发管理员管理功能及其页面，这些功能点的全部源代码，请到随书附赠的项目代码库里去查看。对于后台管理部分的会员管理、商品管理、订单管理和模块数据管理等模块，它们对应的模块名分别是 admin、goods、order、site，这些模块的开发思路和顺序，请继续往下阅读。

▶▶ 10.3.3 开发会员管理功能及其页面

本小节将对会员管理功能进行开发和详细说明。会员管理主要有查询、编辑、启用和禁用会员等功能点。查询会员功能实现的业务是在会员管理页面上输入查询条件，单击"搜索"按钮，分页查询会员用户信息。启用和禁用会员功能实现的业务是修改会员的用户状态这个字段值。编辑会员功能实现的业务是获取会员详情信息，并展现在页面上。在该页面上编辑会员详情信息，单击"保存"按钮，把会员信息更新到数据库里。它们的代码开发过程与顺序如下。

（1）开发查询会员功能及其页面

根据会员管理页面 UI 效果图，该页面实现的业务功能是：在该页面上输入查询条件，单击"查询"按钮，进行分页查询会员用户信息，并且在该页面里有启用和禁用会员功能按钮入口。根据前面的开发思路和顺序，先后开发会员管理功能点的持久层 Dao 接口、SQL 脚本映射 xml 文件、业务服务类、控制器及其页面，具体过程就不再赘述了。在会员管理功能里，查询功能点在每个层级对应的类及其方法说明如下。

1）在持久层的 cn.sanqingniao.wfsmw.dao.user.UserDao 接口里新增 count 和 query 两个方法，在 SQL 脚本映射 UserDao.xml 文件里新增<select id = " count" >和<select id = " query" >两个查询元素项。其中 count 方法是根据查询条件查询总数量，query 方法是根据查询条件和页码获取当前页的用户信息列表。

2）在业务服务层的 cn.sanqingniao.wfsmw.service.user.UserService 服务类里新增 getUserList 业务方法，在该方法里，通过调用上述持久层的方法，来实现分页获取会员用户信息列表。

3）在控制层里新增 cn.sanqingniao.wfsmw.controller.admin.UserManageController 控制器类，在该控制器类里新增 queryUserList 控制方法，在该方法里，通过调用上述业务服务层的方法，来实现查询会员用户信息接口。

4）在视图层里，根据前端页面的总体风格和页面 UI 设计效果图，开发对应的视图模板文件/resources/templates/admin/ user_manage.html，该视图模板文件是会员管理页面。在该页面里，新增 JavaScript 方法 queryUser。在该方法里，通过向上述控制层的服务端接口发起请求，来触发实现查询会员功能。

（2）开发修改会员功能及其页面

根据会员编辑页面 UI 效果图，该页面实现的业务是：首先根据会员的用户 ID，从数据库里获取会员用户信息，并且传递到前端页面里；然后在该页面上修改这些信息，单击"保存"按钮，把这些信息更新到数据库里。根据前面的开发思路和顺序，先后开发修改会员功能点的持久层 Dao 接口、SQL 脚本映射 xml 文件、业务服务类、控制器及其页面，具体过程就不再赘述了。修改功能点在每个层级对应的类及其方法说明如下。

1）在持久层的 cn.sanqingniao.wfsmw.dao.user.UserDao 接口里新增 selectByPrimaryKey 和 updateByPrimaryKeySelective 两个方法，selectByPrimaryKey 方法用来实现从数据库里获取会员用户信息，updateByPrimaryKeySelective 方法用来实现把这些信息更新到数据库里，在它们的 SQL 脚本映射 UserDao.xml 文件里添加<select id="selectByPrimaryKey">查询元素项和<update id="updateByPrimaryKeySelective">更新元素项。

2）在业务服务层的 cn.sanqingniao.wfsmw.service.user.UserService 服务类里新增 getUserById 和 update 两个业务方法。在 getUserById 方法里，通过调用上述持久层的方法，来实现获取会员用户信息。在 update 方法里，通过调用上述持久层的方法，来实现更新会员用户信息。

3）在控制层的 cn.sanqingniao.wfsmw.controller.admin.AdminManageController 控制器类里新增 getAdmin 和 saveAdmin 两个控制方法。在 getAdmin 方法里，通过调用上述业务服务层的方法，来实现获取会员信息功能接口，用于打开修改页面；在 saveAdmin 方法里，通过调用上述业务服务层的方法，来实现更新会员信息功能接口，用于将会员用户信息更新到数据库里。

4）在视图层里，根据前端页面的总体风格和页面 UI 设计效果图，开发对应的视图模板文件/resources/templates/admin/user_manage.html，该视图模板文件是会员管理页面。在该页面里，新增如下一段 JavaScript 代码。

```
<script type="text/javascript" th:inline="javascript">

let getAdminUrl = /*[[@{/admin/get_admin.html}]]*/ "user_edit.html";
$('.edit_bnt').on('click',function(){
    getAdminUrl = getAdminUrl + "? id=" + $(this).attr('data-id');
    window.location.href = getAdminUrl;
});

//  ...在此省略下面无关的代码
</script>
```

在上述代码里，是为含有 CSS 类 edit_bnt 的 DOM 元素注册一个单击事件匿名函数。在该匿名函数里，通过向上述控制层的服务端接口发起请求，来触发实现获取会员信息功能。

在视图层里，对于更新会员信息功能，根据前端页面的总体风格和页面 UI 设计效果图，开发对应的视图模板文件/resources/templates/admin/user_edit.html，该视图模板文件是会员编辑页面。在该页面里，新增 JavaScript 方法 saveAdmin，在该方法里通过向上述控制层的服务端接口发起请求，来触发实现更新会员功能。

（3）开发启用和禁用会员功能

启用和禁用会员功能实现的业务是修改会员的用户状态这个字段值。根据前端页面的总体风格和页面 UI 设计效果图，在会员管理页面的工具栏里，新增"启用"和"禁用"按钮，会员信息列表的第一列是一个复选框。通过复选框选择一些会员信息时，单击"启用"和"禁用"按钮，就可以触发实现启用和禁用会员功能。根据前面的开发思路和顺序，先后开发启用和禁用会员功能点的持久层 Dao 接口、SQL 脚本映射 xml 文件、业务服务类、控制器及其页面，具体过程就不再赘述了。启用和禁用功能点在每个层级对应的类及其方法说明如下。

1）在持久层的 cn.sanqingniao.wfsmw.dao.user.UserDao 接口里新增 updateUserStatus 方法，在 SQL 脚本映射 UserDao.xml 文件里新增<update id = "updateUserStatus">更新元素项。

2）在业务服务层的 cn.sanqingniao.wfsmw.service.user.UserService 服务类里新增 updateUserStatus 业务方法。在该方法里，通过调用上述持久层的方法，来实现修改会员的用户状态这个字段值。

3）在控制层的 cn.sanqingniao.wfsmw.controller.admin.AdminManageController 控制器类里新增 modify-UserStatus 控制方法。在该方法里，通过调用上述业务服务层的方法，来实现启用和禁用会员功能接口。

4）在视图层里，根据前端页面的总体风格和页面 UI 设计效果图，开发对应的视图模板文件 /resources/templates/admin/ user_manage.html，该视图模板文件是会员管理页面。在该页面里，新增 JavaScript 方法 modifyUserStatus。在该方法里，通过向上述控制层的服务端接口发起请求，来触发实现启用和禁用会员功能。

至此，完成了开发会员管理功能及其页面，这些业务功能点的全部源代码，请到随书附赠的项目代码库里去查看。

▶▶ 10.3.4 开发商品模块功能及其页面

本小节将对商品模块功能进行开发和详细说明。在商品模块功能里，有商品分类、商品管理和添加商品 3 个子模块。商品分类模块是对商品分类进行查询、增加、修改和删除等业务操作；商品管理模块是对商品进行修改、删除、查询、上架、下架和恢复等业务操作；添加商品模块是对商品进行增加的业务操作。

（1）开发查询商品分类功能及其页面

根据商品分类管理页面 UI 效果图，在该页面里实现查询商品分类功能的业务是：根据分类级别，默认查询大类，从数据库里获取对应分类级别的所有商品分类信息，并传递到前端商品分类管理页面里。根据前面的开发思路和顺序，先后开发商品分类模块功能点的持久层 Dao 接口、SQL 脚本映射 xml 文件、业务服务类、控制器及其页面，具体过程就不再赘述了。在商品分类模块里，商品分类的查询功能点在每个层级对应的类及其方法说明如下。

1）在持久层里新增 cn.sanqingniao.wfsmw.dao.goods.GoodsCategoryDao 接口，在该接口里新增 find 方法，在 SQL 脚本映射 GoodsCategoryDao.xml 文件里新增<select id = "find">元素项。find 方法是实现查询功能。

2）在业务服务层里新增 cn.sanqingniao.wfsmw.service.goods.GoodsCategoryService 服务类，在该服务类里新增 find 业务方法。在该方法里，通过调用上述持久层的方法，来实现查询商品分类功能。

3）在控制层里新增 cn.sanqingniao.wfsmw.controller.goods.GoodsCategoryController 控制器类，在该控制器类里新增 getGoodsCategory 控制方法。在该方法里，通过调用上述业务服务层的方法，来实现查询商品分类列表功能接口。

4）在视图层里，根据前端页面的总体风格和页面 UI 设计效果图，开发对应的视图模板文件/re-sources/templates/goods/ goods_category.html，该视图模板文件是商品分类管理页面。在该页面里，新增如下 HTML 代码。

```
<a href="#" th:href="@{/admin/goods/goods_category.html(level=1)}">大类管理</a>
```

如上述类似的链接 HTML 代码，通过向上述控制层的服务端接口发起请求，来触发实现查询商品分类功能。

（2）开发增加商品分类功能及其页面

根据商品分类管理页面 UI 效果图，在该页面里实现增加商品分类功能的业务是直接在分类输入框里输入商品分类，选择所属父级类（如果存在的话），单击"添加大类"等类似的按钮，来实现增加商品分类功能。根据前面的开发思路和顺序，先后开发商品分类模块功能点的持久层 Dao 接口、SQL 脚本映射 xml 文件、业务服务类、控制器及其页面，具体过程就不再赘述了。在商品分类模块里，商品分类的增加功能点在每个层级对应的类及其方法说明如下。

1）在持久层里新增 cn.sanqingniao.wfsmw.dao.goods.GoodsCategoryDao 接口，在该接口里新增 getM-axOrderNum 和 insertSelective 两个方法，在 SQL 脚本映射 GoodsCategoryDao.xml 文件里新增<select id="getMaxOrderNum">和<insert id="insertSelective">两个元素项。getMaxOrderNum 方法用来实现获取商品分类的最大序号，insertSelective 方法用来实现新增一个商品分类信息。

2）在业务服务层里新增 cn.sanqingniao.wfsmw.service.goods.GoodsCategoryService 服务类，在该服务类里新增 insertGoodsCategory 业务方法。在该方法里，通过调用上述持久层的方法，来实现新增一个商品分类信息功能。

3）在控制层里新增 cn.sanqingniao.wfsmw.controller.goods.GoodsCategoryController 控制器类，在该控制器类里新增 insertGoodsCategory 控制方法。在该方法里，通过调用上述业务服务层的方法，来实现新增一个商品分类信息功能接口。

4）在视图层里，根据前端页面的总体风格和页面 UI 设计效果图，开发对应的视图模板文件/re-sources/templates/goods/ goods_category.html，该视图模板文件是商品分类管理页面。在该页面里，新增 JavaScript 函数 checkGoodsCategory，来检查新增商品分类属性值的必需性。通过网页表单方式，向上述控制层的服务端接口发起请求，来触发实现增加商品分类功能。

（3）开发修改商品分类功能及其页面

根据商品分类管理页面 UI 效果图，在该页面里实现修改商品分类功能的业务是：首先在页面的工具栏里，新增"修改"按钮，商品分类信息列表的第一列是一个复选框。在商品分类列表里，可以直接修改商品分类值、所属父类（如果存在话）、排序等。然后通过复选框选择一些商品分类信息时，单击"修改"按钮，就可以触发实现修改商品分类功能。根据前面的开发思路和顺序，先后开发商品分类模块功能点的持久层 Dao 接口、SQL 脚本映射 xml 文件、业务服务类、控制器及其页面，具体过程就不再赘述了。在商品分类模块里，商品分类的修改功能点在每个层级对应的类及其方法说明如下。

1）在持久层里新增 cn.sanqingniao.wfsmw.dao.goods.GoodsCategoryDao 接口，在该接口里新增 update-

ByPrimaryKeySelective 方法，在 SQL 脚本映射 GoodsCategoryDao.xml 文件里新增<update id = " updateBy PrimaryKeySelective" >元素项。updateByPrimaryKeySelective 方法用于实现更新商品分类信息。

2）在业务服务层里新增 cn.sanqingniao.wfsmw.service.goods.GoodsCategoryService 服务类，在该服务类里新增 updateGoodsCategories 业务方法。在该方法里，通过调用上述持久层的方法，来实现更新多个商品分类信息。

3）在控制层里新增 cn.sanqingniao.wfsmw.controller.goods.GoodsCategoryController 控制器类，在该控制器类里新增 updateGoodsCategories 控制方法。在该方法里，通过调用上述业务服务层的方法，来实现更新多个商品分类信息功能接口。

4）在视图层里，根据前端页面的总体风格和页面 UI 设计效果图，开发对应的视图模板文件 /resources/templates/goods/ goods_category.html，该视图模板文件是商品分类管理页面。在该页面里，新增 JavaScript 方法 updateGoodsCategories。在该方法里，通过向上述控制层的服务端接口发起请求，来触发实现更新多个商品分类信息功能。

（4）开发删除商品分类功能及其页面

根据商品分类管理页面 UI 效果图，在该页面里实现删除商品分类功能的业务有两种方式，分别如下。

1）批量删除：首先在页面的工具栏里，新增"删除"按钮，商品分类信息列表的第一列是一个复选框。通过复选框选择一些商品分类信息后，单击该"删除"按钮，就可以触发实现批量删除商品分类功能。

2）单个删除：商品分类信息列表的最后一列是操作列，在每行商品分类信息的该列里添加一个"删除"按钮，单击该"删除"按钮，就可以触发实现删除单个商品分类功能。

根据前面的开发思路和顺序，先后开发商品分类模块功能点的持久层 Dao 接口、SQL 脚本映射 xml 文件、业务服务类、控制器及其页面，具体过程就不再赘述了。在商品分类模块里，商品分类的批量删除和单个删除两个功能点在每个层级对应的类及其方法说明如下。

1）在持久层里新增 cn.sanqingniao.wfsmw.dao.goods.GoodsCategoryDao 接口，在该接口里新增 updateIsDeleteById 方法，在 SQL 脚本映射 GoodsCategoryDao.xml 文件里新增<update id = " updateIsDelete-ById" >元素项。updateIsDeleteById 方法用于实现根据商品分类 ID 更新它的"是否删除"字段值。

2）在业务服务层里新增 cn.sanqingniao.wfsmw.service.goods.GoodsCategoryService 服务类，在该服务类里新增 updateIsDeleteById 和 updateIsDeleteByIds 业务方法。在 updateIsDeleteById 方法里，通过调用上述持久层的方法，来实现根据一个商品分类 ID 更新它的"是否删除"字段值；在 updateIsDeleteByIds 方法里，通过调用上述持久层的方法，来实现根据多个商品分类 ID 更新它们的"是否删除"字段值。

3）在控制层里新增 cn.sanqingniao.wfsmw.controller.goods.GoodsCategoryController 控制器类，在该控制器类里新增 deleteGoodsCategory 和 deleteGoodsCategories 控制方法。在 deleteGoodsCategory 方法里，通过调用上述业务服务层的方法，来实现删除一个商品分类信息的功能接口；在 deleteGoodsCategories 方法里，通过调用上述业务服务层的方法，来实现删除多个商品分类信息的功能接口。

4）在视图层里，根据前端页面的总体风格和页面 UI 设计效果图，开发对应的视图模板文件

/resources/templates/goods/ goods_category.html，该视图模板文件是商品分类管理页面。在该页面里，新增 JavaScript 方法 deleteGoodsCategory 和 deleteGoodsCategories。在 deleteGoodsCategory 方法里，通过向上述控制层的服务端接口发起请求，来触发实现删除一个商品分类信息功能；在 deleteGoodsCategories 方法里，通过向上述控制层的服务端接口发起请求，来触发实现删除多个商品分类信息功能。

（5）开发商品管理模块功能及其页面

根据前面的开发思路和顺序，先后开发商品管理模块功能点的持久层 Dao 接口、SQL 脚本映射 xml 文件、业务服务类、控制器及其页面，具体过程就不再赘述了。在商品管理模块里，商品的查询、修改、删除、上架、下架和恢复等功能点在每个层级对应的方法名和实现的详细业务逻辑，由于篇幅所限，在此不再一一列举了，它们在每个层级对应的类及其方法说明如下。

1）在持久层里新增 cn.sanqingniao.wfsmw.dao.goods.GoodsDao 和 cn.sanqingniao.wfsmw.dao.goods.GoodsFileDao 两个接口，在这两个接口里新增一些方法，在 SQL 脚本映射 GoodsDao.xml 和 GoodsFileDao.xml 两个文件中新增一些元素项。

2）在业务服务层里新增 cn.sanqingniao.wfsmw.service.goods.GoodsService 服务类，在该服务类中新增一些业务方法，同时在 cn.sanqingniao.wfsmw.service.goods.GoodsCategoryService 里新增一些业务方法。

3）在控制层里新增 cn.sanqingniao.wfsmw.controller.goods.GoodsManageController 控制器类，在该控制器类中新增一些控制方法。

4）在视图层里，根据前端页面的总体风格和页面 UI 设计效果图，开发对应的视图模板文件 /resources/templates/goods/ goods_manage.html。

（6）开发添加商品模块功能及其页面

根据前面的开发思路和顺序，先后开发添加商品模块功能点的持久层 Dao 接口、SQL 脚本映射 xml 文件、业务服务类、控制器及其页面，具体过程就不再赘述了。在添加商品模块里，商品的增加、获取、修改等功能点。在每个层级对应的方法名和实现的详细业务逻辑，由于篇幅所限，在此不再一一列举了，它们在每个层级对应的类及其方法说明如下。

1）在持久层 cn.sanqingniao.wfsmw.dao.goods 的 GoodsCategoryDao、GoodsDao 和 GoodsFileDao 三个接口里新增一些方法，在 SQL 脚本映射 GoodsCategoryDao.xml、GoodsDao.xml 和 GoodsFileDao.xml 三个文件里新增一些元素项。

2）在业务服务层 cn.sanqingniao.wfsmw.service.goods 的 GoodsCategoryService 和 GoodsService 服务类里新增一些业务方法。

3）在控制层里新增 cn.sanqingniao.wfsmw.controller.goods.GoodsEditController 控制器类，在该控制器类里新增一些控制方法。

4）在视图层里，根据前端页面的总体风格和页面 UI 设计效果图，开发对应的视图模板文件 /resources/templates/goods/goods_edit.html。

至此，完成了开发商品模块功能及其页面，这些业务功能点的全部源代码，请到随书附赠的项目代码库里去查看。

▶▶ 10.3.5 开发订单管理功能及其页面

本小节将对订单管理功能进行开发和详细说明。订单管理主要有搜索、出库、查看、编辑、取消和完成订单功能点。搜索订单功能实现的业务是在订单管理页面上输入查询条件，单击"搜索"按钮或订单状态 Tab 页，分页查询订单信息。出库订单功能实现的业务是对配送中的订单进行出库操作。查看订单功能实现的业务是获取订单详情信息，展现在展示页面上。编辑订单功能实现的业务是获取待付款的订单详情信息，展现在编辑页面上，在该页面上编辑订单详情信息，单击"保存"按钮，把订单信息更新到数据库里。取消订单功能实现的业务是对待付款的订单进行取消操作。完成订单功能实现的业务是对配送中或退换中的订单进行完成操作。

根据前面的开发思路和顺序，先后开发订单模块功能点的持久层 Dao 接口、SQL 脚本映射 xml 文件、业务服务类、控制器及其页面，具体过程就不再赘述了。订单的搜索、出库、查看、编辑、取消和完成等功能点在每个层级对应的方法名和实现的详细业务逻辑，由于篇幅所限，在此不再一一列举了，它们在每个层级对应的类及其方法说明如下。

1）在持久层里，新增 cn.sanqingniao.wfsmw.dao.order.OrderDao 和 cn.sanqingniao.wfsmw.dao.order.Order2GoodsDao 两个接口，在这两个接口里新增一些方法，在 SQL 脚本映射 OrderDao.xml 和 Order2GoodsDao.xml 两个文件里新增一些元素项。

2）在业务服务层里，新增 cn.sanqingniao.wfsmw.service.order.OrderService 服务类，在该服务类里新增一些业务方法。

3）在控制层里，新增 cn.sanqingniao.wfsmw.controller.order.OrderManageController 和 cn.sanqingniao.wfsmw.controller.order.OrderApiController 两个控制器类，在这两个控制器类里新增一些控制方法。

4）在视图层里，根据前端页面的总体风格和页面 UI 设计效果图，在目录/resources/templates/order/里开发 user_order_manage.html、user_order_view.html 和 user_order_edit.html 三个视图模板文件。其中 user_order_manage.html 是订单管理页面，user_order_view.html 是订单详情展示页面和 user_order_edit.html 是订单详情编辑页面。

至此，完成了开发订单管理功能及其页面，这些业务功能点的全部源代码，请到随书附赠的项目代码库里去查看。

▶▶ 10.3.6　开发模块数据管理功能及其页面

本小节将对模块数据管理功能进行开发和详细说明。模块数据管理主要有搜索、添加、编辑、显示、隐藏和删除模块数据功能点。搜索模块数据功能实现的业务是在模块数据管理页面上输入查询条件，单击"搜索"按钮，分页查询模块数据信息。添加模块数据功能实现的业务是新增一个模块数据信息。编辑模块数据功能实现的业务是获取模块数据详情信息，展现在编辑页面上，在该页面上编辑模块数据详情信息，单击"保存"按钮，把模块数据信息更新到数据库里。显示或隐藏模块数据功能实现的业务是对模块数据的"是否显示"字段进行更新操作。删除模块数据功能实现的业务是对模块数据进行物理删除操作。

根据前面的开发思路和顺序，先后开发模块数据管理功能点的持久层 Dao 接口、SQL 脚本映射 xml 文件、业务服务类、控制器及其页面，具体过程就不再赘述了。在模块数据管理功能里，模块数据的搜索、添加、编辑、显示、隐藏和删除等功能点在每个层级对应的方法名和实现的详细业务逻辑，由于篇幅所限，在此不再一一列举了，它们在每个层级对应的类及其方法说明如下。

1）在持久层里新增 cn.sanqingniao.wfsmw.dao.site.SitePageModuleDao 接口，在该接口里新增一些方法，在 SQL 脚本映射 SitePageModuleDao.xml 文件里新增一些元素项。

2）在业务服务层里新增 cn.sanqingniao.wfsmw.service.site.SitePageModuleService 服务类，在该服务类里新增一些业务方法。

3）在控制层里新增 cn.sanqingniao.wfsmw.controller.site.SitePageModuleController 控制器类及其所有控制方法。

4）在视图层里，根据前端页面的总体风格和页面 UI 设计效果图，在目录/resources/templates/module/里开发 module_data_manage.html 和 module_data_edit.html 两个视图模板文件，其中 module_data_manage.html 是模块数据管理页面，module_data_edit.html 是模块数据编辑页面。

至此，完成了开发模块数据管理功能及其页面，这些业务功能点的全部源代码，请到随书附赠的项目代码库里去查看。

10.4　会员中心

本节将对后端项目会员中心部分的功能进行开发和详细说明。根据第 4 章的项目概述，会员中心部分含有会员注册及登录、我的订单、我的信息、收货地址和修改密码等功能及其页面。根据项目架构规划，这些功能及其页面属于会员中心模块，该模块名是 member，它们的代码开发说明如下。

▶▶ 10.4.1　开发会员注册功能及其页面

本小节将对会员注册功能进行开发和详细说明。会员注册主要有打开会员注册页面、获取图片验证码、保存会员注册信息等功能点。根据前面的开发思路和顺序，先后开发会员注册功能点的持久层 Dao 接口、SQL 脚本映射 xml 文件、业务服务类、控制器及其页面，具体过程就不再赘述了。在会员注册功能里，打开会员注册页面、获取图片验证码、保存会员注册信息等功能点在每个层级对应的方法名和实现的详细业务逻辑，由于篇幅所限，在此不再一一列举了，它们在每个层级对应的类及其方法说明如下。

1）在持久层里，新增 cn.sanqingniao.wfsmw.dao.user.UserDao 接口，在该接口里新增 insert 方法，在 SQL 脚本映射 UserDao.xml 文件里增加<insert id="insert">元素项。insert 方法是实现新增一个会员用户信息到数据库里。

2）在业务服务层里，新增 cn.sanqingniao.wfsmw.service.user.UserService 服务类，在该服务类里新增 insert 业务方法。在该方法里，通过调用上述持久层的方法，来实现新增一个会员用户信息。

3）在控制层里，新增 cn.sanqingniao.wfsmw.controller.member.MemberRegisterController 控制器类，在该控制器里新增 getRegisterPage 和 registerWeb 两个控制方法。getRegisterPage 方法用于打开会员注册页面；在 registerWeb 方法里，通过调用上述业务服务层的方法，来实现保存注册会员信息功能接口。对于获取图片验证码功能，在 cn.sanqingniao.commons.controller.CommonsController 控制器类里，新增 getImageVerifyCode 控制方法，来实现获取图片验证码功能接口。

4）在视图层里，根据前端页面的总体风格和页面 UI 设计效果图，开发对应的视图模板文件

/resources/templates/member/ wap_register.html，该视图模板文件是手机端会员注册页面。

在该页面里，通过如下代码来获取图片验证码：

```
<img class="imageVerifyCode" alt="验证码" th:src="@{/commons/get_image_verify_code.
html}" th:onclick="|flushVerifyCode('imageVerifyCode');|" />
```

在上述 HTML 代码里，是一个图片 DOM 元素，通过使用它的 src 属性来获取图片验证码。同时为它注册了一个单击函数 flushVerifyCode，当用户单击该图片验证码时，能够更新它。

在该页面里使用了 AJAX 异步技术，在它包含的/resources/templates/commons/common_register.html 模板片段文件的 doRegister( )方法里，使用/resources/static/js/commons.js 文件里的 ajaxPostJson 封装方法来向上述控制层的服务端接口发起 AJAX 异步请求，实现会员注册功能。

▶▶ 10. 4. 2　开发会员登录功能及其页面

本小节将对会员登录功能进行开发和详细说明。会员登录主要有打开会员登录页面、获取图片验证码、会员登录系统功能点。根据前面的开发思路和顺序，先后开发会员登录功能点的持久层 Dao 接口、SQL 脚本映射 xml 文件、业务服务类、控制器及其页面，具体过程就不再赘述了。在会员登录功能里，打开会员登录页面、获取图片验证码、会员登录系统等功能点在每个层级对应的方法名和实现的详细业务逻辑，由于篇幅所限，在此不再一一列举了，它们在每个层级对应的类及其方法说明如下。

1）在持久层的 cn.sanqingniao.wfsmw.dao.user.UserDao 接口里新增 getUserByName 方法，在 SQL 脚本映射 UserDao.xml 文件里新增<select id = " getUserByName" >元素项。getUserByName 方法用于实现根据用户名从数据库里获取一个会员用户信息。

2）在业务服务层的 cn.sanqingniao.wfsmw.service.user.UserService 服务类里新增 getUserByName 业务方法。在该方法里，通过调用上述持久层的方法，来实现根据用户名获取一个会员用户信息。

3）在控制层的 cn.sanqingniao.wfsmw.controller.member.MemberLoginController 控制器类里新增 getLoginPage 和 loginWeb 两个控制方法。getLoginPage 方法用于打开会员登录页面；在 loginWeb 方法里，通过调用上述业务服务层的方法，来实现会员登录功能接口。

4）在视图层里，根据前端页面的总体风格和页面 UI 设计效果图，开发对应的视图模板文件/resources/templates/member/ wap_login.html，该视图模板文件是手机端会员登录页面。在该页面里，获取图片验证码与上一小节会员注册页面是一致的。在该页面里使用了 AJAX 异步技术，在它包含的/resources/templates/commons/ common_login.html 模板片段文件的 doLogin( )方法里，使用/resources/static/js/commons.js 文件里的 ajaxPostJson 封装方法来发起 AJAX 异步请求，实现会员登录功能。

至此，完成了开发会员登录功能及其页面，这些业务功能点的全部源代码，请到随书附赠的项目代码库里去查看。

▶▶ 10. 4. 3　开发我的订单功能及其页面

本小节将对我的订单功能进行开发和详细说明。我的订单主要有查询订单、查看订单、确认收货、取消订单、获取用户订单数量和付款订单等功能点。查询订单功能实现的业务是在我的订单页面上分页查询我的订单信息，当页面滚动到底部时，自动获取下一页我的订单信息。查看订单功能实现的业务是获取我的订单详情信息，展现在展示页面上。确认收货功能实现的业务是获取配送中的订单详情信息，把它的状态更新为已完成、它的收货状态更新为已收货。取消订单功能实现的业务是对待付款的订单进行取消操作。获取用户订单数量功能实现的业务是获取我的订单中未处理数量、配送中数量、已完成数量和已取消数量。付款订单功能实现的业务是对未付款的订单进行发起付款请求操作。

根据前面的开发思路和顺序，先后开发我的订单功能点的持久层 Dao 接口、SQL 脚本映射 xml 文件、业务服务类、控制器及其页面，具体过程就不再赘述了。在我的订单功能里，查询订单、查看订单、确认收货、取消订单、获取用户订单数量、付款订单等功能点在每个层级对应的方法名和实现的详细业务逻辑，由于篇幅所限，在此不再一一列举了，它们在每个层级对应的类及其方法说明如下。

1）在持久层里新增 cn.sanqingniao.wfsmw.dao.order.OrderDao 和 cn.sanqingniao.wfsmw.dao.order.Order2GoodsDao 两个接口，在这两个接口里新增一些方法，在 SQL 脚本映射 OrderDao.xml 和 Order2GoodsDao.xml 两个文件里新增一些元素项。

2）在业务服务层里，新增 cn.sanqingniao.wfsmw.service.order.OrderService 服务类，在该服务类里新增一些业务方法。

3）在控制层 cn.sanqingniao.wfsmw.controller.member 里，新增 UserOrderApiController 和 UserOrder-Controller 两个控制器类及其所有控制方法。UserOrderApiController 控制器类实现的业务功能是一些以 JSON 数据类型为请求参数和响应结果的功能接口，UserOrderController 控制器类实现的业务功能是打开网页页面。

4）在视图层目录/resources/templates/member/里，根据前端页面的总体风格和页面 UI 设计效果图，开发对应的视图模板文件 wap_member_order.html 和 wap_member_order_detail.html。其中 wap_member_order.html 是我的订单列表页面，在该页面里实现查询我的订单列表，实现查看订单、确认收货、取消订单和付款订单等功能点入口操作，展现用户订单的各种状态的数量；wap_member_order_detail.html 是我的订单详情页面，实现展现订单详情信息功能。

至此，完成了开发我的订单功能及其页面，这些业务功能点的全部源代码，请到随书附赠的项目代码库里去查看。

▶▶ 10.4.4　开发我的信息功能及其页面

本小节将对我的信息功能进行开发和详细说明。我的信息主要有查看我的信息、更新我的信息两个功能点。查看我的信息功能实现的业务是获取我的信息详情，展现在页面里。更新我的信息功能实现的业务是在页面上修改我的各种信息，然后把这些信息保存到数据库里。

根据前面的开发思路和顺序，先后开发我的信息功能点的持久层 Dao 接口、SQL 脚本映射 xml 文件、业务服务类、控制器及其页面，具体过程就不再赘述了。在我的信息功能里，查看我的信息、更新我的信息两个功能点在每个层级对应的方法名和实现的详细业务逻辑，由于篇幅所限，在此不再一一列举了，它们在每个层级对应的类及其方法说明如下。

1）在持久层的 cn.sanqingniao.wfsmw.dao.user.UserDao 接口里新增 updateByPrimaryKeySelective 方

法，在 SQL 脚本映射 UserDao.xml 文件里新增<update id="updateByPrimaryKeySelective">更新元素项。

2）在业务服务层的 cn.sanqingniao.wfsmw.service.user.UserService 服务类里，新增 update 业务方法。在该方法里，通过调用上述持久层的方法，来实现更新我的信息。

3）在控制层里，新增 cn.sanqingniao.wfsmw.controller.member.MemberController 控制器类，在该控制器类里新增 getMemberInformationForWap 和 updateMemberInformation 两个控制方法。其中 getMember-InformationForWap 方法用于获取当前登录用户信息（即我的信息），打开我的信息页面，在该页面里展现我的信息详情；updateMemberInformation 方法用于实现把我的信息更新到数据库里的功能接口。

4）在视图层里，根据前端页面的总体风格和页面 UI 设计效果图，开发对应的视图模板文件 /resources/templates/member/ wap_member_information.html，该视图模板文件是我的信息页面。在该页面里，新增 JavaScript 方法 updateMember。在该方法里，通过向上述控制层的服务端接口发起请求，来触发实现更新我的信息功能。

至此，完成了开发我的信息功能及其页面，这些业务功能点的全部源代码，请到随书附赠的项目代码库里去查看。

▶▶ 10. 4. 5 开发收货地址功能及其页面

本小节将对收货地址功能进行开发和详细说明。收货地址主要有查询、新增、修改、删除、设置默认收货地址等功能点。查询收货地址功能实现的业务是获取当前用户的全部收货地址信息，展现在收货地址列表页面里。新增收货地址功能实现的业务是新增一个收货地址信息。修改收货地址功能实现的业务是更新一个收货地址信息。删除收货地址功能实现的业务是删除一个收货地址信息。设置默认收货地址功能实现的业务是把一个收货地址设置为默认收货地址。

根据前面的开发思路和顺序，先后开发收货地址功能点的持久层 Dao 接口、SQL 脚本映射 xml 文件、业务服务类、控制器及其页面，具体过程就不再赘述了。在收货地址功能里，查询、新增、修改、删除、设置默认收货地址等功能点在每个层级对应的方法名和实现的详细业务逻辑，由于篇幅所限，在此不再一一列举了，它们在每个层级对应的类及其方法说明如下。

1）在持久层里，新增 cn.sanqingniao.wfsmw.dao.user.ReceiveAddressDao 接口及一些持久化方法，在 SQL 脚本映射 ReceiveAddressDao.xml 文件里新增一些元素项。

2）在业务服务层里，新增 cn.sanqingniao.wfsmw.service.user.ReceiveAddressService 服务类及其所有业务方法。

3）在控制层里，新增 cn.sanqingniao.wfsmw.controller.member.ReceiveAddressController 控制器类及其所有控制方法。其中 getReceiveAddressPageForWap 方法用于实现获取当前用户的全部收货地址信息功能接口，打开收货地址列表页面；saveReceiveAddress 方法用于实现新增或更新一个收货地址信息功能接口；deleteReceiveAddress 方法用于实现删除一个收货地址信息功能接口；setDefaultReceiveAddress 方法用于实现设置默认收货地址功能接口。

4）在视图层里，根据前端页面的总体风格和页面 UI 设计效果图，开发对应的视图模板文件 /resources/templates/member/ wap_member_address.html，该视图模板文件是收货地址列表页面。在该页面里，实现上述新增、修改、删除、设置默认收货地址等功能点。

至此，完成了开发收货地址功能及其页面，这些业务功能点的全部源代码，请到随书附赠的项目代码库里去查看。

▶▶ 10.4.6 开发修改密码功能及其页面

本小节将对修改密码功能进行开发和详细说明。根据前面的开发思路和顺序，先后开发修改密码功能点的持久层 Dao 接口、SQL 脚本映射 xml 文件、业务服务类、控制器及其页面，具体过程就不再赘述了。该功能点在每个层级对应的类及其方法说明如下。

1）在持久层的 cn.sanqingniao.wfsmw.dao.user.UserDao 接口里新增 updatePassword 这个持久化方法，在 SQL 脚本映射 UserDao.xml 文件里新增<update id = " updatePassword" >更新元素项。updatePassword 方法用于实现把登录密码及其相关信息更新到数据库里。

2）在业务服务层的 cn.sanqingniao.wfsmw.service.user.UserService 服务类里新增 updatePassword 业务方法。在该方法里，通过调用上述持久层的方法，来实现更新登录密码及其相关信息。

3）在控制层里，新增 cn.sanqingniao.wfsmw.controller.member.UserPasswordController 控制器类，在该控制器类里新增 getPasswordPageForWap 和 updatePasswordWeb 两个控制方法。其中 getPasswordPage-ForWap 方法用于打开修改密码页面；在 updatePasswordWeb 方法里，通过调用上述业务服务层的方法，来实现修改登录密码功能接口。

4）在视图层里，根据前端页面的总体风格和页面 UI 设计效果图，开发对应的视图模板文件/resources/templates/member/ wap_member_password.html，该视图模板文件是修改密码页面。在该页面新增的 doUpdatePassword 方法里，使用/resources/static/js/commons.js 文件的 ajaxPostJson 封装方法来向上述控制层的服务端接口发起 AJAX 异步请求，实现修改登录密码功能。

至此，完成了开发修改密码功能及其页面，这些业务功能点的全部源代码，请到随书附赠的项目代码库里去查看。

10.5 前端页面 WAP 版

本节将对后端项目的前端展现部分的功能进行开发和详细说明。根据第 4 章的项目概述，前端展现部分含有网站首页、商品列表页面、商品详情页面、搜索页面、模块数据列表页面、购物车页面、确定订单页面、选择支付方式页面、提交订单页面、支付成功结果页面、支付错误页面等功能及其页面。根据项目架构规划，这些功能及其页面属于前端展现站点模块，该模块名是 site，它们的代码开发说明如下。

▶▶ 10.5.1 开发网站首页

本小节将对网站首页功能进行开发和详细说明。

首先对网站首页效果图进行分析，可以把该页面分成如下 5 个功能点。

1）在首页顶部，有网站 Logo 和搜索图标，单击搜索图标会显示搜索栏，可以进行商品搜索。

2）在首页头部，有一个横幅图片轮播滚动条，要把它做成独立模板片段。

3）在首页中间主体部分，主要展现网站首页的数据。该部分里有 5 个模块数据页面。

4）在首页左下角，有一个图标按钮，单击它，可以从左向右滑出一个右侧菜单栏，要把它做成模板片段。

5）在首页底部，有一个网站主体的底部导航栏，要把它做成模板片段。

根据前面描述的开发思路和顺序，以及上述对网站首页的逻辑分析，开发网站首页需要完成的功能有搜索栏功能、横幅图片轮播模板片段、右侧菜单栏模板片段、底部导航栏模板片段以及首页视图模板文件，并且在首页视图模板文件里把这些功能集成在一起，才能完整地实现网站首页功能。根据 Thymeleaf 开发框架和前端页面 UI 设计的要求，需要开发 3 个模板片段文件、1 个视图模板文件，并在服务端系统里实现网站首页相关代码文件。这些功能点在每个层级对应的代码文件、Java 类及其方法等说明如下。

（1）开发横幅图片轮播模板片段

根据后端项目架构、数据库表结构设计和网站首页业务需求，横幅图片数据列表是站点页面模块信息，那么将从站点页面模块信息表里获取横幅图片数据列表。开发一个模板片段的思路和步骤顺序跟前面描述的是一样的，先后开发网站首页的横幅图片轮播模板片段功能点的持久层 Dao 接口、SQL 脚本映射 xml 文件、业务服务类、控制器及其页面，具体过程就不再赘述了。该功能点在每个层级对应的类及其方法说明如下。

1）在持久层的 cn.sanqingniao.wfsmw.dao.site.SitePageModuleDao 接口里新增 getByType 方法，在 SQL 脚本映射 SitePageModuleDao.xml 文件里新增<select id = " getByType " >查询元素项。getByType 方法用于实现根据模块类型获取站点页面模块信息列表。

2）在业务服务层的 cn.sanqingniao.wfsmw.service.site.SitePageModuleService 服务类里新增 getIndexData 业务方法。在该方法里，通过调用上述持久层的方法，来实现根据模块类型 moduleWapBannerDataList 获取横幅图片数据列表信息，对应的实现代码如下。

```
public void getIndexData(ModelMap modelMap) {
    modelMap.addAttribute("moduleWapBannerDataList", getByType("moduleWapBannerDataL-
ist", 6));
    //  ...在此省略下面无关的代码
}
```

3）在控制层里，新增 cn.sanqingniao.wfsmw.controller.site.SiteIndexController 控制器类，在该控制器类里新增 index 和 openIndex 两个控制方法。这两个控制方法用于打开网站首页。

4）在视图层里，根据前端页面的总体风格和页面 UI 设计效果图，开发对应的模板片段文件 /resources/templates/site/ wap_banner.html，该文件是横幅图片轮播模板片段文件。然后在网站首页里导入这个横幅图片轮播模板片段，对应的实现代码如下。

```
<div id="full_column_001" class="full_columnsortableitem">
    <div class="content">
        <div id="wap_module_banner" th:replace="site/wap_banner :: banner"></div>
    </div>
</div>
```

（2）开发右侧菜单栏模板片段

根据右侧菜单栏业务需求，在右侧菜单栏里显示大类商品分类的商品列表页面链接，再加上首页链接作为该菜单栏里的菜单列表。根据前面的开发思路和顺序，先后开发网站首页的右侧菜单栏模板片段功能点的持久层 Dao 接口、SQL 脚本映射 xml 文件、业务服务类、控制器及其页面，具体过程就不再赘述了。该功能点在每个层级对应的类及其方法说明如下。

1）在持久层里，新增 cn.sanqingniao.wfsmw.dao.goods.GoodsCategoryDao 接口，在该接口里新增 findAllLarge 方法，在 SQL 脚本映射 GoodsCategoryDao.xml 文件里新增<select id="findAllLarge">查询元素项。findAllLarge 方法用于实现从数据库里获取未删除的所有大类商品分类信息列表。

2）在业务服务层里，新增 cn.sanqingniao.wfsmw.service.goods.GoodsCategoryService 服务类，在该服务类里新增 findAllLarge 业务方法。在该方法里，通过调用上述持久层的方法，来实现查询所有大类商品分类信息列表功能。

3）在控制层的 cn.sanqingniao.wfsmw.controller.WfsmwBaseController 控制器里新增 getPageParam 辅助方法。在该方法里，通过调用上述业务服务层的方法，来实现查询所有大类商品分类信息列表功能，对应的实现代码如下。

```
    protected PageParamBean getPageParam (ModelMap modelMap, HttpServletRequest request,
boolean needGetCategory) {
        //  ...在此省略上面无关的代码
        if (needGetCategory) {
            modelMap.addAttribute ("goodsCategoryList", goodsCategoryService.findAllLarge
(pageParam));
        }
        return pageParam;
    }
```

然后在 cn.sanqingniao.wfsmw.controller.site.SiteIndexController 控制器类的 openIndex 控制方法中，调用上述辅助方法。这个控制方法用于打开网站首页。

4）在视图层里，根据前端页面的总体风格和页面 UI 设计效果图，开发对应的模板片段文件 /resources/templates/site/ wap_slide_menu.html，该文件是右侧菜单栏模板片段文件。然后在网站首页里导入这个右侧菜单栏模板片段，对应的实现代码如下。

```
1行  <div th:unless="${isApp}">
2行      < div id = " navigation _ bar" th: replace = " site/wap _ navigation _ bar ::
navigationBar"></div>
3行      <div id="slide_menu" th:replace="site/wap_slide_menu :: slideMenu"></div>
4行  </div>
```

上述第 3 行代码意思是在网站首页里导入这个右侧菜单栏模板片段代码。

（3）开发底部导航栏模板片段

根据网站首页和底部导航栏业务需求，在底部导航栏里显示 3 个固定图片链接，以及谁是当前菜单 ID 这个唯一的动态数据，因此底部导航栏没有从数据库里获取数据的业务需求，只有在控制层和视图层开发的业务需求。开发底部导航栏模板片段的步骤如下。

1）在控制层的 cn.sanqingniao.wfsmw.controller.WfsmwBaseController 控制器里新增 getPageParam 辅助方法。在该方法里，处理哪个是当前菜单 ID 的业务需求，对应的实现代码如下。

```
protected PageParamBean getPageParam (ModelMap modelMap, HttpServletRequest request,
boolean needGetCategory) {
    PageParamBean pageParam = new PageParamBean();
    pageParam.setCurrentContext(request.getContextPath());
    pageParam.setDesignMode(false);
    ByteclientType = (Byte) request.getSession().getAttribute(SITE_DESIGN_TYPE_KEY);
    pageParam.setClientType(clientType);
    Integer currentBarMenuId;
    String barMenuId = request.getParameter("bar_id");
    if (isNumeric(barMenuId)) {
        currentBarMenuId = Integer.parseInt(barMenuId);
        pageParam.setCurrentBarMenuId(currentBarMenuId);
        request.getSession().setAttribute(CURRENT_BAR_MENU_ID_KEY, currentBarMenuId);
    } else {
        currentBarMenuId = (Integer) request.getSession().getAttribute(CURRENT_BAR_MENU
_ID_KEY);
        pageParam.setCurrentBarMenuId(currentBarMenuId == null ? 0 : currentBarMenuId);
    }
    modelMap.addAttribute(CURRENT_PAGE_PARAM_KEY, pageParam);
    //  ...在此省略下面无关的代码
    return pageParam;
}
```

然后在 cn.sanqingniao.wfsmw.controller.site.SiteIndexController 控制器类的 openIndex 控制方法中，调用上述辅助方法。该控制方法用于打开网站首页。

2）在视图层里，根据前端页面的总体风格和页面 UI 设计效果图，开发对应的模板片段文件 /resources/templates/site/ wap_navigation_bar.html，该文件是底部导航栏模板片段文件。然后在网站首页里导入这个底部导航栏模板片段，对应的实现代码如下。

```
1行   <div th:unless="${isApp}">
2行       < div id = " navigation _ bar" th: replace = " site/wap _ navigation _ bar ::
navigationBar"></div>
3行       <div id="slide_menu" th:replace="site/wap_slide_menu :: slideMenu"></div>
4行   </div>
```

上述第 2 行代码意思是在网站首页里导入这个底部导航栏模板片段代码。

（4）开发网站首页模板

对于上述网站首页的业务需求，根据前面的开发思路和顺序，先后开发网站首页模板功能的持久层 Dao 接口、SQL 脚本映射 xml 文件、业务服务类、控制器及其页面，具体过程就不再赘述了。该功能点在每个层级对应的类及其方法说明如下。

1）在持久层的 cn.sanqingniao.wfsmw.dao.site.SitePageModuleDao 接口里新增 getByType 方法，在 SQL 脚本映射 SitePageModuleDao.xml 文件里新增<select id = " getByType" >查询元素项。getByType 方法用于实现根据模块类型获取站点页面模块信息列表。

2）在业务服务层的 **cn.sanqingniao.wfsmw.service.site.SitePageModuleService** 服务类里新增 **getIndexData** 业务方法。在该方法里，通过调用上述持久层的方法，来实现根据模块类型获取网站首页里的站点页面模块信息列表，对应的实现代码如下。

```
public void getIndexData(ModelMap modelMap) {
    modelMap.addAttribute("moduleWapBannerDataList", getByType("moduleWapBannerDataL-
ist", 6));
    modelMap.addAttribute("module002DataList", getByType("module002DataList", 4));
    modelMap.addAttribute("module003DataList", getByType("module003DataList", 3));
    modelMap.addAttribute("module004DataList", getByType("module004DataList", 4));
    modelMap.addAttribute("module005DataList", getByType("module005DataList", 6));
    modelMap.addAttribute("module006DataList", getByType("module006DataList", 6));
}
```

3）在控制层里，新增 **cn.sanqingniao.wfsmw.controller.site.SiteIndexController** 控制器类，在该控制器类里新增 **index** 和 **openIndex** 两个控制方法，这两个控制方法用于打开网站首页。在 **openIndex** 方法里，通过调用上述业务服务层的方法，来实现获取网站首页里的各种模块数据列表功能接口。

4）在视图层里，根据前端页面的总体风格和页面 UI 设计效果图，开发对应的视图模板文件 /resources/templates/site/ wap_index.html，该文件是网站首页模板文件。在该模板文件里，导入上述三个模板片段，展示搜索栏和 5 个模块数据，从而完成网站首页开发。

至此，完成了网站首页开发，这些业务功能点的全部源代码，请到随书附赠的项目代码库里去查看。

▶▶ 10.5.2　开发商品模块前端页面

本小节将对商品模块前端页面进行开发和详细说明。在商品模块前端页面里，包含商品列表页面、商品详细页面和商品搜索结果页面。在商品列表页面里主要是分页展现商品列表信息，当页面滚动到底部时，自动获取下一页商品列表信息；在该页面头部，还有搜索功能，可以根据搜索条件搜索商品。在商品详细页面里主要展现商品详细信息，显示购物车记录总数量，显示一个推荐商品信息的模块数据，在该页面里可以触发购买商品、加入购物车。在商品搜索结果页面里主要是分页展现搜索出来的商品列表信息，当页面滚动到底部时，自动获取下一页满足搜索条件的商品列表信息。

（1）开发商品列表页面

首先来开发商品列表页面。根据前面的开发思路和顺序，先后开发商品模块前端页面功能点的持久层 Dao 接口、SQL 脚本映射 xml 文件、业务服务类、控制器及其页面，具体过程不再赘述了。在商品列表页面里，主要有分页获取商品列表信息、获取在该页面里展现的大类商品分类名称、异步自动获取下一页商品列表信息、搜索商品等功能点，这些功能点在每个层级对应的类及其方法说明如下。

1）在持久层 **cn. sanqingniao. wfsmw. dao. goods** 里新增 **GoodsDao**、**GoodsCategoryDao** 两个接口。在 **GoodsDao** 接口里新增 **count** 和 **query** 方法，在 **GoodsCategoryDao** 接口里新增 **getBaseById** 方法。在 SQL 脚本映射 **GoodsDao.xml** 文件里新增\<select id =" count ">和\<select id =" query ">两个查询元素项，在 SQL 脚本映射 **GoodsCategoryDao.xml** 文件里新增\<select id =" getBaseById ">查询元素项。其中 count 方法用于根据查询条件查询总数量，query 方法用于根据查询条件和页码获取当前页的商品列表信息，

getBaseById 方法用于根据商品分类 ID 获取商品分类基础信息。

2）在业务服务层 cn. sanqingniao. wfsmw. service. goods 里新增 GoodsService、GoodsCategoryService 两个服务类，在 GoodsService 服务类里新增 query 业务方法，在 GoodsCategoryService 服务类里新增 getBaseById 业务方法。在这两个方法里，通过调用上述持久层的方法，来实现查询商品列表信息和获取商品分类基础信息。

3）在控制层里，新增 cn.sanqingniao.wfsmw.controller.site.GoodsController 控制器类，在该控制器类里新增 getGoodsListPage 和 getGoodsList 两个控制方法，其中 getGoodsListPage 方法用于打开商品列表页面，getGoodsList 方法用于在商品列表页面通过 AJAX 异步获取商品列表信息功能接口。

4）在视图层里，根据前端页面的总体风格和页面 UI 设计效果图，开发对应的视图模板文件 /resources/templates/site/ wap_snacks.html，该视图模板文件是商品列表页面。在该页面里使用了 AJAX 异步技术，在用户往下拉页面、滚动到页面底部时，自动向上述控制层的服务端接口发起请求，AJAX 异步获取商品列表信息。在该页面的头部，开发搜索商品功能，然后使用表单方式来触发搜索商品功能。

（2）开发商品详细页面

然后来开发商品详细页面。根据前面的开发思路和顺序，开发商品模块前端页面功能点的持久层 Dao 接口、SQL 脚本映射 xml 文件、业务服务类、控制器及其页面，具体过程就不再赘述了。在商品详细页面里，主要有获取商品详细信息，显示购物车记录总数量，显示一个推荐商品信息的模块数据，触发购买商品、加入购物车等功能点。这些功能点在每个层级对应的类及其方法说明如下。

1）在持久层 cn. sanqingniao. wfsmw. dao. goods 里新增 GoodsDao、GoodsFileDao 两个接口。在 GoodsDao 接口里新增 getDetailById 方法，在 GoodsFileDao 接口里新增 getByGoodsId 方法。在 SQL 脚本映射 GoodsDao.xml 文件里新增<select id=" getDetailById">查询元素项，在 SQL 脚本映射 GoodsFileDao. xml 文件里新增<select id=" getByGoodsId">查询元素项。其中 getDetailById 方法用于根据商品 ID 获取商品详细信息，getByGoodsId 方法用于根据商品 ID 获取它的商品文件列表信息。在持久层的 cn.sanqingniao.wfsmw.dao.site.SitePageModuleDao 接口里新增 getByType 方法，在 SQL 脚本映射 SitePageModuleDao.xml 文件里新增<select id=" getByType">查询元素项。getByType 方法用于实现根据模块类型获取站点页面模块信息列表。

2）在业务服务层 cn.sanqingniao.wfsmw.service.goods 里新增 GoodsService 服务类，在 GoodsService 服务类里新增 getGoodsDetailById 业务方法。在 getGoodsDetailById 方法里，通过调用上述持久层的方法，来实现获取商品详细信息。在业务服务层的 cn.sanqingniao.wfsmw.service.site.SitePageModuleService 服务类里新增 getByType 业务方法。在该方法里，通过调用上述持久层的方法，来实现根据模块类型获取商品详情页里的站点页面模块信息列表。

3）在控制层里，新增 cn.sanqingniao.wfsmw.controller.site.GoodsController 控制器类，在该控制器类里新增 getGoodsDetailPage 控制方法。在该方法里，通过调用上述业务服务层的方法，来实现获取商品详细信息和显示一个推荐商品信息的模块数据，然后打开商品详细页面。

4）在视图层里，根据前端页面的总体风格和页面 UI 设计效果图，开发对应的视图模板文件 /resources/templates/site/ wap_snacks_detail.html，该视图模板文件是商品详细页面。在该页面里显示商品详细信息和推荐商品信息的模块数据。在该页面里，导入/resources/templates/commons/common_add_shopping_cart.html 模板片段，在该模板片段里，实现获取购物车记录总数量、购买商品、加入购物车等功能点。至于开发该模板片段的过程和步骤，与上述类似，在此不再赘述。

（3）开发商品搜索结果页面

最后来开发商品搜索结果页面。根据前面的开发思路和顺序，先后开发商品模块前端页面功能点的持久层 Dao 接口、SQL 脚本映射 xml 文件、业务服务类、控制器及其页面，具体过程就不再赘述了。在商品搜索结果页面里，主要有分页展现搜索出来的商品列表信息，当页面滚动到底部时自动获取下一页满足搜索条件的商品列表信息，搜索商品等功能点。这些功能点在每个层级对应的类及其方法说明如下。

1）在持久层 cn.sanqingniao.wfsmw.dao.goods 里新增 GoodsDao 接口。在该 GoodsDao 接口里新增 countByKeyword 和 queryByKeyword 方法。在 SQL 脚本映射 GoodsDao.xml 文件里新增<select id=" countByKeyword">和<select id=" queryByKeyword">两个查询元素项。其中 countByKeyword 方法用于根据查询条件查询总数量，queryByKeyword 方法用于根据查询条件和页码获取当前页的商品列表信息。

2）在业务服务层 cn.sanqingniao.wfsmw.service.goods 里新增 GoodsService 服务类，在 GoodsService 服务类里新增 queryByKeyword 业务方法。在该方法里，通过调用上述持久层的方法，来实现查询商品列表信息。

3）在控制层里，新增 cn.sanqingniao.wfsmw.controller.site.GoodsController 控制器类，在该控制器类里新增 getSearchResultPage 和 getGoodsList 两个控制方法，其中 getSearchResultPage 方法用于打开商品搜索结果页面，getGoodsList 方法用于在商品搜索结果页面里通过 AJAX 异步技术搜索商品列表信息功能接口。

4）在视图层里，根据前端页面的总体风格和页面 UI 设计效果图，开发对应的视图模板文件/resources/templates/site/ wap_search_result.html，该视图模板文件是商品搜索结果页面。在该页面里使用 AJAX 异步技术，在用户往下拉页面、滚动到页面底部时，自动向上述控制层的服务端接口发起请求，AJAX 异步搜索下一页商品列表信息。在该页面的头部，开发搜索商品功能，然后使用表单方式来触发。

至此，完成了商品模块前端页面开发，这些业务功能点的全部源代码，请到随书附赠的项目代码库里去查看。

▶▶ 10.5.3 开发模块数据列表页面

本小节将对模块数据列表页面进行开发和详细说明。在模块数据列表页面里主要是展现某种模块类型的所有模块数据列表信息。根据前面的开发思路和顺序，开发模块数据列表页面功能点的持久层 Dao 接口、SQL 脚本映射 xml 文件、业务服务类、控制器及其页面，具体过程就不再赘述了。该功能点在每个层级对应的类及其方法说明如下。

1）在持久层的 cn.sanqingniao.wfsmw.dao.site.SitePageModuleDao 接口里新增 getAllByType 方法，在 SQL 脚本映射 SitePageModuleDao.xml 文件里新增<select id=" getAllByType">查询元素项。getAllByType 方法用于从数据库里根据模块类型获取模块数据列表信息。

2）在业务服务层的 cn.sanqingniao.wfsmw.service.site.SitePageModuleService 服务类里新增 getAllByType 业务方法。在该方法里，通过调用上述持久层的方法，来实现根据模块类型获取模块数据列表信息。

3）在控制层的 cn.sanqingniao.wfsmw.controller.site.SiteIndexController 控制器类里新增 getAllModule-Data 控制方法。在这个方法里，通过调用上述业务服务层的方法，首先获取模块数据列表信息，然后打开模块数据列表页面。

4）在视图层里，根据前端页面的总体风格和页面 UI 设计效果图，开发对应的视图模板文件 /resources/templates/site/ wap_module_data_list.html，该视图模板文件是模块数据列表页面。在该页面里，分两列展现所有模块数据列表信息。

至此，完成了模块数据列表页面开发，这些业务功能点的全部源代码，请到随书附赠的项目代码库里去查看。

▶▶ 10.5.4 开发购物车页面

本小节将对购物车页面进行开发和详细说明。在购物车页面里主要是展现当前用户所有购物车数据列表，其中在每个购物车数据里还有复选框、商品名称、商品图片、商品价格、购买数量和小计价格，在该页面底部有全选复选框、总数量、总价格和结算按钮，以及底部导航栏。在购物车页面里，需要实现的功能点有：获取当前用户的所有购物车数据列表、删除被选择的购物车数据、清空所有购物车数据、修改购买数量；在勾选复选框或者全选复选框时，要计算出总数量和总价格；在该页面底部有导航栏，因此需要使用底部导航栏模板片段；在实现上述需求时，需要弹出提示框，提示一些错误操作，如删除购物车时，如果没有选择任何数据，那么提示必须选择一个购物车数据；单击"去结算"按钮时，跳转到确认订单页面。

根据前面的开发思路和顺序，开发购物车页面功能点的持久层 Dao 接口、SQL 脚本映射 xml 文件、业务服务类、控制器及其页面，具体过程就不再赘述了。上述这些功能点在每个层级对应的类及其方法说明如下。

1）在持久层里新增 cn.sanqingniao.wfsmw.dao.user.ShoppingCartDao 接口，在该接口里新增 deleteById、queryByMemberUserId、deleteByMemberUserId、increaseAmount 和 decreaseAmount 等方法，在 SQL 脚本映射 ShoppingCartDao.xml 文件里新增<delete id = " deleteById" >、<select id = " queryByMemberUserId" >、<delete id = " deleteByMemberUserId" >、<update id = " increaseAmount" >和<update id = " decreaseAmount" >等元素项。其中 deleteById 方法用于根据购物车 ID 从数据库里删除购物车数据，queryByMemberUserId 方法用于根据会员用户 ID 从数据库里获取其所有购物车数据列表，deleteByMemberUserId 方法用于根据会员用户 ID 从数据库里删除其所有购物车数据，increaseAmount 方法用于根据购物车 ID 在数据库里递增其订购数量，decreaseAmount 方法用于根据购物车 ID 在数据库里递减其订购数量。

2）在业务服务层里新增 cn.sanqingniao.wfsmw.service.member.ShoppingCartService 服务类，在该服务类里新增 deleteById、getShoppingCartPage、updateAmount 和 deleteByMemberUserId 等业务方法。在 deleteById 方法里，通过调用上述持久层的 deleteById 方法，来实现根据购物车 ID 删除购物车数据。在 getShoppingCartPage 方法里，通过调用上述持久层的 queryByMemberUserId 方法，来实现根据会员用户 ID 获取其所有购物车数据列表。在 updateAmount 方法里，通过调用上述持久层的 increaseAmount 和

decreaseAmount 方法，来实现递增或递减购物车记录的订购数量。在 deleteByMemberUserId 方法里，通过调用上述持久层的 deleteByMemberUserId 方法，来实现根据会员用户 ID 删除其所有购物车数据。

3）在控制层里，新增 cn.sanqingniao.wfsmw.controller.member.ShoppingCartController 控制器类。在该控制器类里新增 getShoppingCartPage 控制方法。在这个方法里，首先通过调用上述业务服务层的 get-ShoppingCartPage 方法，来获取当前用户所有购物车数据列表，然后打开购物车页面。

在控制层里，新增 cn.sanqingniao.wfsmw.controller.member.ShoppingCartApiController 控制器类。在该控制器类里新增 updateShoppingCartAmount、deleteShoppingCart 和 clearShoppingCart 三个控制方法。在 updateShoppingCartAmount 方法里，通过调用上述业务服务层的 updateAmount 方法，来实现递增或递减购物车记录的订购数量接口；在 deleteShoppingCart 方法里，通过调用上述业务服务层的 deleteById 方法，来实现删除购物车记录接口；在 clearShoppingCart 方法里，通过调用上述业务服务层的 delete-ByMemberUserId 方法，来实现清空会员购物车记录接口。

4）在视图层里，根据前端页面的总体风格和页面 UI 设计效果图，首先开发对应的模板片段 /resources/templates/commons/ common_shopping.html，在模板片段里主要开发了 updateShoppingCartAmount、deleteShoppingCart 和 clearShoppingCart 三个 JavaScript 函数。在这些函数里使用 AJAX 异步技术，向上述控制层的服务端接口发起请求，分别实现递增或递减购物车记录的订购数量、删除购物车记录和清空会员购物车记录等功能业务。然后开发对应的 JavaScript 脚本文件/resources/static/js/shop_cart.js，在该文件里主要实现为购物车页面里的各种 DOM 元素注册单击事件，在这些事件函数里执行相关业务功能。例如：当用户单击一个购物车记录的复选框或者全选复选框时，计算购买商品的总数量和总价格。最后开发对应的视图模板文件/resources/templates/site/wap_shopping_cart.html，该视图模板文件是购物车页面。在该页面里，导入提示框弹窗模板片段/resources/templates/commons/common_wap_tips_box.html，在该模板片段里，实现可弹出错误信息、警告信息、成功信息、确认信息和含有备注的确认信息等 5 种信息提示框的功能点。开发该模板片段的过程和步骤，与上述类似，在此不再赘述。

在购物车页面里，继续导入上述模板片段 common_shopping.html 和 JavaScript 脚本文件 shop_cart.js，导入底部导航栏模板片段 wap_navigation_bar.html，展现所有购物车数据列表信息。

至此，完成了购物车页面开发，这些业务功能点的全部源代码，请到随书附赠的项目代码库里去查看。

▶▶ 10.5.5　开发确认订单页面

本小节将对确认订单页面进行开发和详细说明。根据确认订单页面 UI 效果图，在确认订单页面里，主要含有购物车数据列表，其中在每个购物车数据里还有商品名称、商品图片、商品价格、购买数量和小计价格；在该页面顶部有收货地址信息；在该页面底部有买家留言、运费、商品总金额、总数量、合计价格和"去支付"按钮。在确认订单页面里，需要实现的功能点有管理收货地址信息、保存用户订单信息。在实现上述需求时，需要弹出提示框，提示一些错误操作，例如：在保存用户订单信息时，如果没有选择收货地址，那么提示必须选择一个收货地址，因此需要使用提示框窗口独立组件；单击"去支付"按钮时，带着用户订单数据信息，路由跳转到选择支付方式页面。根据这些需求和前面的开发思路和顺序，开发确认订单页面功能点的持久层 Dao 接口、SQL 脚本映射 xml 文件、业务服务类、控制器及其页面，具体过程就不再赘述；上述这些功能点在每个层级对应的类及其方法说明如下。

1）在持久层的 cn.sanqingniao.wfsmw.dao.user.ShoppingCartDao 接口里新增 getListByIds 方法和在 cn.sanqingniao.wfsmw.dao.user.ReceiveAddressDao 接口里新增 getAll 和 insertSelective 方法，在 SQL 脚本映射 ShoppingCartDao.xml 文件接口里新增<select id="getListByIds">和在 SQL 脚本映射 ReceiveAddressDao.xml 文件接口里新增<select id="getAll">、<insert id="insertSelective">。其中 getListByIds 方法用于实现根据购物车 ID 从数据库里获取购物车数据列表，getAll 方法用于实现根据用户 ID 从数据库里获取其所有收货地址信息列表，insertSelective 方法用于实现保存一个收货地址信息到数据库里。

2）在业务服务层的 cn.sanqingniao.wfsmw.service.member.ShoppingCartService 服务类里新增 getShoppingOrderPage 业务方法。在这个方法里，通过调用上述持久层的 getAll 方法，来实现获取用户所有收货地址信息列表；根据这个收货地址信息列表来设置默认收货地址信息。通过调用上述持久层的 getListByIds 方法，来实现获取用户购物车数据列表，根据这个购物车数据列表和默认收货地址，来计算出当前订单的总交易价格、总支付金额、总商品金额、总运费、总商品数量。在业务服务层里新增 cn.sanqingniao.wfsmw.service.user.ReceiveAddressService 服务类，在该服务类里新增 saveReceiveAddress 业务方法。在这个方法里，通过调用上述持久层的 insertSelective 方法，来实现保存一个收货地址信息。

3）在控制层的 cn.sanqingniao.wfsmw.controller.member.ShoppingCartController 控制器类里新增 getShoppingOrderPage 控制方法。在这个方法里，首先通过调用上述业务服务层的 getShoppingOrderPage 方法，来获取当前用户购买的购物车数据列表、收货地址信息列表、默认收货地址信息和当前订单的一些数据统计信息；然后打开确认订单页面。在控制层里新增 cn.sanqingniao.wfsmw.controller.member.ReceiveAddressController 控制器类，在该控制器类里新增 saveReceiveAddress 控制方法。在这个方法里，通过调用上述业务服务层的 saveReceiveAddress 方法，来实现保存一个收货地址信息接口。

4）在视图层里，根据前端页面总体风格和页面 UI 设计效果图，首先开发对应的模板片段/resources/templates/commons/common_shopping.html，在模板片段里主要开发了 clearReceiveAddress、saveOneReceiveAddress 和 gotoShoppingCartPayPage 函数。clearReceiveAddress 函数用来实现清空新增收货地址信息窗口里的所有地址数据值。在 saveOneReceiveAddress 函数里使用 AJAX 异步技术，向上述控制层的服务端接口发起请求，来实现保存一个收货地址信息功能业务。gotoShoppingCartPayPage 函数用来收集用户订单信息和收货地址信息，以表单方式向服务端提交订单信息。然后开发对应的 JavaScript 脚本文件/resources/static/js/city.js，在该文件里主要实现：为在新增收货地址时提供全国的省份、城市和区县数据。之后开发对应的 JavaScript 脚本文件/resources/static/js/picker.min.js，在该文件里主要实现：为在新增收货地址时选择省份、城市和区县时提供联动选择框。最后开发对应的视图模板文件/resources/templates/site/wap_shopping_order.html，该视图模板文件是确认订单页面。在该页面里，导入提示框弹窗模板片段/resources/templates/commons/common_wap_tips_box.html，以便使用信息提示框功能点。导入上述模板片段 common_shopping.html 和 JavaScript 脚本文件 city.js、picker.min.js，展现所有购物车数据列表信息、设置收货地址和买家留言，单击"去支付"按钮，即调用 gotoShoppingCartPayPage 函数向服务端提交订单信息，跳转到选择支付方式页面。

至此，完成了确认订单页面的开发，这些业务功能点的全部源代码，请到随书附赠的项目代码库里去查看。

▶▶ 10.5.6　开发选择支付方式页面

本小节将对选择支付方式页面进行开发和详细说明。根据选择支付方式页面 UI 效果图，在选择支付方式页面里，主要含有支付方式列表，分别为：微信支付、支付宝和货到付款；在该页面底部有支付金额和"确定"按钮；在该页面里，需要隐含带有之前确认订单页面所设置的用户订单数据信息；单击"确定"按钮时，带着用户订单数据信息和支付方式，路由跳转到不同页面；具体路由跳转页面逻辑如下。

1）如果选择微信支付，在创建用户订单信息成功之后，跳转到微信支付官方的支付页面，等待用户支付。如果用户支付成功，微信支付官方会回调跳转到支付结果页面。

2）如果选择支付宝，在创建用户订单信息成功之后，跳转到支付宝官方的支付页面，等待用户支付。如果用户支付成功，支付宝官方会回调跳转到支付结果页面。

3）如果选择货到付款，在创建用户订单信息成功之后，直接跳转到支付结果页面。

4）无论选择何种支付方式，如果创建用户订单信息失败，会跳转到支付错误页面。

根据前面的开发思路和顺序，开发选择支付方法页面的控制器及其页面，具体过程就不再赘述；对于该功能点，它在每个层级对应的类及其方法说明如下。

1）在控制层的 cn.sanqingniao.wfsmw.controller.member.ShoppingCartController 控制器类里新增 get-ShoppingPayPage 控制方法，设置用户订单数据信息到内存中，然后跳转到选择支付方式页面。

2）在视图层里，根据前端页面总体风格和页面 UI 设计效果图，开发对应的视图模板文件/resources/templates/site/ wap_shopping_pay.html，该视图模板文件是选择支付方式页面。在该页面里，开发 confirmPay 函数和相关表单。选择一个支付方式之后，单击"确定"按钮，即调用 confirmPay 函数向服务端提交订单信息，跳转到提交订单页面或支付结果页面。

至此，完成了选择支付方式页面的开发，这些业务功能点的全部源代码，请到随书附赠的项目代码库里去查看。

▶▶ 10.5.7　开发提交订单页面

本小节将对提交订单页面进行开发和详细说明。根据业务需求，首先检查会员提交的用户订单数据信息是否正确。如果不正确，那么抛出错误异常；如果正确，那么创建用户订单信息。然后根据选择的支付方式，做对应的业务处理。因此提交订单页面是一个过渡页面，在该页面里会根据不同支付方式，跳转到第三方官方的支付页面。

根据前面的开发思路和顺序，开发提交订单页面功能点的持久层 Dao 接口、SQL 脚本映射 xml 文件、业务服务类、控制器及其页面，具体过程就不再赘述；该功能点在每个层级对应的类及其方法说明如下。

1）在持久层的 cn.sanqingniao.wfsmw.dao.user.ShoppingCartDao 接口里新增 getListByIds 和 deleteById 两个方法，以及在持久层包 cn.sanqingniao.wfsmw.dao.order 里的 OrderDao 接口里新增 insertSelective 方

法和 Order2GoodsDao 接口里新增 insertList 方法，在 SQL 脚本映射 ShoppingCartDao.xml 文件接口里新增
<select id=" getListByIds" >和<delete id="deleteById">，在 SQL 脚本映射 OrderDao.xml 文件接口里新
增<insert id="insertSelective">元素项和在 SQL 脚本映射 Order2GoodsDao.xml 文件接口里新增<insert id
="insertList">元素项。其中 getListByIds 方法用于实现根据购物车 ID 从数据库里获取购物车数据列
表，deleteById 方法用于实现根据购物车 ID 从数据库里删除购物车数据，insertSelective 方法用于实现
保存一个用户订单信息到数据库里，insertList 方法用于实现保存多个订单与商品关系信息到数据库里。

2）在业务服务层包 cn.sanqingniao.wfsmw.service.member 里的 ShoppingCartService 服务类里新增
insertUserOrderFromPage业务方法；在这个方法里，通过调用上述持久层的所有方法，来实现保存一个
用户订单信息、多个订单与商品关系信息和删除该订单相关的购物车数据列表。在业务服务层包
cn.sanqingniao.commons.handler.pay 里新增 WeiXinPrepayRequestServiceHandler、AlipayPCPayServiceHandler
和 AlipayWapPayServiceHandler 三个第三方支付业务处理器类。其中 WeiXinPrepayRequestServiceHandler
是实现向微信支付官方提交支付请求的业务处理器类，AlipayPCPayServiceHandler 是实现向支付宝官方
提交 PC 端支付请求的业务处理器类，AlipayWapPayServiceHandler 是实现向支付宝官方提交 WAP 端支
付请求的业务处理器类。

3）在控制层的 cn.sanqingniao.wfsmw.controller.member.ShoppingCartController 控制器类里新增 get-
ShoppingSubmitPage 控制方法。在这个方法里，通过调用上述业务服务层的 insertUserOrderFromPage 方
法，首先实现保存一个用户订单信息、多个订单与商品关系信息和删除该订单相关的购物车数据列
表；然后调用上述业务服务层的处理器类，来实现向微信支付或支付宝官方提交支付请求获取支付参
数；最后打开提交订单页面或支付结果页面。

4）在视图层里，根据前端页面总体风格和页面 UI 设计效果图，在目录/resources/templates/site/
里的开发出 shopping_submit.html、wap_shopping_result.html 和 wap_shopping_error.html 三个视图模板文
件。其中 shopping_submit.html 是提交订单页面，在该页面里根据不同支付方式，自动向第三方支付官
方发起支付请求并且跳转到它们的官方支付页面，用于等待会员支付；wap_shopping_result.html 是支
付结果页面；wap_shopping_error.html 是支付错误页面。

至此，完成了提交订单页面开发，这些业务功能点的全部源代码，请到本书项目代码库里去
查看。

▶▶ 10.5.8　开发获取支付结果页面

本小节将对获取支付结果页面进行开发和详细说明。根据业务需求，在支付结果页面里展现某个
订单的支付结果。根据前面的开发思路和顺序，开发获取支付结果页面功能点的持久层 Dao 接口、
SQL 脚本映射 xml 文件、业务服务类、控制器及其页面，具体过程就不再赘述；该功能点在每个层级
对应的类及其方法说明如下。

1）在持久层的 cn.sanqingniao.wfsmw.dao.order.OrderDao 接口里新增 getByOrderNumber 和 updatePay-
ById 两个方法，及其 SQL 脚本映射 OrderDao.xml 文件新增<select id="getByOrderNumber">查询元素项
和<update id="updatePayById">更新元素项。getByOrderNumber 方法用于实现根据订单号从数据库里
获取一个用户订单信息，updatePayById 方法用于实现根据用户订单 ID 在数据库里更新该订单的支付

状态及其相关信息。

2）在业务服务层的 cn.sanqingniao.wfsmw.service.order.OrderService 服务类新增 getByOrderNumber 和 updatePayById 两个业务方法。在 getByOrderNumber 方法里，通过调用上述持久层的 getByOrderNumber 方法，来实现获取一个用户订单信息。在 updatePayById 方法里，通过调用上述持久层的 updatePayById 方法，来实现更新该订单的支付状态及其相关信息。

3）在控制层的 cn.sanqingniao.wfsmw.controller.member.ShoppingResultController 控制器类里新增 get-ShoppingResultPage 控制方法。在这个方法里，首先通过调用上述业务服务层的 getByOrderNumber 方法，获取一个用户订单信息。然后根据不同支付方式，检查该订单相关支付结果，根据不同支付结果进行相关业务处理；其中对于支付宝的支付方式，如果支付结果不是已支付的情况，通过调用上述业务服务层的 updatePayById 方法，来实现更新该订单的支付状态及其相关信息；最后跳转到支付结果页面或支付错误页面。

4）在视图层里，根据前端页面总体风格和页面 UI 设计效果图，在目录/resources/templates/site/里的开发出 wap_shopping_result.html 和 wap_shopping_error.html 两个视图模板文件。其中 wap_shopping_result.html 是支付结果页面；wap_shopping_error.html 是支付错误页面。

至此，获取支付结果页面的开发完成了，这些业务功能点的全部源代码，请到随书附赠的项目代码库里去查看。

▶▶ 10.5.9 开发支付宝支付功能

本小节将对支付宝支付功能进行开发和详细说明。支付宝支付功能根据客户端不同分为不同的支付方式，包括计算机网站支付、手机网站支付、APP 支付等。在本书项目里主要实现这三种支付方式。

（1）引入支付宝支付 SDK

支付宝开放平台，其访问网站 URL 为 https://open.alipay.com/。为了方便第三方公司开发者开发支付宝在线支付功能，该平台提供了 SDK 包。本项目是以 Maven 来管理项目依赖包，因此支付宝支付 SDK 包在配置文件 pom.xml 中的 Maven 配置代码如下。

```
<dependency>
    <groupId>com.alipay.sdk</groupId>
    <artifactId>alipay-sdk-java</artifactId>
    <version>4.35.79.ALL</version>
</dependency>
```

（2）支付宝支付 API 说明

支付宝平台依据不同支付方式提供不同 API。

计算机网站支付的 API 开发文档的访问 URL 为 https://opendocs.alipay.com/open/repo-0038oa？ref = api，在该开发文档里详细描述了产品、接入准备、接入指南、API 列表、常见问题，其中在 API 列表里详细说明了 API 每个参数的名称、类型和含义。

手机网站支付的 API 开发文档的访问 URL 为 https://opendocs.alipay.com/open/repo-0038v7？ref = api，在该开发文档里详细描述了产品、接入准备、接入指南、API 列表、常见问题，其中在 API 列表里详细说明了 API 每个参数的名称、类型和含义。

APP 支付的 API 开发文档的访问 URL 为 https://opendocs.alipay.com/open/repo-0038v9？ref＝api，在该开发文档里详细描述了产品、接入准备、接入指南、API 列表、常见问题，其中在 API 列表里详细说明了 API 每个参数的名称、类型和含义。

上述三种支付宝支付方式向支付宝平台发起统一的下单请求的网关 URL 是一样的，即 https://openapi.alipaydev.com/gateway.do，只是它们的销售产品码 product_code 及其他参数不一样而已。

（3）开发支付宝支付功能

为了开发支付宝支付功能，根据支付宝开放平台要求，首先需要在该平台注册一个开发者账户。然后创建一个应用，得到 APPID。之后配置应用，主要是配置两对秘钥，一个是支付宝方的一对公钥与私钥，另一个是开发者方的一对公钥与私钥。再配置应用网关，即系统提供一个接口，用于接收支付宝异步通知消息。最后向支付宝开发平台申请开通上述三种支付方式的产品。

根据本书项目的架构规划，当系统需要向第三方系统获取功能服务时，要求编写一个业务处理器类，用于封装第三方系统提供的功能服务业务执行流程；并且把这些业务处理器类统一保存到 handler 子包里，其全路径是 wfsmw\src\main\java\cn.sanqingniao.commons.handler；由于支付功能编写的业务处理器类比较多，因此再建立一个 pay 子包，把这些支付业务处理器类统一保存在这个 pay 子包里，其全路径是 wfsmw\src\main\java\cn.sanqingniao.commons.handler.pay。

对于支付宝支付功能，由于上述三种支付方式的统一下单请求的网关 URL 是一样的，因此可以把相关业务执行流程封装在一起。在本项目里定义了 AbstractAlipayServiceHandler 抽象类，其全路径是 wfsmw\src\main\java\cn.sanqingniao.commons.handler.pay.AbstractAlipayServiceHandler.java，该抽象类的核心代码如下。

```
1 行   public abstract class AbstractAlipayServiceHandler extends ServiceHandlerAdapter {
2 行      @Value(value = "${commons.alipay.pay.gateway.url}")
3 行      private String gatewayUrl;
4 行      @Value(value = "${commons.alipay.pay.appid}")
5 行      private String alipayAppId;
6 行      @Value(value = "${commons.alipay.pay.private.key}")
7 行      private String alipayWePrivateKey;
8 行      @Value(value = "${commons.alipay.pay.public.key}")
9 行      protected String alipayThirdPublicKey;
10 行      @Override
11 行     public void service() {
12 行         try {
13 行             AlipayClient alipayClient = new DefaultAlipayClient(gatewayUrl, ali-
payAppId,
              alipayWePrivateKey, FORMAT_TYPE, DEFAULT_CHARSET_NAME, alipayThirdPublicK-
ey, SIGN_TYPE_RSA2);
14 行             if (isAppPay()) {
15 行                 response = alipayClient.sdkExecute(getAlipayRequest());
16 行             } else if (isRefundRequest()) {
17 行                 response = alipayClient.execute(getAlipayRequest());
18 行             } else {
```

```
19 行                    response = alipayClient.pageExecute(getAlipayRequest());
20 行                }
21 行                if (response.isSuccess()) {
22 行                    isSuccess = true;
23 行                    alipayRequestBody = response.getBody();
24 行                } else {
25 行                    isSuccess = false;
26 行                }
27 行            } catch (Exception e) {
28 行                isSuccess = false;
29 行                logger.error("执行支付宝支付请求时异常", e);
30 行            }
31 行        }
32 行        public abstract AlipayRequest<? extends AlipayResponse> getAlipayRequest();
33 行    }
```

由于使用了支付宝 SDK，可以直接调用里面相关类，因此编写的支付下单代码比较简单。第 1 行代码定义了 **AbstractAlipayServiceHandler** 抽象类，它继承了 **ServiceHandlerAdapter** 业务处理器适配器类，表明其是业务处理器类。第 3 行代码是通过注解注入支付宝支付的统一下单网关 URL。第 5 行代码是在支付宝开放平台注册开发者账户，然后创建应用得到 App ID，并且通过注解注入。第 7 行代码是通过注解注入开发者方加密解密用的一对密钥的私钥。第 9 行代码是通过注解注入支付宝方加密解密用的一对密钥的公钥。第 11 行代码是实现业务处理器的主方法 **service**，在该方法里实现封装向支付宝发起支付请求的业务流程。第 13 行代码是创建支付宝支付客户端对象。第 15 行代码是向支付宝发起 **APP** 支付请求。第 17 行代码是向支付宝发起退款请求。第 19 行代码是向支付宝发起网页支付请求，这里包含计算机网站支付和手机网站支付两种方式。在这些请求里都统一调用了一个获取支付请求参数的抽象方法，即第 32 行代码声明的抽象方法。

对于每个支付宝支付方式，只需要创建对应的业务处理器，并且继承上述抽象类，以及实现 **getAlipayRequest** 抽象方法就行。

因此，支付宝 PC 网站支付实现的业务处理器类为 **AlipayPCPayServiceHandler**，其全路径是 wfsmw\src\main\java\cn.sanqingniao.commons.handler.pay.AlipayPCPayServiceHandler.java。

支付宝手机网站支付实现的业务处理器类为 **AlipayWapPayServiceHandler**，其全路径是 wfsmw\src\main\java\cn.sanqingniao.commons.handler.pay.AlipayWapPayServiceHandler.java。

支付宝 APP 支付实现的业务处理器类为 **AlipayAppPayServiceHandler**，其全路径是 wfsmw\src\main\java\cn.sanqingniao.commons.handler.pay.AlipayAppPayServiceHandler.java。

上述这些支付功能的全部源代码，请到随书附赠的项目代码库里去查看。

至此，实现了支付宝的计算机网站支付、手机网站支付、**APP** 支付这三种支付方式，之后只需要在提交订单功能的业务流程里，调用这些业务处理器，就能实现支付宝在线支付功能。

（4）调用支付宝支付功能及其页面

在 10.5.7 小节描述的业务流程里，当用户选择支付宝支付订单时，就得调用支付宝相关支付业务处理器，具体调用代码如下。

在控制层的 cn. sanqingniao. wfsmw. controller. member. ShoppingCartController 控制器类的 getShopping-SubmitPage 控制方法，通过如下一段代码来调用支付宝相关支付业务处理器。

```
......在此省略上面代码
1行   switch (userOrder.getPayType()) {
2行       case PAY_TYPE_WEIXIN:
3行           payRequestSuccess = createWeiXinPayRequest(userOrder, modelMap);
4行           break;
5行       case PAY_TYPE_ALIPAY:
6行           payRequestSuccess = createAlipayPayRequest(userOrder, modelMap);
7行           break;
8行       case PAY_TYPE_COD:
9行           // 获取购物结果模板页面
10行           pageViewName = "site/wap_shopping_result";
11行           break;
12行   }
......在此省略下面代码
```

其中第 6 行代码就是调用支付宝相关支付业务处理器的封装方法 createAlipayPayRequest，其详细代码如下。

```
1行   protected boolean createAlipayPayRequest(OrderEntity userOrder, ModelMap modelMap) {
2行       boolean payRequestSuccess = true;
3行       AbstractAlipayServiceHandler alipayHandler;
4行       if (userOrder.getClientType() == CLIENT_TYPE_PC) {
5行           alipayHandler = context.getBean("alipayPCPayServiceHandler", AlipayPCPay-
ServiceHandler.class);
6行       } else {
7行           alipayHandler = context.getBean("alipayWapPayServiceHandler", AlipayWap-
PayServiceHandler.class);
8行       }
9行       alipayHandler.setUserOrder(userOrder);
10行       alipayHandler.service();
11行       if (alipayHandler.isSuccess()) {
12行           modelMap.addAttribute("submitPayRequest", alipayHandler.getAlipayRe-
questBody());
13行       } else {
14行           logger.error("该订单({})向支付宝发起支付请求失败!", userOrder.getOrderNumber());
15行           modelMap.addAttribute(ERROR_MSG_KEY, getText("common.submit.pay.request.
failure", "支付宝"));
16行           payRequestSuccess = false;
17行       }
18行       modelMap.addAttribute(PAYMENT_ACCOUNT_TYPE_KEY, PAY_ACCOUNT_TYPE_ALIPAY);
19行       return payRequestSuccess;
20行   }
```

在这个方法里只调用了计算机网站支付和手机网站支付这两种业务请求处理器，分别对应第 5 行和第 7 行代码。第 10 行代码是向支付宝平台发起统一下单支付请求。如果请求成功，那么得到一个能在计算机端或者手机端显示支付页面的结果字符串。第 12 行代码把这个结果字符串保存到用于显示支付页面的视图层的视图模板文件/resources/templates/site/shopping_submit.html 里。

（5）开发接收支付宝异步通知消息功能

当下单用户通过他自己的支付宝账户支付成功之后，支付宝平台会异步回调之前在应用配置里配置的应用网关接口来通知支付结果。因此要开发一个这样的网关接口：在该接口里要实现的业务是检查用户订单支付状态的合法性，如果合法，那么更新用户订单的支付状态和订单里商品的库存和销量。它在每个层级对应的类及其方法说明如下。

1）在持久层包 cn.sanqingniao.wfsmw.dao.order 里的 OrderDao 接口里新增 getByOrderNumber 和 updatePayById 两个方法，以及在 Order2GoodsDao 接口里新增 getBaseByOrderId 方法；以及在持久层包 cn.sanqingniao.wfsmw.dao.goods 里的 GoodsDao 接口里新增 updateSalesVolumeById 方法，及其在 SQL 脚本映射 OrderDao.xml、Order2GoodsDao.xml 和 GoodsDao.xml 文件里新增相关元素项。其中 getByOrderNumber 方法用于实现根据订单号从数据库里获取一个用户订单信息，updatePayById 方法用于实现根据用户订单 ID 在数据库里更新该订单的支付状态及其相关信息，getBaseByOrderId 方法用于实现根据用户订单 ID 在数据库里获取订单与商品关系信息列表，updateSalesVolumeById 方法用于实现根据商品 ID 在数据库里更新它的销量和库存。

2）在业务服务层的 cn.sanqingniao.wfsmw.service.order.OrderService 服务类里新增 getByOrderNumber 和 savePayResultById 业务方法。在 getByOrderNumber 方法里，通过调用上述持久层的 getByOrderNumber 方法，来实现获取一个用户订单信息。在 savePayResultById 方法里，首先通过调用上述持久层的 updatePayById 方法，来实现更新该订单的支付状态及其相关信息；然后调用上述持久层的 getBaseByOrderId 方法来实现获取订单与商品关系信息列表；最后循环调用上述持久层的 updateSalesVolumeById 方法来实现逐个更新它的销量和库存。

3）在控制层的 cn.sanqingniao.wfsmw.controller.member.ShoppingResultController 控制器类新增 handlerAlipayResultNotify 控制方法。在该方法里，首先检查订单支付结果各种参数的合法性；然后通过调用上述业务服务层的 getByOrderNumber 方法，来获取一个用户订单信息；最后通过调用上述业务服务层的 savePayResultById 方法，来保存该用户订单的支付结果信息。

4）在拦截器层的登录认证拦截器的配置里，增加一个网关接口 URL，排除在拦截路径之外，以便不被登录认证拦截，即在 cn.sanqingniao.wfsmw.WfsmwWebMvcConfigurer 的 addInterceptors 方法增加下面这一行代码：

```
excludePathPatterns("/member/shopping_result.html", "/member/alipay_result_notify.html").
```

上述接收支付宝异步通知消息功能的全部源代码，请到随书附赠的项目代码库里去查看。

▶▶ 10.5.10　开发微信支付功能

本小节将对微信支付功能进行开发和详细说明。关于微信支付功能，根据客户端及支付模式的不同有不同支付方式，主要有 JSAPI 支付、Native 支付、APP 支付、H5 支付、小程序支付等。

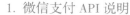
1. 微信支付 API 说明

上述 5 种微信支付方式的说明如下。

1）JSAPI 支付：JSAPI 支付是用户在微信中打开商户的 H5 页面，商户在 H5 页面通过微信支付提供的 JSAPI 接口调用微信支付模块完成支付。应用场景有：

- 用户在商家微信公众号，打开相关主页面，完成支付。
- 用户的好友在朋友圈、聊天窗口等分享商家页面链接，用户单击链接打开商家页面，完成支付。
- 将商户页面转换成二维码，用户扫描二维码后在微信浏览器中打开页面后完成支付。

2）Native 支付：Native 支付是商户系统按微信支付协议生成支付二维码，用户再用微信"扫一扫"完成支付的模式。该模式适用于 PC 网站支付、实体店单品或订单支付、媒体广告支付等场景。

3）APP 支付：APP 支付又称移动端支付，是商户通过在移动端应用 APP 中集成开放 SDK 调用微信支付模块完成支付的模式。

4）H5 支付：H5 支付主要是在手机、iPad 等移动设备中通过浏览器来唤起微信支付的支付模式。

5）小程序支付：小程序支付是专门被定义在小程序中使用的支付产品。目前在小程序中只能使用小程序支付的方式。

微信支付平台对不同支付方式提供不同 API。对于微信支付的每种 API 开发文档，它们的统一访问 URL 为 https://pay.weixin.qq.com/wiki/doc/api/index.html。在该开发文档里有场景介绍、案例介绍、接入前准备、开发指引、API 列表、支付常见问题等内容，其中在 API 列表里详细说明了每个 API 的每个参数名称、类型和含义。

对于上述 5 种微信支付方式，它们向微信支付平台发起下单请求的网关 URL 是一样的，即为 https://api.mch.weixin.qq.com/pay/unifiedorder，只是它们的交易类型 trade_type 及其他参数不一样而已。

2. 开发微信支付功能

为了开发微信支付功能，根据微信支付平台要求，需要做一些接入前准备，具体说明如下。

首先，需要在微信商户平台（pay.weixin.qq.com）里注册一个商户支付账户。如果要使用 JSAPI 支付、Native 支付、H5 支付，那么需要在微信公众平台注册一个服务号或订阅号账号，获取公众账号 ID；如果要使用 APP 支付，那么需要在微信开放平台注册一个账号，创建一个应用，得到 APPID；如果要使用小程序支付，那么需要在微信公众平台注册一个小程序账号，获取小程序 ID。然后，在微信商户平台配置秘钥。秘钥设置路径为：微信商户平台→账户中心→账户设置→API 安全→设置 API 密钥。最后，向微信支付开发平台申请开通上述 5 种支付方式的产品。

根据本书项目的架构规划，当系统需要向第三方系统获取功能服务时，要求编写一个业务处理器类，用于封装第三方系统提供的功能服务业务执行流程；并且把这些业务处理器类统一保存到 handler 子包里，其全路径是 wfsmw\src\main\java\cn.sanqingniao.commons.handler；由于支付功能编写的业务处理器类比较多，因此再建立一个 pay 子包，把这些支付业务处理器类统一保存在这个 pay 子包里，其全路径是 wfsmw\src\main\java\cn.sanqingniao.commons.handler.pay。

由于上述 5 种支付方式发起下单请求的网关 URL 是一样的，因此可以把相关业务执行流程封装在一起。在本项目里定义了 AbstractWeiXinPayServiceHandler 抽象类，其全路径是 wfsmw\src\main\java\cn.sanqingniao.commons.handler.pay.AbstractWeiXinPayServiceHandler.java，这个抽象类的核心代码如下。

```
1 行   public abstract class AbstractWeiXinPayServiceHandler extends ServiceHandlerAdapter {
2 行       @Value(value = "${commons.weixin.public.appid}")
3 行       protected String weiXinAppId;
4 行       @Value(value = "${commons.weixin.public.pay.secret}")
5 行       protected String weiXinPaySecret;
6 行       @Value(value = "${commons.weixin.public.mchid}")
7 行       protected String weiXinMerchantId;
8 行       protected WeiXinPayResponseEntity payResponse;
9 行       private boolean isSuccess;
10 行      private String responseData;
11 行      @Override
12 行      public void service() throws Exception {
13 行          CloseableHttpResponse response = null;
14 行          try {
15 行              // 创建 httpPost 实例
16 行              HttpPost httpPost = new HttpPost(getInterfaceUrl());
17 行              httpPost.setHeader("Accept", "application/xml");
18 行              httpPost.setHeader("Content-Type", "application/xml;charset=utf-8");
19 行              String requestData = getRequestData();
20 行              byte[] requestDataBytes = requestData.getBytes(DEFAULT_CHARSET_NAME);
21 行              BasicHttpEntity requestBody = new BasicHttpEntity();
22 行              requestBody.setContent(new ByteArrayInputStream(requestDataBytes));
23 行              requestBody.setContentLength(requestDataBytes.length);
24 行              httpPost.setEntity(requestBody);
25 行              response = HttpClientHolder.getHttpClient().execute(httpPost);
26 行              HttpEntity entity = response.getEntity();
27 行              if (entity != null) {
28 行                  responseData = EntityUtils.toString(entity, DEFAULT_CHARSET_NAME);
29 行                  if (responseData != null) {
30 行                      payResponse = parseResponse();
31 行                      handlerResponse();
32 行                  }
33 行              }
34 行          } catch (Exception e) {
35 行              logger.error("请求微信支付平台时发生异常", e);
36 行          } finally {
37 行              if (response != null) {
38 行                  try {
39 行                      response.close();
40 行                  } catch (IOException e) {
41 行                      // 忽略该异常
42 行                  }
43 行              }
44 行          }
45 行      }
```

```
46行        public abstract String getInterfaceUrl();
47行        public abstract String getRequestData();
48行        public abstract WeiXinPayResponseEntity parseResponse() throws Exception;
49行    }
```

第 1 行代码定义了 **AbstractWeiXinPayServiceHandler** 抽象类，它继承了 **ServiceHandlerAdapter** 业务处理器适配器类，表明这个抽象类是业务处理器类。第 3 行代码表示通过注解注入微信支付的公众账号 ID。第 5 行代码表示在微信商户平台设置的密钥。第 7 行代码表示通过注解注入微信支付的商户号。第 12 行代码表示实现业务处理器的主方法 service，在该方法里实现封装向微信支付发起支付请求的业务流程。在这些请求里都统一调用了一个获取支付请求 URL 的抽象方法，即第 46 行代码声明的抽象方法；调用了一个获取支付请求参数的抽象方法，即第 47 行代码声明的抽象方法；调用了一个解析支付响应结果的抽象方法，即第 48 行代码声明的抽象方法。

对于每种微信支付方式，需要向微信支付平台发起统一下单请求，因此需要实现对应的业务处理器，并且继承上述抽象类，以及实现 getInterfaceUrl、getRequestData 和 parseResponse 这 3 个抽象方法。实现该业务的处理器类为 **WeiXinPrepayRequestServiceHandler**，其全路径是 wfsmw\src\main\java\cn.sanqingniao.commons.handler.pay.WeiXinPrepayRequestServiceHandler.java。

为了获取某个订单的微信支付结果，需要向微信支付平台发起查询某个订单支付结果的请求，因此需要实现对应的业务处理器，并且继承上述抽象类，以及实现 getInterfaceUrl、getRequestData 和 parseResponse 这三个抽象方法。实现该业务的处理器类为 **WeiXinQueryRequestServiceHandler**，其全路径是 wfsmw\src\main\java\cn.sanqingniao.commons.handler.pay.WeiXinQueryRequestServiceHandler.java。

上述这些支付功能的全部源代码，请到随书附赠的项目代码库里去查看。

至此，实现了微信支付的 JSAPI 支付、Native 支付、APP 支付、H5 支付、小程序支付这 5 种支付方式，以及微信支付结果查询功能；之后只需要在提交订单功能的业务流程里，调用这些业务处理器就能实现微信支付在线支付功能。

3. 调用微信支付功能及其页面

在 10.5.7 "开发提交订单页面" 小节描述的业务流程里，当用户选择微信支付的时候，就得调用微信支付相关的支付业务处理器，具体调用代码如下。

在控制层的 cn.sanqingniao.wfsmw.controller.member.ShoppingCartController 控制器类的 getShopping-SubmitPage 控制方法，通过如下一段代码来调用微信支付相关的支付业务处理器。

```
     ......在此省略上面代码
1行  switch (userOrder.getPayType()) {
2行      case PAY_TYPE_WEIXIN:
3行          payRequestSuccess = createWeiXinPayRequest(userOrder, modelMap);
4行          break;
5行      case PAY_TYPE_ALIPAY:
6行          payRequestSuccess = createAlipayPayRequest(userOrder, modelMap);
7行          break;
8行      case PAY_TYPE_COD:
9行          // 获取购物结果模板页面
10行         pageViewName = "site/wap_shopping_result";
```

```
11行         break;
12行     }
......在此省略下面代码
```

其中第 3 行代码表示调用微信支付相关的支付业务处理器的封装方法 createWeiXinPayRequest，其详细代码如下。

```
1行     protected boolean createWeiXinPayRequest (OrderEntity userOrder, ModelMap modelMap)
throws Exception {
2行     boolean payRequestSuccess = true;
3行     String tradeType;
4行     if (userOrder.getClientType() == CLIENT_TYPE_PC) {
5行         tradeType = WEIXIN_TRADE_TYPE_NATIVE;
6行     } else {
7行         if (userOrder.isInWeiXinApp()) {
8行             tradeType = WEIXIN_TRADE_TYPE_JSAPI;
9行         } else {
10行            tradeType = WEIXIN_TRADE_TYPE_MWEB;
11行        }
12行     }
13行     WeiXinPrepayRequestServiceHandler weiXinPayHandler = context.getBean("weiXin-
PrepayHandler", WeiXinPrepayRequestServiceHandler.class);
14行     weiXinPayHandler.setUserOrder(userOrder);
15行     weiXinPayHandler.setTradeType(tradeType);
16行     weiXinPayHandler.service();
17行     if (weiXinPayHandler.isSuccess()) {
18行         WeiXinPrepayResponseEntity payResponse = (WeiXinPrepayResponseEntity) weiX-
inPayHandler.getPayResponse();
19行         switch (tradeType) {
20行             case WEIXIN_TRADE_TYPE_NATIVE:
21行                 modelMap.addAttribute("weiXinPayQrcodeUrl", payResponse.getQrcodeUrl());
22行                 break;
23行             case WEIXIN_TRADE_TYPE_MWEB:
24行                 String returnUrl = userOrder.getReturnUrl();
25行                 returnUrl += ("? clientType=2&payType=0&out_trade_no=" + userOrder.
getOrderNumber());
26行                 String weiXinPayMwebUrl = payResponse.getMwebUrl();
27行                 weiXinPayMwebUrl += (" &redirect _url =" + URLEncoder. encode
(returnUrl, DEFAULT_CHARSET_NAME));
28行                 modelMap.addAttribute("weiXinPayMwebUrl", weiXinPayMwebUrl);
29行                 break;
30行             case WEIXIN_TRADE_TYPE_JSAPI:
31行                 String timeStamp = String.valueOf(System.currentTimeMillis() / 1000);
32行                 String nonceStr = weiXinPayHandler.random();
33行                 String packageValue = "prepay_id=" + payResponse.getPrepayId();
34行                 String signType = "MD5";
35行                 List<NameValueBean> paraList = new ArrayList<>();
36行                 paraList.add(new NameValueBean("appId", weiXinPayHandler.getWeiXinAppId()));
37行                 paraList.add(new NameValueBean("timeStamp", timeStamp));
```

```
38 行                    paraList.add(new NameValueBean("nonceStr", nonceStr));
39 行                    paraList.add(new NameValueBean("package", packageValue));
40 行                    paraList.add(new NameValueBean("signType", signType));
41 行                    JSONObject payRequestParam = new JSONObject();
42 行                    payRequestParam.put("appId", weiXinPayHandler.getWeiXinAppId());
43 行                    payRequestParam.put("timeStamp", timeStamp);
44 行                    payRequestParam.put("nonceStr", nonceStr);
45 行                    payRequestParam.put("package", packageValue);
46 行                    payRequestParam.put("signType", signType);
47 行                    payRequestParam.put("paySign", weiXinPayHandler.sign(paraList));
48 行                    modelMap.addAttribute("payRequestParam", payRequestParam.toJSONString());
49 行                    break;
50 行            }
51 行        } else {
52 行            logger.error("该订单({})向微信支付发起支付请求失败!", userOrder.getOrderNumber());
53 行            payRequestSuccess = false;
54 行            modelMap.addAttribute(ERROR_MSG_KEY, getText("common.submit.pay.request.
failure", "微信支付"));
55 行        }
56 行        modelMap.addAttribute(PAYMENT_ACCOUNT_TYPE_KEY, PAY_ACCOUNT_TYPE_WEIXIN);
57 行        modelMap.addAttribute(WEIXIN_TRADE_TYPE_KEY, tradeType);
58 行        return payRequestSuccess;
59 行    }
```

在这个方法里只实现了 Native 支付、JSAPI 支付、H5 支付，分别对应第 5 行、第 8 行和第 10 行代码，设置它们的交易类型。第 16 行代码表示向微信支付平台发起统一下单支付请求。如果请求成功，那么得到一个能在计算机端或者手机端显示支付页面的结果字符串，如在第 21 行代码把这个结果字符串保存到用于显示支付页面的视图层的/resources/templates/site/shopping_submit.html 视图模板文件里。

4. 开发接收微信支付异步通知消息功能

当下单用户通过他自己的微信支付账户支付成功之后，微信支付平台会异步回调之前在应用配置里的网关接口来通知支付结果；因此要开发一个这样的网关接口；在该接口里要实现的业务是检查用户订单的支付状态是否合法，如果合法，那么更新用户订单的支付状态和订单里商品的库存和销量。它在每个层级对应的类及其方法说明如下。

1）在持久层包 cn.sanqingniao.wfsmw.dao.order 里的 OrderDao 接口里新增 getByOrderNumber 和 update-PayById 两个方法，在 Order2GoodsDao 接口里新增 getBaseByOrderId 方法，在持久层包 cn.sanqingniao.wfsmw.dao.goods 里的 GoodsDao 接口里新增 updateSalesVolumeById 方法，及其在 SQL 脚本映射 OrderDao.xml、Order2GoodsDao.xml 和 GoodsDao.xml 文件里新增相关元素项。其中 getByOrderNumber 方法用于实现根据订单号从数据库里获取一个用户订单信息，updatePayById 方法用于实现根据用户订单 ID 在数据库里更新该订单的支付状态及其相关信息，getBaseByOrderId 方法用于实现根据用户订单 ID 在数据库里获取订单与商品关系信息列表，updateSalesVolumeById 方法用于实现根据商品 ID 在数据库里更新它的销量和库存。

2）在业务服务层的 cn.sanqingniao.wfsmw.service.order.OrderService 服务类里新增 getByOrderNumber 和 savePayResultById 业务方法。在 getByOrderNumber 方法里，通过调用上述持久层的 getByOrderNumber 方法，来实现获取一个用户订单信息。在 savePayResultById 方法里，首先通过调用上述持久层的 updatePayById 方法，来实现更新该订单的支付状态及其相关信息；然后调用上述持久层的 getBaseByOrderId 方法来实现获取订单与商品关系信息列表；最后循环调用上述持久层的 updateSalesVolumeById 方法来实现逐个地更新它的销量和库存。

在业务处理器层的 cn.sanqingniao.commons.handler.pay 子包里，新增 WeiXinNotifyServiceHandler 这个微信支付结果通知处理器类，实现对微信支付官方发送的支付结果通知，进行分析处理业务。

3）在控制层的 cn.sanqingniao.wfsmw.controller.member.ShoppingResultController 控制器类新增 handlerWeiXinPayResultNotify 控制方法。在该方法里，首先检查订单支付结果各种参数的合法性；然后通过调用上述业务服务层的 WeiXinNotifyServiceHandler 业务处理器类，来分析支付结果；之后通过调用上述业务服务层的 getByOrderNumber 方法，来获取一个用户订单信息；最后通过调用上述业务服务层的 savePayResultById 方法，来保存该用户订单的支付结果信息。

4）在控制层拦截器的不拦截路径模式里，增加网关接口 URL，以便不被登录认证拦截，即在 cn.sanqingniao.wfsmw.WfsmwWebMvcConfigurer 的 addInterceptors 方法增加如下这一行代码：

```
excludePathPatterns ("/member/shopping_result.html", "/member/wei_xin_pay_result_
notify.html")。
```

上述接收微信支付异步通知消息功能的全部源代码，请到随书附赠的项目代码库里去查看。

10.6　前端页面 Vue 版

在本节将对前端项目的前端展现部分的功能进行开发和详细说明。根据第 4 章的项目概述，前端展现部分含有网站首页、商品列表页面、商品详情页面、搜索页面、模块数据列表页面、购物车页面、确定订单页面、选择支付方式页面、提交订单页面、支付成功结果页面、支付错误页面等。根据前端项目架构规划，这些功能及其页面属于前端展现站点模块，该模块名是 site，它们的代码开发说明如下。

在以 Vue 架构为底层框架的前端项目里，一个前端网站页面对应一个 Vue 功能视图。开发一个 Vue 功能视图的思维逻辑顺序是：从最上层前端页面开始依次往下层开发，到从服务端数据接口获取页面要展现的动态数据，具体步骤顺序如下。

1）根据网站页面效果图，开发静态 HTML 网页及网页代码。

2）根据网站所有页面的结构与内容，抽取出一些共通的页面里的局部区域内容，把这些共通局部内容做成独立组件，以便在所有页面里共用。在每个独立组件里，可以独立从服务端数据接口获取页面要展现的动态数据，独立渲染该组件对应的页面，独立管理自己的状态。这些独立组件存放在自己的目录里，在前端项目对应的独立组件目录是 wfsmw-h5/src/components；根据前端项目的功能页面，还可以根据业务与功能来划分模块，即在独立组件目录下再创建每个模块对应的子目录。在前端项目独立组件里含有的模块有共通模块和站点模块，分别对应的子目录为 commons 和 site。

3）一个前端网站页面对应一个 Vue 功能视图，并开发每个 Vue 功能视图代码文件。在每个 Vue 功能视图代码文件里分三个部分：JavaScript 脚本代码区、页面 HTML 代码模板区、页面 CSS 样式代码区。

在 JavaScript 脚本代码区里主要开发逻辑与步骤如下：

a. 导入所需要的资源，如 vue、vue-router、用户状态管理等模块，独立的 JavaScript 脚本文件，要用到的独立组件。

b. 定义页面模板里需要渲染的数据对象。

c. 定义一些功能函数，如从服务端数据接口获取页面要展现的动态数据的函数、监听页面操作事件的函数。

d. 实现 Vue 框架定义的生命周期钩子函数，以便自动执行一些功能。一般情况下，实现 onMounted 函数，它是在视图组件挂载完成后执行的回调函数，在该函数里一般调用执行获取页面数据的函数。

在页面 HTML 代码模板区里，主要开发视图页面的 HTML 代码，在这些 HTML 代码里可以直接调用独立组件和嵌入 Vue 指令，从而实现动态控制和渲染页面的行为和数据。

在页面 CSS 样式代码区里，主要开发视图页面独用的 CSS 代码，也可以导入独立的 CSS 文件，从而实现控制视图页面里内容展示的样式。

4）基于在页面模板里定义的需要渲染的数据对象及其属性，再结合接口文档规范，定义从服务端获取数据的接口规范；根据该接口规范来实现相关函数。从技术角度上来说，实现从服务端获取数据的接口是通过 AJAX 技术和 JSON 数据结构来实现的，即通过使用 JavaScript 语言开发的 AJAX 技术异步向服务端发起 HTTP 请求，异步得到服务端的响应结果，其中请求参数和响应参数的数据结构都是 JSON 数据结构。在前端项目里，实现这些数据接口的 JavaScript 脚本代码文件都统一存放在 wfsmw-h5/src/api 目录里，并且根据不同模块分在不同的 JavaScript 脚本文件里，一般一个 JavaScript 函数对应一个数据接口。

5）为了在前端 Vue 项目每个视图页面之间可以互相路由跳转，需要通过路由配置管理文件来配置这些视图页面路由。在前端项目的架构里，路由配置管理文件是 wfsmw-h5/src/router/index.js。对于独立组件，这步操作不需要做。

6）最后在服务端系统里，根据定义的接口规范实现对应的数据接口。在后端项目里，实现这些数据接口的业务逻辑和开发步骤与在 10.3 "后台管理" 小节里描述的大体一致，只是在第 4 步开发控制层代码里稍微有一点不一样，即在控制器的控制方法返回值不一样，这是因为响应结果的数据类型不一样。一个响应结果是普通网页，该控制方法返回网页视图文件名；另一个响应结果是 JSON 数据，该控制方法返回含有响应数据的普通 Java 对象，然后通过 Spring 的 JSON 数据消息转换器把 Java 数据对象转换为 JSON 数据，响应给客户端。如此，就不需要第 5 步开发视图层代码了，因为这步由前端项目 Vue 视图来实现了。

▶▶ 10. 6. 1　定义数据接口规范

在本小节将介绍如何定义数据接口规范。在前端项目里，一般只负责数据录入和页面的展现；录入的数据要保存到服务端的数据库里，展现的数据要从服务端的数据库里获取；前端与后端之间数据的传输和读取需要预先约定好相关规则，两端的开发人员才能相互配合，开发出相关功能代码。这个预先约定好的相关规则就是要定义的数据接口规范。

1. 数据接口的协议和编码

数据接口均使用 HTTP 协议；为了减少传输数据的大小，以及数据处理简单化，所有业务数据都使用 JSON 数据结构封装，并且基于 HTTP 协议 post 到服务端系统。在数据接口中，字符编码均使用 utf-8 字符集。

2. 数据接口规范编写格式

为了方便项目团队人员之间的沟通和理解，要求每个数据接口规范都必需采用统一的编写格式，具体编写格式如下。

1）每个数据接口都要定义一个接口名称，以及对该接口进行一些简单的功能描述。

2）定义数据接口请求地址（即请求 URL），并且说明在请求 URL 里每个部分的名称、意义与作用。

3）定义数据接口的请求参数（即请求体），并且说明在请求体里每个参数数据的名称、数据类型、数据长度、意义与作用。同时给出一个请求体的样例，方便大家理解和直观感受。

4）定义数据接口的响应结果，在响应结果里包含响应头和响应体，并且说明在响应结果里每个结果数据的名称、数据类型、数据长度、意义与作用。对于响应头，所有数据接口都是一样的，以便在前端项目代码里处理统一的业务逻辑。对于响应体，每个数据接口都不一样，都要独立定义与说明。同样，要给出一个响应结果的样例，方便大家理解和直观感受。

依据上述的文字描述，一个接口规范的编写格式如下。

x. 数据接口名称

在这里进行该接口的功能描述。

x.1 请求报文

x.1.1 请求 URL 定义

请求 URL 定义规则为 http://ip：port/module/action-client-version. uss？t=xxx。

参 数 名 称	参 数 说 明	长度/值	必填	备　　注
module	模块名	≤16	是	
action	操作名	≤32	是	
version	版本号	≤16	否	版本号定义规则为：XX_XX， 例如：版本号为 1.0，其值为 1_0
client	客户端针对性 接口标识符	1	否	a：Android，表示只为 Android APP 提供接口服务。 i：iOS，表示只为 iOS APP 提供接口服务。 w：Web，表示只为 Web 端提供接口服务
t	Token 符	不定长	否	为保持安全起见的归属于某一个请求段的标识符，由服务器端决定

x.1.2 请求体（body）定义

请求体（body）定义在具体的接口中。body 是一个单独的 key-value 的集合。

x.1.3 请求报文示例

请求 URL 为 http://ip：port/member/login-a-1_0.uss？t=XXXXXXXXXXXXXXX。

请求体 body 为：

```
{
    "user_name ": "admin",
    "pwd": "1"
}
```

x.2 响应结果报文

x.2.1 响应头定义

参 数 名 称	参 数 说 明	长度/值	必填	备　　注
result_code	响应结果代码	≤7	是	响应结果代码，字符串；请查看"系统及应用响应码规范"
result_msg	响应结果描述	不定长	是	响应结果描述，字符串；请查看"系统及应用响应码规范"

x.2.2 响应体（body）定义

响应体（body）报文在具体接口中定义。该响应体（body）是一个单独的 key-value 的集合，它要么是一个 JSON 普通对象，要么是一个 JSON 数组对象。

x.2.3 响应结果报文示例

```
{
    "result_code": 8200,
    "result_msg": "执行成功",
    "body": {
        "token": "VG9rZW7nrpfms5U=",
        "nickname": "admin"
    }
}
```

3. 一个数据接口规范编写样例

10.1 用户注册接口

请求该接口的时候，需要先使用公钥加密整个请求内容，然后再把加密之后的字符串作为请求内容发送到服务端。

10.1.1 请求报文

10.1.1.1 请求 URL 参数定义

参 数 名 称	参 数 说 明	长度/值	必填	备　　注
module	模块名	"user"	是	
action	操作名	"register"	是	
client	客户端针对性接口标识符	"w"	是	w：Web，表示只为 Web 端提供接口服务

10.1.1.2 请求体（body）定义

参 数 名 称	参 数 说 明	长度/值	必填	备　　注
user_name	用户名	≤64	是	
cell_num	用户手机号码	≤11	是	

（续）

参 数 名 称	参 数 说 明	长度/值	必填	备 注
pwd	用户密码	≤32	是	
verify_code	短信验证码	≤8	是	
device_id	设备 ID	≤128	否	在使用个推平台的时候，请在设备 ID 加上前缀，具体为： Android 版前缀为："getuia_"。 iOS 版前缀为："getuii_"
ip	登录 IP	≤64	否	

10.1.1.3 请求报文示例

请求 URL 为 http://ip：port/user/register.uas 或者为 http://ip：port/user/register-w.uas。

请求体 body 为：

```
{
    "user_name": "test",
    "cell_num": "18698881888",
    "pwd": "abcde",
    "verify_code": "598648",
    "device_id": "getuia_AkwIjTRGx7jaOPt5zODmyqBqSwLUc852QTYTQgGsoviu",
    "ip": "192.168.1.111"
}
```

10.1.2 响应结果报文

10.1.2.1 响应头定义

参 数 名 称	参 数 说 明	长度/值	必填	备 注
result_code	响应结果代码	≤7	是	响应结果代码，数字；请查看"系统及应用响应码规范"
result_msg	响应结果描述	不定长	是	响应结果描述，字符串；请查看"系统及应用响应码规范"

10.1.2.2 响应体（body）定义

层级			参 数 名 称	参 数 说 明	长度/值	必填	备 注
1			token	Token 符	不定长	是	参见上述
1			encrypt	加密串	不定长	是	
1			id	用户 ID	≤32	是	
1			user_name	用户账户名	≤64	是	
1			images_token	上传到普通图片空间令牌	不定长	是	
1			document_token	上传到文档文件空间令牌	不定长	是	
1			audios_token	上传到音频文件空间令牌	不定长	是	
1			videos_token	上传到视频文件空间令牌	不定长	是	

（续）

层级			参数名称	参数说明	长度/值	必填	备注
1			user_type	用户类型	1	是	0：平台管理员；1：商家用户；2：商家员工；3：网站会员；4：模板用户；5：公司员工
1			power_type	权限类型	1	是	0：管理员；1：子管理员
1			cell_num	用户手机号码	≤11	是	

该响应体（body）是一个 JSON 普通对象。

10.1.2.3　响应结果报文示例

```
{
    "result_code": 8200,
    "result_msg": "执行成功",
    "body": {
        "token": "VG9rZW7nrpfms5U=",
        "encrypt": "DFFC9835FDDVGF9Rz43W7fnrpfms5U=",
        "id": "54e06841c3af14144a41d33d",
        "user_name": "admin",
        "avatars_token" : "EIUGNAKDJGEWLKJ3I4344KSDJFJDKJEJGJ56LJKJJ",
        "images_token" : "EIUGNAKDJGEWLKJ3I4344KSDJFJDKJEJGJ56LJKDD",
        "document_token" : "EIUGNAKDJGEWLKJ3I4344KSDJfffEJGJ56LJKDD",
        "audios_token" : "EIUGNAKDJGEWLKJ3I4344KSDJFJDKJEJGJ56DDDDDF",
        "videos_token" : "EIUGNAKDJGEWLKJ3I4344KSDJFJDKJEJGJ56LRGHHJ",
        "user_type": 0,
        "power_type": 0,
        "cell_num": "18698881888",
    }
}
```

▶▶ 10.6.2　开发网站首页

本小节将对网站首页的功能进行开发和详细说明。

首先对网站首页效果图进行分析，可以把该页面分成如下 5 个功能点。

1）在首页顶部，有网站 Logo 图标和搜索图标，单击搜索图标会显示搜索栏，可以进行商品搜索。

2）在首页头部，有一个横幅图片轮播滚动条，要把它做成独立组件。

3）在首页中间主体部分，主要展现网站首页的数据；在该部分有 5 个模块数据页面。

4）在首页左下角，有一个图标按钮，单击它，从右向左可以左滑出一个右侧菜单栏，要把它做成独立组件。

5）在首页底部，有一个网站主体的底部导航栏，要把它做成独立组件。

根据前面描述的开发思路和顺序，以及上述对网站首页的逻辑分析，开发网站首页需要完成开发的功能有：搜索栏功能、横幅图片轮播独立组件、右侧菜单栏独立组件、底部导航栏独立组件以及首页视图，并且在首页视图文件里把这些功能集成在一起才能完整地实现网站首页功能。根据 Vue 开发框架和前端项目架构设计的要求，需要开发 3 个独立组件、一个视图文件、一个 API 接口文件、定义 3 个数据接口规范，在服务端系统里实现 3 个数据接口相关代码文件。对于这些功能点，它们在每个层级对应的代码文件、接口函数、Java 类及其方法等说明如下。

1. 开发横幅图片轮播独立组件

开发横幅图片轮播独立组件的步骤如下。

1）横幅图片轮播独立组件文件命名为 WapBanner.vue，存放该文件的全路径为：wfsmw-h5/src/components/site/WapBanner.vue。

2）根据网站首页 UI 效果图，横幅图片轮播独立组件实现的业务功能是展示几张宽度满屏的横幅图片，以及在图片下面居中显示分页圈点，并且可以轮播滚动它们。根据这些需求，开发静态网页 HTML 代码（该组件模板区里的代码），同时也开发了 HTML 代码相关的 CSS 代码（对应该组件的页面 CSS 样式代码区）。在前端项目里，使用了第三方组件 Swiper 来实现上述功能。

3）在该组件里开发 JavaScript 脚本代码区的 JavaScript 代码。上述功能对应的所有代码如下。

```
// WapBanner 独立组件文件:wfsmw-h5/src/components/site/WapBanner.vue
// 以 Vue 3 的组合式 API 模式,编写 Vue 组件的 JavaScript 脚本代码
// JavaScript 脚本代码区
<script setup>
// 从 Vue 模块导入 onMounted 和 reactive 函数,其中 onMounted 用来注册一个回调函数,在组件挂载完成
后执行;reactive 用来返回一个对象的响应式代理
import {onMounted, reactive } from 'vue'
// 从首页模块 JavaScript 脚本文件 index.js 导入 getBannerDataList 函数,该函数实现获取横幅数据列
表接口函数
import {getBannerDataList } from '@/api/index.js'

// 定义横幅数据列表的响应式代理对象,用于加载在页面模板里横幅数据
const moduleWapBannerDataList = reactive([]);

// 定义获取横幅数据异步执行的箭头函数
const getBannerData = async () => {
    // 执行获取横幅数据列表接口函数
    getBannerDataList(function (bannerDataList) {
        // 成功执行之后,把响应结果数据——横幅数据列表进行循环,逐个加载到横幅数据列表的响应式代理
对象里
        bannerDataList.forEach(function (bannerData) {
            moduleWapBannerDataList.push(bannerData);
        });
        // 延迟 200 毫秒之后加载横幅滚动功能
        setTimeout(initSwiper, 200);
    })
}

// 定义 Swiper 组件初始化函数
function initSwiper() {
    // 以含有 CSS class 对象 swiper-container 的 div 为承载的 DOM 根元素来创建 Swiper 组件,并且传
入一些参数
```

```
    new Swiper('.swiper-container', {
        // 设置自动播放参数,延迟 2500 毫秒后启动自动播放,在用户手动操作交互时,不禁止自动播放
        autoplay: {
            delay: 2500, //延迟 2500 毫秒后启动自动播放
            disableOnInteraction: false   // 在用户手动操作交互时,不禁止自动播放
        },
        loop: true, //允许循环播放
        // 设置分页参数
        pagination: {
            el: '. swiper-pagination ' // 设置承载分页功能的 DOM 元素含有的 CSS class 对象
swiper-pagination
        }
    });
}


// 注册一个回调箭头函数,在组件挂载完成后执行
onMounted(() => {
    // 执行获取横幅数据异步执行的箭头函数
    getBannerData();
})


</script>

// HTML 代码模板区:编写 Vue 组件的页面模板代码
<template>
    // 横幅图片轮播功能的根元素
    <div id="module_wap_banner" class="module">
        <div class="module_inner editor_click_module">
            // 加载 Swiper 组件的根元素
            <div class="swiper-container mod_banner">
                <div class="swiper-wrapper">
                    // 承载每个轮播图片的 div 元素,其中使用 v-for 指令对横幅数据进行循环遍历展现出来
                    <div class="swiper-slide" v-for="(moduleWapBannerDataItem, index) in mod-
uleWapBannerDataList"
                        :key="index">
                        <a :href="moduleWapBannerDataItem.link != null ? moduleWapBannerDataIt-
em.link :
                            ' javascript:void(0)'">
                            <img :src="moduleWapBannerDataItem.filePath" :alt="moduleWapBanner-
DataItem.imageAlt"/>
                        </a>
                    </div>
                </div>
                <div class="swiper-pagination"></div>
            </div>
        </div>
    </div>
</template>
```

```
// CSS 样式代码区:编写 Vue 组件的页面 CSS 样式代码
<style scoped>
#module_wap_banner {width: 100%;position: relative;background: #FFFFFF;}
#module_wap_banner .swiper-wrapper { width: 100%; height: 100%;}
#module_wap_banner .swiper-slide {text-align: center; font-size: 18px; width: 100%;
height: 100%;}
#module_wap_banner img { width: 100%; height: 100%;}
</style>
```

在上述代码里，在 onMounted 钩子函数中，执行了 getBannerData 这个获取横幅数据异步执行的箭头函数。在 Vue 3 架构的页面视图组件中，onMounted 是一个生命周期钩子函数，它会在组件被挂载到 DOM 后执行。通常情况下，会在 onMounted 钩子函数中执行一些初始化操作，如从服务端获取数据。而为什么要把 getBannerData 函数定义为异步函数呢？这主要与 JavaScript 中的事件循环机制和服务端数据获取的异步特性有关。

当从服务端获取数据时，会需要一些执行时间，因此通常会使用 fetch、axios 等异步请求方法。这些方法会在后台发起网络请求，并在请求完成后执行回调函数。如果在 onMounted 钩子函数中直接使用同步代码来进行网络请求，那么可能会导致阻塞页面渲染或导致页面假死的情况。

因此，在 onMounted 钩子函数中使用异步执行的函数（如使用 async/await 或返回 Promise 的方式）是更加合适的做法。这样可以确保页面能够正常渲染，并且当数据返回时再进行后续操作。

在上述代码里，使用了第三方组件 Swiper 来实现图片轮播功能。由于 Swiper 组件没有使用 ES6 语法开发相关 JavaScript 脚本代码，它主要使用 jQuery 库实现，因此在当前横幅图片轮播独立组件里没法直接导入 Swiper 组件，可以在前端项目的首页入口 HTML 文件 wfsmw-h5/index.html 里加载 Swiper 组件的 JavaScript 脚本文件和样式文件，其加载的 HTML 源代码如下。

```html
// 定义一个完整的 HTML 源代码
<!DOCTYPE html>
<html lang="en">
  <head>
    <meta charset="UTF-8">
    <link rel="icon"href="/favicon.ico">
    <meta name="viewport" content="width=device-width, initial-scale=1.0">
    <title>无忧购物</title>
    // 加载 jQuery 库的 js 脚本文件
    <script type="text/javascript" src="/public/js/jquery-2.1.1.min.js"></script>
    // 加载 Swiper 组件的 js 脚本文件
    <script type="text/javascript" src="/public/js/swiper.min.js"></script>
    // 加载实现手机端从底部弹起的联动选择器的 js 脚本文件
    <script type="text/javascript" src="/public/js/picker.min.js"></script>
    // 加载实现日历选择器的 JavaScript 脚本文件
    <script type="text/javascript" src="/public/js/My97DatePicker/WdatePicker.js">
</script>
    // 加载 Swiper 组件的样式文件
    <link rel="stylesheet" href="/public/css/swiper.min.css" />
  </head>
  <body>
```

```
// 定义挂载项目 APP 对象的 DOM 元素
<div id="app"></div>
// 加载项目入口文件
<script type="module" src="/src/main.js"></script>
</body>
</html>
```

4）开发网站首页模块的 API 数据接口 JavaScript 脚本文件 index.js，存放该文件的全路径为 **wfsmw-h5/src/api/index.js**；在该文件里开发了一个数据接口函数 **getBannerDataList**，也叫获取横幅数据列表接口函数，该函数的源代码如下。

```
/**
 * 首页模块的接口函数
 */
import {doRequest } from './base.js'

/**
 * 获取横幅数据列表接口函数
 */
export function getBannerDataList(cb, errcb) {
    doRequest('/get_banner_data_list.html', null, cb, errcb)
}
```

在该函数里，实现的业务逻辑是：从服务端获取横幅数据列表，调用获取横幅数据列表接口和请求 URL（/get_banner_data_list.html），该接口规范的定义如下。

10.2　获取横幅数据列表接口

该接口实现从服务端获取横幅数据列表。

10.2.1　请求报文

10.2.1.1　请求 URL 参数定义

参 数 名 称	参 数 说 明	长度/值	必填	备　　注
module	模块名	"/"	是	
action	操作名	"get_banner_data_list.html"	是	

10.2.1.2　请求体（body）定义

无

10.2.1.3　请求报文示例

请求 URL 为：http://ip：port/get_banner_data_list.html。

请求体（body）为：无。

10.2.2　响应结果报文

10.2.2.1　响应头定义

参 数 名 称	参 数 说 明	长度/值	必填	备　　注
result_code	响应结果代码	≤7	是	响应结果代码，数字；请查看"系统及应用响应码规范"
result_msg	响应结果描述	不定长	是	响应结果描述，字符串；请查看"系统及应用响应码规范"

10.2.2.2　响应体（body）定义

层级	参数名称	参数说明	长度/值	必填	备注
2	title	模块标题	≤512	是	
2	link	模块链接	≤256	否	
2	showPrice	价格	float	否	单位：元
2	showMarketPrice	市场价	float	否	单位：元
2	openMode	打开方式	1	是	0=本窗口；1=新窗口
2	imageAlt	图片 alt 值	≤256	否	
2	fileType	文件类型	1	是	0=图片；1=视频；2=flash
2	filePath	文件路径	不定长	否	绝对路径
2	content	模块内容	≤2048	否	

该响应体（body）是一个 JSON 数组对象，在该数组对象里的每个元素都是一条横幅数据。

10.2.2.3　响应结果报文示例

```
{
    "result_code": 8200,
    "result_msg": "执行成功",
    "body": [
    {
        "title": "网红零食",
        "link": "http://xxxx.xxx.com/xxxxx",
        "showPrice": 100.00,
        "showMarketPrice": 299.00,
        "openMode": 1,
        "imageAlt": "图片注释",
        "fileType": 0,
        "filePath": "http://xxxx.xxx.com/xxxxxyyyyxxx.jpg",
        "content": "EIUGNAKDJGEWLKJ3I4344KSDJFJDKJEJGJ56LRGHHJ"
    }
    ]
}
```

5）最后在服务端系统里，根据上述定义的接口规范以及前面的开发思路和顺序，开发该接口功能持久层 Dao 接口对应的方法、SQL 脚本映射 xml 文件对应的 SQL 脚本、业务服务类对应的方法、控制器对应的方法等。这些功能方法的开发步骤和源代码如下。

第 1 步：根据后端项目的架构和详细设计，网站首页对应的功能模块是 site，它的横幅数据属于站点页面模块信息。根据第 6 章的数据库表结构设计，站点页面模块信息对应的数据库表是 t_site_page_module。

第 2 步：获取横幅数据列表接口功能的业务是：根据模块类型 moduleWapBannerDataList 从数据库里获取横幅数据信息，因此在持久层的 SitePageModuleDao 接口里添加一个 getByType 方法，代码如下。

```java
public interface SitePageModuleDao {

    // ...在此省略上面无关的代码

    List<SitePageModuleEntity>getByType(@Param("type") String type, @Param("fetchSize")
int fetchSize);

    // ...在此省略下面无关的代码

}
```

然后在 SQL 脚本映射 SitePageModuleDao.xml 文件里，添加一个<select>查询元素项及其查询 SQL 脚本，代码如下。

```xml
<select id="getByType" resultMap="BaseResultMap">
    select title, link, price, market_price, open_mode, image_alt, file_type, file_path,
content
    from t_site_page_module
    where is_show = 1
    and type = #{type,jdbcType=VARCHAR}
    limit 0, ${fetchSize}
</select>
```

第 3 步：在业务服务层的 cn.sanqingniao.wfsmw.service.site.SitePageModuleService 服务类里增加 get-ByType 业务方法，它的代码如下。

```java
@Service
public class SitePageModuleService extends BaseService {

    // ...在此省略上面无关的代码
    @Autowired
    private SitePageModuleDao sitePageModuleDao;

    public List<SitePageModuleEntity>getByType(String type, int fetchSize) {
        List < SitePageModuleEntity > entityList = sitePageModuleDao. getByType (type,
fetchSize);
        assembleSitePageModule(entityList);
        return entityList;
    }
    private void assembleSitePageModule(List<SitePageModuleEntity>entityList) {
        if (entityList != null && entityList.size() > 0) {
            for (SitePageModuleEntity entity :entityList) {
                entity.setShowPrice(convertFenToYuan(entity.getPrice())); // 价格单位转换处理
                entity.setShowMarketPrice(convertFenToYuan(entity.getMarketPrice())); // 价
格单位转换处理
                // 文件路径的绝对路径拼接处理
                 entity.setFilePath (assembleAbsolutePath (entity.getFilePath (), imageS-
erverRootUrl));
            }
```

```
            }
        }

        // ...在此省略下面无关的代码
    }
```

它主要就是一行调用 DAO 层的 **getByType** 持久化方法，然后对获取到的站点页面模块信息做前端页面数据展现所需的处理，如：对于价格，在数据库里是以"分"为单位保存，而到页面上是以"元"为单位展现，那么这两者之间要做单位转换；对于文件路径，在数据库里是以相对路径保存，而到页面上是以绝对路径才能展现，那么要将文件存放的主机网址与相对路径拼接在一起为绝对路径。这些处理具体为哪行代码，请查看上述代码里的注释。

第 4 步：在控制层的 cn.sanqingniao.wfsmw.controller.site 子控制器包里，增加 SiteIndexApiController 控制器类，该类继承了 WfsmwBaseController 类；在该控制器类里增加 **getBannerDataList** 控制方法，它的主体代码如下。

```
1行   @RestController
2行   @CrossOrigin
3行   public class SiteIndexApiController extends WfsmwBaseController {

        // ...在此省略上面无关的代码

4行       @Autowired
5行       private SitePageModuleService sitePageModuleService;

6行       /**
7行        * 获取横幅数据列表接口
8行        */
9行       @RequestMapping(value = "get_banner_data_list.html")
10行       public Result<Object> getBannerDataList() {
11行           return success(sitePageModuleService.getByType("moduleWapBannerDataList", 6));
12行       }

        // ...在此省略下面无关的代码
    }
```

在上述方法的第 1 行代码@RestController 是注解，表明当前类是一个处理 RESTful 请求的控制器类，并且将控制方法的返回值直接作为响应体返回给客户端，在后端项目里，会把这个返回值转换为 JSON 格式进行序列化后返回给客户端。第 2 行代码@CrossOrigin 是注解，表明当前类里的控制方法可以跨域访问。第 4 行和第 5 行代码是导入 SitePageModuleService 服务对象。第 9 行代码@RequestMapping（value = "get_banner_data_list.html"）是注解，表明当前获取横幅数据列表接口方法是以 Post 或 Get 方式访问，并且设置它的访问路径是 get_banner_data_list.html，因为它属于站点模块，因此它的全路径访问是/get_banner_data_list.html。第 10~12 行代码实现了获取横幅数据列表接口的业务功能。该方法没有参数，主要业务逻辑是直接调用业务层第 3 步的 **getByType** 业务方法，以模块类型和数量为参数，来获取横幅数据列表；然后在执行成功响应结果对象里注入横幅数据列表；最后通过 Spring 的

JSON 数据消息转换器，把成功返回的对象数据转换为 JSON 数据，响应给客户端。

至此，从头到尾、从前端到后端，横幅图片轮播独立组件的所有功能代码就开发完成了。

2. 开发右侧菜单栏独立组件

开发右侧菜单栏独立组件的步骤如下。

1）首先命名右侧菜单栏独立组件文件为 **SlideMenu. vue**，存放该文件的全路径为 **wfsmw-h5/src/ components/site/SlideMenu. vue**。

2）其次根据网站首页 UI 效果图，右侧菜单栏由两部分组成。第一部分是一个悬浮在首页左下角的图标按钮，单击它可以显示右侧菜单栏，默认情况下右侧菜单栏是隐藏的；第二部分就是右侧菜单栏的主体部分，由一个 **Logo** 图标和一个菜单列表组成。根据这些需求，开发静态网页 **HTML** 代码（就是该组件的模板区里的代码），同时也开发了 **HTML** 代码相关的 **CSS** 代码（它对应该组件的页面 **CSS** 样式代码区）。

3）然后在该组件里开发 **JavaScript** 脚本代码区的 **JavaScript** 代码，上述这些代码组合起来就是该组件的源代码，具体如下所示。

```
// SlideMenu 独立组件文件:wfsmw-h5/src/components/site/SlideMenu.vue
// 以 Vue 3 的组合式 API 模式,编写 Vue 组件的 JavaScript 脚本代码
// JavaScript 脚本代码区
<script setup>
// 从 Vue 模块导入 onMounted 和 reactive 函数,其中 onMounted 用来注册一个回调函数,在组件挂载完成
后执行;reactive 用来返回一个对象的响应式代理
import {onMounted, reactive } from 'vue'
// 从 jQuery 模块导入 $函数
import $ from 'jquery'
// 从首页模块 JavaScript 脚本文件 index.js 导入 getGoodsCategoryList 函数,该函数实现获取所有商
品分类列表接口函数
import { getGoodsCategoryList } from '@ /api/index.js'
// 定义商品分类列表的响应式代理对象,用于加载在页面模板的商品分类
const goodsCategoryList = reactive([]);
// 定义获取商品分类异步执行的箭头函数
const getGoodsCategory = async () => {
    // 执行获取商品分类列表接口函数
    getGoodsCategoryList(function (categoryList) {
        // 成功执行之后,把响应结果数据——商品分类列表进行循环,逐个加载到商品分类列表的响应式代理
对象里
        categoryList.forEach(function (goodsCategory) {
            goodsCategoryList.push(goodsCategory);
        });
    })
}
// 注册一个回调箭头函数,在组件挂载完成后执行
onMounted(() => {
    // 执行获取商品分类异步执行的箭头函数
    getGoodsCategory();
    // 使用 jQuery 的 $选择器,在页面加载完毕之后执行一个匿名函数,在该函数里注册了一个单击事件函数
```

```
$(function(){
    // 为含有"fixedNavBut"CSS class 对象的 DOM 对象注册一个单击事件函数
    $('.fixedNavBut').on('click',function(event){
        // 阻止当前 click（单击）事件冒泡到父元素
        event.stopPropagation();
        // 将含有"fixed_mask"CSS class 对象的 DOM 元素对象逐渐淡入可见
        $('.fixed_mask').fadeIn(function(){
            // 将含有"fixed_nav"CSS class 对象的 DOM 元素对象向右移动屏幕 50%的宽度
            $('.fixed_nav').animate({left:'50%'})
        });
    });
    // 为含有"fixed_mask fixed_nav"CSS class 对象的 DOM 对象注册一个单击事件函数
    $('.fixed_mask .fixed_nav').on('click',function(event){
        // 阻止当前 click（单击）事件冒泡到父元素
        event.stopPropagation();
    });
    // 为 body 对象注册一个单击事件函数
    $('body').on('click',function(){
        // 将含有"fixed_nav"CSS class 对象的 DOM 元素对象向右移动屏幕 100%的宽度
        $('.fixed_nav').animate({left:'100%'},function(){
            // 将含有"fixed_mask"CSS class 对象的 DOM 元素对象隐藏不可见
            $('.fixed_mask').hide();
        });
    });
});
})
</script>
// HTML 代码模板区：编写 Vue 组件的页面模板代码
<template>
<div class="slide_menu_fixed">
  <div class="fixedNavBut">
    <div class="navMoreBut_4">
      <i class="i-1"></i>
      <i class="i-2"></i>
      <i class="i-3"></i>
      <b class="b-1"></b>
      <b class="b-2"></b>
      <b class="b-3"></b>
    </div>
  </div>
// 上面这段 HTML 代码就是第一部分：在网站首页左下角显示的"左滑显示右侧菜单栏"的图标按钮
// 下面这段 HTML 代码就是第二部分：右侧菜单栏
<div class="fixed_mask">
  <div class="fixed_nav">
    <div id="full_column_slide_menu" class="full_column editor" style="width:100%;
height:120px;z-index: 60">
        <div class="content">
          <div id="module_slide_menu" class="module">
```

```html
        <div class="module_inner editor_click_module" data-module-type="mod_image">
          <div class="mod_image">
            <div class="img">
                // 显示网站 Logo 图标
              <img src="http://images.sanqingniao.cn/show002/wap/sideslip_logo_01.png" />
            </div>
          </div>
        </div>
      </div>
    </div>
  </div>
      // 菜单列表部分
      <ul id="module_channel_list">
        <li>
            // 使用 Vue 的路由链接 router-link 组件显示网站首页链接
          <router-link :to="{ name:'home'}">
            <em>
              <img src="http://images.sanqingniao.cn/show002/wap/sideslip_icon_01.png" />
            </em>
            <span class="title">首页</span>
          </router-link>
        </li>
            // 承载每个商品分类链接的 li 元素,其中使用 v-for 指令对商品分类进行循环遍历展现出来
        <li v-for="(goodsCategory, index) in goodsCategoryList" :key="index">
          <router-link :to="{name:'goods_view', query: {large: goodsCategory.id}}">
            <em>
              <img :src="index % 2 == 0 ? 'http://images.sanqingniao.cn/show002/wap/side-
slip_icon_02.png' : 'http://images.sanqingniao.cn/show002/wap/sideslip_icon_05.png'"/>
            </em>
            <span class="title">{{goodsCategory.name}}</span>
          </router-link>
        </li>
      </ul>
    </div>
  </div>
</div>
</template>
// CSS 样式代码区:编写 Vue 组件的页面 CSS 样式代码
<style scoped>
.navMoreBut_4{display: block; position: absolute; right: 10px; top: 2px; width: 35px;
height: 35px; border-radius: 50%; z-index: 5; border: 2px solid #fff; box-shadow: -1px 1px 0 #
da0b01, -1px -1px 0 #da0b01, 1px 1px 0 #da0b01, 1px -1px 0 #da0b01;background: #da0b01;}
.navMoreBut_4 i, .navMoreBut_4b{display: block; overflow: hidden; position: absolute;
line-height: 0px; height: 2px;}
// 由于篇幅所限,在此省略一些代码
</style>
```

在上述代码的 onMounted 钩子函数中,执行了 getGoodsCategory 这个获取商品分类异步执行的箭头函数;然后,使用 jQuery 库的 $选择器,为该组件里的一些元素注册了各自的单击事件函数,以便响

应相关的单击事件来动画显示或隐藏右侧菜单栏。

4）之后开发网站首页模块的 API 数据接口 JavaScript 脚本文件 index.js，存放该文件的全路径为 wfsmw-h5/src/api/index.js；在该文件里，开发了一个数据接口函数 getGoodsCategoryList，也叫获取所有商品分类列表接口函数。该函数的源代码如下。

```
/**
 *首页模块的接口函数
 */
import { doRequest } from './base.js'

// ...为了节省篇幅,在此省略上面无关的代码

/**
 *获取所有商品分类列表接口函数
 */
export function getGoodsCategoryList(cb,errcb) {
  doRequest('/get_goods_category_list.html', null, cb, errcb)
}

//   ...在此省略下面无关的代码
```

在该函数里，实现的业务逻辑是：从服务端获取商品分类列表，调用获取商品分类列表接口和请求 URL（/get_goods_category_list.html），该接口规范的定义如下。

10.3 获取所有商品分类列表接口

该接口实现从服务端获取所有商品分类列表。

10.3.1 请求报文

10.3.1.1 请求 URL 参数定义

参 数 名 称	参 数 说 明	长度/值	必填	备 注
module	模块名	"/"	是	
action	操作名	"get_goods_category_list. html"	是	

10.3.1.2 请求体（body）定义

无

10.3.1.3 请求报文示例

请求 URL 为：http://ip：port/get_goods_category_list.html。

请求体（body）为：无。

10.3.2 响应结果报文

10.3.2.1 响应头定义

参 数 名 称	参 数 说 明	长度/值	必填	备 注
result_code	响应结果代码	≤7	是	响应结果代码，数字；请查看"系统及应用响应码规范"
result_msg	响应结果描述	不定长	是	响应结果描述，字符串；请查看"系统及应用响应码规范"

10.3.2.2 响应体（body）定义

层级	参 数 名 称	参 数 说 明	长度/值	必填	备　　注
2	id	商品分类 ID	int	是	
2	name	商品分类名称	≤256	否	

该响应体（body）是一个 JSON 数组对象，在该数组对象里的每个元素都是一条横幅数据。

10.3.2.3 响应结果报文示例

```
{
    "result_code": 8200,
    "result_msg": "执行成功",
    "body": [
    {
        "id": 12,
        "name": "休闲食品"
    }
    ]
}
```

5）最后在服务端系统里，根据上述定义的接口规范以及前面的开发思路和顺序，开发该接口功能持久层 Dao 接口对应的方法、SQL 脚本映射 xml 文件对应的 SQL 脚本、业务服务类对应的方法、控制器对应的方法等，这些功能方法的开发步骤和源代码如下。

第 1 步：根据后端项目的架构和详细设计，商品分类信息对应的功能模块是商品模块 goods。根据第 6 章的数据库表结构设计，商品分类信息对应的数据库表是 t_goods_category。

第 2 步：获取所有商品分类列表接口功能的业务是：从数据库里获取所有商品大类信息，因此在持久层的 GoodsCategoryDao 接口里添加一个 findAllLarge 方法，代码如下。

```
public interface GoodsCategoryDao {

    // ...为了节省篇幅,在此省略上面无关的代码

    /**
     *获取未删除的所有大类商品分类信息列表
     */
    List<GoodsCategoryEntity> findAllLarge();

    // ...在此省略下面无关的代码

}
```

然后在 SQL 脚本映射 GoodsCategoryDao.xml 文件里，添加一个<select>查询元素项及其查询 SQL 脚本，代码如下。

```
<select id="findAllLarge" resultMap="BaseResultMap">
    select
    <include refid="Base_Column_List" />
```

```
    from t_goods_category
    where is_delete = 0 and level = 1
    order by order_numdesc
</select>
```

第 3 步：在业务服务层的 cn.sanqingniao.wfsmw.service.goods.GoodsCategoryService 服务类里增加 findAllLarge 业务方法，它的代码如下。

```
@Service
public class GoodsCategoryService extends BaseService {

    // ...为了节省篇幅,在此省略上面无关的代码
    @Autowired
    private GoodsCategoryDao categoryDao;

    /**
     * 根据未删除的所有大类商品分类信息列表
     */
    public List<GoodsCategoryEntity> findAllLarge(PageParamBean pageParam) {
        // 调用 DAO 层的代码,获取所有商品大类信息列表
        List<GoodsCategoryEntity> entityList = categoryDao.findAllLarge();
        if (entityList != null && entityList.size() > 0) {
            for (GoodsCategoryEntity entity : entityList) {
                // 装配了一个商品列表页面链接
                entity.setPageLink(assembleGoodsListPageLink(pageParam, entity.getId(),
null, null));
            }
        }
        return entityList;
    }

    // ...在此省略下面无关的代码
}
```

上述主要是调用 DAO 层的代码，然后对获取到的商品分类信息做前端页面数据展现所需的处理，在该方法里为每个商品分类信息装配了一个商品列表页面链接。这些处理具体为哪行代码，请查看上述代码里的注释。

第 4 步：在控制层的 cn.sanqingniao.wfsmw.controller.site.SiteIndexApiController 控制器类里增加 getGoodsCategoryList 控制方法，它的主体代码如下。

```
1行  @RestController
2行  @CrossOrigin
3行  public class SiteIndexApiController extends WfsmwBaseController {

    // ...为了节省篇幅,在此省略上面无关的代码

4行      @Autowired
5行      private GoodsCategoryService goodsCategoryService;
```

```
6行      /**
7行       * 获取所有商品分类列表接口
8行       */
9行      @RequestMapping(value = "get_goods_category_list.html")
10行     public Result<Object> getGoodsCategoryList() {
11行         return success(goodsCategoryService.findAllLarge());
12行     }

      // ...在此省略下面无关的代码

    }
```

在这个方法代码的第 4 行和第 5 行代码是导入 GoodsCategoryService 服务对象。第 9 行代码@Re-questMapping（value = "get_goods_category_list.html"）是注解，表明当前获取所有商品分类列表接口方法是以 Post 或 Get 方式访问，并且设置它的访问路径是 get_goods_category_list.html，因为它属于站点模块，因此它的全路径访问是/get_goods_category_list.html。第 10~12 行代码，实现了获取所有商品分类列表接口的业务功能。该方法没有参数，主要业务逻辑就是直接调用业务层第 3 步的 findAllLarge业务方法，获取所有商品大类列表；然后以 JSON 数据的方式响应给客户端。

至此，从头到尾、从前端到后端，右侧菜单栏独立组件的所有功能代码就开发完毕了。

3. 开发底部导航栏独立组件

开发底部导航栏独立组件的步骤如下。

1）首先命名底部导航栏独立组件文件为 NavigationBar.vue，存放该文件的全路径为 wfsmw-h5/src/components/site/NavigationBar.vue。

2）其次根据网站首页 UI 效果图，底部导航栏是在首页底部固定不动的三个图标链接，其中一个图标链接要显示为"被选中"状态。根据这些需求，开发静态网页 HTML 代码（就是该组件的模板区里的代码），同时也开发了 HTML 代码相关的 CSS 代码（它对应该组件的页面 CSS 样式代码区）。

3）然后在该组件里开发 JavaScript 脚本代码区的 JavaScript 代码，上述这些代码组合起来就是该组件的源代码，具体代码如下。

```
// NavigationBar 独立组件文件:wfsmw-h5/src/components/site/NavigationBar.vue
// 以 Vue 3 的组合式 API 模式,编写 Vue 组件的 JavaScript 脚本代码
// JavaScript 脚本代码区
<script setup>
// 使用 defineProps 函数定义当前组件的属性
defineProps({
    // 定义当前菜单下标属性,用于从父组件指定谁是当前菜单
    currentMenu: {
        type: Number, // 定义该属性的数据类型是数字
        required: true // 定义该属性是必需的
    }
})
</script>
// HTML 代码模板区:编写 Vue 组件的页面模板代码
```

```html
<template>
<div class="navigation_bar_fixed">
    <div class="navigation_bar">
        // 使用 Vue 的路由链接 router-link 组件显示网站首页底部导航栏链接
        <router-link class="navLink" :to="{name:'home', query: {bar_id: 0}}" :class="{'
active' : currentMenu == 0}">
            <i class="navLinkIco show">
                <img src="http://images.sanqingniao.cn/show002/wap/tem001_index_tail_
icon_02.png" />
            </i>
            <i class="navLinkIco cur">
                <img src="http://images.sanqingniao.cn/show002/wap/tem001_index_tail_
icon_01.png" />
            </i>
            <span class="navLinkText">首页</span>
        </router-link>
        // 使用 Vue 的路由链接 router-link 组件显示网站购物车页面底部导航栏链接
        <router-link class="navLink" :to="{name:'shopping_cart_view', query: {bar_id:
1}}" :class="{'active' : currentMenu == 1}">
            <i class="navLinkIco show">
                <img src="http://images.sanqingniao.cn/show002/wap/tem001_index_tail_
icon_05.png" />
            </i>
            <i class="navLinkIco cur">
                <img src="http://images.sanqingniao.cn/show002/wap/tem001_index_tail_
icon_06.png" />
            </i>
            <span class="navLinkText">购物车</span>
        </router-link>
        // 使用 Vue 的路由链接 router-link 组件显示网站"我的页面"底部导航栏链接
        <router-link class="navLink" :to="{name:'member_index_view', query: {bar_id:
2}}" :class="{'active' : currentMenu == 2}">
            <i class="navLinkIco show">
                <img src="http://images.sanqingniao.cn/show002/wap/tem001_index_tail_
icon_07.png" />
            </i>
            <i class="navLinkIco cur">
                <img src="http://images.sanqingniao.cn/show002/wap/tem001_index_tail_
icon_01.png" />
            </i>
            <span class="navLinkText">我的</span>
        </router-link>
    </div>
</div>
</template>
// CSS 样式代码区:编写 Vue 组件的页面 CSS 样式代码
<style scoped>
```

```
.navigation_bar { width: 100%;height: 50px;display: -webkit-box;display: -ms-flexbox;dis-
play: flex;border-top: 1px solid #db0b01;background: #db0b01;justify-content: space-between}
    // ...由于篇幅所限,在此省略一些代码
</style>
```

在上述代码里,使用 currentMenu 属性值来判断谁是当前底部导航栏。底部导航栏独立组件的功能非常简单,只是涉及前端页面功能,没有涉及后端业务,至此,所有功能代码就开发完毕了。

4. 开发首页视图

开发一个视图组件的思路和步骤顺序,与第 10.6 节描述的也是一样的,具体的步骤如下。

1)首先把首页视图组件文件命名为 HomeView.vue,存放该文件的全路径为 wfsmw-h5/src/views/HomeView.vue。这里要求前端项目里所有视图组件文件名都必须以 View 单词结尾的,即视图组件文件名命名规则为:业务名 + View.vue。

2)其次根据网站首页 UI 效果图,在首页里,除了上述 3 个独立组件的页面内容,还有头部的搜索栏,以及中间部分的 5 个展现页面模块数据的主体页面。根据这些需求,开发的静态网页 HTML 代码(就是该视图组件的模板区里的代码),同时也开发了 HTML 代码相关的 CSS 代码(它对应该视图组件的页面 CSS 样式代码区)。

3)然后在该视图组件里开发 JavaScript 脚本代码区的 JavaScript 代码,那么上述这些代码组合起来就是该视图组件的源代码,具体代码如下。

```
// HomeView 视图组件文件:wfsmw-h5/src/views/HomeView.vue
// 以 Vue 3 的组合式 API 模式,编写 Vue 组件的 JavaScript 脚本代码
// JavaScript 脚本代码区
<script setup>
// 从 Vue 模块导入 onMounted、reactive 和 ref 函数,其中 onMounted 用来注册一个回调函数,在组件挂载
完成后执行;reactive 用来返回一个对象的响应式代理;ref 函数用来返回一个响应式的、可更改的 ref 对象。
import {onMounted, reactive, ref } from 'vue'
// 从 vue-router 模块导入 useRouter 函数,用于获取路由管理对象
import {useRouter } from 'vue-router'
// 从首页模块 JavaScript 脚本文件 index.js 导入 getIndexPageData 函数,该函数实现获取网站首页数
据接口函数
import {getIndexPageData } from '@/api/index.js'
// 导入横幅图片轮播独立组件,以便在模板页面里使用
import WapBanner from '@/components/site/WapBanner.vue'
// 导入底部导航栏独立组件,以便在模板页面里使用
import NavigationBar from '@/components/site/NavigationBar.vue'
// 导入右侧菜单栏独立组件,以便在模板页面里使用
import SlideMenu from '@/components/site/SlideMenu.vue'
// 从 utils/commons.js 自定义工具脚本文件导入下面 3 个工具函数
import { isEmpty,checkEnter, huamuheWarnDialog } from '@/utils/commons.js'
// 从 jQuery 模块导入 $函数
import $ from 'jquery'

// 定义当前底部导航栏的首页菜单下标值为 0
const currentMenuIndex = 0;
```

```
// 定义首页第 2 个模块数据列表的响应式代理对象,用于加载在页面模板里的商品分类图标按钮
const module002DataList = reactive([]);
//   ...由于首页第 3、4、5、6 个模块数据的定义代码与第 2 个模块大同小异,为了节省篇幅,在此省略这些代码
// 定义搜索栏的搜索关键字的响应式的、可更改的 ref 对象
const _keywords = ref("")
// 获取路由管理对象
const router =useRouter();
//   ...由于篇幅所限,在此省略搜索栏功能模块的定义代码
// 定义获取首页数据异步执行的函数
const getIndexData = async () => {
    // 执行获取首页数据接口函数
    getIndexPageData(function (indexPageData) {
        // 成功执行之后,把第 2 个模块数据列表进行循环,逐个加载到第 2 个模块数据列表的响应式代理对象里
        indexPageData.module002DataList.forEach(function (pageData) {
            module002DataList.push(pageData);
        });
        // ...由于首页第 3、4、5、6 个模块数据的设置代码与第 2 个模块大同小异,为了节省篇幅,在此省略这
些代码

    })
}
// 注册一个回调箭头函数,在组件挂载完成后执行
onMounted(() => {
    // 执行获取首页数据异步执行的箭头函数
    getIndexData();
})

</script>
// HTML 代码模板区:编写 Vue 组件的页面模板代码
<template>
    <div id="container" class="container editor_container" style="position: relative;
max-width: 768px;margin: 0 auto; font-size:14px; background: #ffffff;">
        // 由于篇幅所限,在此省略搜索栏功能模块的 HTML 代码
        <!--end header-->
        <div class="sortablelist">
            <div id="full_column_001" class="full_columnsortableitem">
            <div class="content">
                <WapBanner /> // 使用横幅数据轮播独立组件
            </div>
            </div>
            <!--end full_column-->
            // 首页第 2 个模块数据的 HTML 代码起始点
            <div id="full_column_002" class="full_columnsortableitem">
            <div class="content">
              <div id="module_002" class="module">
                <div class="module_inner editor_click_module" data-module-type="mod_image_
text_info">
                    <ul class="nav">
```

```
        // 承载每个模块数据链接的 li 元素,其中使用 v-for 指令对模块数据进行循环遍历展现出来
                <li class="nav_item" v-for="(module002DataItem, index) in
module002DataList" :key="index">
                    <div class="inner">
                      <div class="img">
                        <a :href="module002DataItem.link != null? module002DataItem.link:
'javascript:void(0)'">
                            <img :src="module002DataItem.filePath" :alt="module002DataItem.
imageAlt" />
                        </a>
                      </div>
                      <div class="pic_attr">
                        <div class="title_wrap">
                            <a class="title" :href="module002DataItem.link != null?
module002DataItem.link:'javascript:void(0)'"> {{module002DataItem.title}} </a>
                        </div>
                      </div>
                    </div>
                  </li>
                </ul>
                <!--endnav-->
              </div>
            </div>
            <!--end module-->
          </div>
        </div>
        <!--end full_column-->
        // 首页第 2 个模块数据的 HTML 代码结束点
        // ...由于首页第 3、4、5、6 个模块数据的 HTML 代码与第 2 个模块大同小异,为了节省篇幅,在此省略
这些代码
        // ...为了节省篇幅,在此省略了下面 2 个页面模块的 HTML 代码
      </div>
      <!--end sortablelist-->
    </div>
    <!--end container-->
    <div>
        <NavigationBar :current-menu="currentMenuIndex" /> // 使用底部导航栏独立组件
        <SlideMenu /> // 使用右侧菜单栏独立组件
    </div>
    <div style="height:50px;display: block"></div>
</template>
// CSS 样式代码区:编写 Vue 组件的页面 CSS 样式代码
<style scoped>
#global_module_000 {padding: 0 13px;width: 100%;}
#global_module_000 .mod_image{width: 100%;height: 43px;text-align: center}
// ...为了节省篇幅,在此省略了下面部分 CSS 代码
</style>
```

在上述代码的 onMounted 钩子函数中，执行了 getIndexData 这个获取首页数据异步执行的箭头函数。使用了 WapBanner、NavigationBar 和 SlideMenu 这三个独立组件。由于最后 2 个页面模块的 HTML 代码与第 4 个页面模块的 HTML 代码大同小异，因此省略了；如果有需要的话，请到随书附赠的前端项目 WFSMW-H5 的源代码里查看。

4）之后在网站首页模块的 API 数据接口 JavaScript 脚本文件 index.js 里，开发了一个数据接口函数 getIndexPageData，也叫获取网站首页数据接口函数，该函数的源代码如下。

```
/**
 * 首页模块的接口函数
 */
import {doRequest } from './base.js'

// ...为了节省篇幅,在此省略上面无关的代码

/**
 * 获取网站首页数据接口函数
 */
export function getIndexPageData(cb, errcb) {
  doRequest('/get_index_page_data.html', null, cb, errcb)
}

//   ...在此省略下面无关的代码
```

在该函数实现的业务逻辑是：从服务端获取首页数据列表，调用获取网站首页数据接口和请求 URL（/get_index_page_data.html），该接口规范的定义如下。

10.3　获取网站首页数据接口

该接口实现从服务端获取网站首页模块数据列表。

10.3.1　请求报文

10.3.1.1　请求 URL 参数定义

参 数 名 称	参 数 说 明	长度/值	必填	备　　注
module	模块名	"/"	是	
action	操作名	"get_index_page_data.html"	是	

10.3.1.2　请求体（body）定义

无

10.3.1.3　请求报文示例

请求 URL 为：http://ip：port/get_index_page_data.html。

请求体（body）为：无。

10.3.2　响应结果报文

10.3.2.1　响应头定义

参 数 名 称	参 数 说 明	长度/值	必填	备　　注
result_code	响应结果代码	≤7	是	响应结果代码，数字；请查看"系统及应用响应码规范"
result_msg	响应结果描述	不定长	是	响应结果描述，字符串；请查看"系统及应用响应码规范"

10.3.2.2　响应体（body）定义

层级		参 数 名 称	参 数 说 明	长度/值	必填	备　注
1		module002DataList	第 2 个页面模块数据列表	不定长	是	该数据是一个 JSON 数组
	2	title	模块标题	≤512	是	
	2	link	模块链接	≤256	否	
	2	showPrice	价格	float	否	单位：元
	2	showMarketPrice	市场价	float	否	单位：元
	2	openMode	打开方式	1	是	0＝本窗口；1＝新窗口
	2	imageAlt	图片 alt 值	≤256	否	
	2	fileType	文件类型	1	是	0＝图片；1＝视频；2＝flash
	2	filePath	文件路径	不定长	否	绝对路径
	2	content	模块内容	≤2048	否	
1		module003DataList	第 3 个页面模块数据列表	不定长	是	该数据是一个 JSON 数组
	2	这部分内容的参数与第 2 个页面模块数据列表的参数是一样的，在此省略				
1		module004DataList	第 4 个页面模块数据列表	不定长	是	该数据是一个 JSON 数组
	2	这部分内容的参数与第 2 个页面模块数据列表的参数是一样的，在此省略				
1		module005DataList	第 5 个页面模块数据列表	不定长	是	该数据是一个 JSON 数组
	2	这部分内容的参数与第 2 个页面模块数据列表的参数是一样的，在此省略				
1		module006DataList	第 6 个页面模块数据列表	不定长	是	该数据是一个 JSON 数组
	2	这部分内容的参数与第 2 个页面模块数据列表的参数是一样的，在此省略				

该响应体（body）是一个 JSON 普通对象，在该对象里的每个元素是一页面模块数据列表。

10.3.2.3　响应结果报文示例

```
{
    "result_code": 8200,
    "result_msg": "执行成功",
    "body": {
        "module002DataList": [
            {
                "title": "网红零食",
                "link": "http://xxxx.xxx.com/xxxxx",
                "showPrice": 100.00,
                "showMarketPrice": 299.00,
                "openMode" : 1,
                "imageAlt" : "图片注释",
                "fileType" : 0,
                "filePath" : "http://xxxx.xxx.com/xxxxxyyyyxxx.jpg",
                "content" : "EIUGNAKDJGEWLKJ3I4344KSDJFJDKJEJGJ56LRGHHJ"
            }
        ],
```

```
//  ...在此省略下面与上面类似的样例代码
        }
    }
```

5）再后要为首页视图组件页面进行路由配置。在前端项目的架构里，路由配置管理文件是 wfsmw-h5/src/router/index.js，对应的路由配置代码如下。

```
// 从 vue-router 模块导入 createRouter 和 createWebHistory 函数,用于创建路由管理对象和 Web 页面
历史对象
import {createRouter, createWebHistory } from 'vue-router'
// 导入首页视图组件
import HomeView from '../views/HomeView.vue'

// 创建路由管理对象,然后传入各种参数,主要是设置 Web 页面历史模式和页面路由数组
const router =createRouter({
  // 创建 Web 页面历史对象,设置路由为 history 模式
  history:createWebHistory(import.meta.env.BASE_URL),
  // 定义页面路由数组
  routes: [
    // 定义网站首页视图的路由信息对象
    {
      path:'/', //设置路由访问路径
      name:'home', //设置当前路由名称,在页面上可以使用这个名称来路由访问页面,也叫命名路由
      component:HomeView // 使用视图组件名称来设置路由页面组件
    },
    // ...在此省略下面无关的代码
  ]
})
// 导出默认路由管理对象
export default router
```

6）最后在服务端系统里，根据上述定义的接口规范以及前面的开发思路和顺序，开发该接口功能持久层 Dao 接口对应的方法、SQL 脚本映射 xml 文件对应的 SQL 脚本、业务服务类对应的方法、控制器对应的方法等，这些功能方法的开发步骤和源代码如下。

第 1 步：根据后端项目的架构和详细设计，网站首页对应的功能模块是 site，它的页面模块数据属于站点页面模块信息。根据第 6 章的数据库表结构设计，站点页面模块信息对应的数据库表是 t_site_page_module。

第 2 步：获取上述 5 个模块数据列表接口功能的业务是：根据模块类型 module002DataList、module003DataList、module004DataList、module005DataList、module006DataList 从数据库里获取这 5 个模块数据信息，因此在持久层的 SitePageModuleDao 接口里添加一个 getByType 方法，代码如下。

```
public interface SitePageModuleDao {

    // ...为了节省篇幅,在此省略上面无关的代码

    List < SitePageModuleEntity > getByType (@ Param ( " type") String type, @ Param ( "
fetchSize") int fetchSize);
```

```
        // ...在此省略下面无关的代码

    }
```

然后在 SQL 脚本映射 SitePageModuleDao.xml 文件里，添加一个<select>查询元素项及其查询 SQL 脚本，代码如下。

```
<select id="getByType" resultMap="BaseResultMap">
    select title, link, price, market_price, open_mode, image_alt, file_type, file_
path, content
    from t_site_page_module
    where is_show = 1
    and type = #{type,jdbcType=VARCHAR}
    limit 0, ${fetchSize}
</select>
```

第 3 步：在业务服务层的 cn.sanqingniao.wfsmw.service.site.SitePageModuleService 服务类里增加 getIndexPageData 业务方法，它的代码如下。

```
@Service
public class SitePageModuleService extends BaseService {

    // ...为了节省篇幅,在此省略上面无关的代码
    @Autowired
    private SitePageModuleDao sitePageModuleDao;

    /**
     * 获取首页页面数据
     */
    public Map<String, List<SitePageModuleEntity>> getIndexPageData() {
        Map<String, List<SitePageModuleEntity>>indexDataMap = new HashMap<>();
        indexDataMap.put("module002DataList", getByType("module002DataList", 4));
        indexDataMap.put("module003DataList", getByType("module003DataList", 3));
        indexDataMap.put("module004DataList", getByType("module004DataList", 4));
        indexDataMap.put("module005DataList", getByType("module005DataList", 6));
        indexDataMap.put("module006DataList", getByType("module006DataList", 6));
        return indexDataMap;
    }

    // ...在此省略下面无关的代码

}
```

上述代码主要调用 DAO 层的 getByType 持久化方法，该持久化方法实现的功能请查看前文"开发横幅图片轮播独立组件"部分的第 3 步描述。

第 4 步：在控制层的 cn.sanqingniao.wfsmw.controller.site.SiteIndexApiController 控制器类里，增加 getIndexPageData 控制方法，它的主体代码如下。

```
1行  @RestController
2行  @CrossOrigin
```

```
3行    public class SiteIndexApiController extends WfsmwBaseController {

       // ...为了节省篇幅,在此省略上面无关的代码

4行        @Autowired
5行        private SitePageModuleService sitePageModuleService;

6行        /**
7行         * 获取网站首页数据接口
8行         */
9行        @RequestMapping(value = "get_index_page_data.html")
10行       public Result<Object> getIndexPageData() {
11行           return success(sitePageModuleService.getIndexPageData());
12行       }

       // ...在此省略下面无关的代码

   }
```

在这个方法里第 4 行和第 5 行代码是导入 SitePageModuleService 服务对象。第 9 行代码@Request-Mapping（value = "get_index_page_data.html"）是注解，表明当前获取横幅数据列表接口方法以 Post 或 Get 方式访问，并且设置它的访问路径是 get_index_page_data.html，因为它属于站点模块，因此它的全路径访问是/get_index_page_data.html。第 10 ~ 12 行代码实现了获取网站首页数据接口的业务功能。该方法没有参数，主要业务逻辑就是直接调用业务层第 3 步的 getIndexPageData 业务方法，获取首页数据；然后以 JSON 数据的方式响应给客户端。

至此，从头到尾、从前端到后端，首页视图组件的所有功能代码就开发完了。

▶▶ 10.6.3　开发商品列表页面

本小节将对商品列表页面的功能进行开发和详细说明。

首先根据商品列表页面效果图进行分析，可以把该页面分成如下 4 个功能点：

1）在该页面顶部，有网站 Logo 图标和搜索图标，单击搜索图标会显示搜索栏，可以进行商品搜索，要把它做成独立组件。

2）在该页面头部，有一个横幅图片轮播滚动条，已经在 10.6.1 小节把它做成了独立组件了，在这里可以直接使用，也体现了开发一个独立组件的复用性。

3）在该页面中间主体部分，主要展现商品列表的数据；在该部分里，商品列表数据是分页获取的，在页面往下滚动到底部时，需要自动获取下一页商品数据，并且把这些新商品数据累加到商品列表数据里。

4）在搜索栏独立组件里，如果没有输入搜索关键字而单击搜索时，会弹出提示框提示用户没有输入关键字。因此要把这个提示框做成一个独立组件，以便在其他组件里复用。

根据 10.6 节描述的开发思路和顺序，以及上述对商品列表页面的逻辑分析；开发商品列表页面需要完成开发的功能有：提示框独立组件、搜索栏独立组件和商品列表视图页面，并且在商品列表视图文件里把这些功能集成在一起才能完整地实现商品列表页面功能。根据 Vue 开发框架和前端项目架构

设计的要求，需要开发 2 个独立组件、一个视图文件、一个 API 接口文件、定义 2 个数据接口规范、在服务端系统里实现 2 个数据接口相关代码文件等。这些功能点在每个层级对应的代码文件、接口函数、Java 类及其方法等说明如下。

1. 开发提示框独立组件

在许多页面组件里都需要使用提示框，因此它是一个共通功能，属于共通组件，因此它存放目录为 wfsmw-h5/src/components/commons。

开发提示框独立组件的步骤如下。

1）首先把提示框独立组件文件命名为 CommonTipsBox.vue，存放该文件的全路径为 wfsmw-h5/src/components/commons/CommonTipsBox.vue。

2）其次根据提示框 UI 效果图，有错误信息、警告信息、成功信息、确认信息和含有备注的确认信息 5 种信息提示框；在每个提示框里含有图标、文字信息和"确定"按钮。根据这些需求，开发的静态网页 HTML 代码（该组件模板区里的代码），同时也开发了 HTML 代码相关的 CSS 代码（对应该组件的页面 CSS 样式代码区）。

3）然后在该组件里开发 JavaScript 脚本代码区的 JavaScript 代码，上述这些代码组合起来就是该组件的源代码，具体代码如下。

```
// CommonTipsBox 独立组件文件:wfsmw-h5/src/components/commons/CommonTipsBox.vue
// 以 Vue 3 的组合式 API 模式编写 Vue 组件的 JavaScript 脚本代码
// JavaScript 脚本代码区
<script setup>
// 从 Vue 模块导入 onMounted 函数,用来注册一个回调函数,在组件挂载完成后执行
import {onMounted } from 'vue'
// 从 jQuery 模块导入 $函数
import $ from 'jquery'
// 注册一个回调箭头函数,在组件挂载完成后执行
onMounted(() => {
    // 使用 jQuery 的 $选择器,在页面加载完毕之后执行一个匿名函数,在该函数里注册了一个单击事件函数
    $(function () {
        // 为含有"huamuhe_tips btn_close"CSS class 对象的 DOM 对象注册一个单击事件函数
        $('.huamuhe_tips .btn_close').unbind().on('click', function () {
            // 将含有"huamuhe_mask"CSS class 对象的 DOM 元素对象隐藏
            $('.huamuhe_mask').css({'display':'none' });
        });
    });
});
</script>
// HTML 代码模板区:编写 Vue 组件的页面模板代码
<template>
  <div class="huamuhe_mask">
      <div class="huamuhe_tips tips_error">
          <h2>
              <span>错误信息</span>
          </h2>
```

```
            <div class="inner">
                <div class="left">
                    <img src="http://images.sanqingniao.cn/commons/tips_box_error.png"/>
                </div>
                <div class="right">
                    <span id="errorMsg">您的信息填写错误,请确认...</span>
                </div>
            </div>
            <div class="bottow btn_close">
                <span class="but but_close">确定</span>
            </div>
        </div>
        <!--end    错误提示框-->
        <!--....为了节省篇幅,在此省略与上面类似的警告、成功、确认和含有备注的确认提示框 HTML 代码-->
    </div>
    <!--end mask-->
</template>
// CSS 样式代码区:编写 Vue 组件的页面 CSS 样式代码
<style scoped>
.huamuhe_mask{width: 100%; height: 100vh; position: fixed; top: 0; left: 0; background:
rgba(0,0,0,.5); justify-content: center; align-items: center; display: none; z-index: 9999;}
    // ...为了节省篇幅,在此省略了下面部分 CSS 代码
</style>
```

提示框独立组件的功能非常简单，只涉及前端页面功能，没有涉及后端业务，至此，它的所有功能代码就开发完了。

2. 开发搜索栏独立组件

开发搜索栏独立组件的步骤如下。

1）首先把搜索栏独立组件文件命名为 SearchProduct.vue，存放该文件的全路径为 wfsmw-h5/src/components/site/SearchProduct.vue。

2）其次根据商品列表页面 UI 效果图，搜索栏由两部分组成；第一部分是一个搜索图标，第二部分是由一个搜索关键字输入框和"搜索"按钮组成，并且该部分默认是隐藏的。根据这些需求，开发静态网页 HTML 代码（该组件的模板区里的代码），同时也开发了 HTML 代码相关的 CSS 代码（对应该组件的页面 CSS 样式代码区）。

3）然后在该组件里开发 JavaScript 脚本代码区的 JavaScript 代码，上述这些代码组合起来就是该组件的源代码，具体如下：

```
// SearchProduct 独立组件文件:wfsmw-h5/src/components/site/SearchProduct.vue
// 以 Vue 3 的组合式 API 模式编写 Vue 组件的 JavaScript 脚本代码
// JavaScript 脚本代码区
<script setup>
// 从 Vue 模块导入 ref 函数,用来返回一个响应式的、可更改的 ref 对象
import { ref } from 'vue'
// 从 vue-router 模块导入 useRouter 函数,用于获取路由管理对象
import {useRouter } from 'vue-router'
```

```
// 从 jQuery 模块导入 $函数
import $ from 'jquery'
// 从 utils/commons.js 自定义工具脚本文件导入下面 3 个工具函数
import { isEmpty,checkEnter, huamuheWarnDialog } from '@/utils/commons.js'
// 导入提示框窗口独立组件，以便在模板页面里使用
import CommonTipsBox from '@/components/commons/CommonTipsBox.vue'
// 定义一个搜索事件
const emit =defineEmits(['search'])
const _keywords = ref(''); //定义关键字响应式的、可更改的 ref 对象
const router =useRouter(); // 获取路由管理对象
// 定义显示搜索栏函数
function showSearchWrap() {
    $('.search_wrap').fadeIn()
}
// 定义隐藏搜索栏函数
function hideSearchWrap() {
    $('.search_wrap').fadeOut()
}
// 定义搜索商品函数
function searchProduct() {
    if (isEmpty(_keywords.value)) {
        huamuheWarnDialog("请输入搜索条件!"); // 弹出警告提示框
        return false;
    }
    if (router.currentRoute.value.name == 'search_result_view') {
        emit('search', _keywords.value); //如果当前视图页面是搜索结果视图页面,则触发搜索事件
    } else {
        // 否则路由跳转到搜索结果视图页面,并且把搜索关键字作为查询条件传递过去
        router.push({ name: 'search_result_view', query: { key: _keywords.value } });
    }
}
</script>
// HTML 代码模板区:编写 Vue 组件的页面模板代码
<template>
    <span class="icon_search" @click="showSearchWrap"> // 绑定一个单击事件函数:显示搜索栏
函数
        <img src="http://images.sanqingniao.cn/show002/wap/tem01_search_result_icon_
03.png">
    </span>
    <div class="search_wrap">
        <span class="close_search" @click="hideSearchWrap"></span> // 绑定一个单击事件函
数:隐藏搜索栏函数
        <input type="search" v-model="_keywords" @keypress="checkEnter(event, search-
Product);" placeholder="请输入搜索条件" />  // 绑定一个往下按键事件函数,并且传递一个搜索商品函数作
为回调函数,以便触发搜索商品操作
        // 绑定一个单击事件函数:搜索商品函数,并且阻止向父组件冒泡该单击事件
        <button class="search" @click.stop="searchProduct">搜索</button>
    </div>
```

```
        <CommonTipsBox /> // 使用提示框窗口独立组件
    </template>
    // CSS 样式代码区：编写 Vue 组件的页面 CSS 样式代码
    <style scoped>
    .icon_search{display: inline-block;width: 25px;height: 25px;}
    // ...为了节省篇幅,在此省略了下面部分 CSS 代码
    </style>
```

在上述代码里，使用 defineEmits 宏自定义了搜索事件。当在搜索结果视图页面里使用搜索栏独立组件时，会触发该事件；否则，路由跳转到搜索结果视图页面，并且把搜索关键字作为查询条件传递过去。

提示搜索栏独立组件的功能非常简单，只涉及前端页面功能，没有涉及后端业务，至此，它的所有功能代码就开发完了。

3. 开发商品列表页面视图

开发商品列表页面视图组件的步骤如下。

1）首先把商品列表页面视图组件文件命名为 SnacksView.vue，该视图属于站点 site 模块，那么存放该视图文件的全路径为 wfsmw-h5/src/views/site/SnacksView.vue。

2）其次根据商品列表页面 UI 效果图，商品列表页面由三部分组成。第一部分是一个页面标题和搜索栏；第二部分是一个横幅图片轮播滚动条；第三部分由两列商品信息组合在一起，可以往下滚动的商品列表页面内容，每个商品信息包括商品图片、商品名称和价格。根据这些需求，开发的静态网页 HTML 代码，就是该组件的模板区里的代码；同时也开发了 HTML 代码相关的 CSS 代码，它对应该组件的页面 CSS 样式代码区。

3）然后在该组件里开发 JavaScript 脚本代码区的 JavaScript 代码，上述这些代码组合起来就是该组件的源代码，具体如下。

```
// SnacksView 独立组件文件：wfsmw-h5/src/components/site/SnacksView.vue
// 以 Vue 3 的组合式 API 模式编写 Vue 组件的 JavaScript 脚本代码
// JavaScript 脚本代码区
<script setup>
// 从 Vue 模块导入 onBeforeUnmount、onMounted、ref 和 reactive 函数,其中 onBeforeUnmount 和 on-
Mounted 都是用来注册一个回调函数,分别是在组件卸载前执行和在组件挂载完成后执行;ref 函数用来返回一个响
应式的、可更改的 ref 对象;reactive 用来返回一个对象的响应式代理
import {onBeforeUnmount, onMounted, ref, reactive } from 'vue'
// 从商品模块 JavaScript 脚本文件 goods.js 导入 getGoodsList 和 getCategoryName 函数,getGood-
sList 是实现获取商品一览接口函数,getCategoryName 是实现获取商品分类名称接口函数
import {getGoodsList, getCategoryName } from '@ /api/goods.js'
// 从 utils/commons.js 自定义工具脚本文件导入下面 1 个常量和 1 个工具函数
import { NO_RESPONSE_DATA_CODE,huamuheWarnDialog } from '@ /utils/commons.js'
// 导入搜索栏独立组件,以便在模板页面里使用
import SearchProduct from '@ /components/site/SearchProduct.vue'

// 导入横幅图片轮播独立组件,以便在模板页面里使用
import WapBanner from '@ /components/site/WapBanner.vue'
```

const categoryName = ref(""); // 定义页面标题商品分类名称响应式的、可更改的 ref 对象,默认值为空字符串

const largeCategoryId = ref(0); // 定义大分类 ID 响应式的、可更改的 ref 对象,默认值为 0

const smallCategoryId = ref(0); // 定义小分类 ID 响应式的、可更改的 ref 对象,默认值为 0

const thirdCategoryId = ref(0); // 定义三级分类 ID 响应式的、可更改的 ref 对象,默认值为 0

const page = ref(1); //定义分页页码响应式的、可更改的 ref 对象,默认值为 1

// 定义商品数据列表的响应式代理对象,用于加载在页面模板里的商品数据列表

const goodsList = reactive([]);

const loading = ref(false); //定义是否显示加载中的响应式的、可更改的 ref 对象,默认值为布尔值假

let isRequestData = true; // 定义是否继续向服务端请求数据标识

// 定义获取商品分类名称异步执行的箭头函数

```
const getCategoryNameData = async (largeCategoryId) => {
    // 执行获取商品分类名称接口函数
    getCategoryName(largeCategoryId, function (name) {
        categoryName.value = name;
    })
}
```

// 定义获取商品列表数据异步执行的箭头函数

```
const getGoodsListData = async () => {
    // 设置获取商品列表数据的请求参数
    let requestData = {
        "page": page.value,
        "pageSize": 12,
        "largeCategoryId": largeCategoryId.value,
        "smallCategoryId": smallCategoryId.value,
        "thirdCategoryId": thirdCategoryId.value
    }
    // 执行获取商品一览接口函数
    getGoodsList(requestData, function (goodsListData) {
        // 成功执行之后,把响应结果数据——商品数据列表进行循环,逐个加载到商品数据列表的响应式代理
对象里
        goodsListData.data_list.forEach(function (goodsData) {
            goodsList.push(goodsData);
        });
        loading.value = false; //隐藏加载中
    }, function (error) {
        // 执行失败之后,处理一些业务
        loading.value = false; //隐藏加载中
        isRequestData = false; // 不再允许继续向服务端请求数据
        if (error.result_code == NO_RESPONSE_DATA_CODE) {
            huamuheWarnDialog("没有数据了!"); // 如果错误(结果是没有数据),那么弹出提示信息
        } else {
            huamuheWarnDialog("系统异常,请稍后再试!"); // 否则弹出异常信息
        }
    });
}
```

```
    // 处理往下滚动事件
    const handleScroll = async () => {
        const scrollTop = document.documentElement.scrollTop || document.body.scrollTop;
        const windowHeight = window.innerHeight;
        const documentHeight = document.documentElement.offsetHeight;

        // 滚动到底部时发起请求
        if (isRequestData && !loading.value && scrollTop + windowHeight >= documentHeight) {
            loading.value = true; //显示加载中
            // 发起请求,获取下一页商品数据列表
            page.value += 1;
            getGoodsListData(); // 执行获取商品列表数据异步执行的箭头函数
        }
    };
    // 注册一个回调箭头函数,在组件挂载完成后执行
    onMounted(() => {
        // 从当前页面 URL 搜索路径里获取搜索参数对象
        const searchParams = new URLSearchParams(window.location.search);
        largeCategoryId.value = searchParams.get('large'); // 获得大分类 ID 参数值
        smallCategoryId.value = searchParams.get('small'); // 获得小分类 ID 参数值
        thirdCategoryId.value = searchParams.get('third'); // 获得三级分类 ID 参数值
        getCategoryNameData(largeCategoryId.value); // 执行获取商品大分类名称异步执行的箭头函数
        getGoodsListData(); // 执行获取商品列表数据异步执行的箭头函数

        // 监听滚动事件
        window.addEventListener('scroll', handleScroll);
    })

    // 销毁组件时移除事件监听
    onBeforeUnmount(() => {
        window.removeEventListener('scroll', handleScroll);
    });

</script>
// HTML 代码模板区:编写 Vue 组件的页面模板代码
<template>
    <div id="container" class="container editor_containerclearfix"
        style="width: 100%; position: relative;max-width: 768px; margin: 0 auto; font-
size:14px;  background: #ffffff;">
        <header>
            <a href="javascript:history.go(-1)" class="btn_black">
                <img src="http://images.sanqingniao.cn/show002/wap/tem001_goodsool_001_
icon_03.png ">
            </a>
            // 展现大分类名称
            <div class="title">{{categoryName }}</div>
            <SearchProduct /> // 使用搜索栏独立组件
        </header>
```

```
    <!--end header-->
    <div style=" height:45px;display: block"></div>
    <div class="sortablelist">
        <div id="full_column_001" class="full_columnsortableitem">
            <div class="content">
                <WapBanner /> // 使用横幅图片轮播独立组件
            </div>
        </div>
        <!--end sortableitem-->
        <div id="full_column_002" class="full_columnsortableitem no_editor">
          <div class="content">
            <div class="goose_list">
              <div class="goods_warp">
                // 显示商品数据列表
                <ul class="goods_list list_ulclearfix">
                  // 承载每个商品的 li 元素,其中使用 v-for 指令对商品数据列表进行循环遍历展现出来
                  <li v-for="(goods, index) in goodsList" :key="index">
                    <div class="pic">
                      <router-link :to="{name:'goods_detail_view', query: {id: goods.id}}">
                        <img :src="goods.mainThumbnailPath" />
                      </router-link>
                      <span class="price">¥{{ goods.showPrice }}</span>
                    </div>
                    <div class="title">
                      <h5 class="one_text">
                        <router-link :to="{name:'goods_detail_view', query: {id: goods.
id}}"> {{ goods.name }} </router-link>
                      </h5>
                    </div>
                  </li>
                </ul>
              </div></div>
            </div></div>
        </div>
        <!--end sortablelist-->
        <!--加载提示 -->
        <div v-if="loading" style="text-align: center;vertical-align: middle;height:
20px;">加载中...</div>
    </div>
    <!--end container-->
</template>
// CSS 样式代码区:编写 Vue 组件的页面 CSS 样式代码
<style scoped>
header{height: 45px;padding: 0 13px;display: flex;justify-content: space-between;align-
items:center;width: 100%;background: #fff;position:fixed ;top: 0;left: 0;z-index: 99;}
    // ...为了节省篇幅,在此省略了下面部分 CSS 代码
</style>
```

在上述代码里，使用了横幅图片轮播组件和搜索栏独立组件；为了往下滚动时自动获取下一页商品数据列表，监听了窗口滚动事件；在卸载当前商品列表页面视图之前，注册了移除窗口滚动事件功能。

4）之后开发商品模块的 **API** 数据接口 JavaScript 脚本文件 goods.js，存放该文件的全路径为 **wfsmw-h5/src/api/goods.js**；在该文件里，开发了两个数据接口函数 **getGoodsList** 和 **getCategoryName**，分别为获取商品一览接口函数和获取商品分类名称接口函数。这两个函数的源代码如下。

```
/**
 * 商品模块的接口函数
 */
import {doRequest } from './base.js'

/**
 * 获取商品一览接口函数
 */
export function getGoodsList(requestData, cb, errcb) {
  doRequest('/goods/get_goods_list.html', requestData, cb, errcb)
}

/**
 * 获取商品分类名称接口函数
 */
export function getCategoryName(categoryId, cb, errcb) {
  let requestData = { categoryId: categoryId }
  doRequest('/goods/get_category_name.html', requestData, cb, errcb)
}
```

在获取商品一览接口函数里，实现的业务逻辑是：从服务端获取商品一览数据列表，调用获取商品一览接口和请求的 URL 是/goods/get_goods_list.html，该接口规范的定义如下。

10.4 获取商品一览接口

该接口实现从服务端获取商品数据列表。

10.4.1 请求报文

10.4.1.1 请求 URL 参数定义

参 数 名 称	参 数 说 明	长度/值	必填	备 注
module	模块名	"goods"	是	
action	操作名	"get_goods_list.html"	是	

10.4.1.2 请求体（body）定义

参 数 名 称	参 数 说 明	长度/值	必填	备 注
page	页码	int	是	
pageSize	每页数量	int	是	
largeCategoryId	大分类 ID	int	是	
smallCategoryId	小分类 ID	int	是	
thirdCategoryId	三级分类 ID	int	是	

10.4.1.3　请求报文示例

请求 URL 为：http://ip：port/goods/get_goods_list.html。

请求体（body）为：

```
{
    "page": 1,
    "pageSize": 12,
    "largeCategoryId": 234,
    "smallCategoryId": 112,
    "thirdCategoryId": 102
}
```

10.4.2　响应结果报文

10.4.2.1　响应头定义

参 数 名 称	参 数 说 明	长度/值	必填	备　注
result_code	响应结果代码	≤7	是	响应结果代码，数字；请查看"系统及应用响应码规范"
result_msg	响应结果描述	不定长	是	响应结果描述，字符串；请查看"系统及应用响应码规范"

10.4.2.2　响应体（body）定义

层级		参 数 名 称	参 数 说 明	长度/值	必填	备　注
1		total	总记录数	int	是	
1		pages	总页数	int	是	
1		page_num	当前页码	int	是	
1		page_size	每页数量	int	是	
1		data_list	商品数据列表	不定长	是	
	2	id	商品 ID	int	是	
	2	name	商品名称	≤512	是	
	2	showPrice	价格	float	是	单位：元
	2	mainThumbnailPath	商品图片文件路径	不定长	是	绝对路径

该响应体（body）是一个 JSON 普通对象，该对象的 data_list 属性是一个 JSON 数组对象，在该数组对象里的每个元素都是一条商品信息。

10.4.2.3　响应结果报文示例

```
{
    "result_code": 8200,
    "result_msg": "执行成功",
    "body": {
        "total": 60,
        "pages": 5,
        "page_num": 1,
```

```
        "page_size": 12,
        "data_list": [
          {
            "id": 21,
            "name": "网红零食",
            "showPrice": 100.00,
            "mainThumbnailPath" : "http://xxxx.xxx.com/xxxxxyyyyxxx.jpg"
          }
        ]
      }
    }
```

在获取商品分类名称接口函数里，实现的业务逻辑是：从服务端获取商品分类名称，调用获取商品分类名称接口和请求的 URL 是/goods/get_category_name.html，该接口规范的定义如下。

10.5　获取商品分类名称接口

该接口实现从服务端获取商品分类名称。

10.5.1　请求报文

10.5.1.1　请求 URL 参数定义

参 数 名 称	参 数 说 明	长度/值	必填	备　　注
module	模块名	"goods"	是	
action	操作名	"get_category_name.html"	是	

10.5.1.2　请求体（body）定义

参 数 名 称	参 数 说 明	长度/值	必填	备　　注
categoryId	商品分类 ID	int	是	

10.5.1.3　请求报文示例

请求 URL 为：http://ip：port/goods/get_category_name.html。

请求体（body）为：

```
    {
        "categoryId": 102
    }
```

10.5.2　响应结果报文

10.5.2.1　响应头定义

参 数 名 称	参 数 说 明	长度/值	必填	备　　注
result_code	响应结果代码	≤7	是	响应结果代码，数字；请查看"系统及应用响应码规范"
result_msg	响应结果描述	不定长	是	响应结果描述，字符串；请查看"系统及应用响应码规范"

10.5.2.2　响应体（body）定义

层级			参 数 名 称	参 数 说 明	长度/值	必填	备　　注
1			body	商品分类名称	≤512	是	

该响应体（body）是一个字符串，表示为商品分类名称。

10.5.2.3　响应结果报文示例

```
{
    "result_code": 8200,
    "result_msg": "执行成功",
    "body": "休闲食品"
}
```

5）然后要为商品列表页面的视图组件页面进行路由配置。在前端项目的架构里，路由配置管理文件是 wfsmw-h5/src/router/index.js，对应的路由配置代码如下。

```
// 从 vue-router 模块导入 createRouter 和 createWebHistory 函数,用于创建路由管理对象和 Web 页面
历史对象
import {createRouter, createWebHistory } from 'vue-router'
// 导入首页视图组件
import HomeView from '../views/HomeView.vue'

// 创建路由管理对象,然后传入各种参数,主要是设置 Web 页面历史模式和页面路由数组
const router = createRouter({
  // 创建 Web 页面历史对象,设置路由为 history 模式
  history: createWebHistory(import.meta.env.BASE_URL),
  // 定义页面路由数组
  routes: [

    // ...在此省略下面无关的代码

    // 定义商品列表页面视图的路由信息对象
    {
      path: '/goods_list', //设置路由访问路径
      // 设置当前路由名称,在页面上可以使用这个名称来路由访问页面
      name: 'goods_view',
      // 使用箭头函数导入商品列表页面视图文件来设置路由页面组件
      component: () => import('../views/site/SnacksView.vue')
    },
    // ...在此省略下面无关的代码
  ]
})
// 导出默认路由管理对象
export default router
```

6）之后在服务端系统里，根据上述"获取商品一览接口"的规范，以及前面的开发思路和顺序，开发该接口功能持久层 Dao 接口对应的方法、SQL 脚本映射 xml 文件对应的 SQL 脚本、业务服务类对应的方法、控制器对应的方法等，这些功能方法的开发步骤和源代码如下。

第 1 步：根据后端项目的架构和详细设计，商品列表页面对应的功能模块是 site，它的商品数据属于商品信息。根据第 6 章的数据库表结构设计，商品信息对应的数据库表是 t_goods。

第 2 步：获取商品一览接口功能的业务是：根据大分类、小分类、三级分类、第 1 条数据下标位置和获取数量等从数据库里获取每页商品信息，因此在持久层 cn.sanqingniao.wfsmw.dao.goods.GoodsDao

接口里添加两个方法 count 和 query，代码如下。

```
public interface GoodsDao{

    // ...为了节省篇幅,在此省略上面无关的代码

    int count(GoodsEntity query); // 获取商品信息的总数量

    List<GoodsEntity> query(GoodsEntity query); // 获取某一页商品信息列表

    // ...在此省略下面无关的代码

}
```

然后在 SQL 脚本映射 GoodsDao.xml 文件里，添加两个<select>查询元素项及其查询 SQL 脚本，代码如下。

```
<select id="count"parameterType="cn.sanqingniao.wfsmw.entity.goods.GoodsEntity" re-
sultType="java.lang.Integer">
    select count(*)
    from t_goods
    where 1=1
    <if test="largeCategoryId != null">
      and large_category_id = #{largeCategoryId,jdbcType=INTEGER}
    </if>
    <if test="smallCategoryId != null">
      and small_category_id = #{smallCategoryId,jdbcType=INTEGER}
    </if>
    <if test="thirdCategoryId != null">
      and third_category_id = #{thirdCategoryId,jdbcType=INTEGER}
    </if>
    <if test="isDelete != null">
      and is_delete = #{isDelete,jdbcType=TINYINT}
    </if>
    <if test="onlineStatus != null and onlineStatus != -1">
      and online_status = #{onlineStatus,jdbcType=TINYINT}
    </if>
</select>
<select id="query"parameterType="cn.sanqingniao.wfsmw.entity.goods.GoodsEntity" re-
sultMap="BaseResultMap">
    select id, name, goods_num, price, market_price, sales_volume, default_sales, shelf_
number, main_thumbnail_path, order_num, create_time
    from t_goods
    where 1=1
    <if test="largeCategoryId != null">
      and large_category_id = #{largeCategoryId,jdbcType=INTEGER}
    </if>
    <if test="smallCategoryId != null">
      and small_category_id = #{smallCategoryId,jdbcType=INTEGER}
```

```
      </if>
      <if test="thirdCategoryId != null">
        and third_category_id = #{thirdCategoryId,jdbcType=INTEGER}
      </if>
      <if test="isDelete != null">
        and is_delete = #{isDelete,jdbcType=TINYINT}
      </if>
      <if test="onlineStatus != null and onlineStatus != -1">
        and online_status = #{onlineStatus,jdbcType=TINYINT}
      </if>
      order by order_numdesc
      limit ${firstResult}, ${fetchSize}
    </select>
```

第3步：在业务服务层的 **cn.sanqingniao.wfsmw.service.goods.GoodsService** 服务类里增加 query 业务方法，代码如下。

```
@Service
public class GoodsService extends BaseService {

    // ...为了节省篇幅,在此省略上面无关的代码
    @Autowired
    private GoodsDao goodsDao;

    /**
     * 根据查询条件,查询对应的商品信息列表
     *
     * @param query 查询条件
     * @return 查询结果对象,包含商品信息列表和分页信息
     */
    public PageResponseBodyBean<GoodsEntity> query(GoodsEntity query, PageParamBean
pageParam) {
        // 根据当前条件,查询对应的商品信息列表
        PageResponseBodyBean<GoodsEntity> bodyBean = new PageResponseBodyBean<>();
        bodyBean.setPage_num(query.getPage());
        bodyBean.setPage_size(query.getPageSize());
        // 首先获取总数量
        int total =goodsDao.count(query);
        if (total > 0) {
            // 计算当前分页的第一条数据下标位置和获取数量
            int pageSize = query.getPageSize();
            query.setFirstResult((query.getPage()-1) * pageSize);
            query.setFetchSize(pageSize);
            List<GoodsEntity> goodsList = goodsDao.query(query);
assembleGoods(goodsList, pageParam);
            bodyBean.setData_list(goodsList);
            // 计算出总页数
            calculateTotalPages(total, pageSize, bodyBean);
        }
```

```
                return bodyBean;
            }
            /**
             *组合产品页面上展现的信息
             */
        private void assembleGoods(List<GoodsEntity> goodsList, PageParamBean pageParam) {
            for (GoodsEntity entity : goodsList) {
                // 把图片文件的相对路径组合为绝对路径
                    entity.setMainThumbnailPath(assembleGoodsImagePath(entity.getMainThumb-
nailPath()));
                entity.setShowPrice(convertFenToYuan(entity.getPrice())); // 转换商品价格
                entity.setShowMarketPrice(convertFenToYuan(entity.getMarketPrice())); // 转
换商品市场价格
                entity.setShowCreateTime(formatByyyyyMMdd10(new Date(entity.getCreateTime
()))); // 转换创建时间
                // 装配商品详情页面链接
                entity.setPageLink(assembleGoodsDetailPageLink(pageParam, entity.getId()));
                // 计算销量
                entity.setSalesVolume(convertNullToZero(entity.getSalesVolume()) + convert-
NullToZero(entity.getDefaultSales()));
                }
            }

            // ...在此省略下面无关的代码
        }
```

上述代码主要就是调用 DAO 层的两个 DAO 方法，首先获取商品总数量，再获取某一页商品信息列表，然后对获取到的商品信息做前端页面数据展现所需处理，这些处理具体为哪行代码，请查看上述代码里的注释。

第 4 步：在控制层的 cn.sanqingniao.wfsmw.controller.site 子控制器包里增加 GoodsController 控制器类，该类继承了 WfsmwBaseController 类；在该控制器类里增加 getGoodsList 控制方法，它的主体代码如下。

```
1行  @Controller
2行  @CrossOrigin
3行  @RequestMapping(value = "goods")
4行  public class GoodsController extends WfsmwBaseController {

        // ...为了节省篇幅,在此省略上面无关的代码

5行      @Autowired
6行      private GoodsService goodsService;

        /**
         *获取商品一览接口
         */
7行      @PostMapping(value = "get_goods_list.html")
```

```
8行        @ResponseBody
9行        public Result<Object> getGoodsList(@RequestBody GoodsEntity queryGoods,
                              ModelMap modelMap, HttpServletRequest request) {
10行           PageParamBean pageParam = getPageParam(modelMap, request, false);
           // 默认第一页
11行           if (queryGoods.getPage() == 0) {
12行               queryGoods.setPage(1);
13行           }
14行           if (queryGoods.getPageSize() <= 0) {
15行               queryGoods.setPageSize(DEFAULT_PAGE_SIZE);
16行           }
17行           if (isBlank(queryGoods.getSortFieldName())) {
18行               queryGoods.setSortFieldName(null);
19行           }
20行           queryGoods.setIsDelete(NO_DIGIT);
21行           queryGoods.setOnlineStatus(ONLINE_STATUS_ONLINE);
22行           PageResponseBodyBean<GoodsEntity> bodyBean;
23行           if (isBlank(queryGoods.getKeywords())) {
24行               bodyBean = goodsService.query(queryGoods, pageParam);
25行           } else {
26行               queryGoods.setName(queryGoods.getKeywords());
27行               bodyBean = goodsService.queryByKeyword(queryGoods, pageParam);
28行           }
29行           return (bodyBean == null || CollectionUtils.isEmpty(bodyBean.getData_list
()))? fail(code990506) : success(bodyBean);
30行       }
           // ...在此省略下面无关的代码
31行   }
```

在这个方法里第 1 行代码@Controller 是注解，表明当前类是一个普通控制器类。第 3 行代码@Re-questMapping（value = "goods"）是注解，表明在当前类里的控制方法 URL 里增加 goods 模块路径名。第 5 行和第 6 行代码是导入 GoodsService 服务对象。第 7 行代码@PostMapping （value = "get_goods_list.html"）是注解，表明当前获取商品一览接口方法是以 Post 方式访问的，并且设置它的访问路径是 get_goods_list.html，因为它属于商品模块，因此它的全路径访问是/goods/get_goods_list.html。第 8 行代码@ResponseBody 是注解，表明当前将控制方法的返回值直接作为响应体返回给客户端，在后端项目里，会把这个返回值转换为 JSON 格式进行序列化后返回给客户端。第 10 ~ 30 行代码，实现了获取商品一览接口的业务功能。该方法有查询条件参数、控制器模型 Map 对象参数和 HTTP 请求对象参数；该方法主要业务逻辑就是直接调用业务层第 3 步的 query 业务方法，根据页面上传的查询条件参数，获取商品数据的总数量、总页数、当前页码和商品信息列表，且这些数据保存到分页响应体对象；然后在执行成功响应结果对象里注入分页响应体对象；最后通过 Spring 的 JSON 数据消息转换器，把执行成功响应结果对象数据转换为 JSON 数据，响应给客户端。

7）最后在服务端系统里，根据上述"获取商品分类名称接口"的规范，以及前面的开发思路和顺序，开发该接口功能持久层 Dao 接口对应的方法、SQL 脚本映射 xml 文件对应的 SQL 脚本、业务服务类对应的方法、控制器对应的方法等，这些功能方法的开发步骤和源代码如下。

第 1 步：根据后端项目的架构和详细设计，商品列表页面对应的功能模块是 site，它的商品分类名称属于商品分类信息。根据第 6 章的数据库表结构设计，商品分类信息对应的数据库表是 t_goods_category。

第 2 步：获取商品分类名称接口功能的业务是：根据商品分类 ID 从数据库里获取商品分类名称，因此在持久层的 cn.sanqingniao.wfsmw.dao.goods.GoodsCategoryDao 接口里添加一个 getBaseById 方法，代码如下。

```
public interface GoodsCategoryDao {

    // ...为了节省篇幅,在此省略上面无关的代码

    GoodsCategoryEntity getBaseById(Integer id); // 获取一个商品分类基础信息

    // ...在此省略下面无关的代码

}
```

然后在 SQL 脚本映射 GoodsCategoryDao.xml 文件里，添加两个<select>查询元素项及其查询 SQL 脚本，代码如下。

```
<select id="getBaseById" parameterType="java.lang.Integer" resultMap="Base Result-
Map">
    select id, level, name, parent_id
    from t_goods_category
    where id = #{id,jdbcType=INTEGER}
</select>
```

第 3 步：在业务服务层的 cn.sanqingniao.wfsmw.service.goods.GoodsCategoryService 服务类里增加 getBaseById 业务方法，代码如下。

```
@Service
public class GoodsCategoryService extends BaseService {

    // ...为了节省篇幅,在此省略上面无关的代码
    @Autowired
    private GoodsCategoryDao categoryDao;

    // ...为了节省篇幅,在此省略上面无关的代码

    public GoodsCategoryEntity getBaseById(Integer id) {
        return categoryDao.getBaseById(id);
    }

    // ...在此省略下面无关的代码

}
```

上述代码主要就是调用 DAO 层的 1 个 DAO 方法，获取一个商品分类基础信息。

第 4 步：在控制层的 cn.sanqingniao.wfsmw.controller.site 子控制器包里，增加 GoodsApiController 控

制器类，该类继承了 WfsmwBaseController 类；在该控制器类里增加 getCategoryName 控制方法，主体代码如下。

```
1行   @RestController
2行   @CrossOrigin
3行   @RequestMapping(value = "goods")
4行   public class GoodsApiController extends WfsmwBaseController {

          // ...为了节省篇幅,在此省略上面无关的代码

       /**
        *获取商品分类名称接口
        */
5行   @RequestMapping(value = "get_category_name.html")
6行   public Result<Object> getCategoryName(@RequestBody JSONObject requestData) {
7行       Integer categoryId = requestData.getInteger("categoryId");
8行       String categoryName;
9行       GoodsCategoryEntity goodsCategory = goodsCategoryService.getBaseById(catego-
ryId);
10行      if (goodsCategory != null) {
11行          categoryName = goodsCategory.getName();
12行      } else {
13行          categoryName = "无分类";
14行      }
15行      return success(categoryName);
16行   }

          // ...在此省略下面无关的代码
}
```

在这个方法的。第 3 行代码@RequestMapping(value = "goods")是注解，表明在当前类里的控制方法 URL 里增加 goods 模块路径名。第 5 行代码 @RequestMapping（value = "get_category_name.html"）是注解，表明当前获取商品分类名称接口方法是以 Post 或 Get 方式访问的，并且设置它的访问路径是 get_category_name.html，因为它属于商品模块，因此它的访问全路径是/goods/get_category_name.html。第 6~16 行代码，实现了获取商品分类名称接口的业务功能。该方法有一个 JSON 对象参数，主要业务逻辑就是直接调用业务层第 3 步的 getBaseById 业务方法，根据商品分类 ID 获取一个商品分类基础信息；然后以 JSON 数据的方式响应给客户端。

至此，从头到尾、从前端到后端，商品列表页面视图组件的所有功能代码就开发完了。

▶▶ 10.6.4　开发模块数据列表页面

本小节将介绍开发模块数据列表页面视图组件的思路和步骤。

1）首先把模块数据列表页面视图组件文件命名为 ModuleDataListView.vue，该视图属于站点 site 模块，存放该视图文件的全路径为 wfsmw-h5/src/views/site/ModuleDataListView.vue。

2）其次根据模块数据列表页面 UI 效果图，在模块数据列表页面主要含有页面标题（即模块数据

名称），以及两列模块数据列表，其中在每个模块数据列表里还有标题、图片和价格。根据这些需求，开发的静态网页 HTML 代码（该视图组件在模板区里的代码），同时也开发了 HTML 代码相关的 CSS 代码（对应该视图组件的页面 CSS 样式代码区）。

3）然后在该视图组件里开发 JavaScript 脚本代码区的 JavaScript 代码，上述这些代码组合起来就是该视图组件的源代码，具体如下。

```
// ModuleDataListView 视图组件文件:wfsmw-h5/src/views/site/ModuleDataListView.vue
// 以 Vue 3 的组合式 API 模式编写 Vue 组件的 JavaScript 脚本代码
// JavaScript 脚本代码区
<script setup>
// 从 Vue 模块导入 onMounted、reactive 和 ref 函数,其中 onMounted 用来注册一个回调函数,在组件挂载
完成后执行;reactive 用来返回一个对象的响应式代理;ref 函数用来返回一个响应式的、可更改的 ref 对象。
import {onMounted, ref, reactive } from 'vue'
// 从首页模块 JavaScript 脚本文件 index.js 导入 getAllModuleDataList 函数,用来实现获取网站模块
列表页面数据接口
import { getAllModuleDataList} from '@ /api/index.js'
const moduleName = ref(''); // 定义页面标题模块数据名称响应式的、可更改的 ref 对象,默认值为空字
符串
// 定义模块数据列表的响应式代理对象,用于加载在页面模板的模块数据
const moduleDataList = reactive([]);
// 定义获取模块数据异步执行的箭头函数
const getAllModuleData = async (requestData) => {
    // 执行获取模块数据列表接口函数
    getAllModuleDataList(requestData, function (allModuleData) {
        // 执行成功之后,把响应结果数据——模块数据列表进行循环,逐个加载到模块数据列表的响应式代理
对象里
        allModuleData.moduleDataList.forEach(function (moduleData) {
            moduleDataList.push(moduleData);
        });
    })
}
// 注册一个回调箭头函数,在组件挂载完成后执行
onMounted(() => {
    // 从当前页面 URL 搜索路径里获取搜索参数对象
    const searchParams = new URLSearchParams(window.location.search);
    const name = searchParams.get('name'); // 获取模块数据名称
    const type =searchParams.get('type'); // 获取模块数据类型
    moduleName.value = name;
    const requestData = {
        name: name,
        type: type
    }
    // 执行获取模块数据异步执行的箭头函数
    getAllModuleData(requestData);
})
</script>
// HTML 代码模板区:编写 Vue 组件的页面模板代码
```

```html
<template>
    <div id="container" class="container editor_containerclearfix" style="width: 100%;
position: relative;max-width: 768px;margin: 0 auto; font-size:14px;   background: #ffffff;">
        <header>
        <a href="javascript:history.go(-1)" class="btn_black">
            <img src="http://images.sanqingniao.cn/show002/wap/tem001_goodsool_001_icon_03.png">
        </a>
        <div class="title">{{moduleName}}</div> // 展现模块数据名称作为该页面标题
        <span class="icon_search"> </span>
        </header>
        <!--end header-->
        <div style=" height:45px;display: block"></div>
        <div class="sortablelist">
            <div id="full_column_002" class="full_columnsortableitem no_editor">
                <div class="content">
                    <div id="full_column_006" class="full_column sortableitem">
                        <div class="content">
                            <div id="module_006" class="module">
                                <div class="module_inner editor_click_module" data-module-type="mod_
window_show">
                                    <div class="mod_window_show">
                                        // 展示两列模块数据列表
                                        <ul class="clearfix">
                                            // 承载每个模块数据的 li 元素,其中使用 v-for 指令对模块数据列表进行循环遍历
展现出来
                                            <li v-for="(module006DataItem, index) in moduleDataList" :key="index">
                                                <div class="inner">
                                                    <div class="img">
                                                        <a :href="module006DataItem.link != null?
module006DataItem.link:'javascript:void(0)'">
                                                            <img :src="module006DataItem.filePath" :alt=
"module006DataItem.imageAlt" />
                                                        </a>
                                                        <p class="pic_price"><span class="price">¥{{module006Data-
Item.showPrice}}</span></p>
                                                    </div>
                                                    <div class="pic_attr">
                                                        <p class="one_text title_wrap">
                                                            <span class="title">{{module006DataItem.title}}</span>
                                                        </p>
                                                    </div></div></li></ul>
                                    </div></div></div>
                                <!--end module-->
                            </div></div>
                        <!--end full_column-->
                    </div></div></div>
                <!--end sortablelist-->
            </div>
        <!--end container-->
```

```
</template>
// CSS 样式代码区:编写 Vue 组件的页面 CSS 样式代码
<style scoped>
header{height: 45px;padding: 0 13px;display: flex;justify-content: space-between;align-
items:center;width: 100%;background: #fff;position:fixed ;top: 0;left: 0;z-index: 99;}
// ...为了节省篇幅,在此省略了下面部分 CSS 代码
</style>
```

在上述代码的 onMounted 钩子函数中，从当前页面 URL 搜索路径里获取搜索参数对象，从搜索参数对象获取模块数据名称和模块数据类型两个参数，并且以它们为请求条件，执行了获取模块数据异步执行的箭头函数 getAllModuleData。

4）之后在网站首页模块的 API 数据接口 JavaScript 脚本文件 index.js 里，开发了一个数据接口函数 getAllModuleDataList，也叫获取网站模块列表页面数据接口函数，源代码如下。

```
/**
 *首页模块的接口函数
 */
import {doRequest } from './base.js'

// ...为了节省篇幅,在此省略上面无关的代码

/**
 *获取网站模块列表页面数据接口函数
 */
export function getAllModuleDataList(requestData, cb, errcb) {
  doRequest('/get_all_module_data_list.html', requestData, cb, errcb)
}

//   ...在此省略下面无关的代码
```

该函数实现的业务逻辑是从服务端获取某个模块数据类型的所有模块数据列表，调用获取网站模块列表页面数据接口和请求的 URL 是/get_all_module_data_list.html，该接口规范的定义如下。

10.6 获取网站模块列表页面数据接口

该接口实现从服务端获取某个模块数据类型的所有模块数据列表。

10.6.1 请求报文

10.6.1.1 请求 URL 参数定义

参 数 名 称	参 数 说 明	长度/值	必填	备　　注
module	模块名	"/"	是	
action	操作名	"get_all_module_data_list.html"	是	

10.6.1.2 请求体（body）定义

参 数 名 称	参 数 说 明	长度/值	必填	备　　注
type	模块数据类型	≤128	是	
name	模块数据名称	≤256	是	

10.6.1.3　请求报文示例

请求 URL 为：http://ip：port/get_all_module_data_list.html。

请求体（body）为：

```
{
    "type":"module002DataList",
    "name":"休闲食品"
}
```

10.6.2　响应结果报文

10.6.2.1　响应头定义

参 数 名 称	参 数 说 明	长度/值	必填	备　　注
result_code	响应结果代码	≤7	是	响应结果代码，数字；请查看"系统及应用响应码规范"
result_msg	响应结果描述	不定长	是	响应结果描述，字符串；请查看"系统及应用响应码规范"

10.6.2.2　响应体（body）定义

层级		参 数 名 称	参 数 说 明	长度/值	必填	备　　注
1		moduleName	模块数据名称	≤256	是	
1		moduleDataList	页面模块数据列表	不定长	是	该数据是一个 JSON 数组
	2	title	模块标题	≤512	是	
	2	link	模块链接	≤256	否	
	2	showPrice	价格	float	否	单位：元
	2	showMarketPrice	市场价	float	否	单位：元
	2	openMode	打开方式	1	是	0=本窗口；1=新窗口
	2	imageAlt	图片 alt 值	≤256	否	
	2	fileType	文件类型	1	是	0=图片；1=视频；2=flash
	2	filePath	文件路径	不定长	否	绝对路径

该响应体（body）是一个 JSON 普通对象，在该对象的页面模块数据列表是一个 JSON 数组对象，在该 JSON 数组对象里的每个元素都是一页面模块数据列表。

10.6.2.3　响应结果报文示例

```
{
    "result_code": 8200,
    "result_msg": "执行成功",
    "body": {
        "moduleName": "休闲食品",
        "module002DataList": [
            {
                "title": "网红零食",
                "link": "http://xxxx.xxx.com/xxxxx",
                "showPrice": 100.00,
                "showMarketPrice": 299.00,
```

```
            "openMode" : 1,
            "imageAlt" : "图片注释",
            "fileType" : 0,
            "filePath" : "http://xxxx.xxx.com/xxxxxyyyyxxx.jpg",
            "content" : "EIUGNAKDJGEWLKJ3I4344KSDJFJDKJEJGJ56LRGHHJ"
          },
          //  ...在此省略与上面类似的样例代码
        ]
      }
    }
```

5）再后要为模块数据列表页面视图组件进行路由配置。前端项目架构的路由配置管理文件是 **wfsmw-h5/src/router/index.js**，对应的路由配置代码如下。

```
// 从 vue-router 模块导入 createRouter 和 createWebHistory 函数,用于创建路由管理对象和 Web 页面
历史对象
import {createRouter, createWebHistory } from 'vue-router'
// 导入首页视图组件
import HomeView from '../views/HomeView.vue'

// 创建路由管理对象,然后传入各种参数,主要是设置 Web 页面历史模式和页面路由数组
const router =createRouter({
  // 创建 Web 页面历史对象,设置路由为 history 模式
  history:createWebHistory(import.meta.env.BASE_URL),
  // 定义页面路由数组
  routes: [
    // ...在此省略下面无关的代码

    // 定义商品列表页面视图的路由信息对象
    {
      path: '/module_data_list', //设置路由访问路径
      // 设置当前路由名称
      name: 'module_data_view',
      // 使用箭头函数导入模块数据列表页面视图文件来设置路由页面组件
      component: () => import('../views/site/ModuleDataListView.vue')
    },
    // ...在此省略下面无关的代码

  ]
})
// 导出默认路由管理对象
export default router
```

6）最后在服务端系统里，根据上述定义的接口规范，以及前面的开发思路和顺序，开发该接口功能持久层 Dao 接口对应的方法、SQL 脚本映射 xml 文件对应的 SQL 脚本、业务服务类对应的方法、控制器对应的方法等，这些功能方法的开发步骤和源代码如下。

第 1 步：根据后端项目的架构和详细设计，模块数据列表页面对应的功能模块是 site，它的模块数据属于站点页面模块信息。根据第 6 章的数据库表结构设计，站点页面模块信息对应的数据库表是

t_site_page_module。

第 2 步：根据页面上传的模块数据类型从数据库里获取它的全部模块数据信息，因此在持久层的 SitePageModuleDao 接口里添加一个 getAllByType 方法，代码如下。

```
public interface SitePageModuleDao {

    // ...为了节省篇幅,在此省略上面无关的代码

    List<SitePageModuleEntity> getAllByType(String type);

    // ...在此省略下面无关的代码

}
```

然后在 SQL 脚本映射 SitePageModuleDao.xml 文件里，添加一个<select>查询元素项及其查询 SQL 脚本，代码如下。

```
<select id="getAllByType" parameterType="java.lang.String" resultMap="BaseResultMap">
    select title, link, price, market_price, open_mode, image_alt, file_type, file_path, content
    from t_site_page_module
    where is_show = 1
    and type = #{type,jdbcType=VARCHAR}
</select>
```

第 3 步：在业务服务层的 cn. sanqingniao. wfsmw. service. site. SitePageModuleService 服务类里增加 getAllByType 业务方法，代码如下。

```
@ Service
public class SitePageModuleService extends BaseService {

    // ...为了节省篇幅,在此省略上面无关的代码
    @ Autowired
    private SitePageModuleDao sitePageModuleDao;
    public List<SitePageModuleEntity>getAllByType(String type) {
        List<SitePageModuleEntity>entityList = sitePageModuleDao.getAllByType(type);
        assembleSitePageModule(entityList);
        return entityList;
    }
    private void assembleSitePageModule(List<SitePageModuleEntity> entityList) {
        if (entityList != null && entityList.size() > 0) {
            for (SitePageModuleEntity entity :entityList) {
                entity.setShowPrice(convertFenToYuan(entity.getPrice())); // 以元为单位转换价格
                entity. setShowMarketPrice (convertFenToYuan (entity. getMarketPrice ()));// 以元为单位转换市场价格
                // 将模块数据图片文件的相对路径组合为绝对路径
                entity. setFilePath (assembleAbsolutePath (entity. getFilePath (), imageServerRootUrl));
            }
```

```
            }
        }
        // ...在此省略下面无关的代码
    }
```

上述代码主要调用 DAO 层的 **getAllByType** 方法，获取一个模块数据类型的所有模块数据列表，然后对每个模块数据信息进行前端展现的处理。

第 4 步：在控制层的 **cn. sanqingniao. wfsmw. controller. site. SiteIndexApiController** 控制器类里增加 **getAllModuleDataList** 控制方法，主体代码如下。

```
1行  @RestController
2行  @CrossOrigin
3行  public class SiteIndexApiController extends WfsmwBaseController {

        // ...为了节省篇幅,在此省略上面无关的代码

4行      @Autowired
5行      private SitePageModuleService sitePageModuleService;

        /**
         *获取网站模块列表页面数据接口
         */
6行      @RequestMapping(value = "get_all_module_data_list.html")
7行          public Result < Object > getAllModuleDataList ( @ RequestBody JSONObject
requestData) {
8行          String type = requestData.getString("type");
9行          String name = requestData.getString("name");
10行         Map<String, Object> resultMap = new HashMap<>();
11行         resultMap.put("moduleDataList", sitePageModuleService.getAllByType(type));
12行         resultMap.put("moduleName", name);
13行         return success(resultMap);
        }
        // ...在此省略下面无关的代码
    }
```

在这个方法的第 4 行和第 5 行代码是导入 SitePageModuleService 服务对象。第 6 行代码@Request-Mapping（value = "get_all_module_data_list.html"）是注解，表明当前获取横幅数据列表接口方法是以 Post 或 Get 方式访问的，并且设置它的访问路径是 get_all_module_data_list.html，因为它属于站点模块的，因此它的访问全路径是/get_all_module_data_list.html。第 7~13 行代码，实现了获取网站模块列表页面数据接口的业务功能。该方法有一个 JSON 对象参数，主要业务逻辑就是直接调用业务层第 3 步的 getAllByType 业务方法，根据模块数据类型参数获取模块数据列表，并且把它保存到一个 Map 对象，同时也把模块数据名称保存到该 Map 对象里；然后以 JSON 数据的方式响应给客户端。

至此，从头到尾、从前端到后端，模块数据列表页面组件的所有功能代码就开发完了。

▶▶ 10.6.5 开发购物车页面

本小节将介绍开发购物车页面视图组件的思路和步骤，具体如下。

1）首先，把购物车页面视图组件文件命名为 ShoppingCartView.vue，该视图属于站点 site 模块，存放该视图文件的全路径为 wfsmw-h5/src/views/site/ShoppingCartView.vue。

2）其次，根据购物车页面 UI 效果图，购物车页面主要含有购物车数据列表，其中在每个购物车数据里还有复选框、商品名称、商品图片、商品价格、购买数量和小计价格；在该页面底部有全选复选框、总数量、总价格和结算按钮，以及底部导航栏。在购物车页面里，需要实现的功能点有：获取当前用户所有购物车数据列表、删除选择的购物车数据、清空所有购物车数据、修改每条购物车数据的购买数量；在勾选复选框或者全选复选框时，要计算出总数量和总价格；使用底部导航栏独立组件且设置它当前菜单下标值；在实现上述需求时，需要弹出提示框，提示一些错误操作，例如：删除购物车时，如果没有选择，会提示必须选择一个购物车数据；单击"去结算"按钮时，带着被选择的购物车数据 ID 参数，路由跳转到确认订单页面。根据这些需求，开发了静态网页 HTML 代码（该视图组件的模板区里的代码），同时也开发了 HTML 代码相关的 CSS 代码（对应该视图组件的页面 CSS 样式代码区）。

3）然后，在该视图组件里开发 JavaScript 脚本代码区的 JavaScript 代码，上述这些代码组合起来就是该视图组件的源代码，由于这些源代码非常长，为了节省篇幅，在此不再展示；如果有需要的话，请到随书附赠的前端项目 WFSMW-H5 的源代码里查看。

4）之后，开发购物车模块的 API 数据接口 JavaScript 脚本文件 shopping_cart.js，存放该文件的全路径为 wfsmw-h5/src/api/shopping_cart.js；在该 JavaScript 脚本文件里，开发了 4 个接口函数，分别为：获得会员购物车信息接口函数 getShoppingCartData、递增或递减购物车记录的产品数量接口函数 modifyShoppingCartAmount、删除购物车记录接口函数 removeShoppingCart 和清空会员购物车记录接口函数 cleanUpShoppingCart。这些函数的源代码如下。

```
/**
 *购物车模块的接口函数
 */
import {doRequest } from './base.js'
/**
 *获得会员购物车信息接口函数
 */
export function getShoppingCartData(cb, errcb) {
  doRequest('/member/get_shopping_cart_data.html', null, cb, errcb)
}
/**
 *递增或递减购物车记录的产品数量接口函数
 */
export function modifyShoppingCartAmount(requestData, cb, errcb) {
  doRequest('/member/update_shopping_cart_amount.html', requestData, cb, errcb)
}
/**
 *删除购物车记录接口函数
 */
export function removeShoppingCart(requestData, cb, errcb) {
  doRequest('/member/delete_shopping_cart.html', requestData, cb, errcb)
```

```
}
/**
 * 清空会员购物车记录接口函数
 */
export function cleanUpShoppingCart(cb, errcb) {
  doRequest('/member/clear_shopping_cart.html', null, cb, errcb)
}
//  ...在此省略下面无关的代码
```

在这些函数里，实现的业务逻辑是从服务端获取购物车数据列表、删除和清空购物车数据、修改购物车的购买数量，从而对应 4 个服务端的数据接口；由于篇幅所限，关于该 4 个数据接口规范的定义，在此省略。

5）再后，要为购物车页面视图组件进行路由配置。前端项目架构的路由配置管理文件是 **wfsmw-h5/src/router/index.js**，对应的路由配置代码如下。

```
// 从 vue-router 模块导入 createRouter 和 createWebHistory 函数,用于创建路由管理对象和 Web 页面
历史对象
import {createRouter, createWebHistory } from 'vue-router'
// 导入首页视图组件
import HomeView from '../views/HomeView.vue'

// 创建路由管理对象,然后传入各种参数,主要是设置 Web 页面历史模式和页面路由数组
const router =createRouter({
  // 创建 Web 页面历史对象,设置路由为 history 模式
  history:createWebHistory(import.meta.env.BASE_URL),
  // 定义页面路由数组
  routes: [
    // ...在此省略下面无关的代码

    // 定义购物车页面视图的路由信息对象
    {
      path: '/shopping_cart', //设置路由访问路径
      // 设置当前路由名称
      name: 'shopping_cart_view',
      // 使用箭头函数导入购物车列表页面视图文件来设置路由页面组件
      component: () => import('../views/site/ShoppingCartView.vue')
    },
    // ...在此省略下面无关的代码

  ]
})
// 导出默认路由管理对象
export default router
```

6）最后，在服务端系统里实现上述 4 个数据接口。根据定义的接口规范，以及前面的开发思路和顺序，开发该接口功能持久层 Dao 接口对应的方法、SQL 脚本映射 xml 文件对应的 SQL 脚本、业务服务类对应的方法、控制器对应的方法等，这些功能方法的开发步骤和源代码如下。

第 1 步：根据后端项目的架构和详细设计，购物车页面对应的功能模块是会员模块 member。根据第 6 章的数据库表结构设计，购物车信息对应的数据库表是 t_user_shopping_cart。

第 2 步：要对当前登录用户的购物车信息进行查询、修改、删除操作，那么需要在持久层里新增 cn.sanqingniao.wfsmw.dao.user.ShoppingCartDao 接口；在 ShoppingCartDao 接口里添加 queryByMemberUserId、deleteById、increaseAmount、decreaseAmount 和 deleteByMemberUserId 这 5 个方法，代码如下。

```java
public interface ShoppingCartDao {

    // ...为了节省篇幅,在此省略上面无关的代码

    List<ShoppingCartEntity> queryByMemberUserId(String memberUserId);

    int increaseAmount(@Param("id") Integer id, @Param("memberUserId") String memberUserId);

    int decreaseAmount(@Param("id") Integer id, @Param("memberUserId") String memberUserId);

    int deleteById(@Param("ids") Integer[] ids, @Param("memberUserId") String memberUserId);

    int deleteByMemberUserId(String memberUserId);
    // ...在此省略下面无关的代码

}
```

然后在 SQL 脚本映射 ShoppingCartDao.xml 文件里，添加一个<select>查询元素项、2 个<update>更新元素项、2 个<delete>删除元素项及其它们的 SQL 脚本，代码如下。

```xml
<select id="queryByMemberUserId" parameterType="java.lang.String" resultMap="BaseResultMap">
    select msc.*, p.name, p.goods_num, p.weight, p.main_thumbnail_path
    from t_user_shopping_cart msc
    left join t_goods p on p.id = msc.goods_id
    where msc.member_user_id = #{memberUserId,jdbcType=VARCHAR}
    order by create_timedesc
</select>
<update id="increaseAmount">
  update t_user_shopping_cart
  set amount = amount + 1
  where member_user_id = #{memberUserId,jdbcType=VARCHAR}
  and id = #{id,jdbcType=INTEGER}
</update>
<update id="decreaseAmount">
  update t_user_shopping_cart
  set amount = amount-1
  where member_user_id = #{memberUserId,jdbcType=VARCHAR}
  and id = #{id,jdbcType=INTEGER}
</update>
<delete id="deleteById">
  delete from t_user_shopping_cart
```

```
    where member_user_id = #{memberUserId,jdbcType=VARCHAR}
    and id in
    <foreach collection="ids" item="id" open="(" close=")" separator=",">
      #{id}
    </foreach>
  </delete>
  <delete id="deleteByMemberUserId" parameterType="java.lang.String">
    delete from t_user_shopping_cart
    where member_user_id = #{memberUserId,jdbcType=VARCHAR}
  </delete>
```

第 3 步：在业务服务层的 cn. sanqingniao. wfsmw. service. member. ShoppingCartService 服务类里增加 getShoppingCartPage、updateAmount、deleteById 和 deleteByMemberUserId 这 4 个业务方法，代码如下。

```
@Service
public class ShoppingCartService extends BaseService {

    // ...为了节省篇幅,在此省略上面无关的代码
    @Autowired
    private ShoppingCartDao shoppingCartDao;

    public void getShoppingCartPage (UserEntity currentUser, PageParamBean pageParam,
ModelMap modelMap) {
        // 根据会员 ID,查询对应的购物车信息列表
        List<ShoppingCartEntity> allShoppingCartList = shoppingCartDao.queryByMemberUse-
rId(currentUser.getId());
        // 组合在购物车页面上展现的信息
        if (CollectionUtils.isNotEmpty(allShoppingCartList)) {
            for (ShoppingCartEntity entity : allShoppingCartList) {
                assembleShoppingCart(entity,pageParam);
            }
            modelMap.addAttribute(SHOPPING_CART_LIST_KEY, allShoppingCartList);
        }
    }
    @Transactional
    public boolean updateAmount(Integer id, String memberUserId, byte mode) {
        if (mode == MODE_DECREASE) {
            return shoppingCartDao.decreaseAmount(id, memberUserId) > 0;
        }
        return shoppingCartDao.increaseAmount(id, memberUserId) > 0;
    }
    @Transactional
    public boolean deleteById(Integer[] ids, String memberUserId) {
        return shoppingCartDao.deleteById(ids, memberUserId) > 0;
    }
    @Transactional
    public boolean deleteByMemberUserId(String memberUserId) {
        return shoppingCartDao.deleteByMemberUserId(memberUserId) > 0;
```

```
            }
            // ...在此省略下面无关的代码
        }
```

如上面的代码所示，在 getShoppingCartPage 业务方法里主要就是一行调用 DAO 层的 queryByMemberUserId 方法，获取当前登录用户的所有购物车列表，然后对每个购物车信息进行前端展现的处理。在 updateAmount 业务方法里分别调用 DAO 层的 decreaseAmount 和 increaseAmount 这两个方法，对购物车的商品购买数量进行递减或递增。在 deleteById 和 deleteByMemberUserId 这两个业务方法里，根据购物车 ID 和会员用户 ID 来删除购物车信息。

第 4 步：在控制层里，新增 cn.sanqingniao.wfsmw.controller.member.ShoppingCartApiController 控制器类，在控制器类里增加 getShoppingCartData、updateShoppingCartAmount、deleteShoppingCart 和 clearShoppingCart 这四个控制方法，它们的主体代码如下。

```
1 行  @Controller
2 行  @CrossOrigin
3 行  public class ShoppingCartApiController extends AbstractMemberController {

      // ...为了节省篇幅,在此省略上面无关的代码
4 行      @Autowired
5 行      private ShoppingCartService shoppingCartService;
      /**
       * 获得会员购物车信息接口
       */
6 行  @PostMapping(value = "get_shopping_cart_data.html")
7 行  @ResponseBody
8 行  public Result<Object> getShoppingCartData(ModelMap modelMap) {
          // 先从 Session 里获取当前登录用户信息
          UserEntity currentUser = (UserEntity) modelMap.getAttribute(CURRENT_SESSION_
USER_KEY);
          shoppingCartService.getShoppingCartPage(currentUser, null, modelMap);
          Object allShoppingCartList = modelMap.getAttribute(SHOPPING_CART_LIST_KEY);
          return allShoppingCartList == null ? fail(code990506) : success(allShoppingCartList);
      }
      /**
       * 递增或递减购物车记录的产品数量接口
       */
9 行  @PostMapping(value = "update_shopping_cart_amount.html")
10 行  @ResponseBody
11 行  public Result<Object> updateShoppingCartAmount(@RequestBody JSONObject request-
Param, ModelMap modelMap) {
          Integer id = requestParam.getInteger("id");
          Byte mode = requestParam.getByte("mode");
          if (id == null || mode == null || (mode != MODE_DECREASE && mode != MODE_
INCREASE)) {
              return illegalCall();
          }
```

```
                   // 先从 Session 里获取当前登录用户信息
                   UserEntity currentUser = (UserEntity) modelMap.getAttribute (CURRENT_SESSION_
          USER_KEY);
                   return shoppingCartService.updateAmount (id, currentUser.getId(), mode) ? success
          () : fail ();
              }
              /**
               * 删除购物车记录接口
               */
     12 行  @ PostMapping (value = "delete_shopping_cart.html")
     13 行  @ ResponseBody
     14 行  public Result<Object > deleteShoppingCart (@ RequestBody JSONObject requestParam,
          ModelMap modelMap) {
                   JSONArray ids = requestParam.getJSONArray ("ids");
                   if (ids == null || ids.size () == 0) {
                       return illegalCall ();
                   }
                   Integer[]idArray = new Integer[ids.size ()];
                   for (int i = 0, size = ids.size (); i < size; i++) {
                       idArray[i] = ids.getInteger (i);
                   }
                   // 先从 Session 里获取当前登录用户信息
                   UserEntity currentUser = (UserEntity) modelMap.getAttribute (CURRENT_SESSION_
          USER_KEY);
                   return shoppingCartService.deleteById (idArray, currentUser.getId ()) ? success ()
          : fail ();
              }
              /**
               * 清空会员购物车记录接口
               */
     15 行  @ PostMapping (value = "clear_shopping_cart.html")
     16 行  @ ResponseBody
     17 行  public Result<Object> clearShoppingCart (ModelMap modelMap) {
                   // 先从 Session 里获取当前登录用户信息
                   UserEntity currentUser = (UserEntity) modelMap.getAttribute (CURRENT_SESSION_
          USER_KEY);
                   return shoppingCartService.deleteByMemberUserId (currentUser.getId ()) ? success
          () : fail ();
              }     // ...在此省略下面无关的代码
          }
```

　　如上面代码所示，第 3 行代码定义了 ShoppingCartApiController 控制器类，它继承了会员模块的父类 AbstractMemberController，在该父类上定义了在会员模块的所有控制器类的控制方法 URL 里增加 member 模块路径名。第 4 行和第 5 行代码是导入 ShoppingCartService 服务对象。第 6 行代码@PostMapping（value = "get_shopping_cart_data.html"）是注解，表明当前获得会员购物车信息接口方法是以 Post 方式访问的，并且设置它的访问路径是 get_shopping_cart_data.html，因为它属于会员模块，因此它的访问全路径是/member/get_shopping_cart_data.html。从第 7~9 行之间的几行代码，实现了获得会员购物车信息接口功能。

同理，上面所示代码的第 9~11 行定义了递增或递减购物车记录的产品数量接口方法，以及结合该行下面几行代码，就实现了该接口的功能。第 12~14 行代码定义了删除购物车记录接口方法，以及结合该行下面几行代码，就实现了该接口的功能。第 15~16 行代码定义了清空会员购物车记录接口方法，以及结合该行下面几行代码，就实现了该接口的功能。

至此，从头到尾、从前端到后端，购物车页面组件的所有功能代码就开发完了。

▶▶ 10.6.6　开发确认订单页面

本小节将介绍开发确认订单页面视图组件的思路和步骤具体如下。

1）首先，把确认订单页面视图组件文件命名为 ShoppingOrderView.vue，该视图属于站点 site 模块，存放该视图文件的全路径为 wfsmw-h5/src/views/site/ShoppingOrderView.vue。

2）其次，根据确认订单页面 UI 效果图，确认订单页面主要含有购物车数据列表，其中在每个购物车数据列表里还有商品名称、商品图片、商品价格、购买数量和小计价格；在该页面头部有收货地址信息；在该页面底部有买家留言、运费、商品总金额、总数量、合计价格和"去支付"按钮。在确认订单页面里，需要实现的功能点有：管理收货地址信息、保存用户订单信息；在实现上述需求时，需要弹出提示框，提示一些错误操作，例如：在保存用户订单信息时，如果没有选择收货地址，会提示必需选择一个收货地址，因此需要使用提示框窗口独立组件；单击"去支付"按钮时，带着用户订单数据信息，路由跳转到选择支付方式页面。根据这些需求，开发了静态网页 HTML 代码（该视图组件模板区里的代码），同时也开发了 HTML 代码相关的 CSS 代码（对应该视图组件的页面 CSS 样式代码区）。

3）然后，在该视图组件里开发 JavaScript 脚本代码区的 JavaScript 代码，上述这些代码组合起来就是该视图组件的源代码，由于这些源代码非常长，为了节省篇幅，在此不再展示；如果有需要的话，请到随书附赠的前端项目 WFSMW-H5 的源代码里查看。

4）之后，开发购物车模块的 API 数据接口 JavaScript 脚本文件 shopping_cart.js，存放该文件的全路径为 wfsmw-h5/src/api/shopping_cart.js；在该 JavaScript 脚本文件里，开发了获得会员购物车订单信息接口函数 getShoppingOrderData，代码如下。

```
/**
 *购物车模块的接口函数
 */
import {doRequest } from './base.js'

//  ...在此省略上面无关的代码
/**
 *获得会员购物车订单信息接口函数
 */
export function getShoppingOrderData(requestData, cb, errcb) {
  doRequest('/member/get_shopping_order_data.html', requestData, cb, errcb)
}
//  ...在此省略下面无关的代码
```

还要开发收货地址模块的 API 数据接口 JavaScript 脚本文件 receive_address.js，存放该文件的全路径为 wfsmw-h5/src/api/receive_address.js；在该 JavaScript 脚本文件里，开发了保存一个收货地址接口函数 doSaveReceiveAddress，代码如下。

```
/**
 *收货地址模块的接口函数
 */
import {doRequest } from './base.js'
/**
 *保存一个收货地址接口函数
 */
export function doSaveReceiveAddress(requestData, cb, errcb) {
    doRequest('/member/save_receive_address.html', requestData, cb, errcb)
}
//   ...在此省略下面无关的代码
```

在上述两个函数里，实现的业务逻辑是从服务端获取会员购物车订单信息和保存一个收货地址信息，从而对应两个服务端的数据接口；由于篇幅所限，关于这两个数据接口规范的定义，在此省略。

5）再后，要为确认订单页面视图组件进行路由配置。路由配置管理文件是 wfsmw-h5/src/router/index.js，对应的路由配置代码如下。

```
// 从 vue-router 模块导入 createRouter 和 createWebHistory 函数,用于创建路由管理对象和 Web 页面
历史对象
import {createRouter, createWebHistory } from 'vue-router'
// 导入首页视图组件
import HomeView from '../views/HomeView.vue'

// 创建路由管理对象,然后传入各种参数,主要是设置 Web 页面历史模式和页面路由数组
const router = createRouter({
  // 创建 Web 页面历史对象,设置路由为 history 模式
  history:createWebHistory(import.meta.env.BASE_URL),
  // 定义页面路由数组
  routes: [
    // ...在此省略下面无关的代码
    // 定义确认订单页面视图的路由信息对象
    {
      path: '/shopping_order', //设置路由访问路径
      // 设置当前路由名称
      name: shopping_order_view',
      // 使用箭头函数导入确认订单列表页面视图文件来设置路由页面组件
      component: () => import('../views/site/ShoppingOrderView.vue')
    },
    // ...在此省略下面无关的代码
  ]
})
// 导出默认路由管理对象
export default router
```

6）最后，在服务端系统里实现上述两个数据接口。根据定义的接口规范，以及前面的开发思路

和顺序，开发该接口功能持久层 Dao 接口对应的方法、SQL 脚本映射 xml 文件对应的 SQL 脚本、业务服务类对应的方法、控制器对应的方法等，这些功能方法的开发步骤和源代码如下。

第 1 步：根据后端项目的架构和详细设计，确认订单页面对应的功能模块是会员模块 member。根据第 6 章的数据库表结构设计，购物车信息对应的数据库表是 t_user_shopping_cart，收货地址信息对应的数据库表是 t_user_receive_address。

第 2 步：在持久层的 cn.sanqingniao.wfsmw.dao.user.ShoppingCartDao 接口里，添加 getListByIds 方法，代码如下。

```java
public interface ShoppingCartDao {
    // ...为了节省篇幅,在此省略上面无关的代码
    List<ShoppingCartEntity> getListByIds(@Param("ids") Integer[] ids, @Param("memberUserId") String memberUserId);
    // ...在此省略下面无关的代码
}
```

在持久层里新增 cn.sanqingniao.wfsmw.dao.user.ReceiveAddressDao 接口；在 ReceiveAddressDao 接口里添加 insertSelective、updateByPrimaryKeySelective 和 getAll 这三个方法，代码如下。

```java
public interface ReceiveAddressDao {
    // ...为了节省篇幅,在此省略上面无关的代码
    int insertSelective(ReceiveAddressEntity record);
    int updateByPrimaryKeySelective(ReceiveAddressEntity record);
    List<ReceiveAddressEntity>getAll(String userId);
    // ...在此省略下面无关的代码
}
```

然后在 SQL 脚本映射 ShoppingCartDao.xml 文件里，添加一个<select>查询元素项及其 SQL 脚本，代码如下。

```xml
<select id="getListByIds" resultMap="BaseResultMap">
    select msc.*,p.name, p.goods_num, p.weight, p.main_thumbnail_path
    from t_user_shopping_cart msc
    left join t_goods p on p.id = msc.goods_id
    where msc.member_user_id = #{memberUserId,jdbcType=VARCHAR}
    and msc.id in
    <foreach collection="ids" item="id"open="(" close=")" separator=",">
      #{id}
    </foreach>
    order by create_timedesc
</select>
```

在 SQL 脚本映射 ReceiveAddressDao.xml 文件里，添加一个<select>查询元素项、一个<update>更新元素项、一个<insert>新增元素项及它们的 SQL 脚本，代码如下。

```xml
<insert id="insertSelective" parameterType="cn.sanqingniao.wfsmw.entity.user.ReceiveAddressEntity">
    insert into t_user_receive_address
    <trim prefix="(" suffix=")"suffixOverrides=",">
```

```
          <if test="id != null">
            id,
          </if>
        // ...为了节省篇幅,在此省略部分代码
        </trim>
        <trim prefix="values (" suffix=")" suffixOverrides=",">
          <if test="id != null">
            #{id,jdbcType=INTEGER},
          </if>
        // ...为了节省篇幅,在此省略部分代码
        </trim>
      </insert>
      < update id = " updateByPrimaryKeySelective " parameterType = " cn. sanqingniao. wfsmw.
entity.user.ReceiveAddressEntit y">
        update t_user_receive_address
        <set>
          <if test="userId != null">
            user_id = #{userId,jdbcType=VARCHAR},
          </if>
        // ...为了节省篇幅,在此省略部分代码
        </set>
        where id = #{id,jdbcType=INTEGER}
      </update>
      <select id="getAll" parameterType="java.lang.String" resultMap="BaseResultMap">
        select id, receiver, cell_num, country, province, city, area, street, detail_address,
is_default
        from t_user_receive_address
        where user_id = #{userId,jdbcType=VARCHAR}
        order by is_default desc, create_time desc
      </select>
```

第 3 步：在业务服务层的 **cn. sanqingniao. wfsmw. service. member. ShoppingCartService** 服务类里增加 **getShoppingOrderPage** 业务方法，代码如下。

```
        @Service
        public class ShoppingCartService extends BaseService {

            // ...为了节省篇幅,在此省略上面无关的代码
            @Autowired
            private ShoppingCartDao shoppingCartDao;
            @Autowired
            private ReceiveAddressDao receiveAddressDao;
              public  void  getShoppingOrderPage ( Integer [ ]  ids, UserEntity  currentUser,
        PageParamBean pageParam, ModelMap modelMap) {
                ShoppingRequestParamBean shoppingParam = new ShoppingRequestParamBean();
                String memberUserId = currentUser.getId(), receiveAddress = null;
                // 获取收货地址信息列表
                List<ReceiveAddressEntity>receiveAddressList = receiveAddressDao.getAll(membe-
        rUserId);
```

```
            if (CollectionUtils.isNotEmpty(receiveAddressList)) {
                ReceiveAddressEntity defaultReceiveAddress = null;
                for (ReceiveAddressEntity entity :receiveAddressList) {
                    // 组合详细收货地址的全部信息
                    entity.setDetailAddress(assembleDetailAddress(entity));
                    Byte isDefault = entity.getIsDefault();
                    if (isDefault != null && isDefault == YES_DIGIT) {
                        defaultReceiveAddress = entity;
                    }
                }
                if (defaultReceiveAddress == null) {
                    // 在没有默认地址的情况下,使用第一个收货地址作为当前订单的收货地址
                    defaultReceiveAddress =receiveAddressList.get(0);
                    defaultReceiveAddress.setIsDefault(YES_DIGIT);
                }
                modelMap.addAttribute(RECEIVE_ADDRESS_LIST_KEY, receiveAddressList);
                modelMap.addAttribute(DEFAULT_RECEIVE_ADDRESS_KEY, defaultReceiveAddress);
                shoppingParam.setReceiver(defaultReceiveAddress.getReceiver());
                shoppingParam.setCellNum(defaultReceiveAddress.getCellNum());
                shoppingParam.setProvince(defaultReceiveAddress.getProvince());
                shoppingParam.setCity(defaultReceiveAddress.getCity());
                shoppingParam.setArea(defaultReceiveAddress.getArea());
                shoppingParam.setStreet(defaultReceiveAddress.getStreet());
                shoppingParam.setDetailAddress(defaultReceiveAddress.getDetailAddress());
                receiveAddress = defaultReceiveAddress.getDetailAddress();
            }
            // 根据购物车记录 ID 和会员 ID,查询对应的购物车信息列表
            List < ShoppingCartEntity > allShoppingCartList = shoppingCartDao.getListByIds
(ids, memberUserId);
            // 组合在购物车页面上展现的信息
            assembleShoppingCart(allShoppingCartList, pageParam, shoppingParam, receiveAddress);
            modelMap.addAttribute(SHOPPING_PARAM_KEY, shoppingParam);
            modelMap.addAttribute(SHOPPING_CART_LIST_KEY, allShoppingCartList);
        }
        // ...在此省略下面无关的代码
    }
```

如上述代码所示,在 getShoppingOrderPage 业务方法里首先调用 DAO 层的 getAll 方法,获取当前登录用户的所有收货地址列表,然后对每个收货地址信息进行前端展现的处理,以及设置默认收货地址。之后调用 DAO 层的 getListByIds 方法,获取当前登录用户要购买的购物车列表,以及对每个购物车信息进行前端展现的处理。

还有在业务服务层新增 cn.sanqingniao.wfsmw.service.user.ReceiveAddressService 服务类,在该类里增加 saveReceiveAddress 业务方法,代码如下。

```
@Service
public class ReceiveAddressService extends BaseService {
    /**
     *用户收货地址信息持久化接口
```

```
    */
    @Autowired
    private ReceiveAddressDao receiveAddressDao;
    //...为了节省篇幅,在此省略上面无关的代码
    @Transactional
    public boolean saveReceiveAddress(ReceiveAddressEntity entity) {
        if (entity.getId() == null) {
            return receiveAddressDao.insertSelective(entity) > 0;
        } else {
            return receiveAddressDao.updateByPrimaryKeySelective(entity) > 0;
        }
    }
    //...为了节省篇幅,在此省略下面无关的代码
}
```

如上述代码所示，在 **saveReceiveAddress** 业务方法里调用 DAO 层的 **updateByPrimaryKeySelective** 和 **insertSelective** 这两个方法，用于新增和更新收货地址信息。

第 4 步：在控制层里新增 cn.sanqingniao.wfsmw.controller.member.ShoppingCartApiController 控制器类，在控制器类里增加 **getShoppingOrderData** 控制方法，代码如下。

```
1行  @Controller
2行  @CrossOrigin
3行  public class ShoppingCartApiController extends AbstractMemberController {
     //...为了节省篇幅,在此省略上面无关的代码
4行      @Autowired
5行      private ShoppingCartService shoppingCartService;
    /**
    *获得会员购物车订单信息接口
    */
6行  @PostMapping(value = "get_shopping_order_data.html")
7行  @ResponseBody
8行  public Result<Object> getShoppingOrderData(@RequestBody JSONObject requestParam,
ModelMap modelMap) {
        StringstrIds = requestParam.getString("ids");
        Integer[] ids =getIds(strIds);
        // 先从 Session 里获取当前登录用户信息
        UserEntity currentUser = (UserEntity) modelMap.getAttribute(CURRENT_SESSION_
USER_KEY);
        shoppingCartService.getShoppingOrderPage(ids, currentUser, null, modelMap);
        Map<String, Object> shoppingOrderDataMap = newHashMap<>();
        shoppingOrderDataMap.put(RECEIVE_ADDRESS_LIST_KEY, modelMap.getAttribute(RE-
CEIVE_ADDRESS_LIST_KEY));
        shoppingOrderDataMap.put(DEFAULT_RECEIVE_ADDRESS_KEY,modelMap.getAttribute(DE-
FAULT_RECEIVE_ADDRESS_KEY));
        shoppingOrderDataMap.put(SHOPPING_PARAM_KEY,modelMap.getAttribute(SHOPPING_PA-
RAM_KEY));
        shoppingOrderDataMap.put(SHOPPING_CART_LIST_KEY,modelMap.getAttribute(SHOPPING_
CART_LIST_KEY));
```

```
            return success(shoppingOrderDataMap);
        }
        //...在此省略下面无关的代码
    }
```

如上面代码所示，第 3 行代码定义了 ShoppingCartApiController 控制器类，它继承了会员模块的父类 AbstractMemberController，在该父类上定义了在会员模块的所有控制器类的控制方法 URL 里增加 member 模块路径名。第 4 行和第 5 行代码是导入 ShoppingCartService 服务对象。第 6 行代码@PostMapping（value = "get_shopping_order_data.html"）是注解，表明当前获得会员购物车订单信息接口方法以 Post 方式访问，并且设置它的访问路径是 get_shopping_order_data.html，因为它属于会员模块，因此它的访问全路径是/member/get_shopping_order_data.html。第 7 行代码开始，下面几行代码实现了获得会员购物车订单信息接口功能。

还有在控制层里新增 cn.sanqingniao.wfsmw.controller.member.ReceiveAddressController 控制器类，在控制器类里增加 saveReceiveAddress 控制方法，代码如下。

```
1行   @Controller
2行   @CrossOrigin
3行   public class ReceiveAddressController extends AbstractMemberController {
        //...为了节省篇幅,在此省略上面无关的代码
4行       @Autowired
5行       private ReceiveAddressService receiveAddressService;
      /**
       * 保存一个收货地址接口
       */
6行   @PostMapping(value = "save_receive_address.html")
7行   @ResponseBody
      public Result<Object> saveReceiveAddress(@RequestBody ReceiveAddressEntity receiveAddress, ModelMap modelMap) {
          // 获取当前登录用户信息
          UserEntity currentUser = (UserEntity) modelMap.getAttribute(CURRENT_SESSION_USER_KEY);
          receiveAddress.setUserId(currentUser.getId());
          Date currentTime = new Date();
          if(receiveAddress.getId() == null) {
              receiveAddress.setCreateTime(currentTime);
          } else {
              receiveAddress.setLastModifierId(currentUser.getId());
              receiveAddress.setLastModifyTime(currentTime);
          }
          return receiveAddressService.saveReceiveAddress(receiveAddress) ? success() : fail();
      }
      //...在此省略下面无关的代码
    }
```

如上面代码所示，第 1 行代码@Controller 是注解，表明当前类是一个普通控制器类。第 2 行代码 @CrossOrigin 是注解，表明当前类里的控制方法可以跨域访问。第 3 行代码定义了 ReceiveAddressController 控制器类，它继承了会员模块的父类 AbstractMemberController，在该父类上定义了在会员模块的所有控制器类的控制方法 URL 里增加 member 模块路径名。第 4 行和第 5 行代码是导入 ReceiveAddressService 服务对象。第 6 行代码@PostMapping（value = "save_receive_address.html"）是注解，表明当前保存一个收货地址接口方法是以 Post 方式访问的，并且设置它的访问路径是 save_receive_address.html，因为它属于会员模块，因此它的访问全路径是/member/save_receive_address.html。第 7 行代码开始，下面几行代码实现了保存一个收货地址接口功能。

至此，从头到尾、从前端到后端，确认订单页面组件的所有功能的代码就开发完了。

▶▶ 10.6.7 开发选择支付方式页面

本小节将介绍开发选择支付方式页面视图组件的思路和步骤，具体如下。

1）首先，把选择支付方式页面视图组件文件命名为 ShoppingPayView.vue，该视图属于站点 site 模块，存放该视图文件的全路径为 wfsmw-h5/src/views/site/ShoppingPayView.vue。

2）其次，根据选择支付方式页面 UI 效果图，选择支付方式页面主要含有微信支付、支付宝和货到付款这三个图片支付方式选项，以及含有隐藏起来的购物车订单数据信息、支付金额和"确定"按钮。单击"确定"按钮时，带着被选择的支付方式和购物车订单数据信息参数，路由跳转到提交订单页面。根据这些需求，开发了静态网页 HTML 代码（该视图组件的模板区里的代码），同时也开发了HTML 代码相关的 CSS 代码（对应该视图组件的页面 CSS 样式代码区）。

3）然后，在该视图组件里开发 JavaScript 脚本代码区的 JavaScript 代码，上述这些代码组合起来就是该视图组件的源代码，由于这些源代码非常长，为了节省篇幅，在此不再展示；如果有需要的话，请到随书附赠的前端项目 WFSMW-H5 的源代码里查看。

4）之后，开发购物车模块的 API 数据接口 JavaScript 脚本文件 shopping_cart.js，存放该文件的全路径为 wfsmw-h5/src/api/shopping_cart.js；在该 JavaScript 脚本文件里，开发了获得会员提交订单付款信息接口函数 getShoppingSubmitData，代码如下。

```
/**
 *购物车模块的接口函数
 */
import {doRequest } from './base.js'
//   ...在此省略上面无关的代码
/**
 *获得会员提交订单付款信息接口函数
 */
export function getShoppingSubmitData(requestData, cb, errcb) {
  doRequest('/member/get_shopping_submit_data.html', requestData, cb, errcb)
}
//   ...在此省略下面无关的代码
```

在这个函数里实现的业务逻辑是从服务端获取会员提交订单付款信息数据，从而对应一个服务端的数据接口；由于篇幅所限，关于该数据接口规范的定义，在此省略。

5）再后，要为选择支付方式页面视图组件进行路由配置。路由配置管理文件是 wfsmw-h5/src/

router/index.js，对应的路由配置代码如下。

```
// 从 vue-router 模块导入 createRouter 和 createWebHistory 函数,用于创建路由管理对象和 Web 页面
历史对象
import {createRouter, createWebHistory } from 'vue-router'
// 导入首页视图组件
import HomeView from '../views/HomeView.vue'
// 创建路由管理对象,然后传入各种参数,主要是设置 Web 页面历史模式和页面路由数组
const router =createRouter({
  // 创建 Web 页面历史对象,设置路由为 history 模式
  history:createWebHistory(import.meta.env.BASE_URL),
  // 定义页面路由数组
  routes: [
    // ...在此省略下面无关的代码
    // 定义选择支付方式页面视图的路由信息对象
    {
      path: '/shopping_pay', //设置路由访问路径
      // 设置当前路由名称
      name: shopping_pay_view',
      // 使用箭头函数导入选择支付方式列表页面视图文件来设置路由页面组件
      component: () => import('../views/site/ShoppingPayView.vue')
    },
    // ...在此省略下面无关的代码
  ]
})
// 导出默认路由管理对象
export default router
```

6）最后，在服务端系统里实现上述数据接口。根据定义的接口规范，以及前面的开发思路和顺序，开发该接口功能持久层 Dao 接口对应的方法、SQL 脚本映射 xml 文件对应的 SQL 脚本、业务服务类对应的方法、控制器对应的方法等，这些功能方法的开发步骤和源代码如下。

第 1 步：根据后端项目的架构和详细设计，选择支付方式页面对应的功能模块是会员模块 member。根据第 6 章的数据库表结构设计，购物车信息对应的数据库表是 t_user_shopping_cart，用户订单信息对应的数据库表是 t_order，订单与商品关系信息对应的数据库表是 t_order2goods。

第 2 步：要对当前登录用户购买订单里的购物车信息进行查询，那么需要在持久层里新增 cn.san-qingniao.wfsmw.dao.user.ShoppingCartDao 接口；在 ShoppingCartDao 接口里添加 deleteById 和 getListByIds 这两个方法，代码如下。

```
public interface ShoppingCartDao {
    // ...为了节省篇幅,在此省略上面无关的代码
    int deleteById(@Param("ids") Integer[] ids, @Param("memberUserId") String memberU-
serId);

    List<ShoppingCartEntity> getListByIds(@Param("ids") Integer[] ids, @Param("membe-
rUserId") String memberUserId);
    // ...在此省略下面无关的代码
}
```

然后在 SQL 脚本映射 ShoppingCartDao.xml 文件里，添加 1 个<select>查询元素项、1 个<delete>删除元素项及它们的 SQL 脚本，代码如下。

```
<delete id="deleteById">
  delete from t_user_shopping_cart
  where member_user_id = #{memberUserId,jdbcType=VARCHAR}
  and id in
  <foreach collection="ids" item="id" open="(" close=")" separator=",">
    #{id}
  </foreach>
</delete>
<select id="getListByIds" resultMap="BaseResultMap">
  select msc.*, p.name, p.goods_num, p.weight, p.main_thumbnail_path
  from t_user_shopping_cart msc
  left join t_goods p on p.id = msc.goods_id
  where msc.member_user_id = #{memberUserId,jdbcType=VARCHAR}
  and msc.id in
  <foreach collection="ids" item="id" open="(" close=")" separator=",">
    #{id}
  </foreach>
  order by create_timedesc
</select>
```

还有在持久层里新增 cn.sanqingniao.wfsmw.dao.order.OrderDao 接口和同 Java 包下的 Order2GoodsDao 接口；在 OrderDao 接口里，添加 insertSelective 方法；在 Order2GoodsDao 接口里，添加 insertList 方法。以及在 SQL 脚本映射 OrderDao.xml 文件里，添加 1 个<insert>查询元素项；在 SQL 脚本映射 Order2GoodsDao.xml 文件里，添加 1 个<insert>查询元素项。关于这些源代码和 SQL 脚本，为了节省篇幅，在此不再展示；如果有需要的话，请到随书附赠的前端项目 wfsmw-h5 的源代码里查看。

第 3 步：在业务服务层的 cn.sanqingniao.wfsmw.service.member.ShoppingCartService 服务类里增加 insertUserOrderFromPage 业务方法，代码如下。

```
@Service
public class ShoppingCartService extends BaseService {

    // ...为了节省篇幅,在此省略上面无关的代码
    @Autowired
    private ShoppingCartDao shoppingCartDao;
    // ...在此省略上面无关的代码
    @Transactional
    public boolean insertUserOrderFromPage(ShoppingRequestParamBean requestParam, OrderEntity userOrder, UserEntity currentUser) {
        List<ShoppingCartEntity> allShoppingCartList = calculateAllShoppingCart(requestParam, currentUser.getId(), userOrder);
        // 新增当前订单及其他信息
        insertUserOrder(requestParam, currentUser, userOrder, allShoppingCartList);
        return true;
    }
```

```
        // ...在此省略下面无关的代码
    }
```

如上述代码所示，在 insertUserOrderFromPage 业务方法里主要调用 DAO 层的 getListByIds 方法，获取当前登录用户所有购物车列表，以此计算出购买订单相关数据，并且创建该用户订单数据信息，在 calculateAllShoppingCart 私有方法里实现这段业务。在 insertUserOrder 私有方法里新增用户订单信息、新增订单与商品关系信息列表和删除已购买的购物车信息。

第 4 步：在控制层里新增 cn.sanqingniao.wfsmw.controller.member.ShoppingCartController 控制器类，在控制器类里增加 getShoppingSubmitData 控制方法，代码如下。

```
1行  @Controller
2行  @CrossOrigin
3行  public class ShoppingCartController extends AbstractMemberController {
        // ...为了节省篇幅,在此省略上面无关的代码
4行  @Autowired
5行  private ShoppingCartService shoppingCartService;
    /**
     * 获得会员提交订单付款信息接口
     */
6行  @PostMapping(value = "get_shopping_submit_data.html")
7行  @ResponseBody
8行  public Result<Object> getShoppingSubmitData(@RequestBody ShoppingRequestParamBean
requestParam, ModelMap modelMap, HttpServletRequest request, HttpServletResponse response)
throws Exception {
9行        String pageViewName = getShoppingSubmitPage(requestParam, modelMap, request,
response);
10行         return getShoppingSubmitData(modelMap, pageViewName);
11行    }
        // ...在此省略下面无关的代码
    }
```

如上面代码所示，第 3 行代码定义了 ShoppingCartController 控制器类，它继承了会员模块的父类 AbstractMemberController。第 4 行和第 5 行代码是导入 ShoppingCartService 服务对象。第 6 行代码@PostMapping（value = "get_shopping_submit_data.html"）是注解，表明当前获得会员提交订单付款信息接口方法是以 Post 方式访问的，并且设置它的访问路径是 get_shopping_submit_data.html，因为它属于会员模块，因此它的访问全路径是/member/get_shopping_submit_data.html。第 7 ~ 11 行代码，实现了获得会员提交订单付款信息接口功能。第 9 行代码调用 getShoppingSubmitPage 控制器方法。在该控制器方法里，调用业务层的 insertUserOrderFromPage 方法实现了计算购买订单数据和新增该用户订单信息；之后在该控制器方法里，实现了根据页面上选择的支付方式，获取第三方支付平台（微信支付或支付宝）提交支付信息。第 10 行代码调用 getShoppingSubmitData 私有方法。在该私有方法里，把用户订单信息和提交支付信息封装到 Map 对象里；然后以 JSON 数据的方式响应给客户端。

至此，从头到尾、从前端到后端，选择支付方式页面组件的所有功能的代码就开发完了。

▶▶ 10.6.8 开发提交订单页面

本小节将介绍开发提交订单页面视图组件的思路和步骤，具体如下。

1）首先，把提交订单页面视图组件文件命名为 ShoppingSubmitView.vue，该视图属于站点 site 模块，那么存放该视图文件的全路径为：wfsmw-h5/src/views/site/ShoppingSubmitView.vue。

2）其次，根据提交订单页面 UI 效果图，提交订单页面主要含有向微信支付和支付宝这两种支付方式发起支付请求所需的订单支付参数数据。对于微信计算机端支付方式，需要展现微信支付收款二维码，以及该二维码到期时间倒计时等页面效果。提交订单页面是一个向微信支付或支付宝官方发起支付请求的过渡页面，对于支付宝，会自动跳转到支付宝官方的收款页面；对于微信支付，根据不同客户端，会自动展现不同的收款页面。根据这些需求，开发了静态网页 HTML 代码（该视图组件模板区里的代码），同时也开发了 HTML 代码相关的 CSS 代码（对应该视图组件的页面 CSS 样式代码区）。

3）然后，在该视图组件里开发 JavaScript 脚本代码区的 JavaScript 代码，上述这些代码组合起来就是该视图组件的源代码，由于这些源代码非常长，为了节省篇幅，在此不再展示；如果有需要的话，请到随书附赠的前端项目 WFSMW-H5 的源代码里查看。

4）之后，开发购物车模块的 API 数据接口 JavaScript 脚本文件 shopping_cart.js，存放该文件的全路径为 wfsmw-h5/src/api/shopping_cart.js；在该 JavaScript 脚本文件里，开发了查询支付结果接口函数 qureyPayResult，代码如下。

```
/**
 * 购物车模块的接口函数
 */
import {doRequest } from './base.js'
//   ...在此省略上面无关的代码
/**
 * 查询支付结果接口函数
 */
export function queryPayResult(requestData, cb, errcb) {
  doRequest('/member/query_pay_result.html', requestData, cb, errcb)
}
//   ...在此省略下面无关的代码
```

在这个函数里，实现的业务逻辑是从服务端获取会员订单支付结果信息，从而对应 1 个服务端的数据接口；由于篇幅所限，关于该数据接口规范的定义，在此省略。

5）再后，要为提交订单页面视图组件进行路由配置。路由配置管理文件是 wfsmw-h5/src/router/index.js，对应的路由配置代码如下。

```
// 从 vue-router 模块导入 createRouter 和 createWebHistory 函数,用于创建路由管理对象和 Web 页面历史对象
import {createRouter, createWebHistory } from 'vue-router'
// 导入首页视图组件
import HomeView from '../views/HomeView.vue'
// 创建路由管理对象,然后传入各种参数,主要是设置 Web 页面历史模式和页面路由数组
const router =createRouter({
```

```
// 创建 Web 页面历史对象,设置路由为 history 模式
history:createWebHistory(import.meta.env.BASE_URL),
// 定义页面路由数组
routes:[
  // ...在此省略下面无关的代码
  // 定义提交订单页面视图的路由信息对象
  {
    path:'/shopping_submit', //设置路由访问路径
    // 设置当前路由名称
    name: shopping_submit_view',
    // 使用箭头函数导入提交订单列表页面视图文件来设置路由页面组件
    component: () => import('../views/site/ShoppingSubmitView.vue')
  },
  // ...在此省略下面无关的代码
]
})
// 导出默认路由管理对象
export default router
```

6)最后,在服务端系统里实现上述数据接口。根据定义的接口规范,以及前面的开发思路和顺序,开发该接口功能持久层 Dao 接口对应的方法、SQL 脚本映射 xml 文件对应的 SQL 脚本、业务服务类对应的方法、控制器对应的方法等,这些功能方法的开发步骤和源代码如下。

第 1 步:根据后端项目的架构和详细设计,提交订单页面对应的功能模块是会员模块 member。根据第 6 章的数据库表结构设计,用户订单信息对应的数据库表是 t_order。

第 2 步:要对当前登录用户订单支付结果信息进行查询,那么需要在持久层里的 cn.sanqingniao.wfsmw.dao.order.OrderDao 接口里添加 getBaseByOrderNumber 方法,代码如下。

```
public interface OrderDao{

    // ...为了节省篇幅,在此省略上面无关的代码
    OrderEntity getBaseByOrderNumber(@ Param("orderNumber") String orderNumber, @ Param
("userId") String userId);
    // ...在此省略下面无关的代码

}
```

然后在 SQL 脚本映射 OrderDao.xml 文件里,添加 1 个<select>查询元素项及它的 SQL 脚本,代码如下。

```
<select id="getBaseByOrderNumber"resultMap="BaseResultMap">
  select id, pay_type, pay_status, order_number
  from t_order
  where order_number = #{orderNumber,jdbcType=VARCHAR}
  and user_id = #{userId,jdbcType=VARCHAR}
  limit 1
</select>
```

第 3 步:在业务服务层的 cn.sanqingniao.wfsmw.service.order.OrderService 服务类里增加 getBaseByOrderNumber 业务方法,代码如下。

```
@ Service
public class OrderService extends BaseService {
    // ...为了节省篇幅,在此省略上面无关的代码
    @ Autowired
    private OrderDao orderDao;
    // ...在此省略上面无关的代码
    public OrderEntity getBaseByOrderNumber(String orderNumber, String userId) {
        return userOrderDao.getBaseByOrderNumber(orderNumber, userId);
    }
    // ...在此省略下面无关的代码
}
```

如上述代码所示，在 **getBaseByOrderNumber** 业务方法里主要调用 DAO 层的 **getBaseByOrderNumber** 方法，获取当前登录用户订单支付结果信息。

第 4 步：在控制层里新增 cn.sanqingniao.wfsmw.controller.member.ShoppingResultController 控制器类，在控制器类里增加 **queryPayResult** 控制方法，代码如下。

```
1行  @ Controller
2行  @ CrossOrigin
3行  public class ShoppingResultController extends AbstractMemberController {
     // ...为了节省篇幅,在此省略上面无关的代码
4行  @ Autowired
5行  private OrderService orderService;
     // ...为了节省篇幅,在此省略上面无关的代码
     /**
      * 查询支付结果接口
      */
6行  @ PostMapping(value = "query_pay_result.html")
7行  @ ResponseBody
8行    public Result < Object > queryPayResult (@ RequestBody JSONObject requestParam,
ModelMap modelMap) {
9行    if (requestParam.getByte("clientType") == null) {
10行       return illegalCall();
11行    }
12行    String orderNumber = requestParam.getString("orderNumber");
13行    if (isBlank(orderNumber)) {
14行       return illegalCall();
15行    }
16行    if (requestParam.getInteger("payType") == null) {
17行       logger.warn("支付类型为空");
18行       return illegalCall();
19行    }
       // 先从 Session 里获取当前登录用户信息
20行    UserEntity currentUser = (UserEntity) modelMap.getAttribute (CURRENT_SESSION_
USER_KEY);
21行    OrderEntity userOrder = orderService.getBaseByOrderNumber(orderNumber, curren-
tUser.getId());
22行    return userOrder == null ? fail() : success(userOrder);
```

```
23行  }
     // ...在此省略下面无关的代码
   }
```

如上面代码所示，第 3 行代码定义了 ShoppingResultController 控制器类，它继承了会员模块的父类 AbstractMemberController。第 4 行和第 5 行代码是导入 OrderService 服务对象。第 6 行代码@PostMapping（value = "query_pay_result.html"）是注解，表明获得用户订单支付结果信息接口方法以 Post 方式访问，并且设置它的访问路径是 query_pay_result.html，因为它属于会员模块，因此它的访问全路径是 /member/query_pay_result.html。第 9 ~ 19 行代码是对请求参数的合法性进行检查。第 21 行代码调用业务层的 getBaseByOrderNumber 方法，获取用户订单支付结果信息对象；然后以 JSON 数据的方式响应给客户端。

至此，从头到尾、从前端到后端，提交订单页面组件的所有功能的代码就开发完了。

▶▶ 10. 6. 9　开发获取支付结果页面

本小节将介绍开发获取支付结果页面视图组件的思路和步骤，具体如下。

1）首先，把获取支付结果页面视图组件文件命名为 ShoppingResultView.vue，该视图属于站点 site 模块，存放该视图文件的全路径为 wfsmw-h5/src/views/site/ShoppingResultView.vue。

2）其次，根据获取支付结果页面 UI 效果图，在获取支付结果页面里主要是当前用户订单的支付结果信息，主要包含订单编号、支付方式和实际支付金额信息。根据这些需求，开发了静态网页 HTML 代码（该视图组件模板区里的代码），同时也开发了 HTML 代码相关的 CSS 代码（对应该视图组件的页面 CSS 样式代码区）。

3）然后，在该视图组件里开发 JavaScript 脚本代码区的 JavaScript 代码，上述这些代码组合起来就是该视图组件的源代码，由于这些源代码非常长，为了节省篇幅，在此不再展示；如果有需要的话，请到随书附赠的前端项目 WFSMW-H5 的源代码里查看。

4）之后，要为获取支付结果页面视图组件进行路由配置。路由配置管理文件是 wfsmw-h5/src/ router/index.js，对应的路由配置代码如下。

```
// 从 vue-router 模块导入 createRouter 和 createWebHistory 函数,用于创建路由管理对象和 Web 页面
历史对象
import {createRouter, createWebHistory } from 'vue-router'
// 导入首页视图组件
import HomeView from '../views/HomeView.vue'
// 创建路由管理对象,然后传入各种参数,主要是设置 Web 页面历史模式和页面路由数组
const router =createRouter({
  // 创建 Web 页面历史对象,设置路由为 history 模式
  history:createWebHistory(import.meta.env.BASE_URL),
  // 定义页面路由数组
  routes:[
    // ...在此省略下面无关的代码
    // 定义获取支付结果页面视图的路由信息对象
    {
      path:'/shopping_result', //设置路由访问路径
```

```
    // 设置当前路由名称
    name:'shopping_result_view',
    // 使用箭头函数导入获取支付结果列表页面视图文件来设置路由页面组件
    component: () => import('../views/site/ShoppingResultView.vue')
  },
    // ...在此省略下面无关的代码
  ]
})
// 导出默认路由管理对象
export default router
```

5）最后，由于在该视图里，其展现的数据都是由上一个视图传递过来的，因此不需要向服务端系统获取数据，也就不需要开发接口功能了。

至此，从头到尾、从前端到后端，获取支付结果页面组件的所有功能的代码就开发完了。

10.7　本章小结

本章阐述了项目的业务代码开发。首先介绍了 Maven 的 pom 文件的详细内容、开发了项目框架代码；然后分别介绍了后台管理、会员中心和前端展现这三部分开发业务代码的过程和方法，并且详细介绍了一些功能代码的含义；最后对前端展现实现了两个版本，分别是 H5 网页 WAP 版和单页应用 Vue 版。

按照项目开发流程，在第 11 章将介绍项目测试调试阶段的项目单元测试开发。

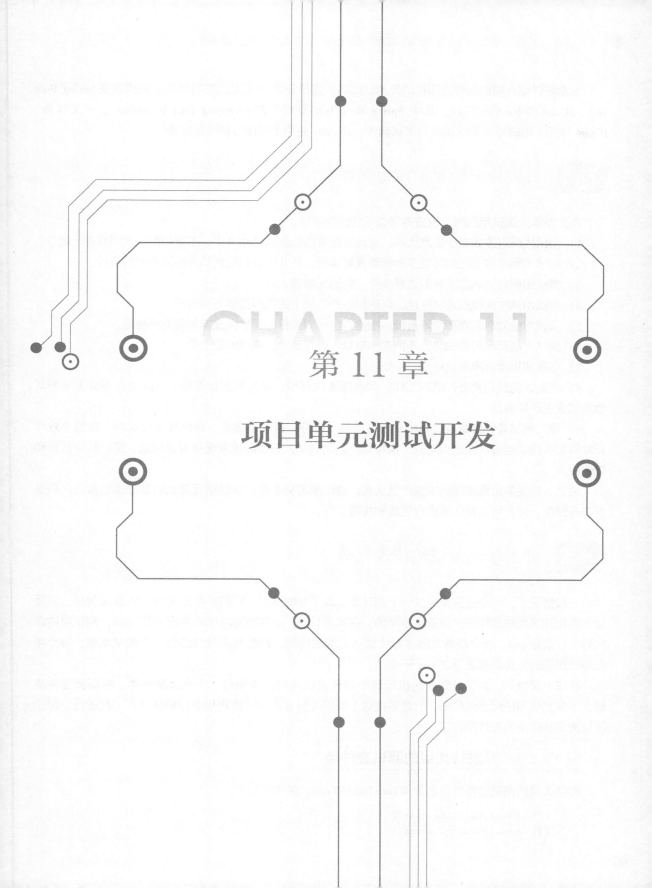

第 11 章

项目单元测试开发

本章将详细介绍如何开发项目单元测试代码。进行开发单元测试使用到的主要技术是 Spring Boot Test、JUnit4 和 Mockito 三种，其中 Spring Boot Test 是用于启动 Spring Boot 和 Spring 上下文容器，JUnit4 是用于编码单元测试用例和测试套件，Mockito 是用于创建各种模仿对象。

11.1　开发单元测试的规范和原则

在开发单元测试用例时，应该遵循以下规范和原则。

1）测试代码应该独立于生产代码，应该放在单独的测试文件夹中，不能和生产代码放在一起。

2）测试用例应该在任何环境下都能够重复执行，并且不会影响到其他测试用例的执行。

3）测试用例应该涵盖所有的边界条件，包括无效输入等。

4）测试用例应该模拟真实环境，以确保生产环境下的代码能够正确运行。

5）测试方法的命名需要清晰易懂，描述方法所要进行的操作以及期望得到的结果。

6）测试方法要尽可能独立，不能互相依赖，以保证单元测试的独立性。

7）尽量使用断言来验证结果。

8）在测试完成后要进行清理工作，如清理测试环境、关闭数据库连接等，以确保不会影响到其他测试或生产环境。

9）单元测试是持续集成过程中必不可少的一部分。持续集成是一种软件开发实践，在整个软件开发周期中持续地对软件进行集成、构建和自动化测试，并及时地发现和解决问题，保证软件质量和稳定性。

总之，开发单元测试用例需要严谨认真、遵循规范和原则，保证单元测试能够准确地验证代码是否符合预期，并且可以持续地进行集成和构建工作。

11.2　开发单元测试的框架代码

一般情况下，一个业务类对应一个测试类，为了方便访问，它们都存放在同一个 Java 包里，只是业务类和测试类的源代码主目录是分开的。在本项目里，业务类的源代码主目录是 main，测试类的源代码主目录是 test。一个业务类所有方法的单元测试用例，都编写在对应的同一个测试类里，每个单元测试用例的方法名都必须以 test 开头。

在每个层级里，为了方便一起执行每个单元测试用例，会编写一个测试套件类。在测试套件类里，不需要编写任何测试代码，只需要把这个层级的所有测试类使用相关注解集成在一起就行。每个层级测试套件类的源代码如下。

▶▶ 11.2.1　开发持久层的测试套件类

在持久层的测试套件类命名为 WfsmwDaoAllTests，源代码如下。

```
1行  @RunWith(Suite.class)
2行  @Suite.SuiteClasses({
```

```
3行        UserDaoTest.class,
4行        UserFileDaoTest.class
5行    })
6行    public class WfsmwDaoAllTests {
7行    }
```

在持久层开发的所有 Dao 接口的测试类，统一放在@Suite.SuiteClasses 注解里面，如上面第 3 行和第 4 行代码。第 1 行代码@RunWith（Suite.class）表明当前测试类是一个测试套件类，是一个运行持久层级所有测试用例的启动入口。

▶▶ **11.2.2   开发业务层的测试套件类**

在业务层的测试套件类命名为 **WfsmwServiceAllTests**，源代码如下。

```
1行    @RunWith(Suite.class)
2行    @Suite.SuiteClasses({
3行        UserServiceTest.class,
4行        UserFileServiceTest.class
5行    })
6行    public class WfsmwServiceAllTests {
7行    }
```

在业务层开发的所有服务 Service 类的测试类，统一放在@Suite.SuiteClasses 注解里面，如上面第 3 行和第 4 行代码。第 1 行代码@RunWith（Suite.class）表明当前测试类是一个测试套件类，是一个运行业务层级所有测试用例的启动入口。

▶▶ **11.2.3   开发控制层的测试套件类**

在控制层的测试套件类命名为 **WfsmwControllerAllTests**，源代码如下。

```
1行    @RunWith(Suite.class)
2行    @Suite.SuiteClasses({
3行        LoginControllerTest.class,
4行        AdminManageControllerTest.class
5行    })
6行    public class WfsmwControllerAllTests {
7行    }
```

在控制层开发的所有控制器 Controller 类的测试类，统一放在@Suite.SuiteClasses 注解里面，如上面第 3 行和第 4 行代码。第 1 行代码@RunWith（Suite.class）表明当前测试类是一个测试套件类，是一个运行控制层级所有测试用例的启动入口。

11.3   开发持久层 Dao 接口的单元测试用例

本节将介绍如何开发持久层 Dao 接口的单元测试用例。在持久层里所有接口方法的主要业务逻辑是执行 SQL 脚本，即需要链接数据库；在执行测试用例时需要一些测试数据，这些测试数据会影响数据库的状态，产生一些测试垃圾数据。为了不影响数据库的原有状态，必须遵循一些规范和原则，具体如下。

▶▶ 11.3.1　开发持久层的规范和原则

在持久层开发单元测试用例时，也应该遵循一些规范和原则，具体如下。

1）为了避免对生产数据库产生影响，应该使用独立的测试数据库，并在每次测试前将其清空。

2）需要使用模拟数据进行测试，通过各种操作（如插入、更新、查询、删除等）来验证 DAO 层的正确性。

3）测试用例应该涵盖所有可能出现的 CRUD 操作，并验证操作后数据库中的数据是否符合预期。

4）需要编写针对各种异常情况的测试用例，如重复插入、删除不存在的数据等。

5）使用断言来验证结果。

6）每个测试用例应该使用独立的事务，以保证各测试用例之间互不影响。

7）为了避免不同测试用例之间产生冲突，需要在每个测试用例结束后清理相关数据。

总之，在开发持久层 Dao 接口的单元测试用例时，首先要覆盖所有 CRUD 操作，其次要使用独立的事务，最后要在每个测试用例中清理数据。

▶▶ 11.3.2　开发持久层的目的、内容和步骤

一般来说，对于持久层的测试，主要目的是验证开发的 SQL 脚本是否正确，是否达到目的。开发一个持久层的接口方法需要做哪些内容，开发对应的测试用例也需要做同样的内容。持久层的接口方法主要是跟数据库进行链接、执行增删改查等操作，因此测试用例需要做的内容和步骤如下。

1）创建数据源，用于链接数据库；本书项目使用 DruidDataSource 数据源类来创建数据源。

2）创建事务管理器，用于管理事务；本书项目使用 PlatformTransactionManager 事务管理器类来创建事务管理。

3）创建持久层 Dao 接口的实现对象，用于测试调用对应的接口方法。

4）开启数据库事务。

5）编写测试用例，在测试用例里创建测试数据，通过调用 Dao 接口方法把数据增加到数据库里，然后执行需要测试的接口方法，得到返回结果，最后验证结果。

6）回滚事务，把之前增加的测试数据删除，不要影响数据库的原有数据。

7）关闭数据源，释放数据库链接。

▶▶ 11.3.3　一个持久层 Dao 接口的单元测试用例

本小节是对一个持久层 Dao 接口的单元测试用例进行开发和详细说明。用户信息数据库表对应的持久层级 Dao 接口是 cn.sanqingniao.wfsmw.dao.user.UserDao，因此开发了它对应的一个测试类是 cn.sanqingniao.wfsmw.dao.user.UserDaoTest。在该测试类里编写一个新增用户信息接口方法的一个测试用例，具体源代码如下。

```
1行  @RunWith(SpringRunner.class)
2行  @SpringBootTest
3行  public class UserDaoTest {
4行      @Autowired
5行      private DruidDataSource dataSource;
6行      @Autowired
7行      private UserDao userDao;
8行      private PlatformTransactionManager transactionManager;
9行      private TransactionStatus status;
10行     @BeforeTransaction
11行     public void beforeTransaction() {
12行         // 创建事务管理器
13行         TransactionDefinition definition = new DefaultTransactionDefinition();
14行         transactionManager = new DataSourceTransactionManager(dataSource);
15行         status = transactionManager.getTransaction(definition);
16行     }
17行     @AfterTransaction
18行     public void afterTransaction() {
            // 回滚事务
19行         transactionManager.rollback(status);
20行     }
21行     @Test
22行     @Transactional
23行     public void testInsert() {
24行         UserEntity record = new UserEntity();
25行         record.setId("test_id_001");
26行         record.setUserName("test001");
27行         record.setPassword("36f17c3939ac3e7b2fc9396fa8e953ea");
28行         record.setUserType(USER_TYPE_ADMIN);
29行         record.setStatus(VALID_ENABLED);
30行         int result = userDao.insert(record);
31行         assertEquals(1, result);
32行     }
33行 }
```

第 1、2 行代码@RunWith（SpringRunner.class）和@SpringBootTest 是注解，表明当前类是一个测试类，并且使用 SpringRunner 运行器。第 4、5 行代码的意思是自动注入本项目使用的数据库数据源 DruidDataSource 对象。第 6、7 行代码的意思是自动注入当前测试类测试对应的 UserDao 接口对象。第 8、9 行代码的意思是声明在执行测试用例时使用到的事务管理器对象和事务状态对象。第 10 行代码 @BeforeTransaction 是注解，表明当前方法是在开启事务前要执行的；在该方法里（即第 11～16 行代码），创建事务管理器对象和事务状态对象，并且开启事务。第 17 行代码 @AfterTransaction 是注解，表明当前方法是在结束事务后要执行的；在该方法（即第 18～20 行代码），回滚事务，用于清理运行测试用例时变更的测试数据。第 21、22 行代码@Test 和@Transactional 是注解，表明当前方法是一个测试用例，并且需要使用数据库事务。这个测试方法就是开发的测试新增一个用户信息的方法 testInsert。第 24～29 行代码是在创建一个用户信息对象，作为测试数据；第 30 行代码是调用 UserDao 接口对象的新增用户 insert 业务方法，执行新增用户信息操作；第 31 行代码是验证新增用户返回结果是否正确？从而表明是否正常执行了新增用户 SQL 脚本，以及把一个用户信息数据添加到数据库里了。

综上所述，就是开发一个持久层级 Dao 接口的单元测试用例所需要做的内容和步骤。然后可以在第 23 行代码处，在 IDEA 开发软件里，触发开启执行这个单元测试用例；也可以在第 3 行代码处，在 IDEA 开发软件里，触发开启执行这个类的所有单元测试用例。

在开启执行一个单元测试用例或者一个测试类的所有单元测试用例之后，系统会启动测试相关业务，执行过程如下。

1）首先启动系统，做好测试相关准备。

2）然后启动 Spring Boot 和 Spring 上下文容器，创建好各种实际业务对象和模仿对象，注入好各种依赖关系对象。

3）之后启动数据库数据源、打开数据库链接、开启数据库事务。

4）执行测试用例里的代码，验证收集测试结果。

5）回滚数据库事务、清理测试数据、关闭数据库链接和数据源。

6）报告和显示测试结果，关闭系统。

11.4 开发业务层的单元测试用例

本节将介绍如何开发业务层的单元测试用例。业务层所有方法的主要业务逻辑是实现每个项目的业务功能代码。根据实际业务功能的复杂度，来决定开发业务层单元测试用例的复杂度和数量；每个单元测试用例只测试实际业务功能的一种情况；实际业务功能有多少种情况，就要开发多少个单元测试用例。开发业务层单元测试用例的具体描述如下。

11.4.1 开发业务层的目的、内容和步骤

一般来说，业务层的测试主要目的是验证开发的业务逻辑是否正确？是否达到目的？开发一个业务层的业务方法实现了哪些内容，开发对应的测试用例也需要去测试覆盖这些内容，同时也要考虑一些特别边界的情况。业务层实现的一些业务逻辑是依赖持久层的一些方法，为了不影响持久层数据库的数据，以及为了快速完成测试、提高测试效率，一般要对持久层的 Dao 接口对象进行模仿，创建一些模仿对象，来模仿持久层的执行方法，因此业务层的测试用例需要做的内容和步骤如下。

1）创建依赖持久层 Dao 接口的模仿对象，也可以创建一些其他工具方法的模仿对象。

2）在测试用例方法里，提前执行使用模仿对象模仿调用的持久层相关方法。

3）创建测试数据，执行实际业务对象被测试的业务方法。

4）验证执行业务方法得到的结果。

11.4.2 一个业务层的单元测试用例

本小节是对一个业务层的单元测试用例进行开发和详细说明。用户信息对应的业务层级服务类是

cn.sanqingniao.wfsmw.service.user.UserService，因此开发了它对应的一个测试类是 cn.sanqingniao.wfsmw. service.user.UserServiceTest。在该测试类里编写一个新增用户信息接口方法的一个测试用例，具体源代码如下。

```
1行   @RunWith(SpringRunner.class)
2行   @SpringBootTest
3行   @AutoConfigureMockMvc
4行   public class UserServiceTest {
5行       @Autowired
6行       private UserService userService;
7行       @MockBean
8行       private UserDao userDao;
9行       @MockBean
10行       private UserLoginLogDao userLoginLogDao;
11行       @Test
12行       public void testInsert() {
13行           given(userDao.insert(any())).willReturn(1);
14行           given(userLoginLogDao.insert(any())).willReturn(1);
15行           UserEntity testUser = new UserEntity();
16行           testUser.setId("test_id_001");
17行           testUser.setUserName("test001");
18行           testUser.setPassword("36f17c3939ac3e7b2fc9396fa8e953ea");
19行           testUser.setUserType(USER_TYPE_ADMIN);
20行           testUser.setStatus(VALID_ENABLED);
21行           testUser.setLoginPassword("qweasd");
22行           boolean result = userService.insert(testUser);
23行           assertTrue(result);
24行           assertNotNull(testUser.getInviteCode());
25行           assertEquals(6, testUser.getInviteCode().length());
26行           assertNotNull(testUser.getCardNumber());
27行           assertEquals(12, testUser.getCardNumber().length());
28行           assertTrue(testUser.getCardNumber().endsWith(testUser.getInviteCode()));
29行           assertNotNull(testUser.getLoginPassword());
30行           assertNotNull(testUser.getSecretKey());
31行       }
32行   }
```

第 1、2 行代码@RunWith（SpringRunner.class）和@SpringBootTest 是注解，表明当前类是一个测试类，并且使用 SpringRunner 这个运行器进行运行。第 3 行代码@AutoConfigureMockMvc 是注解，表明启动了 Mockito 配置，从而在当前类里可以创建模仿对象。第 5、6 行代码意思是自动注入要测试的业务类 UserService 对象。第 7～10 行代码里使用@MockBean 注解，来创建持久层 Dao 接口的模仿对象。第 11 行代码@Test 注解，表明当前方法是一个单元测试用例。第 13、14 行代码的意思是模仿持久层的一些执行方法。第 15～21 行代码是创建测试数据。第 22 行代码是测试调用业务层 UserService 类对象的新增用户 insert 方法。第 23～30 行代码是验证新增用户的结果是否正确、是否符合预期、是否达到目的。

11.5 开发控制层的单元测试用例

本节将介绍如何开发控制层的单元测试用例。在控制层里所有方法的主要业务逻辑是实现每个项目的控制功能代码。根据实际控制功能的复杂度，来决定开发控制层单元测试用例的复杂度和数量；每个单元测试用例只测试实际控制功能的一种情况；实际控制功能有多少种情况，就要开发多少个单元测试用例。开发控制层的单元测试用例的具体描述如下。

▶▶ 11.5.1 开发控制层的目的、内容和步骤

一般来说，控制层的测试主要目的是验证发起 HTTP 请求是否正确？是否能够正确传递参数？是否正确迁移到相关视图页面？是否达到目的？开发一个控制层的控制方法实现了哪些内容，开发对应的测试用例也需要去测试覆盖这些内容，同时也要考虑一些特别边界的情况，以及对 HTTP 请求特有的状态进行相关测试。控制层实现的一些业务逻辑，是依赖业务层的一些方法，为了不受业务层业务方法可能存在的 Bug 带来的影响，以及为了快速完成测试、提高测试效率，一般要对业务层的业务类对象进行模仿，创建一些模仿对象，来模仿业务层的业务方法；同时也会创建一些工具类的模仿对象，来模仿相关工具方法，因此控制层的测试用例需要做的内容和步骤如下。

1）创建依赖业务层的业务类的模仿对象，也可以创建一些其他工具方法的模仿对象。

2）创建在控制器里可以模仿发起 HTTP 请求的 MockMvc 类模仿对象。

3）在测试用例方法里，提前执行使用模仿对象模仿调用的业务层相关方法。

4）使用 MockMvc 类模仿对象发起 HTTP 请求，同时传递相关参数，以达到实现执行实际控制器对象被测试的控制方法。

5）验证执行控制方法得到的结果。

▶▶ 11.5.2 一个控制层的单元测试用例

本小节是对一个控制层的单元测试用例进行开发和详细说明。管理员管理功能对应的控制层级控制类是 cn.sanqingniao.wfsmw.controller.admin.AdminManageController，因此开发了它对应的一个测试类是 cn.sanqingniao.wfsmw.controller.admin.AdminManageControllerTest。在该测试类里编写一个查询管理员信息列表控制方法的一个测试用例，具体源代码如下。

```
1行  @RunWith(SpringRunner.class)
2行  @SpringBootTest
3行  @AutoConfigureMockMvc
4行  public class AdminManageControllerTest {
5行      @Autowired
6行      private MockMvc mockMvc;
7行      @MockBean
8行      private UserService userService;
9行      @MockBean
```

```
10 行          private UserLoginInterceptor userLoginInterceptor;
11 行          @Before
12 行          public void login() throws Exception {
13 行              given(userLoginInterceptor.preHandle(any(HttpServletRequest.class),
                        any(HttpServletResponse.class), any())).willReturn(true);
              }
14 行          @Test
15 行          public void testQueryAdminList() throws Exception {
16 行              PageResponseBodyBean<UserEntity> bodyBean = new PageResponseBodyBean<>();
17 行              given(userService.getUserList(any())).willReturn(bodyBean);
18 行              mockMvc.perform(post("/admin/query_admin_list.html")
19 行                          .param("userName", "admin")
20 行                          .param("userType", "0")
21 行                          .accept(MediaType.TEXT_HTML))
22 行                  .andExpect(status().isOk())
23 行                  .andExpect(view().name("admin/admin_manage"))
24 行                  .andExpect(model().attributeExists("query", "users"));
25 行          }
26 行  }
```

第 1、2 行代码@RunWith（SpringRunner.class）和@SpringBootTest 是注解，表明当前类是一个测试类，并且使用 SpringRunner 这个运行器进行运行。第 3 行代码@AutoConfigureMockMvc 是注解，表明启动了 Mockito 配置，从而在当前类里可以创建模仿对象。第 5、6 行代码是由 Spring 容器自动创建和注入的 MockMvc 类对象，用于模拟发起 HTTP 请求。第 7～10 行代码是创建业务层的 UserService 类的模仿对象和拦截器 UserLoginInterceptor 类的模仿对象。第 11 行代码@Before 注解，表明当前方法是在任何一个测试用例方法执行之前要执行的方法。在 testQueryAdminList 测试用例方法之前，必须进行登录认证；而登录认证是通过拦截器 UserLoginInterceptor 类来实现的；因此@Before 注解的 login 方法（即第 12～13 行代码）会在该 testQueryAdminList 测试用例方法执行之前，模拟通过登录认证。第 14 行代码@Test 注解，表明当前方法是一个单元测试用例。第 16～17 行代码是模仿执行业务层 UserService 类的 getUserList 方法。第 18～21 行代码是 MockMvc 类对象，传递表单参数，执行模拟发起 HTTP POST 请求。第 22 行代码是验证控制器执行完毕之后返回的 HTTP 响应状态是否正常？第 23 行代码是验证返回的视图名是否符合预期？第 24 行代码是验证返回的模型数据是否正确？

上述这些单元测试用例的全部源代码，请到随书附赠的项目代码库里去查看。

11.6　本章小结

本章阐述了项目的单元测试代码开发。首先介绍了开发单元测试的规范和原则、开发了单元测试的框架代码；然后按照持久层、业务层、控制层的顺序介绍了开发单元测试代码的过程和方法，并且详细介绍了部分单元测试代码的含义。

按照项目开发流程，第 12 章将介绍项目测试调试阶段的项目性能测试。

第 12 章

项目性能测试

本章将详细介绍如何对项目进行性能测试。在本书项目进行性能测试主要使用的技术是 Apache JMeter、VisualVM 和 JConsole 三种；其中 Apache JMeter 是用于模拟多种场景下的并发请求和计算响应时间等指标；VisualVM 是用于监控 Java 应用程序的各种指标，如 CPU 利用率、内存使用量、线程数量等；JConsole 是用于监控 Java 虚拟机和应用程序的各种指标。

12.1 项目性能测试的规范和原则

在进行项目性能测试时，应该遵循以下规范和原则。

1）确定测试目标：在进行性能测试之前，应该明确测试目标和测试指标，如响应时间、吞吐量、并发用户数等。

2）使用真实场景模拟：在进行性能测试时，应该使用真实场景模拟用户行为，如用户登录、查询、提交等。同时还要考虑用户行为之间的关系和影响。

3）使用合适的工具：在进行性能测试时，应该使用合适的工具来模拟并发请求和计算响应时间等指标，如 JMeter、LoadRunner 等。

4）定义稳定状态：在进行性能测试时，需要先将系统带到一个稳定状态，并记录系统在该状态下的指标值，然后才能够对系统进行并发压力等测试。

5）定义合理负载：在进行性能测试时，需要定义合理的负载大小，并逐步增加负载直至瓶颈点，然后分析瓶颈点并对系统进行优化。

6）使用监控工具：在进行性能测试时，应该使用监控工具来监测系统各项指标，并记录下来，如 CPU 利用率、内存利用率、网络带宽利用率等。

7）进行多次重复测试：在进行性能测试时，应该进行多次重复测试，并取平均值来评估系统真实情况，同时还要注意避免干扰因素对结果产生影响。

总之，在商业软件项目开发中，项目性能测试是非常重要的一环。只有严格遵循这些规范和原则，并充分利用各种工具和技术手段，在保证结果准确可靠的情况下才能够有效地提升软件系统的运行效率和稳定性。

12.2 项目性能测试使用的工具

本节将介绍项目性能测试使用的主要工具：Apache JMeter、VisualVM 和 JConsole。

12.2.1 Apache JMeter 测试工具

Apache JMeter 是一款常用的、Java 编写的开源性能测试工具，用于测试静态和动态资源（如 Web 应用程序）的性能，可以模拟多种场景下的并发请求和计算响应时间等指标。它是一个非常强大的工具，可以用于模拟高负载、压力和功能测试，并且支持多种协议，如 HTTP、FTP、SMTP 等。

下面是 Apache JMeter 的实现原理、使用说明和使用流程。

（1）实现原理

Apache JMeter 主要是通过模拟多个用户（线程）访问目标应用程序，来测试目标应用程序的性能。具体来说，Apache JMeter 会在本地机器上启动多个线程，并使用这些线程模拟多个用户同时访问目标应用程序。每个线程都会执行一组测试步骤，如发送 HTTP 请求、等待响应等，并将执行结果记录下来。最后，Apache JMeter 会将所有线程执行结果汇总并生成测试报告。

（2）使用说明

使用 Apache JMeter 测试工具进行性能测试，需要执行以下步骤。

1）下载和安装：从 Apache JMeter 官网下载并安装最新版本的 JMeter。

2）创建测试计划：启动 JMeter 后，在左侧菜单栏中选择 Test Plan，右击选择 Add->Threads（Users）->Thread Group 菜单命令，设置线程组名称和用户数，并设置其他相关参数。

3）添加测试元素：在 Thread Group 下面右击选择 Add->Sampler->HTTP Request 或其他类型的 Sampler，并根据需要设置相关参数（如 URL、请求方法、参数等）。

4）添加断言（可选）：在 HTTP Request 或其他 Sampler 下面右击选择 Add->Assertions 或其他类型的断言，并根据需要设置相关参数（如响应代码、响应内容等）。

5）运行测试：在左侧菜单栏中选择 Run->Start 或按下<Ctrl+R>快捷键，开始运行测试。

6）查看结果：运行完毕后，在左侧菜单栏中选择 Results Tree 或其他报告类型，查看运行结果。

（3）使用流程

使用 Apache JMeter 测试工具进行性能测试的一般流程如下。

1）确定需要进行性能测试的目标应用程序。

2）创建一个新的 JMeter Test Plan 并配置相关参数（如线程数、持续时间等）。

3）向 Test Plan 中添加 Sampler 并配置相关参数（如 URL、请求方法等）。

4）向 Sampler 中添加断言并配置相关参数（如响应代码、响应内容等）。

5）运行 Test Plan 并观察运行结果。如果需要对结果进行更详细的分析和报告，则可以使用 JMeter 提供的各种报告工具和插件进行分析和展示。

在实际使用过程中需要注意以下几点。

1）确定目标指标及对目标指标评估的方式。

2）模拟真实场景。

3）针对不同协议进行不同方式的压力、负载、功能、兼容、安全、稳定性等方面的评测。

4）测试完毕后，及时分析数据并做出相应调整。

▶▶ 12.2.2　VisualVM 性能监视器

VisualVM 是一个基于 Java 开发的免费性能监视器，可用于监视本地和远程 Java 应用程序的性能和内存使用情况，如 CPU 利用率、内存使用量、线程数量等。它是 Java Development Kit（JDK）的一部分，可用于分析内存泄漏、线程死锁等问题，并提供了各种分析和优化工具。

下面是 VisualVM 性能监视器的实现原理、使用说明和使用流程。

（1）实现原理

VisualVM 的实现原理是基于 Java 虚拟机提供的一组诊断和监控工具（如 JMX、JVM TI 等）。VisualVM 可以通过这些工具获取 Java 应用程序的各种性能指标，并提供图形化界面展示这些指标，如内存使用情况、CPU 使用率、线程数等。

具体来说，VisualVM 主要实现了以下几个方面的功能。

1）支持本地和远程应用程序：VisualVM 可以通过 JMX 协议或 JVM TI 接口连接本地或远程应用程序，并获取其运行时信息。

2）支持多种插件：VisualVM 提供了多种插件，如线程分析插件、内存分析插件等，可以帮助用户更好地理解 Java 应用程序的运行情况。

3）支持各种监控指标：VisualVM 可以监控各种性能指标，如 CPU 使用率、内存使用情况、线程数等，并提供图形化展示。

（2）使用说明

使用 VisualVM 进行性能监视，需要执行以下步骤。

1）启动 VisualVM：打开安装 Java 的目录，如本书项目安装的 Java 目录为 D：\ProgramFiles\Java\jdk1.8.0_341，在该目录下的子目录.\bin 里，双击 jvisualvm.exe 程序，就启动了 VisualVM。

2）连接应用程序：在左侧窗格中选择要连接的应用程序，并选择"Connect"按钮进行连接。

3）查看性能数据：在连接成功后，在右侧窗格中查看各种性能数据（如 CPU 使用率、内存占用量等）。

4）分析问题：根据收集到的性能数据分析问题（如内存泄漏、线程死锁等），并进行优化调整。

（3）使用流程

使用 VisualVM 进行性能监视的一般流程如下。

1）确定要检测和优化的 Java 应用程序，并启动该应用程序。

2）启动 VisualVM 并连接到目标 Java 应用程序。

3）分析目标 Java 应用程序的运行情况（如 CPU 占用率、堆内存大小等）以及可能存在的问题（如内存泄漏等）。

4）使用 VisualVM 提供的工具（如线程分析器）进一步调查问题并解决它们。

在实际使用过程中需要注意以下几点。

1）Visual VM 可以连接已经在运行中的 Java 应用程序。

2）通过 Visual VM 监测 Java 应用时，会在 JVM 运行时增加一些开销，在生产环境下请谨慎使用。

3）了解 JVM 的工作原理及相关知识对合理操作 Visual VM 至关重要。

▶▶ 12.2.3　JConsole 监视工具

JConsole 是 Java Development Kit（JDK）提供的一种基于图形界面的监视工具，用于监视和管理 Java 虚拟机（JVM）的性能和资源使用情况，可以监控 Java 虚拟机和应用程序的各种指标，如堆内存、线程、垃圾回收、类加载等信息，并提供一些诊断和管理功能。

下面是 JConsole 监视工具的实现原理、使用说明和使用流程。

（1）实现原理

JConsole 基于 Java Management Extensions（JMX）技术实现，通过与目标 Java 应用程序建立 JMX 连接，获取和展示 Java 应用程序的各种性能指标和资源使用情况。

具体来说，JConsole 实现了以下几个方面的功能。

1）JMX 连接：JConsole 使用 JMX 连接到目标 Java 应用程序，通过建立 RMI（远程方法调用）连接或本地连接来获取 Java 应用程序的运行时信息。

2）MBean 监控：JConsole 通过访问 Java 应用程序中的 MBean（管理 Bean），获取并展示各种性能指标和资源使用情况，如堆内存使用情况、线程信息、垃圾回收统计等。

3）远程监控：除了本地监控外，JConsole 还支持通过远程方式监控运行在远程服务器上的 Java 应用程序。

（2）使用说明

使用 JConsole 进行性能监视，需要执行以下步骤。

1）启动目标 Java 应用程序：启动需要进行性能监视的目标 Java 应用程序，并确保该应用程序启动时开启了对 JMX 的支持。

2）启动 JConsole：打开安装 Java 的目录，本书项目安装的 Java 目录为 D：\ ProgramFiles \ Java \ jdk1.8.0_341，在该目录下的子目录.\bin 里，双击 jconsole.exe 程序，就启动了 JConsole。

3）选择目标进程：在弹出的对话框中选择要监视的目标进程，并单击 "Connect" 按钮进行连接。

4）查看性能数据：在连接成功后，在右侧窗格中查看各种性能数据（如堆内存占用量、线程数等）。

5）分析问题：根据收集到的性能数据分析问题（如内存泄漏、线程死锁等），并进行优化调整。

（3）使用流程

使用 JConsole 进行性能监视的一般流程如下。

1）确定要检测和优化的 Java 应用程序，并启动该应用程序时开启对 JMX 的支持。

2）启动目标 Java 应用程序。

3）启动 JConsole 并选择要监视的目标进程，建立与目标进程之间的连接。

4）分析目标 Java 应用程序的运行情况（如堆内存大小、线程数等）以及可能存在的问题（如内存泄漏）。

5）使用 JConsole 提供的工具进行问题分析和解决。

总体而言，在实际使用过程中需要注意以下几点。

1）JConsole 只能与已经运行或者已开启可远端访问到 JMX 代理功能的 Java 进程建立连接。

2）了解 JVM 的工作原理及相关知识对合理操作 JConsole 至关重要。

3）在生产环境中，注意确保安全性和合规性。

12.3 项目性能测试的过程

关于对 Web 项目进行性能测试的过程，具体描述如下。

（1）定义性能目标

1）确定性能测试的目的和目标。

2）确定性能指标，如响应时间、吞吐量、并发用户数等。样例如下：

a. 响应时间：

-页面加载时间不超过 3s。

-搜索结果返回时间不超过 2s。

-购物车添加和更新操作在 1s 内完成。

b. 吞吐量:

-系统能够支持每秒至少 100 个页面请求。

-能够处理每秒至少 50 个并发购物车操作。

c. 并发用户数:

-系统能够支持至少 1000 个并发用户同时在线。

d. 系统稳定性:

-在持续高负载下运行 24h, 系统无明显性能下降。

e. 资源利用率:

- CPU 使用率不超过 80%。

-内存使用率不超过 70%。

-数据库连接数不超过数据库最大连接数的 50%。

f. 错误率:

-系统错误率 (如 500 错误) 低于 0. 1%。

(2) 理解系统架构

1) 了解应用的架构, 包括前端、后端、数据库、缓存等。

2) 确定哪些组件是性能测试的重点。

(3) 选择测试工具

根据测试需求选择合适的性能测试工具, 如 Apache JMeter、VisualVM 和 JConsole。

(4) 创建测试脚本

1) 使用所选工具创建模拟用户行为的测试脚本。

2) 确保脚本能够覆盖所有的业务场景。

(5) 设置测试环境

1) 配置测试环境, 包括服务器、数据库、网络等。

2) 确保测试环境与生产环境尽可能相似。

(6) 执行基准测试

1) 在低负载下执行测试, 收集应用在正常运行时的性能数据。

2) 确定性能基线。

(7) 执行压力测试

1) 逐渐增加负载, 模拟越来越多的用户访问应用。

2) 观察应用在不同负载下的表现。

(8) 执行负载测试

1) 确定应用能够处理的最大用户数。

2) 测试应用在高负载下的性能表现。

（9）执行稳定性测试

1）在一定负载下持续运行测试，检查应用的稳定性。

2）观察系统资源的使用情况，如 CPU、内存、磁盘 I/O 等。

（10）分析测试结果

1）分析测试结果，确定性能瓶颈。

2）识别响应时间过长或资源使用过高的区域。

（11）调优和优化

1）根据测试结果对应用进行调优。

2）优化代码、数据库查询、缓存策略等。

（12）回归测试

1）在调优后重新执行性能测试，验证优化效果。

2）确保优化没有引入新的问题。

（13）记录和报告

1）记录测试过程中的所有数据和发现的问题。

2）编写详细的性能测试报告，包括测试结果、问题和改进建议。

（14）持续监控和测试

1）在应用部署后，持续监控其性能。

2）定期进行性能测试，确保应用能够持续满足性能要求。

性能测试是一个持续的过程，需要在开发周期的不同阶段进行。通过性能测试，可以确保 Java Web 项目在实际运行中能够达到预期的性能标准，为用户提供良好的体验。

12.4　项目的性能测试

本节将介绍如何对本书项目进行性能测试。根据 12.3 节描述的测试过程和顺序，首先制定测试目标和指标；再定义项目系统稳定状态和负载大小；然后进行性能测试；最后分析测试结果。

▶▶ 12.4.1　测试目标和指标

本小节将为本书项目制定测试目标和指标，具体描述如下。

（1）测试目标

1）评估系统在正常和峰值负载情况下的性能表现。

2）确保系统在高并发情况下能够稳定运行并且响应时间符合要求。

3）确保系统资源利用率合理，避免出现过度消耗资源或性能瓶颈。

（2）性能测试指标

1）响应时间：测量系统对于用户请求的响应时间，包括平均响应时间、最大响应时间、95th 和 99th 响应时间等。

2）吞吐量：测量系统在单位时间内处理的请求数量，包括每秒请求数（TPS）和并发用户数等。

3）负载均衡：评估系统在高负载情况下的负载均衡表现，确保各服务器节点间负载分配均衡。

4）内存利用率：测量系统运行过程中内存的使用情况，包括峰值内存占用、平均内存占用等。

5）CPU 利用率：评估系统对 CPU 资源的使用情况，包括平均 CPU 占用率、最大 CPU 占用率等。

6）数据库性能：测量数据库访问的性能表现，包括平均查询响应时间、数据库连接池利用率等。

（3）测试环境

1）测试服务器配置：列出测试服务器配置信息，例如：

- 设备名称：HY-LSZNWIN10。
- 处理器：12th Gen Intel（R）Core（TM）i5-12490F　3.00 GHz。
- 机带 RAM：16.0 GB（15.8 GB 可用）。
- 系统类型：64 位操作系统，基于 X64 的处理器。

2）测试工具：Apache JMeter、VisualVM 和 JConsole。

（4）测试计划

1）确定基准测试环境，并收集基准数据。

2）制定并执行模拟正常负载和峰值负载下的性能测试方案，并收集测试数据。

3）分析收集的数据，并根据指标评估系统是否满足性能要求。

（5）风险管理

针对可能出现的风险情况（如服务器资源不足、网络故障等）制定相应风险管理措施。

▶▶ 12.4.2　定义稳定状态和负载大小

本小节将为本书项目定义稳定状态和负载大小，具体描述如下。

（1）稳定状态

稳定状态是指在一定时间段内，系统在处理请求时表现出的相对稳定的性能状态。在性能测试中，通常需要观察系统在一段时间内的性能表现，以确保系统在持续运行过程中能够保持稳定的性能。稳定状态的具体标准可以根据实际需求和项目特点进行定义，系统处于稳定状态应满足以下条件。

1）响应时间：系统平均响应时间波动范围保持在正常范围内，如平均响应时间变化范围不超过正常值的 20%。

2）吞吐量：系统吞吐量波动范围保持在正常范围内，如每秒请求数变化范围不超过正常值的 20%。

3）资源利用率：系统资源利用率波动范围保持在正常范围内，如 CPU 利用率和内存利用率变化范围不超过正常值的 20%。

（2）负载大小

负载大小是指在性能测试过程中，系统所承受的请求负载量。负载大小的定义需要考虑并发请求数、请求频率、请求类型等方面。以下是一个可能的定义：

1）并发请求数：在同一时刻发送给系统的请求数量。

2）请求频率：单位时间内发送给系统的请求数量。

3）请求类型：不同类型的请求对系统性能的影响程度不同，可以根据实际需求定义不同的负载大小，如正常请求、突发请求、异常请求等。

在进行性能测试时，将根据以下指标来定义不同的负载大小：

1）低负载：模拟并发用户数为 X，每秒请求数为 Y。

2）中等负载：模拟并发用户数为 $2X$，每秒请求数为 $2Y$。

3）高负载：模拟并发用户数为 $3X$，每秒请求数为 $3Y$。

▶▶ 12.4.3 执行性能测试

本小节将使用 Apache JMeter 性能测试工具为本书项目进行性能测试。

（1）下载和配置 Apache JMeter

在 Apache JMeter 官网下载该软件，其下载地址为 https://downloads. apache. org/jmeter/binaries/，选择 apache-jmeter-5. 6. zip 文件进行下载。下载完毕之后，直接解压到需要安装的目录里，如本书项目安装目录为 D:\ProgramFiles\apache-jmeter-5.6。

在系统环境变量里，为 Apache JMeter 设置两个变量值，分别如下：

1）JMETER_HOME：变量值为 D:\ProgramFiles\apache-jmeter-5.6，该值要替换为读者自己的安装目录。

2）CLASSPATH：变量值为%JMETER_HOME% \ lib \ ext \ ApacheJMeter_core.jar;%JMETER_HOME% \ lib \ jorphan.jar;%JMETER_HOME% \ lib \ logkit-2.0.jar;。

（2）启动 Apache JMeter

在安装目录的 .\bin 子目录，找到 jmeter.bat 文件，双击它，就可以启动 Apache JMeter，软件窗口如图 12-1 所示。

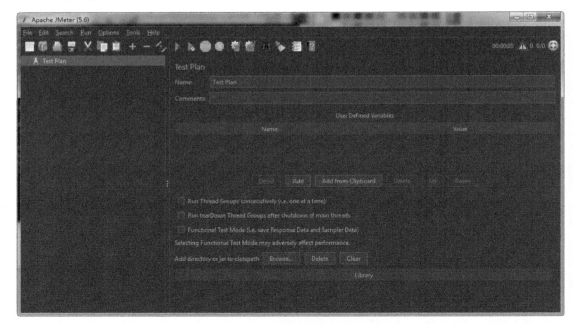

● 图 12-1　Apache JMeter 软件窗口

（3）创建测试计划（Test Plan）

首先创建线程组。在测试中每个任务都需要线程去处理，所有测试任务都必需在一个线程组里创建。通过右击 Test Plan→Add→Threads（Users）→Thread Group 来创建，如图 12-2 所示。

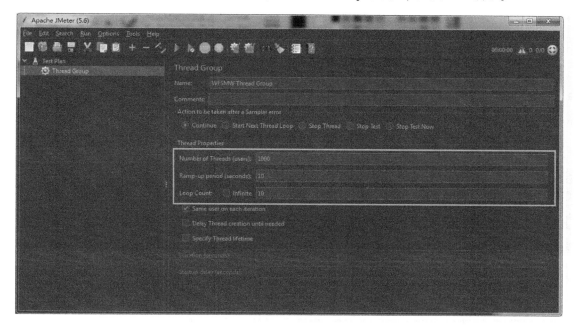

● 图 12-2　创建线程组窗口

在图 12-2 中线程组面板里有 3 个输入栏：Number of Threads（users）、Ramp-Up period（seconds）、Loop Count，它们的含义如下。

1）Number of Threads（users）：线程数，一个用户占一个线程，1000 个线程就是模拟 1000 个用户。

2）Ramp-Up period（seconds）：用于设置所有线程需要多长时间全部启动，表示在这个时间内创建完所有的线程。如线程数为 1000，准备时长为 10，那么需要在每秒启动 100 个线程。这样的好处是：一开始不会对服务器有太大的负载。

3）Loop Count：每个线程发送请求的次数。如果线程数为 1000，循环次数为 10，那么每个线程发送 10 次请求，总请求数为 1000×10＝10000。如果勾选了"Infinite"复选框，那么所有线程会一直发送请求，直到选择停止运行脚本。

（4）创建 HTTP 请求（Add Sampler→HTTP Request）

创建测试元素，即添加采样器 Sampler 里的 HTTP 请求。本书项目是一个 HTTP Web 项目，因此需要创建 HTTP 请求测试元素。可以在通过右击 Wfsmw Thread Group→Add→Sampler→HTTP Request 来创建，如图 12-3 所示。

图 12-3 的 HTTP 请求面板里有多个输入栏：Protocol（http）、Server Name or IP、Port Number、HT-TP Request Method、Path、Content encoding，它们的含义如下。

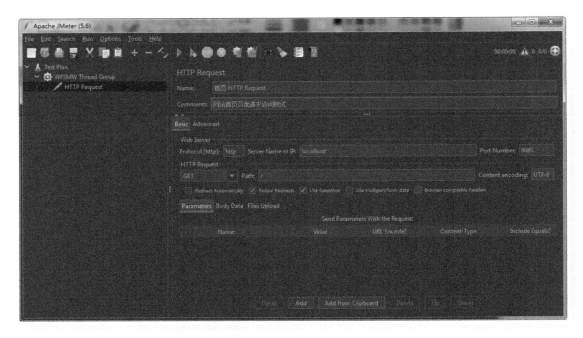

● 图 12-3　创建 HTTP 请求

1）Protocol（http）：请求协议，本书项目设置为 HTTP 请求协议。

2）Server Name or IP：服务器名称或 IP 地址，本书项目设置为 localhost。

3）Port Number：端口号码，本书项目设置为 8080。

4）HTTP Request Method：请求方法，本书项目设置为 GET。

5）Path：请求路径，本书项目设置为/。

6）Content encoding：内容编码，本书项目设置为 UTF-8。

（5）添加监听方式：聚合图形报告

为了收集测试结果，需要添加一些监听方式，本部分主要讲添加聚合报告的监听方式。通过右击 Wfsmw Thread Group→Add→Listener→Aggregate Graph 来添加，如图 12-4 所示。

图 12-4 中，在 Aggregate Graph 面板的测试报告表格里列名分别为 Label、#Samples、Average、Median、90%Line、95%Line、99%Line、Min、Maximum、Error%、Throughput、Received KB/sec、Sent KB/sec，它们的含义如下。

1）Label：每个测试元素的标签名称，本书项目设置为 HTTP 请求。

2）#Samples：样本数量，请求数量，本书项目设置为 10000 请求数量。

3）Average：平均响应时间（单位：毫秒）。默认是单个 Request 的平均响应时间，当使用 TransactionController 时，也可以 Transaction 为单位显示平均响应时间。

4）Median：中位数，也就是 50% 用户的响应时间。

5）90% Line：90% 用户的响应时间。

6）95% Line：95% 用户的响应时间。

7）99% Line：99% 用户的响应时间。

为什么要有 ＊% 用户响应时间？因为在评估一次测试的结果时，仅仅有平均响应时间是不够的。假如有一次测试，总共有 100 个请求被响应，其中最小响应时间为 0.02s，最大响应时间为 110s，平均事务响应时间为 4.7s，读者可能会想最小和最大响应时间如此大的偏差是否会导致平均值本身并不可信？可以在 95 th 之后继续添加 96/ 97/ 98/ 99/ 99.9/ 99.99 th，并利用 Excel 的图表功能画一条曲线，来更加清晰地表现出系统响应时间的分布情况。这时候读者也许会发现，那个最大值的出现概率只不过是千分之一甚至万分之一，而且 99%的用户请求的响应时间都是在性能需求所定义的范围之内的。

8）Min：最小响应时间。

9）Maximum：最大响应时间。

10）Error%：错误比率，本次测试中出现错误的请求数量／请求总数量的比率。

11）Throughput：吞吐量，在默认情况下标明每秒完成的请求数。

12）Received KB/sec：每秒从服务器端接收的数据量（单位：KB）。

13）Sent KB/sec：每秒向服务器端发送的数据量（单位：KB）。

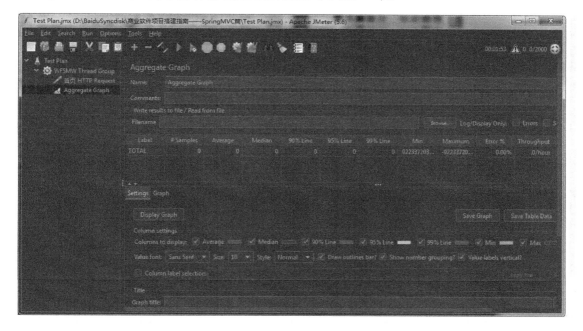

● 图 12-4　添加聚合图形报告

（6）添加监听方式：测试结果表格报告

为了收集测试结果，需要添加一些监听方式，本部分主要讲添加测试结果表格报告的监听方式。通过右击 Wfsmw Thread Group→Add→Listener→View Results in Table 来添加，如图 12-5 所示。

图 12-5 中，在 View Results in Table 面板的测试报告表格里列名分别为 Sample #、Start Time、Thread Name、Label、Sample Time、Status、Bytes、Sent Bytes、Latency、Connect Time（ms），它们的含义如下。

1）Sample #：每个请求的序号。

2）Start Time：每个请求开始时间。

3）Thread Name：每个线程名称。

4）Label：每个测试元素的标签名称，本书项目设置为 HTTP 请求。

5）Sample Time：每个请求所花时间（单位：毫秒）。

6）Status：响应状态。如果是绿色勾图标，则表示成功；如果是红色叉图标，则表示失败。

7）Bytes：响应结果的字节数。

8）Sent Bytes：请求发送的字节数。

9）Latency：等待时间。

10）Connect Time（ms）：每个线程请求的连接所花时间。

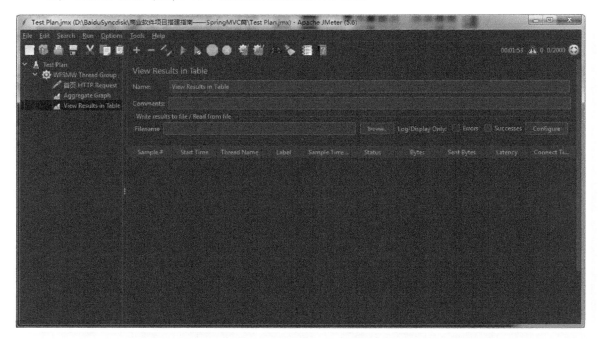

● 图 12-5　测试结果表格报告

（7）打开 VisualVM 性能监视器

首先在 IDEA 里启动本书项目代码，然后需要打开 VisualVM 性能监视器，使用它来监控 CPU 使用率、内存使用情况、线程数和加载 Java 类数量，并且提供图形化展示。该工具是 JDK 自带的软件工具，可以在读者的 JDK 安装目录路径里找到。该工具在本书项目的安装目录路径为 D：\ ProgramFiles \ Java\jdk1.8.0_341\bin\ jvisualvm.exe，双击该执行文件，打开的软件窗口如图 12-6 所示。

图 12-6 中，在 VisualVM 软件窗口左侧的应用程序里，选择本书项目软件的主程序类：cn.sanqing-niao.wfsmw.WfsmwApplication，双击它就可以打开监视窗口。选择"监视"选项卡，在该选项卡里可以查看到 CPU 使用情况、堆（即内存）使用情况、载入 Java 类情况和线程使用情况。单击其他选项卡，可以查看到更加详细的性能监视情况。

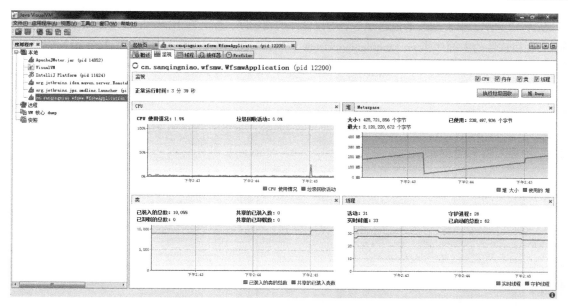

● 图 12-6　VisualVM 性能监视器

（8）打开 JConsole 监视工具

同样为了监视本书项目的性能，需要打开 JConsole 监视工具，使用它来监控 CPU 使用率、内存使用情况、线程数、加载 Java 类数量、内存泄漏、线程死锁等指标和问题，并且提供图形化展示。该工具也是 JDK 自带的软件工具，因此可以在读者的 JDK 安装目录路径里找到。该工具在本书项目里安装目录路径为 D:\ProgramFiles\Java\jdk1.8.0_341\bin\ jconsole.exe，双击该执行文件，打开的软件窗口如图 12-7 所示。

● 图 12-7　JConsole 监视工具的新建连接

在图 12-7 中，由于是在本地启动本书项目软件的主程序，因此在 JConsole 软件窗口本地进程里选择本书项目软件的主程序类 cn.sanqingniao.wfsmw.WfsmwApplication，单击"连接"按钮就可以打开监视窗口，如图 12-8 所示。

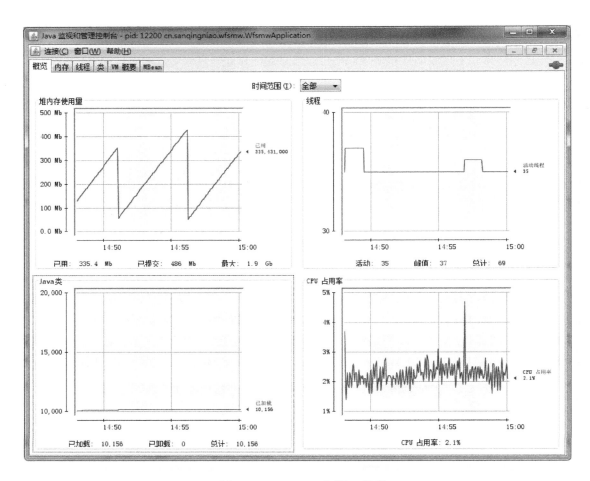

● 图 12-8　JConsole 监视工具窗口

图 12-8 中，在 JConsole 软件窗口的"概览"选项卡，在该选项卡里可以查看到堆内存使用量、线程使用情况、Java 类加载情况和 CPU 占用率。单击其他选项卡，可以查看到更加详细的性能监视情况。

（9）执行测试

经过上述 8 个步骤的准备，就可以开始执行测试了。单击 Apache JMeter 软件窗口工具栏里的右箭头图标按钮▶启动测试，如图 12-9 所示。

图 12-9 中，在 Apache JMeter 软件窗口工具栏的右上角显示当前测试时创建的请求数量和消耗时间。

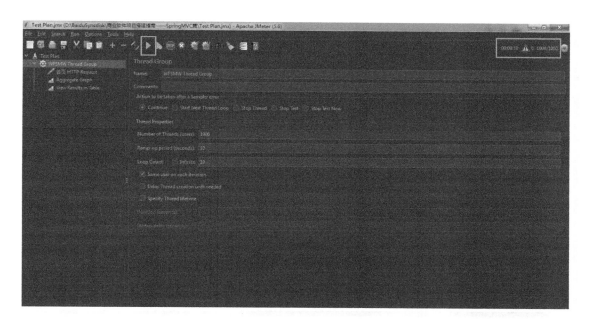

● 图 12-9　启动 Apache JMeter 软件测试

▶▶ 12.4.4　分析测试结果

本小节将展示使用 Apache JMeter、VisualVM 和 JConsole 这三个性能测试工具为本书项目进行性能测试的结果，并且进行分析。

（1）Apache JMeter 的聚合图形报告

在 Apache JMeter 软件里，可以聚合图形报告来收集和分析性能测试结果，使用它对本书项目进行性能测试得到的测试结果如图 12-10 所示。

图 12-10 中，在 Apache JMeter 聚合图形报告的中间测试报告表格里，测试样本数量（#Samples）为 10000，平均响应时间（Average）为 31932 毫秒，中位数响应时间（Median）为 33281 毫秒，90% 至 99% 用户的响应时间差不多一样，错误比率（Error%）为 0。很明显这个测试结果的性能不太理想，每个请求的响应时间有点长，主要原因是本书项目使用的服务器是一个普通的笔记本计算机，该笔记本计算机性能不足。但是从测试结果来看，本书项目响应还是非常稳定的且 90% 以上的响应效率差不多一样，也没有响应错误。

（2）Apache JMeter 的测试结果表格报告

在 Apache JMeter 软件里，可以测试结果表格报告来收集和分析性能测试结果，使用它对本书项目进行性能测试得到的测试结果如图 12-11 所示。

图 12-11 中，在 Apache JMeter 的测试结果表格报告里，显示了每个测试请求的序号、请求开始时间、线程名称、测试元素的标签名称、请求所花时间、响应状态、响应结果的字节数、请求发送的字节数、等待时间和连接消耗时间等。

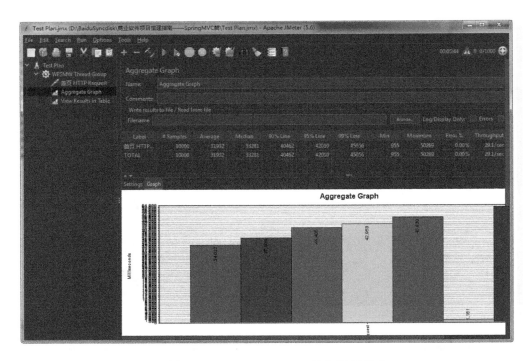

● 图 12-10　Apache JMeter 聚合图形报告

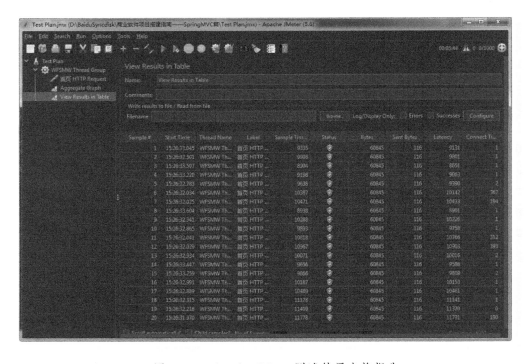

● 图 12-11　Apache JMeter 测试结果表格报告

（3）VisualVM 性能监视器的测试结果

在 VisualVM 性能监视器软件里，使用它对本书项目进行性能测试得到的测试结果如图 12-12 所示。

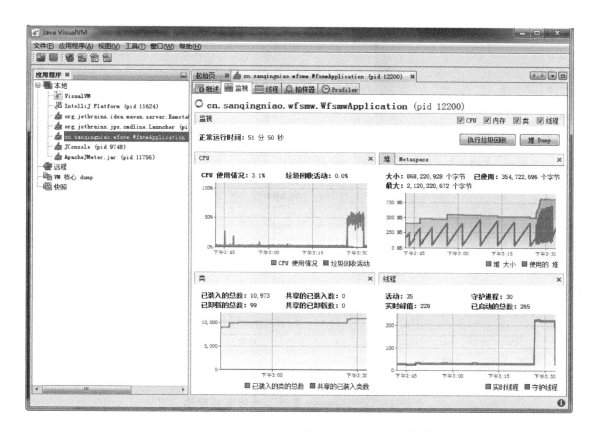

- 图 12-12　VisualVM 性能监视器的测试结果

图 12-12 中，在 VisualVM 性能监视器的测试结果里，显示 CPU 使用率 50% 以上、堆内存使用量为 750Mb 左右、载入 Java 类数量为 10973 个、线程数量总数 265 个。单击其他选项卡，可以查看到更加详细的性能监视情况。

（4）JConsole 监视工具的测试结果

在 JConsole 监视工具软件里，使用它对本书项目进行性能测试得到的测试结果如图 12-13 所示。

图 12-13 中，在 JConsole 监视工具的测试结果里，显示堆内存使用量分"已用 411.9Mb、已提交 840.4Mb、最大 1.9Gb"；线程数量分"活动 35 个、峰值 229 个、总计 265 个"；载入 Java 类数量分"已加载 10973 个、已卸载 99 个、总计 11072 个"；CPU 使用率在 50% 上下浮动。单击其他选项卡，可以查看到更加详细的性能监视情况。

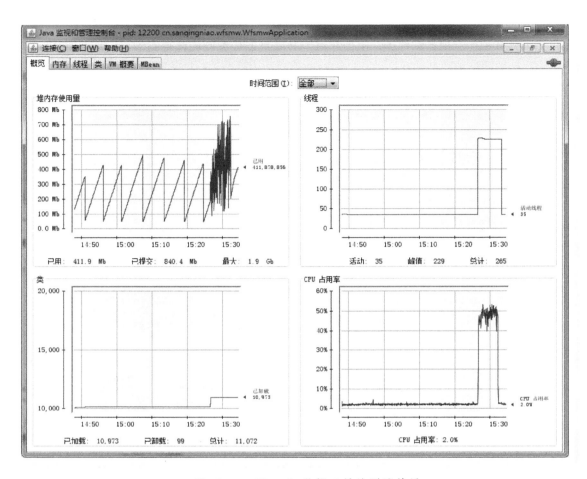

● 图 12-13　JConsole 监视工具的测试结果

12.5　本章小结

本章节介绍了项目性能测试技术。首先介绍了项目性能测试的规范和原则，然后介绍了 JConsole 三种主要性能测试技术，之后阐述了项目性能测试的通用过程，最后以本书项目为样例，阐述了项目性能测试的全部过程。

按照项目开发流程，第 13 章将介绍项目的最后一个步骤：项目部署。

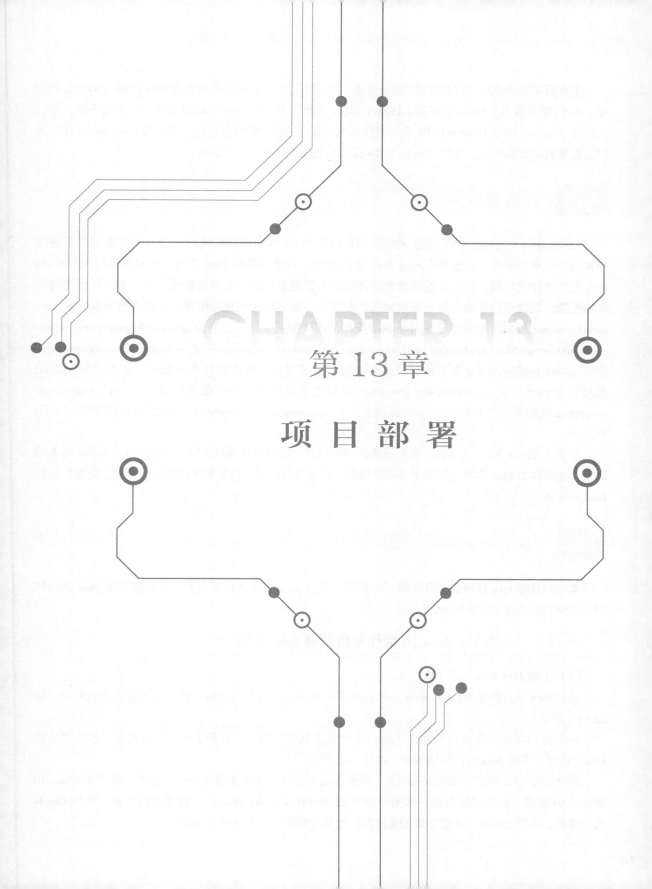

第 13 章

项 目 部 署

本章将详细介绍如何对本书项目进行部署。本书项目使用到的部署软件有 Java 环境、MySQL 数据库、Redis 缓存服务、Nginx 服务器、Docker 容器。同时，可能因为开发环境和生产环境的不同，分别介绍在 Windows 10 和 Ubuntu 16.04 两种操作系统部署上述软件的操作过程，其中在 Windows 10 操作系统里部署的是开发环境，而在 Ubuntu 16.04 操作系统里部署的是生产环境。

13.1 项目部署概述

Spring Boot + Spring MVC 项目支持以 JAR 包和 WAR 包两种方式进行部署，因此本书项目将以 JAR 包方式进行部署。在部署 Spring Boot 项目之前，需要准备好 Java 环境、MySQL 数据库、Redis 缓存服务等相关环境；同时需要注意部署环境的配置是否与项目所需的配置一致。本书项目支持多环境配置，因此可以提前在每个环境对应的配置文件里把相关配置项配置好。即在目录 wfsmw\src\main\resources\config 里保存了 Spring Boot 架构的四个配置文件，分别为 application.properties、application-dev.properties、application-prod.properties、application-test.properties。在 application.properties 里，修改 spring.profiles.active 配置项的值，来决定项目使用哪个配置文件里的配置，如生产环境的配置项值是 prod。在 application-dev.properties 里配置开发环境对应的配置项值。在 application-prod.properties 里配置生产环境对应的配置项值。在 application-test.properties 里配置测试环境对应的配置项值。

对于以 Vite + Vue3 为架构、前后分离的前端项目，在部署该项目之前，需要准备好 Nginx 服务器环境。还将在 Docker 容器里部署本书项目的前、后端项目，因此将会阐述如何执行安装、配置和执行 Docker 服务。

13.2 部署 Java 环境

本节将介绍 Java 环境的部署过程。本书项目是以 Java 语言进行开发的，因此要部署 Java 运行环境，选择的版本为 jdk1.8.0_401。

▶▶ 13.2.1 在 Windows 10 操作系统部署 Java 环境

（1）下载 Java 开发工具 JDK

请到 Java 官方网站 https://www.java.com/里下载 Java 开发工具 JDK。在浏览器里打开该网站，如图 13-1 所示。

单击图 13-1 所示网页右下角的"Java SE 开发工具包"按钮，打开下一个下载网页，单击"下载 Java"按钮，下载 Java 运行环境 JRE，如图 13-2 所示。

滚动到图 13-2 所示页面的中间位置，找到 Java 开发工具 JDK 8 的 Windows 版本。由于 Windows 10 版本是 64 位的，因此要单击右下角所示的"jdk-8u401-windows-x64.exe"链接进行下载。按照 Oracle 官方要求，必须先登录，才能下载相关软件；如果没有账号，先注册一个账号。

● 图 13-1　Java 官方网站

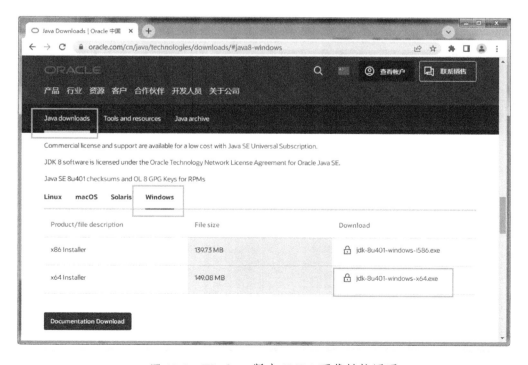

● 图 13-2　Windows 版本 JDK 8 下载链接网页

（2）安装和配置 Java 开发工具 JDK

在 Windows 10 操作系统里安装 JDK 8 是非常简单的，直接双击下载的 "jdk-8u401-windows-x64. exe" 执行文件，然后按照提示单击 "下一步" 按钮，逐步往下安装即可。

下面开始配置 JDK 8，主要是在操作系统的环境变量里添加两个变量值，具体操作如下。

1）打开 "环境变量" 窗口，具体操作路径为：右键单击 "我的计算机"，在弹出的菜单中选择 "属性" 选项，弹出 "设置" 对话框，单击 "高级系统设置" 按钮，弹出 "系统属性" 对话框；在 "系统属性" 对话框的 "高级" 选项卡里单击 "环境变量" 按钮，即可打开 "环境变量" 窗口（对话框）。

2）在 "环境变量" 窗口里的 "系统变量" 区域里，单击 "新建" 按钮，添加一个变量名为 "JAVA_HOME"，变量值为 "安装 JDK 8 的安装目录路径" 的变量，如本书项目安装的目录路径为 "D：\ProgramFiles\Java\jdk1.8.0_401"。

3）在 "环境变量" 窗口里的 "系统变量" 区域里，找到名为 "Path" 的环境变量，单击 "编辑" 按钮，打开 "编辑环境变量" 窗口；在该窗口里，单击 "新建" 按钮，添加一个变量值，其值为 "%JAVA_HOME%\bin"。

▶▶ 13.2.2　在 Ubuntu 16.04 操作系统部署 Java 环境

（1）下载 Java 开发工具 JDK

同样要到 Java 官方网站 https：//www.java.com/里下载 Java 开发工具 JDK，如图 13-3 所示。

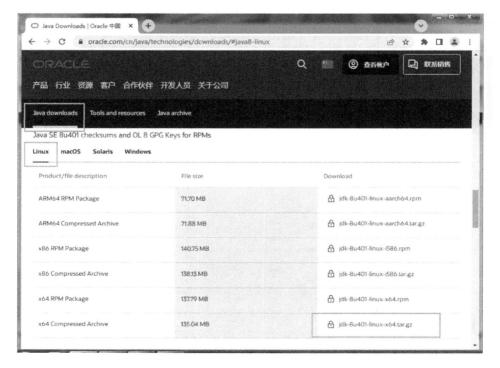

● 图 13-3　Linux 版本 JDK 8 下载链接网页

滚动到图 13-3 所示页面的中间位置，找到 Java 开发工具 JDK 8 的 Linux 版本。根据使用的服务器 CPU 硬件型号及其 Linux 版本，来选择下载相应的 JDK 8 版本。由于本书项目使用 Ubuntu 16.04 版本的 Linux，以及使用的服务器 CPU 是 Intel 64 位的，因此要单击右下角所示的"jdk-8u401-linux-x64.tar.gz"链接进行下载。

（2）安装和配置 Java 开发工具 JDK

在 Ubuntu 16.04 操作系统里安装 JDK 8 稍微有点复杂。在登录 Ubuntu 16.04 操作系统之后，进行的操作步骤如下。

1）在 Ubuntu 16.04 操作系统里执行"mkdir -m = rwx -p /usr/local/java"命令，以创建"/usr/local/java"目录。

2）使用 FTP 或 WinSCP 软件工具，把下载的"jdk-8u401-linux-x64.tar.gz"压缩文件，上传到"/usr/local/java"目录里。

3）执行"cd /usr/local/java"命令迁移到该目录下，再执行"tar -zxvf jdk-8u401-linux-x64.tar.gz"命令来解压该压缩文件，即可完成安装。

完成安装后，下面开始配置 JDK 8，主要是在操作系统的 Profile 里添加一些变量值，具体操作如下。

1）执行"vi /etc/profile"命令，打开配置文件。

2）按<I>键，打开编辑模式；在该配置文件末尾添加以下的变量值。

```
export JAVA_HOME=/usr/local/java/jdk1.8.0_401
export JRE_HOME=/usr/local/java/jdk1.8.0_401/jre
export CLASSPATH=.: $CLASSPATH: $JAVA_HOME/lib: $JRE_HOME/lib
export PATH= $PATH: $JAVA_HOME/bin: $JRE_HOME/bin
```

3）按<Esc>键，退出编辑模式；输入"：wq"命令，保存并关闭配置文件。

4）执行"source /etc/profile"命令，启用新的 Profile 配置，从而完成配置 JDK 8。

13.3 部署 MySQL 数据库

本节将介绍 MySQL 数据库的部署过程。本书项目使用了 MySQL 8 社区版本数据库。

▶▶ 13.3.1 在 Windows 10 操作系统部署 MySQL 数据库

（1）下载 MySQL 8 社区版本

请到 MySQL 官方网站 https://dev.mysql.com/downloads/mysql/里下载 MySQL 8 社区版本。在浏览器里打开该网站，如图 13-4 所示。

滚动到图 13-4 所示页面的中间位置，找到 MySQL 8 社区版本的 Windows 版本，由于 Windows 10 版本是 64 位的，因此要单击"Windows（x86，64-bit）MSI Installer"对应的"Download"按钮进行下载，得到名为"mysql-8.3.0-winx64.msi"的安装文件。

（2）安装和配置 MySQL 8 社区版本

在 Windows 10 操作系统里安装 MySQL 8 社区版本非常简单，直接双击下载的"mysql-8.3.0-winx64.msi"安装文件，然后按照提示，逐步往下安装即可。

　　在完成安装之后，会立刻启动配置 MySQL 8，按照提示单击"Next >"按钮，逐步往下配置，其中重要几步操作如图 13-5 所示。

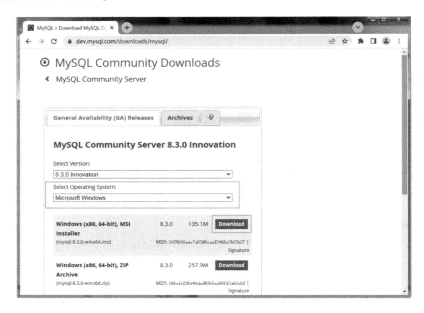

● 图 13-4　下载 MySQL 8 社区版本

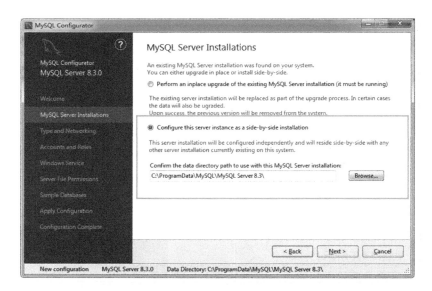

● 图 13-5　选择需要配置 MySQL 服务器

　　如图 13-5 所示，由于本书项目运行的计算机安装了其他版本的 MySQL 数据库，因此在这里选择配置的 MySQL 服务器 8.3 版本；如果读者的计算机之前没有安装其他版本的 MySQL 数据库，那么在这里选择第一个选项。

然后设置数据库用户 Root 的登录密码，如图 13-6 所示。

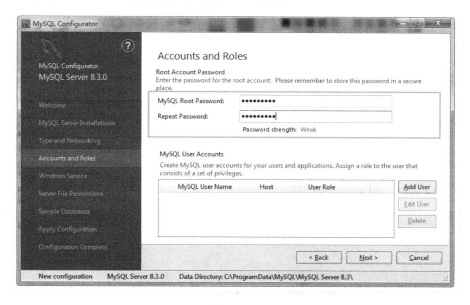

● 图 13-6　设置数据库用户 Root 的登录密码

在图 13-6 所示的 MySQL Root Password 和 Repeat Password 两个输入框里输入数据库用户 Root 的登录密码。单击 "Next >" 按钮，继续往下配置操作。

最后，执行配置 MySQL 8，如图 13-7 所示。

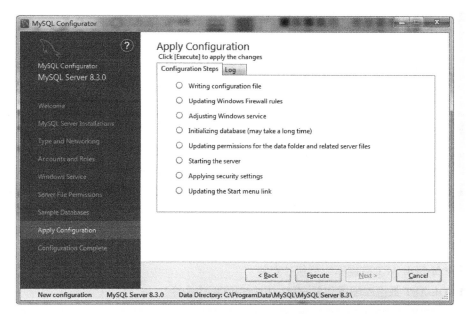

● 图 13-7　执行配置 MySQL 8

在图 13-7 中，单击"Execute"按钮，启动执行配置 MySQL 8；稍等一会，就能完成配置操作。

▶▶ 13.3.2　在 Ubuntu 16.04 操作系统部署 MySQL 数据库

在 Ubuntu 16.04 操作系统中部署 MySQL 8.0 数据库主要是执行一系列部署命令。首先登录 Ubuntu 16.04 操作系统，然后通过以下步骤来部署。

（1）更新系统软件包

首先要更新 Ubuntu 16.04 操作系统软件包，执行以下两个命令。

```
sudo apt update
sudo apt upgrade
```

执行上述命令之后，获得执行结果如图 13-8 所示。

● 图 13-8　更新系统软件包结果

（2）下载 MySQL APT 数据库配置包并安装

下载 MySQL APT 数据库配置包并安装，执行以下两个命令。

```
wget https://dev.mysql.com/get/mysql-apt-config_0.8.16-1_all.deb
sudo dpkg -i mysql-apt-config_0.8.16-1_all.deb
```

执行上述命令之后，在安装过程中会被要求选择 MySQL 8.0 版本作为要安装的版本。请选择"MySQL Server & Cluster（Currently selected：mysql-8.0）"并按照提示完成配置，如图 13-9 所示。

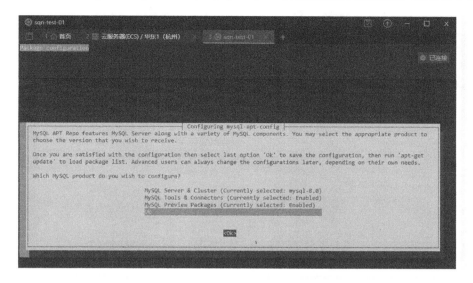

● 图 13-9　选择 MySQL 8.0 版本作为要安装的版本

在图 13-9 中，把选择焦点放到"MySQL Server & Cluster（Currently selected：mysql-8.0）"选项上，按回车键进行选择；另外两个选择项，都可以选择 Enabled。最后，把选择焦点放在最下面的"<OK>"按钮上，按回车键即可完成安装。

（3）下载并导入公钥

为了避免更新系统 MySQL 8.0 版本软件包失败，需要下载并导入公钥，执行以下命令。

```
sudo apt-key adv --keyserver keyserver.ubuntu.com --recv-keys B7B3B788A8D3785C
```

（4）安装 MySQL Server

至此，可以开始下载和安装 MySQL 8.0 版本软件包了，执行以下两个命令。

```
sudo apt update #这个命令更新 MySQL 8.0 版本软件包下载路径
sudo apt install mysql-server #这个命令安装 MySQL 8.0 版本软件包
```

执行上述命令之后，在安装过程中将被要求设置 Root 用户的登录密码，如图 13-10 所示。

在图 13-10 中，把选择焦点放到"Use Strong Password Encryption（RECOMMENDED）"选项上，按回车键，输入两次密码。最后，把选择焦点放在最下面的"<OK>"按钮上，按回车键即可完成设置。

至此，成功完成了在 Ubuntu 16.04 操作系统中安装和配置 MySQL 8.0 数据库。

（5）一些 MySQL 服务的常用命令

sudo systemctl start mysql：启动 MySQL 服务。

sudo systemctl enable mysql：确保 MySQL 服务在系统启动时自动启动。

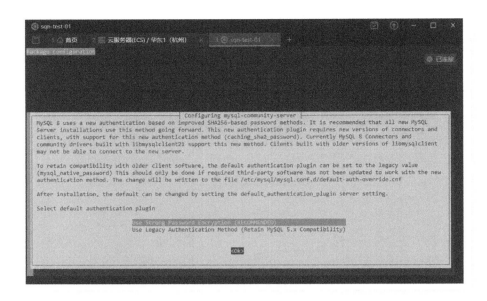

●图 13-10　设置 Root 用户的登录密码

sudo systemctl status mysql：验证 MySQL 服务是否正在运行。

sudo systemctl stop mysql：停止 MySQL 服务。

13.4　部署 Redis 缓存服务

本节将介绍 Redis 缓存数据库服务的部署过程。

▶▶ 13.4.1　在 Windows 10 操作系统部署 Redis 缓存服务

（1）下载 Redis Windows 版本

请到 Github 网站 https://github.com/microsoftarchive/redis/releases 里去查询和下载 Redis Windows 版本。本书项目需要下载"Redis-x64-3.0.504.zip"压缩文件，如图 13-11 所示。

解压"Redis-x64-3.0.504.zip"文件到 D:\ProgramFiles\Redis-x64-3.0.504 目录里。至此，完成安装 Redis Windows 版本。接下来需要对 Redis 缓存服务进行相关配置。

（2）设置 Redis 访问密码

在默认情况下，访问 Redis 服务器是不需要密码的，为了增加安全性，需要设置 Redis 服务器的访问密码。在 Redis Windows 版本安装目录下找到 redis.windows.conf 配置文件。在该文件里，搜索"# requirepass foobared"，将"requirepass"前的"#"和空格删除，将"foobared"替换为想要设置的访问密码，保存文件就可以完成设置 Redis 的访问密码了。

同理，在该安装目录下找到 redis.windows-service.conf 配置文件，重复上述一样的操作。

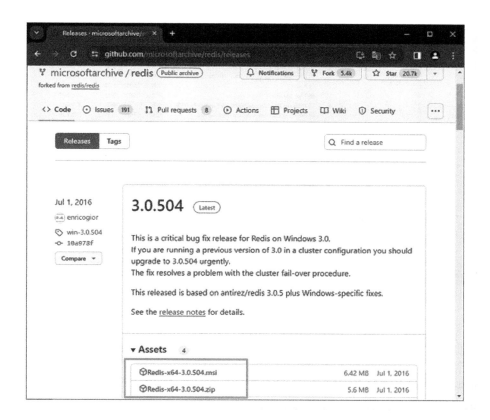

● 图 13-11　下载 Redis Windows 版本网页

（3）设置 Redis 可以远程访问

在默认情况下，Redis 服务器是不允许远程访问的，只允许本机访问，所以需要设置打开远程访问的功能。在 Redis Windows 版本安装目录下找到 redis.windows.conf 配置文件。在该文件里，搜索"bind 127.0.0.1"，将它修改为"bind 0.0.0.0"；继续搜索"protected-mode yes"，将它修改为"protected-mode no"，保存文件就可以完成设置了。

同理，在该安装目录下找到 redis.windows-service.conf 配置文件，重复上述一样的操作。

（4）设置 Redis 开机自动启动

打开命令窗口，迁移到 Redis Windows 版本的安装目录下，执行如下命令。

```
redis-server --service-install redis.windows-service.conf --loglevel verbose
```

执行上述命令之后，打开任务管理器，进入服务 Tab 页，打开服务管理窗口，如图 13-12 所示。

在图 13-12 中，找到"Redis"服务并双击，在弹出的对话框中把"启动类型"修改为"自动"，单击"确定"按钮即可完成设置为开机自动启动。

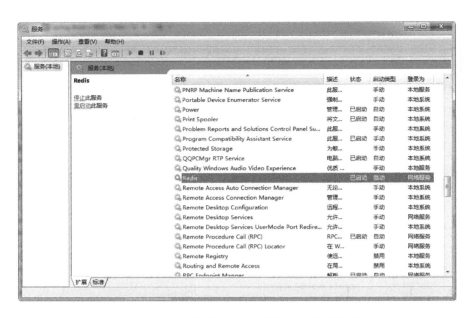

● 图 13-12 设置 Redis 开机自动启动服务

▶▶ 13.4.2 在 Ubuntu 16.04 操作系统部署 Redis 缓存服务

在 Ubuntu 16.04 操作系统中部署 Redis 缓存数据库服务主要是执行一系列安装命令。首先登录 Ubuntu 16.04 操作系统，然后通过以下步骤来部署。

（1）更新系统软件包

更新 Ubuntu 16.04 操作系统软件包，执行以下两个命令。

```
sudo apt update
sudo apt upgrade
```

（2）安装 Redis 缓存数据库

执行以下命令来安装 Redis 缓存数据库。

```
sudo apt install redis-server
```

执行上述命令之后，稍微等一会，就可以完成安装了。接下来需要对 Redis 缓存服务进行相关配置。

（3）设置 Redis 访问密码

在默认情况下，访问 Redis 服务器是不需要密码的，为了增加安全性，需要设置 Redis 服务器的访问密码，执行以下命令。

```
vi /etc/redis/redis.conf
```

执行上述命令之后，打开 Redis 缓存数据库的配置文件。在该文件里，搜索"# requirepass foobared"，将"requirepass"前的"#"和空格删除，将"foobared"替换为想要设置的访问密码，保存文件即可。

（4）设置 Redis 可以远程访问

在默认情况下，Redis 服务器不允许远程访问，只允许本机访问，所以需要设置打开远程访问的功能。在上述配置文件里，搜索"bind 127.0.0.1"，将它修改为"bind 0.0.0.0"；继续搜索"protected-mode yes"，将它修改为"protected-mode no"，保存文件即可。

（5）设置 Redis 开机自动启动

通过执行 vim /etc/rc.local 命令来打开设置文件，然后在该文件增加如下一行命令。

```
/usr/local/redis/bin/redis-server /usr/local/redis/etc/redis.conf
```

执行上述命令之后即可完成设置。

（6）Redis 常用命令

service redis start：启动 Redis 服务。

service redis status：查看 Redis 启动状态。

service redis restart：重新启动 Redis 服务。

service redis stop：停止 Redis 服务。

13.5 部署 Nginx 服务器

本节将介绍 Nginx 服务器的部署过程。部署 Nginx 服务器是为了运行本书项目里以 Vue3 为架构开发的前端项目 WFSMW-H5 的生产环境前端页面。

▶▶ 13.5.1 在 Windows 10 操作系统部署 Nginx 服务器

在 Windows 10 操作系统中部署 Nginx 服务器，主要是先下载 Nginx Windows 版本，然后进行相关配置，就可以完成部署 Nginx 服务器。

（1）下载 Nginx Windows 版本

请到 Nginx 官网网站 https://nginx.org/en/download.html 里去下载 Nginx Windows 版本。本书项目下载名为"nginx-1.25.3.zip"的压缩文件，如图 13-13 所示。

在图 13-13 中，单击"nginx/Windows-1.25.3"链接，就可以下载"nginx-1.25.3.zip"的压缩文件，将其解压到安装目录里即可安装。

（2）配置 Nginx Windows 版本

将 Nginx 的安装目录添加到系统的环境变量中，这样就可以在命令行中执行 Nginx 相关命令。要添加环境变量，请打开系统的"环境变量"对话框（前文有介绍），找到"Path"变量，然后将 Nginx 的安装目录添加到该变量中。

下面进行代理服务配置，在安装 Nginx 的目录里，打开"./conf/nginx.conf"配置文件，如图 13-14 所示。

如图 13-14 的长方形框里所示，从上往下，进行逐一修改配置，具体说明如下。

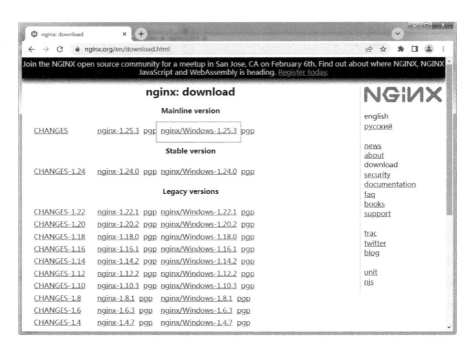

● 图 13-13　下载 Nginx Windows 版本

● 图 13-14　Nginx 服务器配置文件

1）listen：用于设置 Nginx 服务器的监听端口，本项目设置为 80。

2）server_name：用于设置 Nginx 服务器的监听域名，本项目设置为 localhost。

3）root：用于设置应用软件执行文件的存放根目录，本项目设置为 D:/workspace/wfsmw-h5/dist。

4）location：用于配置应用软件访问 URL 的路由，具体代码如下。

```
location / {
    try_files $uri $uri/ /index.html;
}
```

同时还要注释掉 Nginx 原有的路由配置，具体代码如下。

```
#location / {
#    root   html;
#    index  index.html index.htm;
#}
```

▶▶ 13.5.2　在 Ubuntu 16.04 操作系统部署 Nginx 服务器

在 Ubuntu 16.04 操作系统中部署 Nginx 服务器主要是执行一系列安装命令。首先登录 Ubuntu 16.04 操作系统，然后通过以下步骤来部署。

（1）更新系统软件包

更新 Ubuntu 16.04 操作系统软件包，执行以下两个命令：

```
sudo apt update
sudo apt upgrade
```

（2）安装 Nginx 服务器

执行以下命令来安装 Nginx 服务器。

```
sudo apt install nginx
```

执行上述命令之后，稍微等一会，就可以完成安装。接下来需要对 Nginx 服务器进行相关配置。

（3）配置 Nginx 服务器

在默认情况下，Nginx 的配置文件位于 "/etc/nginx" 目录下的 nginx.conf 文件。如果想要在 Nginx 中配置新的站点或虚拟主机，那么在 "/etc/nginx/sites-available/" 目录下创建新的配置文件 wfsmw-h5，并使用 ln -s 命令创建符号链接到 "/etc/nginx/sites-enabled/" 目录，相关命令如下。

```
#在/etc/nginx/sites-available/目录下执行下面命令创建新的配置文件 wfsmw-h5
touch wfsmw-h5
#执行下面命令,来添加配置内容
vi wfsmw-h5

#添加的配置内容如下

server {
    listen 80;
    listen [::]:80;
```

```
root /var/www/wfsmw-h5/dist;
index index.html;

server_name sanqingniao.cn www.sanqingniao.cn;

location / {
    try_files $uri $uri/ /index.html;
}
}
```

```
#执行下面命令创建符号链接到"/etc/nginx/sites-enabled/"目录
sudo ln -s /etc/nginx/sites-available/wfsmw-h5 /etc/nginx/sites-enabled/
```

```
#执行命令检查 Nginx 配置是否正确
sudo nginx -t
```

执行上述命令之后，就可以完成设置 Nginx 服务器。最后通过执行下面命令来重新加载 Nginx，以便应用更改。

```
sudo systemctl reload nginx
```

（4）Nginx 常用命令

sudo systemctl start nginx：启动 Nginx 服务。

sudo systemctl stop nginx：停止 Nginx 服务。

sudo systemctl restart nginx：重启 Nginx 服务。

sudo systemctl reload nginx：重新加载 Nginx 服务。

sudo nginx -t：检查 Nginx 配置是否正确。

13.6 以 JAR 包方式部署后端项目

本节将介绍以 JAR 包方式部署后端项目的过程。Spring Boot + Spring MVC 项目支持以 JAR 包方式进行部署，下面分别介绍在 Windows 10 和 Ubuntu 16.04 操作系统里的部署要求和过程。

▶▶ 13.6.1 在 Windows 10 操作系统部署 Spring Boot 项目

（1）在 Windows 10 系统部署 Java 环境、MySQL 数据库和 Redis 缓存服务

1）部署 Java 环境，确保 JDK 版本符合 Spring Boot 项目要求，本书项目要求 JDK 8 版本。

2）部署 MySQL 数据库，对数据库进行一些配置。通过 MySQL 数据库客户端 Navicat Premium 16 来链接和登录数据库，创建本书项目对应的数据库 wfsmw，执行本书项目对应的数据库表结构和初始化数据的 SQL 脚本，分别是\wfsmw\doc\create_wfsmw_mysql.sql 和\wfsmw\doc\create_wfsmw_init.sql。

3）需要部署 Redis 缓存服务，对 Redis 进行一些配置。

（2）配置应用程序参数

将应用程序参数配置到 application.properties 和 application-prod.properties 文件中，确保能够正确连接数据库。

（3）打包 Spring Boot 应用程序

使用 Maven 构建工具将 Spring Boot 应用程序打包成一个可执行的 JAR 包。可以使用命令行或者使用集成开发工具（IDE）来实现。执行命令之前，在 Maven 构建工具的 pom.xml 文件里，把<packaging>jar</packaging>元素项设置为 jar（项目的打包方式）；把<finalName>ROOT</finalName>元素项设置为 ROOT（项目打包的文件名）。

（4）启动应用程序

将\wfsmw\target\ROOT.jar（JAR 包）复制到要运行程序的目录里，使用命令进入到 JAR 包所在目录，输入"start /b javaw -Xms2048m -Xmx4096m -Dfile.encoding=UTF-8 -Dspring.profiles.active=prod -jar D:\ProgramFiles\wfsmw\ROOT.jar"命令启动应用程序，并且在后台运行以提供 Web 服务；其中"D:\ProgramFiles\ wfsmw\ROOT.jar" 这个应用程序所存放的目录路径应替换为读者自己本地的目录路径。

（5）验证部署结果

打开浏览器，输入 http://www.sanqingniao.cn:8080/访问 Web 页面，如果能正常打开网站首页，那么验证了本书项目的应用程序是正常运行的。其中 www.sanqingniao.cn 域名可替换为读者自己的域名，同时前提是：要在读者的域名服务商里配置域名解析到读者的服务器里。

▶▶ 13.6.2　在 Ubuntu 16.04 操作系统部署 Spring Boot 项目

（1）在 Ubuntu 16.04 操作系统部署 Java 环境、MySQL 数据库和 Redis 缓存服务

1）部署 Java 环境，确保 JDK 版本符合 Spring Boot 项目要求，本书项目要求 JDK 8 版本。

2）部署 MySQL 数据库，对数据库进行一些配置。通过 MySQL 数据库客户端 Navicat Premium 16 来链接和登录数据库，创建本书项目对应的数据库 wfsmw，执行本书项目对应的数据库表结构和初始化数据的 SQL 脚本，分别是\wfsmw\doc\create_wfsmw_mysql.sql 和\wfsmw\doc\create_wfsmw_init.sql。

3）需要部署 Redis 缓存服务，对 Redis 进行一些配置。

（2）配置应用程序参数

将应用程序参数配置到 application.properties 和 application-prod.properties 文件中，确保能够正确连接数据库。

（3）打包 Spring Boot 应用程序

使用 Maven 构建工具将 Spring Boot 应用程序打包成一个可执行的 JAR 包。可以使用命令或者使用集成开发工具（IDE）来实现。执行命令之前，在 Maven 构建工具的 pom.xml 文件里，把<packaging>jar</packaging>元素项设置为 jar（项目的打包方式）；把<finalName>ROOT</finalName>元素项设置为 ROOT（项目打包的文件名）。

（4）启动应用程序

将\wfsmw\target\ROOT.jar（JAR 包）复制到要运行程序的目录里，使用命令进入到 JAR 包所在

目录，输入"nohup java -jar /opt/sanqingniao/wfsmw/ROOT.jar &"命令启动应用程序，并且在后台运行以提供 Web 服务；其中"/opt/sanqingniao/wfsmw/ROOT.jar"这个应用程序所存放的目录路径应替换为读者自己本地的目录路径。

（5）验证部署结果

打开浏览器，输入 http://www.sanqingniao.cn:8080/访问 Web 页面，如果能正常打开网站首页，那么验证了本书项目的应用程序是正常运行的。其中 www.sanqingniao.cn 域名可替换为读者自己的域名，同时前提是：要在读者的域名服务商里配置域名解析到读者的服务器里。

13.7　以 Docker 容器方式部署后端项目

本节将介绍以 Docker 容器方式部署后端项目的过程。Docker 容器支持在各种操作系统里进行部署，下面分别介绍在 Windows 10 和 Ubuntu 16.04 操作系统里的部署要求和过程。

▶ 13.7.1　在 Windows 10 操作系统部署 Spring Boot 项目

（1）下载 Docker Desktop 版本

请到 Docker Desktop 官方网站 https://docs.docker.com/desktop/install/windows-install/下载 Docker Desktop for Windows 版本。在浏览器里打开该网站，如图 13-15 所示。

● 图 13-15　下载 Docker Desktop for Windows 版本

单击图 13-15 中的"Docker Desktop for Windows"按钮即可下载该软件，得到名为"Docker Desktop Installer.exe"的安装文件。

（2）安装 Docker Desktop 版本的前提条件

Docker 并非是一个通用的容器工具，它依赖于已存在并运行的 Linux 内核环境。Docker 实质上是在已经运行的 Linux 系统下制造一个隔离的文件环境，因此它执行的效率几乎等同于所部署的 Linux 主机。

因此，Docker 必需部署在拥有 Linux 内核的系统上。如果想在其他操作系统里部署 Docker，就必须安装一个虚拟的 Linux 内核环境。在 Windows 操作系统上部署 Docker 的方法是先安装一个虚拟机，并在安装 Linux 系统的虚拟机中运行 Docker。

（3）安装 Hyper-V

Hyper-V 是微软公司开发的虚拟机，类似于 VMWare 或 VirtualBox，仅适用于 Windows 10。这是安装 Docker Desktop 的 Windows 版本的前提条件。安装 Hyper-V 非常简单，默认情况下 Windows 10 已经安装了该虚拟机，只要开启它就行，具体操作步骤如下。

1）打开"Windows 功能"对话框，操作路径为"开始→设置→应用→程序和功能→启用或关闭 Windows 功能"，如图 13-16 所示。

2）勾选图 13-16 中的"Hyper-V"复选框，单击"确定"按钮，重启 Windows 10 操作系统后，就可以启用 Hyper-V 虚拟机了。

（4）安装和配置 Docker Desktop 版本

● 图 13-16　"Windows 功能"对话框

在 Windows 10 操作系统安装 Docker Desktop 版本非常简单，直接双击下载的"Docker Desktop Installer.exe"安装文件，然后按照提示，逐步往下安装即可完成，安装过程和配置如图 13-17 ~ 图 13-19 所示。

● 图 13-17　安装 Docker Desktop

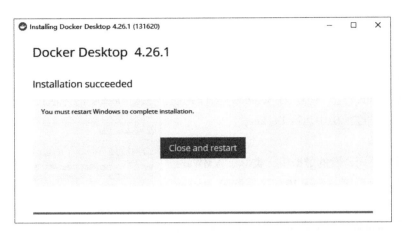

● 图 13-18　Docker Desktop 完成安装

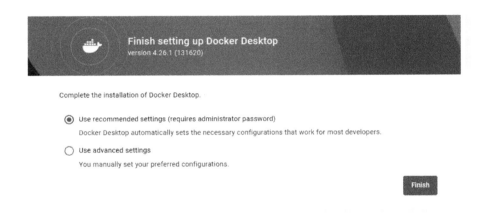

● 图 13-19　配置 Docker Desktop

在图 13-19 中，选择 "Use recommended settings（requires administrator password）" 单选按钮，单击 "Finish" 按钮即可完成安装和配置 Docker Desktop 版本了。

（5）创建 Dockerfile 文件

Dockerfile 是用来构建 Docker 镜像的文本文件，包含了一系列指令和配置，用于描述如何构建 Docker 镜像。Dockerfile 提供了一种自动化构建镜像的方式，可以通过简单的文本描述来定义镜像的内容、环境和行为。以下是 Dockerfile 的一些主要用途：

1）定义镜像内容：在 Dockerfile 中，可以指定基础镜像、所需的操作系统环境、软件包安装、文件复制等操作，从而定义镜像的基本内容和组件。

2）配置环境：可以在 Dockerfile 中设置环境变量、工作目录、用户权限等环境配置，以确保在容器内部部署应用程序所需的环境条件得到满足。

3）运行指令：使用 Dockerfile 可以指定容器启动时需要运行的命令，如启动应用程序或服务。这些命令将在容器启动时自动执行。

4）自动化构建：通过使用 Dockerfile 可以实现自动化地构建和重复使用镜像。这样，在不同环境或不同主机上部署应用程序时，只需使用相同的 Dockerfile 就能够构建出相同的镜像。

5）版本控制和可追溯性：将 Dockerfile 纳入版本控制系统中（如 Git），可确保镜像构建过程的可追溯性和可重复性。通过查看 Dockerfile 的变更历史，可以了解每个镜像版本是如何构建出来的。

在本书项目的\wfsmw\src\main\docker 目录里，创建 Dockerfile 文件，内容如下。

```
#指定基础镜像源,以其为基础进行制作
FROM adoptopenjdk/openjdk8:latest
#维护者信息
LABEL Frank Hua
#创建在 Docker 容器里应用程序的安装目录
RUN mkdir -p /opt/sanqingniao/wfsmw
#类似于 linux copy 指令,把本地应用程序执行文件复制到 Docker 容器里
COPY ROOT.jar /opt/sanqingniao/wfsmw/ROOT.jar
#对外暴露端口
EXPOSE 8080
#运行 jar 包
CMD ["java","-jar","/opt/sanqingniao/wfsmw/ROOT.jar"]
```

如上所述，在该 Dockerfile 文件里，主要做的事情就是指定 openjdk8 作为基础镜像源，然后创建在 Docker 容器里应用程序的安装目录，之后设置复制命令、把本地应用程序执行文件复制到 Docker 容器里，最后设置运行本书项目应用程序 jar 包的命令。

（6）配置在 Docker 容器的应用程序可以访问外部宿机里的 MySQL 数据库

为了在 Docker 容器的应用程序可以访问外部宿机里的 MySQL 数据库，需要做如下几点配置。

1）在应用程序数据库链接的配置里，把连接 MySQL 数据库的主机地址修改为宿机地址，如：本书项目的宿机地址为 192.168.3.60，那么它对应的数据库链接的配置代码如下。

```
#数据库的 JDBC URL。
spring.datasource.url=jdbc:mysql://192.168.3.60:3306/wfsmw? useUnicode=true&character
Encoding=utf8&characterSetResults=utf8
#数据库的登录用户名
spring.datasource.username=wfsmw
```

2）在 MySQL 数据库里执行如下一些命令，为应用程序创建账号和设置账号权限。

```
#创建一个账号 wfsmw,即上面配置的数据库的登录用户名,密码 xxx (把 xxx 替换为自己的密码) 的用户;指
定%,表示任何 IP 都可以连接数据库。
create user 'wfsmw'@'%' identified with mysql_native_password by 'xxx';

#设置账号全部权限,指定%,表示任何 IP 都可以连接数据库
grant all privileges on *.* to 'wfsmw'@'%'

#刷新权限配置
flush privileges;
```

3）重启 MySQL 服务，以便设置生效。

（7）配置在 Docker 容器的应用程序可以访问外部宿机里的 Redis 缓存服务

为了在 Docker 容器的应用程序可以访问外部宿机里的 Redis 缓存服务，需要做如下几点配置。

1）在应用程序数据库链接的配置里，把连接 Redis 缓存服务的主机地址修改为宿机地址，对应的配置代码如下。

```
#Redis 缓存服务的主机地址
spring.redis.host=192.168.3.60
```

2）在 Redis 缓存服务的 redis.windows.conf 和 redis.windows-service.conf 配置文件里，进行如下配置。

```
#绑定通用 IP，表示任何 IP 都可以连接 Redis 服务
bind 0.0.0.0
```

3）重启 Redis 服务，以便设置生效。

（8）创建 Docker 镜像

经过上述步骤的操作，现在可以为本书项目应用程序创建 Docker 镜像了，具体操作步骤如下。

1）打包应用程序，可以在 IDEA 开发软件工具里，使用 Maven 插件把项目打包为 jar 包，本书项目应用程序打包为 ROOT.jar 可执行文件。

2）把上述 Dockerfile 文件和 ROOT.jar 可执行文件复制到应用程序存放目录，在本书项目里应用程序存放目录是 "D:\wfsmw"。

3）打开命令窗口，迁移到应用程序存放目录，执行如下命令来创建 Docker 镜像。

```
docker build -t wfsmw .
```

上面命令的 "wfsmw" 是镜像名称，末尾 "." 的英文符号是被包含在该命令里的，表示当前目录的意思。如果成功执行该命令之后，会得到图 13-20 所示的效果。

● 图 13-20　创建 Docker 镜像效果

图 13-20 中显示了创建 Docker 镜像时执行命令的结果。如果没有发生错误，就表示镜像创建成功了。

（9）创建 Docker 容器并执行启动应用程序命令

经过上述步骤的操作，现在可以为本书项目应用程序创建 Docker 容器了，并且执行如下启动应用程序命令。

```
docker run -d --name wfsmw -p 8080:8080 wfsmw:latest
```

在上面命令里，"-d"表示在后台运行；"--name wfsmw"表示设置新容器名称为 wfsmw；"-p 8080:8080"表示指定端口映射，格式为"主机（宿主）端口：容器端口"；末尾"wfsmw:latest"表示使用的镜像名称，"latest"表示镜像最新版本标签（可以省略不用）。如果成功执行该命令之后，会得到图 13-21 所示效果。

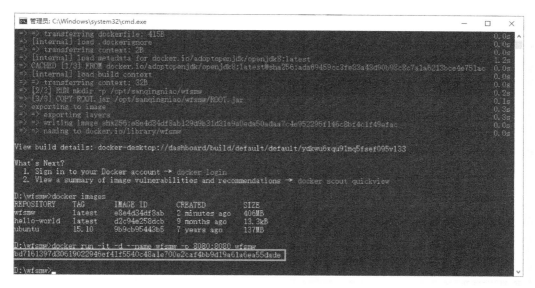

● 图 13-21　创建 Docker 新容器并成功执行启动应用程序命令效果

图 13-21 中显示了创建 Docker 容器并且启动应用程序时执行命令的结果。如果没有发生错误，就表示新容器创建成功了，它的返回值是新容器的 ID。

至此，在 Windows 10 操作系统下，成功完成了以 Docker 容器方式部署本书项目的 Spring Boot 后端项目。

▶▶ 13.7.2　在 Ubuntu 16.04 操作系统部署 Spring Boot 项目

在 Ubuntu 16.04 操作系统部署 Docker Engine-Community 版本主要是执行一系列安装命令。首先登录 Ubuntu 16.04 操作系统，然后通过以下步骤来部署。

（1）更新系统软件包

更新 Ubuntu 16.04 操作系统软件包，执行如下命令。

```
sudo apt-get update
```

（2）允许 apt 命令使用 HTTPS 访问 Docker repository

通过执行如下命令来允许 apt 命令使用 HTTPS 访问 Docker repository。

```
sudo apt-get install -y apt-transport-https ca-certificates curl gnupg-agent software-prop-
erties-common
```

（3）添加 Docker 官方的 GPG 密钥

通过执行如下命令来添加 Docker 官方的 GPG 密钥。

```
curl -fsSL https://download.docker.com/linux/ubuntu/gpg | sudo apt-key add -
```

（4）设置 repository 版本为 stable 并更新软件列表

通过执行如下命令来设置 repository 版本为 stable 并更新软件列表。

```
sudo add-apt-repository "deb [arch = amd64] https://download.docker.com/linux/ubuntu $
(lsb_release -cs) stable"
```

（5）再更新系统软件包

通过执行如下命令来更新系统软件包。

```
sudo apt-get update
```

（6）安装 Docker

通过执行如下命令来安装 Docker。

```
sudo apt-get install docker-ce docker-ce-cli containerd.io
```

执行上述命令之后，稍微等一会，就可以完成安装 Docker 服务了。可以使用 docker --version 命令来验证是否成功安装 Docker 服务。

（7）部署后端项目

在完成安装 Docker 服务之后，就可以开始部署后端项目了，该操作步骤过程与 13.7.1 小节是一样的，其操作步骤如下。

1）创建 Dockerfile 文件。

2）配置在 Docker 容器的应用程序可以访问外部宿机里的 MySQL 数据库。

3）配置在 Docker 容器的应用程序可以访问外部宿机里的 Redis 缓存服务。

4）创建 Docker 镜像。

5）创建 Docker 容器并执行启动应用程序命令。

关于上述操作步骤的过程，请查看 13.7.1 小节的详细阐述。

至此，在 Ubuntu 16.04 操作系统下，成功完成了以 Docker 容器方式部署本书项目的 Spring Boot 后端项目。

13.8 以独立应用方式部署前端项目

本节将介绍以独立应用方式部署前端项目的过程。以 Vite + Vue3 为架构开发的前端项目，使用

npm run build 进行编译之后，得到了该项目的前端静态文件。以 Nginx 服务器的 HTTP Web 服务来支持部署本书项目的前端项目，下面分别介绍在 Windows 10 和 Ubuntu 16.04 操作系统里的部署要求和过程。

▶▶ 13.8.1　在 Windows 10 操作系统部署前端项目

（1）下载和安装 Nginx 服务器

以 Vite + Vue3 为架构开发的前端项目，使用 Nginx 服务器来运行它的生产文件，从而实现前端项目的 HTTP Web 服务。因此首先需要下载和安装 Nginx 服务器，对于下载和安装 Nginx 服务器的过程，请查看 13.5.1 小节里的详细阐述。

（2）编译前端项目

以 Vite + Vue3 为架构开发的前端项目，首先设置后端项目生产环境的访问 URL，如在本书项目的 axios.js 文件里设置如下这行代码，就可以设置好生产环境的访问 URL 了。

```
// development:开发环境;production:生产环境
axios.defaults.baseURL = import.meta.env.PROD ?   ' http://api. sanqingniao. cn ' : '
http://localhost:8080';
```

然后在 Visual Studio Code 工具的命令终端窗口里，执行如下命令来进行本书前端项目的编译。

```
npm run build
```

执行完上述命令之后，会在前端项目根目录下的 dist 目录里得到生产环境的各种静态文件。可以把该 dist 目录及里面所有文件复制到要为前端项目安装的目录里。

（3）配置前端目录

配置前端项目，即在 Nginx 服务器的配置文件里添加一个服务监听配置项；具体配置内容和过程，请查看 13.5.1 小节里的详细阐述。

至此，在 Windows 10 操作系统里以独立应用方式进行前端项目部署就完成了。

▶▶ 13.8.2　在 Ubuntu 16.04 操作系统部署前端项目

（1）下载和安装 Nginx 服务器

以 Vite + Vue3 为架构开发的前端项目，使用 Nginx 服务器来运行它的生产文件，从而实现前端项目的 HTTP Web 服务。因此首先需要下载和安装 Nginx 服务器，对于下载和安装 Nginx 服务器的过程，请查看 13.5.2 小节里的详细阐述。

（2）编译前端项目

以 Vite + Vue3 为架构开发的前端项目，首先设置后端项目生产环境的访问 URL，如在本书项目的 axios.js 文件里设置如下这行代码，就可以设置好生产环境的访问 URL 了。

```
// development:开发环境;production:生产环境
axios.defaults.baseURL = import.meta.env. PROD ?   ' http://api. sanqingniao. cn ' : '
http://localhost:8080';
```

然后在 Visual Studio Code 工具的命令终端窗口里，执行如下命令来进行本书前端项目的编译。

```
npm run build
```

执行完上述命令之后，会在前端项目根目录下的 dist 目录里得到生产环境的各种静态文件。可以把该 dist 目录及其里面所有文件打包为一个压缩文件，复制到在 Ubuntu 16.04 操作系统要为前端项目安装的目录里，然后使用 tar 命令解压该压缩文件。

（3）配置前端目录

配置前端项目，即在 Nginx 服务器的配置文件里添加一个服务监听配置项；具体配置内容和过程，请查看 13.5.2 小节里的详细阐述。

至此，在 Ubuntu 16.04 操作系统里以独立应用方式进行前端项目部署就完成了。

13.9 以 Docker 容器方式部署前端项目

本节将介绍以 Docker 容器方式部署前端项目的过程。Docker 容器支持在各种操作系统进行部署，因此下面分别介绍在 Windows 10 和 Ubuntu 16.04 操作系统里的部署要求和过程。

▶▶ 13.9.1 在 Windows 10 操作系统部署前端项目

（1）下载、安装和配置 Docker Desktop 版本

下载、安装和配置 Docker Desktop 版本的操作过程，请查看 13.7.1 小节里的详细阐述。

（2）创建 Nginx 配置文件

为前端项目创建一个单独的 Nginx 配置文件。关于 Nginx 配置文件的说明，请查看 13.5.1 小节里的详细阐述。

在本书前端项目的 \wfsmw-h5\public 目录里，创建 default.conf 配置文件，内容如下。

```
server {
    listen 80;
    listen [::]:80;

    root /var/www/wfsmw-h5/dist;
    index index.html;

    server_name sanqingniao.cn www.sanqingniao.cn; # 修改为 Docker 服务宿主机的域名

    location / {
        try_files $uri $uri/ /index.html;
    }

}
```

（3）创建 Dockerfile 文件

关于 Dockerfile 文件的意义和说明，请查看 13.7.1 小节里的详细阐述。

在本书前端项目的 \wfsmw-h5\public 目录里，创建 Dockerfile 文件，内容如下：

```
#指定基础镜像源,该镜像是基于 nginx:latest 镜像构建的
FROM nginx:latest
#维护者信息
LABEL Frank Hua
#创建在 Docker 容器里应用程序的安装目录
RUN mkdir -p /var/www/wfsmw-h5/dist
#删除目录下的 default.conf 文件
RUN rm /etc/nginx/conf.d/default.conf:
#将 default.conf 复制到/etc/nginx/conf.d/下,用本地的 default.conf 配置来替换 nginx 镜像里的默
认配置
COPY default.conf /etc/nginx/conf.d/
#将项目根目录的 dist 文件夹(构建之后才会生成)下的所有文件复制到镜像/var/www/wfsmw-h5/dist/目
录下
COPY dist/ /var/www/wfsmw-h5/dist/
#对外暴露端口
EXPOSE 80
#启动 Nginx 服务器
CMD [ "nginx", "-g", "daemon off;" ]
```

如上所述，在该 Dockerfile 文件里主要做的事情就是指定 nginx:latest 作为基础镜像源，然后创建在 Docker 容器里前端项目应用程序的安装目录，之后把 Nginx 服务器的 default.conf 配置文件先删除后复制，再后把本地前端项目应用程序执行文件复制到 Docker 容器里，最后设置启动 Nginx 服务命令。

（4）创建 Docker 镜像

经过上述步骤的操作后，现在可以为本书前端项目应用程序创建 Docker 镜像了，具体操作步骤如下。

1）编译应用程序，可以在 Visual Studio Code 工具的命令终端里执行 npm run build 命令来编译前端项目代码。

2）把上述 default.conf 配置文件、Dockerfile 文件和前端项目 dist 目录的文件，复制到前端项目应用程序存放的目录，本书项目应用程序存放的目录是 "D:\wfsmw-h5\"。

3）打开命令窗口，迁移到应用程序存放目录，执行如下命令来创建 Docker 镜像。

```
docker build -t wfsmw-h5 .
```

上面命令的 "wfsmw-h5" 是镜像名称，末尾 "." 英文符号是被包含在该命令里，表示当前目录的意思。如果成功执行该命令之后，会得到图 13-22 所示效果。

在图 13-22 中，显示了创建 Docker 镜像时执行命令的结果。如果没有发生错误，就表示镜像创建成功了。

（5）创建 Docker 容器并执行启动 Nginx 服务器命令

经过上述步骤的操作，现在可以为本书前端项目应用程序创建 Docker 容器了，并且执行如下启动前端项目应用程序命令。

```
docker run -d --name wfsmw-h5 -p 80:80 wfsmw-h5:latest
```

● 图 13-22 创建 Docker 镜像效果

上面命令的"-d"表示在后台运行；"--name wfsmw-h5"表示设置新容器名称为"wfsmw-h5"；"-p 80:80"表示指定端口映射，格式为"主机（宿主）端口：容器端口"；末尾"wfsmw-h5：latest"表示使用的镜像名称，"latest"表示镜像最新版本标签（可以省略不用）。如果成功执行该命令之后，会得到图 13-23 所示效果。

● 图 13-23 创建 Docker 容器并成功执行启动 Nginx 服务器命令效果

在图 **13-23** 中，显示了创建 Docker 容器并成功执行启动 Nginx 服务器命令的效果。如果没有发生错误，就表示新容器创建成功了，它的返回值是新容器的 ID。

至此，在 Windows 10 操作系统下，以 Docker 容器方式部署本书前端项目就成功完成了。

▶▶ 13.9.2　在 Ubuntu 16.04 操作系统部署前端项目

（1）下载、安装和配置 Docker Engine-Community 版本

下载、安装和配置 Docker Engine-Community 版本的操作过程，请查看 13.7.2 小节里的详细阐述。

（2）部署前端项目

在完成安装 Docker 服务之后，可以开始部署前端项目。该操作步骤过程与 13.9.1 小节一样，其操作步骤分别如下。

1）创建 Nginx 配置文件。

2）创建 Dockerfile 文件。

3）创建 Docker 镜像。

4）创建 Docker 容器并执行启动 Nginx 服务器命令。

关于上述操作步骤的详细过程，请查看 13.9.1 小节的详细阐述。

至此，在 Ubuntu 16.04 操作系统下，以 Docker 容器方式部署本书前端项目就成功完成了。

13.10　本章小结

本章介绍了项目部署的全部过程及其相关技术。进行项目部署时，与本书项目相关的软件环境主要包含 Java 环境、MySQL 数据库、Redis 缓存服务和 Nginx 服务器等。

首先，在 Windows 10 和 Ubuntu 16.04 两个操作系统里，分别介绍了如何部署 Java 环境、MySQL 数据库、Redis 缓存服务和 Nginx 服务器；然后，在 Windows 10 和 Ubuntu 16.04 两个操作系统里，分别介绍了以 JAR 包方式和 Docker 容器方式部署本书后端项目的过程。最后，在 Windows 10 和 Ubuntu 16.04 两个操作系统里，分别介绍了以独立应用方式和 Docker 容器方式部署本书前端项目的过程。

参 考 文 献

［1］ 马晓星，刘譞哲，谢冰，等．软件开发方法发展回顾与展望［J/OL］．软件学报，2019，30（1）．https://www.jos.org.cn/html/2019/1/5650.htm.

［2］ ECKEL B. Java 编程思想［M］．陈昊鹏，饶若楠，等译．3 版．北京：机械工业出版社，2005：291-378.

［3］ WALLS C，BREIDENBACH R. Spring in Action 中文版［M］．李磊，程立，周悦虹，译．北京：人民邮电出版社，2006：8-10，241-284.

［4］ WALLS C. Spring Boot 实战［M］．丁雪丰，译．北京：人民邮电出版社，2016：1-18.

［5］ RUNOOB. COM. Docker 教程［Z/OL］．https://www.runoob.com/docker/docker-tutorial.html.

［6］ W3school. jQuery 教程［Z/OL］．http://www.w3school.com.cn/jquery/index.asp.

［7］ RUNOOB. COM. ES6 教程［Z/OL］．https://www.runoob.com/w3cnote/es6-tutorial.html.

［8］ RUNOOB. COM. TypeScript 教程［Z/OL］．https://www.runoob.com/typescript/ts-tutorial.html.

［9］ RUNOOB. COM. Node. js 教程［Z/OL］．https://www.runoob.com/nodejs/nodejs-tutorial.html.

［10］ RUNOOB. COM. Vue. js 教程［Z/OL］．https://www.runoob.com/vue2/vue-tutorial.html.

［11］ RUNOOB. COM. Maven 教程［Z/OL］．https://www.runoob.com/maven/maven-tutorial.html.

［12］ 铁九九．Redis 安装部署（Windows/Linux）［Z/OL］．https://blog.csdn.net/zyt986710/article/details/124985068.

［13］ 捉虫大仙里．Windows 环境下安装及部署 Nginx 教程（含多个站点部署）［Z/OL］．https://blog.csdn.net/lxb18711871497/article/details/130843542.

［14］ FishInThePool. Docker 部署 SpringBoot 项目［Z/OL］．https://www.cnblogs.com/ride0nTime/p/17093456.html.